Heinrich Martin

Förder- und Lagertechnik

Mit 263 Bildern und 85 Tafeln

Springer Fachmedien Wiesbaden GmbH

Martin, Heinrich:
Förder- und Lagertechnik. – 1. Aufl.
(Viewegs Fachbücher der Technik)
ISBN 978-3-528-04066-6 ISBN 978-3-663-14121-1 (eBook)
DOI 10.1007/978-3-663-14121-1

1. Auflage 1978
Korrigierter Nachdruck 1992

Umschlaggestaltung: Hanswerner Klein, Leverkusen

ISBN 978-3-528-04066-6

Vorwort

Das Fachbuch „Förder- und Lagertechnik“ gibt in knapper und systematischer Form einen vertiefenden Überblick über

- Fördermittel des innerbetrieblichen Transportes
- Materialfluß- und Lagertechnik
- systematische Vorgehensweisen bei Untersuchungen und Planungen.

Dieses Lehr- und Arbeitsbuch richtet sich an Studenten der technischen Fachrichtung und an im Beruf stehende Praktiker, die sich in erster Linie mit der planerischen Seite dieses Fachgebietes beschäftigen müssen.

Bei der Ausarbeitung des Buches wurde auf maschinenbauspezifische und konstruktive Berechnungen der Fördermittel verzichtet und der Schwerpunkt auf die planerische Fördertechnik mit der notwendigen Vordimensionierungen gelegt. So sind die einzelnen Fördermittel nach funktionellem Aufbau, Vor- und Nachteilen, Einsatzgebieten und planerisch interessierenden Größen behandelt worden. Berücksichtigt wurden die SI-Einheiten, neu festgelegte Benennungen und der neueste Stand der DIN-Normen, die besonders auf den Gebieten der Hebezeuge, Seile und Ketten in letzter Zeit eine starke Bearbeitung erfahren haben. Am Ende eines jeden Kapitels wird eine Zusammenfassung der DIN-Normen und VDI-Richtlinien zur weiteren Vertiefung gegeben. Beispiele und Fragen sollen den dargebotenen Stoff ergänzen und festigen. Das Buch enthält eine Fülle von technischen Zeichnungen oder Prinzipskizzen, da diese den Aufbau eines Fördermittels oder eines Details am besten wiedergeben können. Systematische Ein- und Unterteilungen sind in Tafelform übersichtlich aufbereitet.

Fördermittel, die für die Mechanisierung und Automatisierung des innerbetrieblichen Materialflusses und des Lagerbereiches eine erhebliche Bedeutung haben, sind besonders herausgestellt worden. In diesem Zusammenhang ist auch die Vielzahl der verwendeten Firmenbilder zu nennen, die den heutigen Stand der Fördertechnik in Form, Prinzip und Ausführung erkennen lassen.

Das Buch soll Hilfen und Anregungen bieten bei der Durchführung von Studien- und Ingenieurarbeiten, bei der Erstellung von Planungen, bei der Lösungsfindung und Auswahl von Fördermitteln und -systemen oder von Lagersystemen für den optimalen innerbetrieblichen Materialfluß durch

- Aufzeigen von Vorgehensweisen
- Zusammenstellung von Planungs- und Auswahlkriterien
- Charakterisierung der einzelnen Fördermittel
- Hinweis auf Normen, Vorschriften, Richtlinien und Literatur.

Durch die Beschränkung auf das Wesentliche, auf die Grundlagen der Fördermittel, der Materialfluß- und Lagertechnik, ist ein handliches und übersichtliches Buch entstanden.

Den im Quellennachweis genannten Firmen möchte ich für die Unterstützung mit Informationsmaterial recht herzlich danken. Kritische Anregungen nehmen Verlag und Verfasser jederzeit dankend entgegen.

Hamburg, im Mai 1978 *Heinrich Martin*

Inhaltsverzeichnis

1. Grundlagen

1.1. Einführung

1.1.1. Begriffe, Einteilung, Einsatzgebiete

Das Förderwesen befaßt sich mit der Ortsveränderung von Personen und Gütern, wobei die Bereiche *Verkehrstechnik* und *Fördertechnik* unterschieden werden. Die Verkehrstechnik bewältigt den Ferntransport mit Eisenbahnen, Straßenfahrzeugen, Schiffen und Flugzeugen, die Fördertechnik den Nahtransport oder besser ausgedrückt den *innerbetrieblichen* Transport. Der Begriff Fördertechnik beinhaltet einmal die Methode der Materialbewegungen, zum anderen die Summe der Fördermittel als Transporthilfen. Fördermittel ist der übergeordnete Begriff für alle Fördergeräte.

Die grundlegenden Förderverfahren sind *stetige* und *unstetige* (aussetzende, intermittierende) Förderung. Nach diesem Arbeitsprinzip lassen sich die Fördermittel in *Stetig-* und *Unstetigförderer* einteilen (Tafel 1.1). Schienengebundene Förderer bezeichnet man auch als *flurgebundene* Flurförderer, frei auf Wegen fahrende Fördermittel als *gleislose* Flurförderer. Bei hochliegenden Fahrbahnen (Brückenkrane) sind die Fördermittel mit der Bezeichnung bodenfrei zu versehen.

Tafel 1.1. Einteilung der Fördermittel

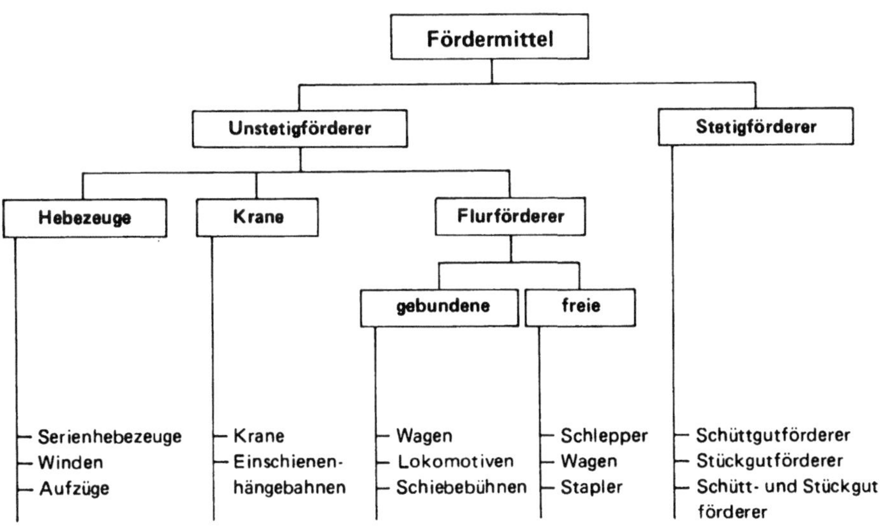

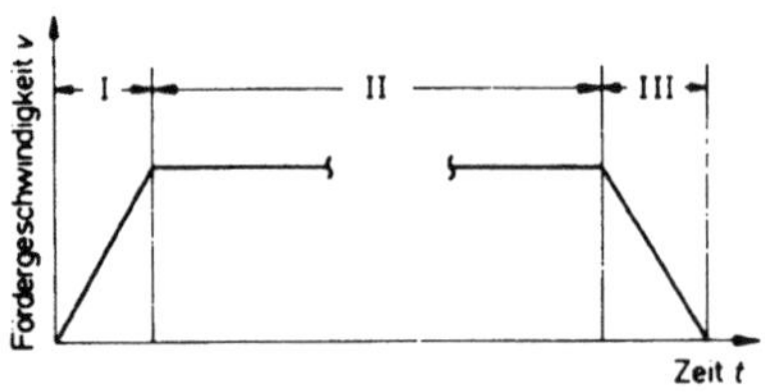

Bild 1.1. Fördervorgang eines Stetigförderers als Funktion der Zeit

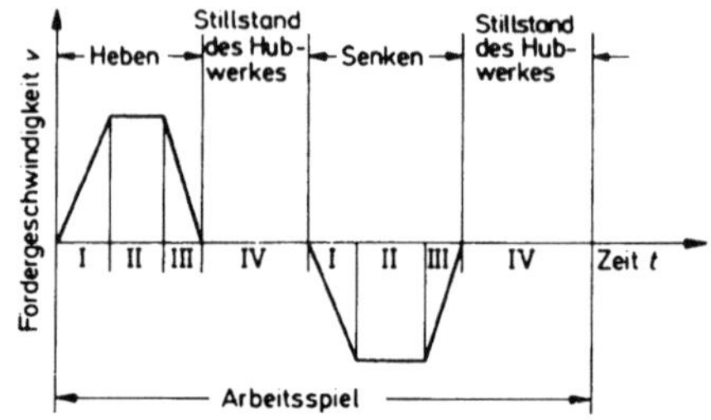

Bild 1.2. Bewegungsablauf der Hubwerktrommel eines Brückenkranes als Funktion der Zeit

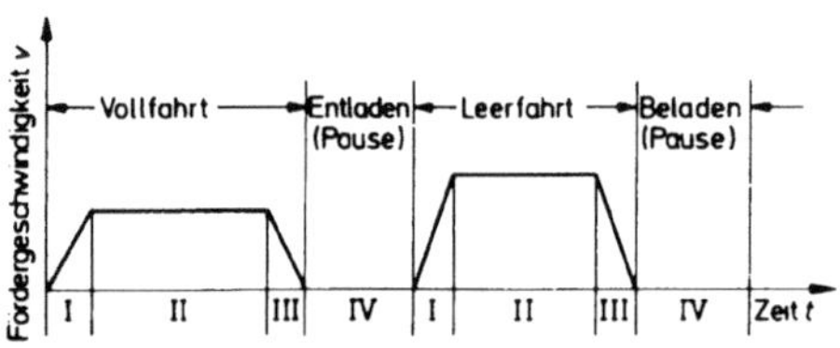

Bild 1.3
Fördervorgang eines Flurförderzeuges als Funktion der Zeit

Stetigförderer arbeiten *kontinuierlich* während eines längeren Zeitabschnittes und befördern das Fördergut mit gleichmäßiger Geschwindigkeit von einem Ort zum anderen. Unstetigförderer (Hebezeuge, Flurförderer) arbeiten in einzelnen *Arbeitsspielen*, wobei Lastfahrten, Leerfahrten und Pausen sich in unterschiedlichen Längen abwechseln. Während die Anfahr- und Bremsvorgänge (Bild 1.1, Abschnitt I und III) bei Stetigförderern wie Gurtförderer, Becherwerke oder Schneckenförderer unbedeutende Zeitabschnitte gegenüber dem Fördervorgang II sind, stellen bei Hebezeugen (Bild 1.2) wie Brücken- oder Drehkrane diese Abschnitte I bis III gleichbedeutende Größen dar. Für die gleislosen Förderer, wie Schlepper, Wagen oder Stapler, ergibt sich im innerbetrieblichen Transport ein Geschwindigkeits-Zeitverlauf entsprechend Bild 1.3. Stetigförderer sind in der Regel *ortsfest* angeordnet, und der Be- und Entladevorgang für das Transportgut geschieht an bestimmten Stellen. Unstetigförderer können an jeder beliebigen Stelle Fördergut aufnehmen und absetzen und sind innerhalb ihres Wirkungsbereichs *orts-* oder *freibeweglich*. Tafel 1.2 zeigt Einsatzgebiete und Fördermittel.

Gesichtspunkte für eine andere Einteilung der Fördermittel sind die Art des Förderweges (Horizontal-, Vertikal- und Schrägförderer), ebenso die Art des Fördergutes (Kapitel 1.1.2, Schüttgutförderer, Stückgutförderer, Schütt- und Stückgutförderer).

Durch Hintereinanderschaltung verschiedener Fördermittel entsteht ein *Fördersystem*. Es ist durchaus möglich, Stetigförderer und Unstetigförderer unter Zwischenschaltung von Wartestellen oder Transportpuffern miteinander für den mechanisierten und automatisierten innerbetrieblichen Materialtransport zu verbinden (Kreisförderer-Aufzug). Von einer *Transportkette* spricht man, wenn außer- und innerbetrieblicher Transport aufeinander abgestimmt sind, d.h. wenn der Transport eines Produktes vom Rohstofflieferanten über den Hersteller bis zum Verbraucher mit seinen vielen außer- und innerbetrieblichen

Tafel 1.2. Einsatzgebiet der Fördermittel

Einsatzgebiet / Fördermittel		Fördergut		Förderrichtung			Förderbereich		flächenförmig		Beweglichkeit des Förderers		
		Stückgut	Schüttgut	geneigt	waagerecht	senkrecht	punktförmig	linienförmig	begrenzt	unbegrenzt	ortsfest	ortsbeweglich	freibeweglich
Stetigförderer	Gurtförderer	x	x	x	x	o		x	x		x	x	
	Becherwerk		x	x	x	x	x	x			x		
	Kreisförderer		x	x	x	x		x			x		
	Trogkettenförderer		x	x	x	x		x			x		
	Schneckenförderer		x	x	x	x	x	x			x		
	Schüttelrutsche		x	x	x			x			x		
	Schwingrinne		x	x	x	x		x			x		
	Rollenförderer	x		x				x			x		
	Rutschen	x		x		x	x	x			x		
	Pneumatikförderer	x	x	x	x	x	x	x			x		
	Hydraulikförderer		x	x	x	x		x			x		
Unstetigförderer	Schlepper	x			x					x			x
	Wagen	x			x					x			x
	Stapler	x			x	x				x			x
	Winden	x	x	x	x	x	x	x			x		
	Drehkran	x	x		x	x			x	x	x	x	
	Brückenkran	x	x		x	x			x		x		
	Kabelkran	x	x		x	x		x	x		x		
	Aufzug	x				x	x				x		

x Einsatzgebiet o mit Einschränkungen oder in Sonderkonstruktion möglich

Materialflußvorgängen in seiner Gesamtheit betrachtet wird und dabei technische, organisatorische und wirtschaftliche Gesichtspunkte, z.B. durch aufeinander abgestimmte Transporteinheiten (Kapitel 1.1.3), eine kostengünstige Güterbewegung ergeben.

Die Fördertechnik findet man in allen Bereichen der *Industrie*, des *Gewerbes* und des *Handels*. Sei es bei der Stahlerzeugung, Stahlveredelung oder Stahlverarbeitung, im Tage- und Bergbau, bei Bahn-, Post- und Hafenanlagen, in der Landwirtschaft und bei der Nahrungs- und Getränkeindustrie, aber auch in Kaufhäusern (Rolltreppen, Aufzüge, Kreisförderer, Gurtförderer) oder in Verwaltungshäusern und Krankenhäusern (Rohrpostanlagen, Behälterförderanlagen) trifft man auf die Fördertechnik. Hebezeuge werden auf Schiffe, Straßen- und Schienenfahrzeuge montiert, um Förderarbeiten durchzuführen, Stetigförderer sind bei Be- und Entladevorgängen von Verkehrsmitteln zu finden. Die Automatisierungstechnik bedient sich der Fördertechnik als verbindendes Hilfsmittel zwischen den Arbeitsabläufen. In der Fertigungstechnik sind die Fördermittel bei kontinuierlich ablaufenden Verfahren nicht mehr fortzudenken. Entweder sind Zuführförderer (Teileförderer) mit Aufgaben wie Ordnen, Magazinieren, Zuteilen oder Eingeben im Einsatz, zum anderen Handhabungsförderer mit Aufgaben wie Wenden, Drehen, Schwenken, Ausgeben, Zusammenführen, Abzweigen oder Eingeben. Fließarbeit (Bandarbeit) wird mit Fördermitteln durchgeführt. Ohne die Fördertechnik wäre eine rationelle Lagerung nicht vorstellbar. Die Bedeutung und Entwicklung der Förder- und Lagertechnik ist in den letzten Jahren besonders durch die Automation, die Massenfertigung, Wirtschaftlichkeits- und Rationalisierungsüberlegungen und durch die Humanisierung der Arbeit erheblich beeinflußt und gewachsen.

1.1.2. Fördergut

Für die Auswahl und Festlegung eines Fördermittels bei einer vorgegebenen Förderaufgabe spielt das *Fördergut* eine entscheidende Rolle. Bei den Transportobjekten und -gütern sind zu unterscheiden: Personen, Stückgut und Schüttgut.

Zur Fördertechnik zählt nicht der Transport von Flüssigkeiten und Gasen (Transport in Rohrleitungen: Verfahrenstechnik), die aber als Tragmedien bei hydraulischen und pneumatischen Förderanlagen benutzt werden. Sind nur kleine Mengen von diesen Gütern zu transportieren, so füllt man die Flüssigkeiten drucklos, Gase unter bestimmtem Druck in Behälter aller Art und behandelt sie wie Stückgut unter Beachtung von Transportvorschriften.

Stetiger und unstetiger Personentransport (Aufzug, Rolltreppen) zählt nur für geringe Entfernungen zum Gebiet der Fördertechnik.

Alles feste Fördergut, welches beim Transport die Gestalt nicht ändert, wird *Stückgut* genannt, also Bau- und Maschinenteile, Ballen, Ringe, Förderhilfsmittel (Kapitel 1.1.3) wie Paletten, Behälter, Fässer, Pakete, Kisten,Container. Einzelgüter sind Stückgüter, sie können auch große Eigengewichte haben wie Maschinen, Fahrzeuge oder Apparate.

Die Kennzeichnung der Stückgüter geschieht durch
- *Maße:* Länge, Breite, Höhe, Durchmesser, Gewicht, Volumen
- *Form:* kubisch, zylindrisch, stangenförmig, rollenförmig, tafelförmig, blockförmig; glatte, gerippte oder gewölbte Bodenfläche
- *mechanische Eigenschaften:* sperrig, erschütterungsempfindlich, zerbrechlich, stapelbar.

Besonders langes Stückgut (> 2,5 m) wird als *Langgut* (Langmaterial wie Rohre, Stäbe usw.) deklariert.

Als *Schüttgut* bezeichnet man Fördergut, welches während des Transportvorganges seine Gestalt ändert, also die verschiedenartigsten stückigen, körnigen oder staubigen Güter wie Erze, Kohle, Sand, Zement, Kies, Getreide, Kaffee, Steine usw. Um das Schüttgut möglichst kurz und vollständig zu beschreiben, wurden (VDI-Richtlinie 2393) die Eigenschaften des Schüttgutes zur Materialklassifizierung herangezogen und durch Symbole abgekürzt. Physikalische Eigenschaften sind:

1. Formbeschaffenheit des Schüttgutes

Unterteilung in Korngröße und Kornform wie scharfe oder runde Kanten, faserig, fadenförmig. Je nach der Gleichmäßigkeit der Zusammensetzung spricht man von sortiertem (Verhältnis maximale zu minimale Korngröße kleiner 2,5) und unsortiertem (Verhältnis größer 2,5) Schüttgut. Als Korngröße ist der diagonal größte Kantenabstand zu verstehen.

2. Zusammenhalt des Schüttgutes

Das Fließverhalten kann in leicht und schwer fließend charakterisiert werden, was sich auch durch den Böschungswinkel ausdrücken läßt. Unter dem Böschungswinkel β der Ruhe versteht man den Neigungswinkel von Schüttgut, welches lose auf eine waagerechte Fläche geschüttet wurde. Für die Bewegung des Schüttgutes auf den Fördermitteln ist der Böschungswinkel β_B der Bewegung maßgebend (Tafel 1.3).

3. Verhalten des Schüttgutes

Die physikalischen, mechanischen und chemischen Eigenschaften sind zu beschreiben, wie schleifend (Koks, Quarz), angreifend (Kochsalz), explosiv (Kohlenstaub), brennbar (Holzspäne), staubend (Zement), klebrig (Ton), hygroskopisch (Gips) oder übelriechend (Müll).

4. Schüttdichte ρ_s

Darunter ist das Gewicht einer Raumeinheit zu verstehen in t/m^3 (Tafel 1.3). Dieses Maß stellt eine wichtige Größe zur Bestimmung des Massenstromes und der Leistung einer Förderanlage dar. Zu unterscheiden ist die Schüttdichte von *losem* und *verdichtetem* Schüttgut. Das Verhältnis der beiden Schüttdichten bezeichnet man als Verdichtungsgrad.

5. Temperatur

Diese Angabe ist besonders wichtig, weil das Fördermittel für die entsprechende Fördertemperatur ausgelegt werden muß. Zement verhält sich bei Raumtemperatur wie Mehl, dagegen wie eine Flüssigkeit bei 80 °C und Luftemulgierung (z.B. im Fertigungsprozeß).

Kleine Mengen von Schüttgut werden in Behältern abgefüllt und als Stückgut befördert. Stetigförderer transportieren überwiegend Schüttgut, bei Unstetigförderern überwiegt der Stückguttransport.

Eine weitere Einteilung der Fördergüter geschieht in *Einzel-* und *Massengut*. Einzelgut sind Stückgüter, Massengut sind entsprechend große Mengen von Schüttgut (Abraum, Braunkohle), aber auch eine Vielzahl von Stückgütern (Postpakete).

Tafel 1.3. Schüttdichten und Böschungswinkel von Schüttgut

Fördergut	Dichte ρ in t/m^3	Schüttdichte ρ_s in t/m^3	Böschungswinkel der Ruhe β in °	Böschungswinkel der Bewegung β_B in °	bei Becherwerken: Füllfaktor φ	bei Becherwerken: Fördergeschwindigkeit in m/s
Braunkohle	0,9	0,7	50	35	0,5	1,9
Asche (Schlacke)	2,5	0,9	45	35	0,7	2,5
Gerste	0,9	0,7	35	25	0,8	3,0
Kies (naß)	2,5	0,7	50	35	0,7	2,5
Kunststoffgranulat	1,3	0,7	25	5	0,7	2,0
Mehl	0,7	0,5	55	50	0,9	3,5
Sand (trocken)	2,5	1,6	35	20	0,7	2,5
Sägespäne	0,4	0,25	35	5	0,8	3,0
Zement	2,8	1,2	45	20	0,8	2,5

1.1.3. Förderhilfsmittel

Beim Transport von verhältnismäßig billigen Massengütern standen die Transportkosten im Vordergrund. Bei wertvollen Produkten mit geringem Stückstrom *aber* folgten sie erst hinter den Fertigungskosten, obwohl die Transport-, Umschlags-, Handlings- und Lagervorgänge nicht wertverbessernde Kosten darstellten. Erst nach der Erkenntnis, daß genormte oder betrieblich festgelegte Abmessungen von Förderhilfsmitteln für Stückgut wie Paletten oder Behälter – als *Ladeeinheiten* bezeichnet – eine erhebliche Bedeutung für die Mechanisierung und Automatisierung des innerbetrieblichen Transportes haben, wurde den Förderhilfsmitteln die ihnen zustehende Aufmerksamkeit entgegengebracht.

Die Bildung von Ladeeinheiten hat die Vorteile:

- Einsparung von Umladevorgängen
- Reduzierung von Handhabungszeiten
- Schonung des Fördergutes
- Erhöhung der Umschlagsleistung
- Kostenersparnis durch Abstimmung der Fördermittel auf Ladeeinheitsgröße
- Bildung von Fördersystemen und Transportketten
- Verringerung der Unfallgefahr
- Erleichterung der Mechanisierung/Automatisierung
- Senkung des Lagerflächenbedarfes durch stapelfähige Einheiten
- Erreichung des wirtschaftlichen Zieles: Ladeeinheit entspricht der Transporteinheit, Lagereinheit und Fertigungseinheit
- Einsparung an Verpackungskosten
- Sicherung gegen Diebstahl
- Reduzierung der Zeiten für Lagerbestandsaufnahmen.

Die Ladeeinheiten werden mittels Hand, durch Verpackungsmaschinen oder Palettiermaschinen (Bild 5.18) zusammengestellt. Die idealste Form des Transportes würde vorhanden sein, wenn vom Zulieferer über den Hersteller bis zum Verbraucher die Güter mit aufeinander abgestimmten Einheiten und Fördermitteln transportiert würden (Transportkette siehe Beispiel im Kapitel 2.7).

Um das optimale Förderhilfsmittel für den Betrieb ermitteln zu können, sind eine Reihe von Fragen zu untersuchen und zu beantworten, unter anderem:

- Welche *Eigenschaften* muß das Förderhilfsmittel haben? (offen/geschlossen; luft-, wasser- oder geruchsdicht; zerlegbar; stapelbar; wiederverwendbar)
- Welches *Material* muß das Förderhilfsmittel haben? (Papier, Holz, Pappe, Metall, Textil, Kunststoff)
- Welche *Art* und welche *Maße* muß das Förderhilfsmittel haben? (Behälter, Palette; Abmessungen nach DIN, Ladegewicht, Ladehöhe, Behältervolumen)
- Wie wird das Förderhilfsmittel *vom Fördermittel* aufgenommen? (längs, quer, von beiden Seiten, von oben, von unten)
- Welchen *Umwelteinflüssen* ist das Förderhilfsmittel ausgesetzt? (Temperatur, Feuchtigkeit, Staub, Witterung)
- Muß das Förderhilfsmittel *gereinigt* werden? (Desinfektion im Krankenhaus, Lebensmittelbetrieb; pharmazeutische Industrie).

Die wichtigsten Förderhilfsmittel sind Paletten, Pritschen, Behälter, Kästen und Container.

1. Paletten (DIN 15141 und 15146)

Zu unterscheiden sind:

- *Einwegpaletten* (verlorene Palette), meist an Großkartonage oder an Kisten zum außerbetrieblichen Transport mit Gabelstaplern angebracht; nur einmalige Verwendung; gleichzeitig als Montageträger bei Herd-, Kühlschrank- und Waschmaschinenfertigung
- *Zweiwegpaletten*, nur von zwei Seiten aufzunehmen
- *Vierwegpaletten*, von vier Seiten mit Fördermittel aufzunehmen (Bild 1.4). Einfahrhöhe für die Gabel: 100 mm; genormte Ladeflächen der Paletten in mm sind 800 X 1000; 800 X 1200 (Pool-Palette); 1000 X 1200. Größte Bedeutung hat die Pool-Palette aus Holz mit 1 t Tragfähigkeit, da sie durch vertragliche Vereinbarung der internationalen Eisenbahngesellschaften zwischen allen dem Palettenpool angehörenden Mitgliedern in Europa austauschbar ist und der Rücktransport entfällt.

Werkstoffe für Paletten sind Holz, Stahl, Aluminium, Kunststoff und Preßspan. Durch *Aufsteck-* und *Aufsetzrahmen* (Bild 1.5) sind Paletten mit druckempfindlicher Ladung stapelbar und werden zu Stapel- oder Gitterbehältern. Eine Sonderkonstruktion für Fässer ist die stapelbare *Faßpalette* (Bild 1.6) für zwei oder drei Fässer.

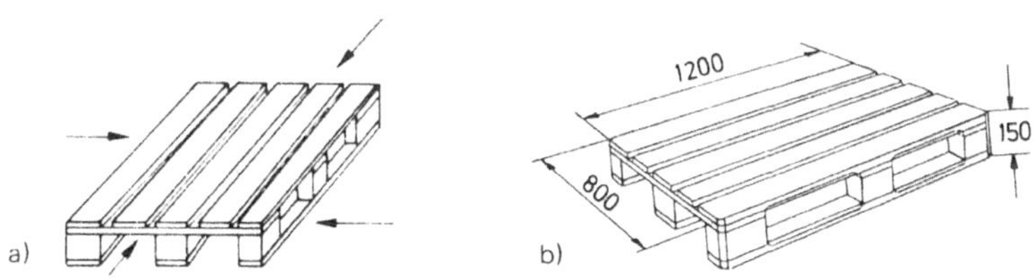

Bild 1.4. Vierweg-Palette a) allgemein b) Pool-Palette

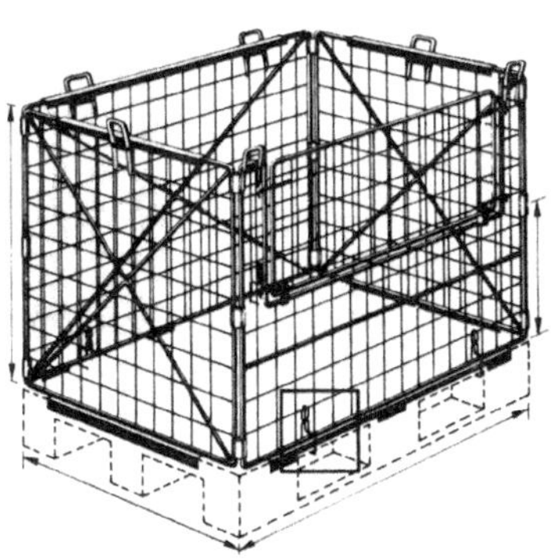

Bild 1.5. Palette mit Aufsetzrahmen

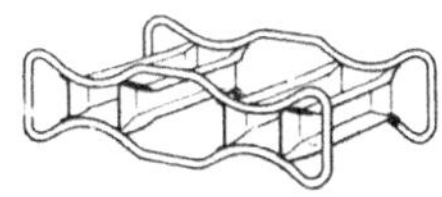

Bild 1.6. Faßpalette

Bei Langgutlagerung benutzt man stapelbare *Rungengestelle, Rungen* und *Sichtkörbe* (Bild 1.7; Wannenpaletten) für Kragarmregale, auch in stapelbarer Ausführung.

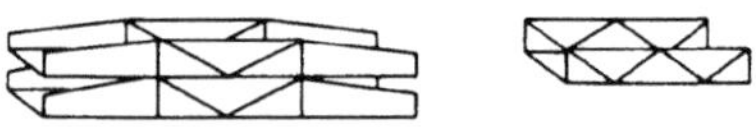
a) b)

Bild 1.7
Sichtkörbe für Langgut
a) stapelbar
b) für Kragarmregal

2. Pritschen

Auf Stahlfüßen stehende Holzböden sind Ladepritschen (DIN 15132) und werden in Verbindung mit Handhubmitteln verwendet. Rollpritschen besitzen zwei Rollen und können mit dem Hubroller (Bild 4.4a) über kurze Entfernungen transportiert werden.

3. Behälter

Sie dienen sowohl dem Transport als auch der Bereitstellung und Lagerung von schweren Teilen. Sie sind meist stapelbar (Regalbildung), besitzen Seitenklappen oder Sichtöffnungen. Hauptvertreter sind die

- *Gitterboxpalette* (Bild 1.8), deren nutzbares Innenmaß (DIN 15155) 800 X 1200 X 800 mm mißt (Laderaum 0,75 m^3) bei einer Tragfähigkeit von 1 t. Fünffache Stapelung bei maximaler Belastung ist möglich. Eine Längswand ist durch schwenkbare Ladeklappen unterteilt. Dieser stapelbare europäische Tauschbehälter wird überwiegend mit dem Gabelstapler transportiert.

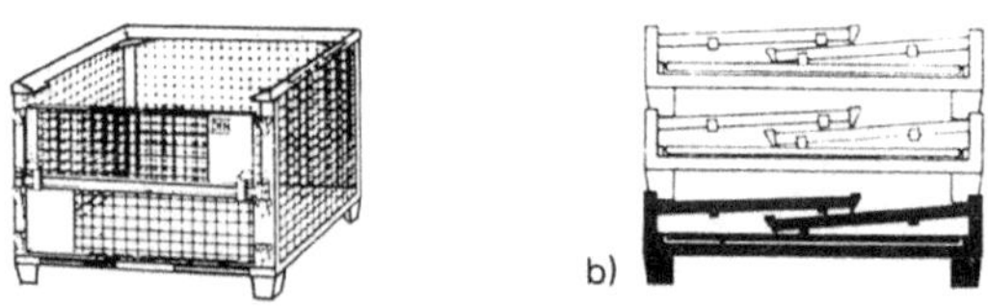
a) b)

Bild 1.8
a) Pool-Gitterboxpalette
b) faltbare Gitterboxpalette

- *Transport-* und *Stapelbehälter* (Bild 1.9) aus Stahl, auch als Lagersicht- oder Gitterbehälter ausgebildet, werden meist für schwere Teile, Vollmaterial, Guß- und Schmiedeteile benutzt. Die Fangecken sind mit Kranösen versehen, die Füße als Gabeltaschen konstruiert. Spezialausführungen: als Schüttbehälter mit Fallboden; zusammenlegbarer Behälter für den Leertransport oder als Silobehälter auf Stahlpalette montiert.

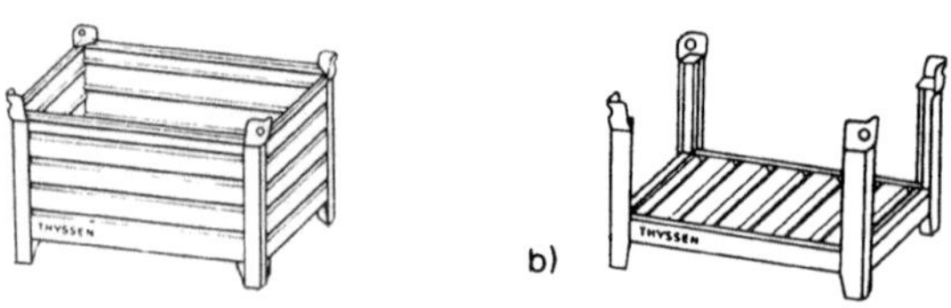
a) b)

Bild 1.9
a) Transport- und Stapelbehälter
b) Stapelgestell

4. Kästen

Kästen aus verzinktem oder lackiertem Stahl, aus farbigem Kunststoff, die in verschiedensten Abmessungen so konstruiert sind, daß zwei Kästen immer quer auf die nächst größere Ausführung passen, sind ausgebildet als Lager-, Sicht- oder Transportkasten (Bild 1.10) mit Tragstäben oder Griffen zum Transport, zur Bereitstellung und Lagerung von Kleinmaterial. Gefordert wird hierbei: genormte Maße, platzsparend im Leerweg, praktische Griffkonstruktion, stabil konstruiert, temperaturbeständig, handlich, sicher, stapelbar, universell einsetzbar, leicht zu säubern, glatte Innenfläche, schlag und stoßfest. Ferner soll vorhanden sein: Zubehör in Form von Abdeckungen, Einsätzen und Unterteilungen jeglicher Art sowie seitliche Lochkartenträger und sichtbare Inhaltskennzeichnung. Es sind gelochte Kästen für Entfettungs-, Wasch- und Trocknungsanlagen auf dem Markt.

Bild 1.10
Lagersichtkästen im Fachregal

5. **Container** (V-DIN 15190)

Darunter versteht man genormte Großbehälter und benutzt sie zur Bildung von Ladeeinheiten für unverpacktes, leicht verpacktes, nässeempfindliches Gut, aber auch für Einzelstücke wie Palettenladung oder Maschinen. In Abmessungen, Tragfähigkeit und Anschlagösen bzw. Drehzapfen (Bild 5.24) sind Container genormt, die für den internationalen Tauschverkehr in Groß-Container, ISO-Reihe 1 (Tafel 1.4) und in Container, ISO-Reihe 2 für den Eisenbahnverkehr zu unterscheiden sind.
Container müssen ein fünffaches Übereinanderstapeln erlauben und mit Gabelstaplern befahrbar sein. Manipuliert und gestapelt werden die Container durch Krane mittels Spreader, Ladebrücken, Portalstapler usw. (Bild 5.37). Besonders wichtig ist das sach-

Tafel 1.4. Containergrößen der ISO-Reihe 1

Bezeichnung der Container	Schematische Darstellung	Abmessungen						zul. Brutto-Gewicht
		Höhe			Breite			
		mm	ft	in	mm	ft	in	t
1 A	12190 mm ≙ 40′ ▭	2435	8	–	2435	8	–	30
1 C	6055 mm ≙ 19′ 10,5″ ▭	2435	8	–	2435	8	–	20
1 D	2990 mm ≙ 9′ 9,75″ ▭	2435	8	–	2435	8	–	10

gerechte Verstauen und Vertäuen der Ladung im Container, damit bei Beschleunigungs- oder Verzögerungsvorgängen (Begrenzung 2 g) oder bei Wellengang die Ladung nicht verrutscht bzw. beschädigt. Zu beachten ist, daß durch Temperaturschwankungen Schwitzwasser entstehen kann; dadurch können Lebensmittelladungen verderben oder Maschinenteile anrosten.

Sonderausführungen sind: Kühl-Container, Container für Flüssigkeiten, Flach-Container (Flats), Flug- und Schwimm-Container.

1.1.4. Gesichtspunkte zur Transportplanung

Die Erkenntnis der letzten Jahre zeigt, daß nur über eine ganzheitliche system- und entscheidungsorientierte Betrachtungsweise der Transportmöglichkeiten optimale Transportplanungen erreicht werden. Die Aufgabe der Planung und der Dimensionierung von Förderanlagen besteht darin, für alle im Betrieb vorkommenden Materialbewegungen das zweckmäßigste und geeignetste Fördermittel bezüglich Fördergut, Förderweg, Massen- und Stückstrom so auszuwählen, daß eine gute Auslastung bei optimaler Leistung erreicht wird. Die Förderprobleme sind vielschichtig und vielseitig,und um ein vorgegebenes Förderprogramm bewältigen zu können, müssen *technische, wirtschaftliche* und *organisatorische* Probleme betrachtet und gelöst werden. Zur Durchführung einer Planung und Dimensionierung einer Förderaufgabe genügt ein rein funktionsbezogenes Denken nicht mehr, sondern es ist ein ganzheitliches Denken, ein Systemdenken, erforderlich. Planungsgrößen und Randbedingungen sind zu ermitteln wie

- genau formulierte *Aufgabenstellung*
- *Art des Fördergutes* und seiner mechanischen, physikalischen und chemischen Eigenschaften (Kapitel 1.1.2)
- *Fördergutstrom* als Massenstrom in t/h oder Volumenstrom in m^3/h. Maximale und minimale Förderung, gleichmäßige, wechselnde oder stoßweise Zustellung des Fördergutes
- *Art des Förderweges,* Länge in m mit Angaben über Form, Neigung, Steigung (Linienführung), Vertikal- und Horizontaltransport, Anforderung an örtliche Gegebenheiten ohne Behinderung vorhandener Förderer
- *Art des Antriebes* wie Schwerkraft, Handantrieb, Elektroantrieb, verbrennungsmotorischer Antrieb, pneumatischer oder hydraulischer Antrieb (Kapitel 1.2); regelbare Geschwindigkeit, Reversierbarkeit, automatische Steuerung
- *Art der Energiezufuhr* wie Batterie, Schleppkabel, Schleifleitungen, Druckluft (Kapitel 1.2)
- *Länge der Betriebsdauer* wie unterbrochener, stetiger, ein- oder mehrschichtiger Betrieb
- *Art der Be- und Entladung,* von Hand, mechanisch, automatisch, Zwischenabgaben, verstellbare Auf- und Abgaben
- *Art und Zahl der Übergabestellen*
- *Art der Bedienung und Wartung,* Narrensicherheit der Bedienung, leichte Auswechselbarkeit von Verschleißteilen

- *Art des Umgebungseinflusses* je nach Einsatz im Freien, in der Halle, in den Tropen, Raumtemperatur, Feuchtigkeit, Wind, Vereisung, Feuer- und Explosionsgefahr, Staub, aggressive Dämpfe
- *Art der Sicherheitsvorkehrung* gegen Feuer, Diebstahl, Berührungsschutz, Betriebssicherheit
- *Art der konstruktiven Gestaltung* als Baukastensystem, in Leichtbauweise; Transport-, Montage- und Erweiterungsmöglichkeit
- *Höhe der Investitionen* und der *Betriebskosten*, Wirtschaftlichkeit (Kapitel 1.1.5)
- *Art des Anschlusses* an vorhandene Fördermittel, Förderhilfsmittel oder Fördersysteme bezüglich Anschlußmaße (Türen, Tore, Raumhöhe, Bodenbeläge, Deckentragfähigkeit), Gutauf- und Gutabgaben, Geschwindigkeit, Anbaugeräte
- *Kenntnis* der einzuhaltenden *gesetzlichen Bestimmungen*, besonders Verordnungen und Vorschriften für Lärm, Staubentwicklung, CO-Gehalt, Unfall-Verhütungs-Vorschriften, Arbeitsschutz-Bestimmungen, Sicherheitsvorschriften, Verpackungsvorschriften.

Die Vorgehensweise bei einer Transportmittelwahl besteht zunächst darin, die soeben beschriebenen Planungsgrößen zu ermitteln, zu verarbeiten und festzulegen. Anschließend sind die für die vorliegende Aufgabe geeigneten Fördermittel zu bestimmen, und über eine Wirtschaftlichkeitsrechnung ist der optimale Förderer festzustellen. Ob es sich um eine Produktionsumstellung oder -erweiterung handelt, ob es die Neugestaltung des Materialflusses ist, in jedem Fall ist eine gründliche Vorplanung erforderlich mit dem Ziel, verbindliche Planungs- und Dimensionierungsdaten zu erhalten. Der Planer oder Konstrukteur muß Kenntnisse auf dem Gebiet des Maschinenbaues, der Elektrotechnik, der Werkstoffkunde und der Steuerungstechnik besitzen, um eine wirtschaftliche und kostengünstige Lösung einer Transportaufgabe anbieten und durch Benutzung von Baueinheiten möglichst kurze Bauzeiten erreichen zu können. Er muß einen Einblick in die Verpackungstechnik haben und im Materialfluß und in der Lagertechnik bewandert sein. Charakteristische Merkmale beim Einsatz und Anwendung von Stetig- und Unstetigförderern in Verbindung mit automatischen Steuervorrichtungen (Zielsteuerung Kapitel 1.8) sind Voraussetzung. Der Planer muß die Transportbeanspruchung während des Fördervorganges im voraus abschätzen können und nach all diesen Kriterien die Transportplanung durchführen.

1.1.5. Wirtschaftlichkeit, Kosten

Transport-, Umschlag- und Lagervorgänge verursachen Kosten, ohne im allgemeinen eine Wertverbesserung zu erzeugen. Um diese Materialflußkosten zu minimieren, muß eine rationelle Güterbewegung angestrebt werden. Von der richtigen Wahl des Förderers, des Fördersystems oder der gesamten Transportkette hängt das Resultat der Planung ab, denn mit der Wahl des Fördermittels liegen auch die laufenden Kosten (Betriebskosten) fest.

Nach der Prüfung, ob sich nicht der Transport des Fördergutes durch irgendwelche Maßnahmen vermeiden läßt, sind Gesichtspunkte für eine wirtschaftliche Transportgestaltung:

- kurze Transportwege anstreben
- geeignete Transport- und Lagereinheiten bilden
- Umladen von Fördergut vermeiden

- optimale Auslastung von Fördermitteln anstreben
- Leerfahrten und Wartezeiten durch organisierten und geplanten Einsatz verhindern
- manuelle Transportarbeiten vermeiden
- Fertigungsvorgänge wie Sortieren, Erwärmen, Befeuchten oder Kühlen mit Fördervorgängen kombinieren
- typisierte, standardisierte Baueinheiten, Baukastensysteme verwenden
- Einsatz von Stetigförderern prüfen, die bei hohen Geschwindigkeiten kleine bauliche Maße erhalten und geringe Totmassen bewegen
- Zugänglichkeit zu auswechselbaren Bauteilen ermöglichen
- Randbedingungen beachten: internes und externes Transportsystem zweckmäßig verknüpfen.

Bei der Suche nach dem geeignetsten und wirtschaftlichsten Fördermittel für ein Förderproblem ergeben sich immer mehrere Lösungen. Die beste Lösung kann einmal durch eine *Bewertungsmatrix* mittels gewichteten Kriterien (Beispiel 6.5) ermittelt oder mit Hilfe eines *Wirtschaftlichkeitsvergleiches* gefunden werden. Bei solch einem Vergleich ist von einer bestimmten Lebensdauer auszugehen, die Umrechnung der Investitionen (Anschaffungskosten) in kalkulatorische Zinsen und Amortisation durchzuführen und zwischen fixen (festen), vom Transport unabhängigen, und variablen (beweglichen), vom Transport abhängigen Kosten zu unterscheiden.

Um Fördermittel und Fördervorgänge vergleichen zu können, dienen Kennzahlen (Kapitel 6.2.1).

Die Vorgehensweise bei einer Wirtschaftlichkeits-Vergleichsrechnung ist:

1. die Ermittlung der fixen und variablen Kosten jedes Fördermittels
2. die Errechnung der Betriebskosten pro Zeiteinheit
3. der Vergleich der Betriebskosten, Bestimmung des optimalen Fördermittels und Darstellung der Ergebnisse mit kritischer Betrachtung von Varianten (Beispiele 4.2; 5.3 und 5.4).

Die Betriebskosten eines Fördermittels (Förderanlage) setzen sich aus den *fixen* Kosten, unterteilt in Kapitalkosten, Abschreibungen, fixe Reparaturkosten und fixe Lohnkosten, und aus den *variablen* Kosten, unterteilt in Unterhaltungs- und Reparaturkosten (Wartungskosten), Energie- und Lohnkosten zusammen.

Das eingesetzte Kapital (Investitionssumme aus Beschaffungskosten der Anlage, Bau- und Montagekosten, Kosten für die Ausbildung des Bedienungspersonals, Planungskosten, Vorfinanzierungskosten) muß verzinst und durch die Abschreibung abgetragen werden

$$\text{Jährliche Kapitalkosten} = \frac{\text{Investitionssumme}}{2} \cdot \text{Zinsfuß} \qquad (1.1)$$

Diese Formel gilt
- für Durchschnittsrechnung: für alle Jahre wird ein als gleich angenommener Zinsfuß eingesetzt, der nicht der wirklichen Zinsbelastung pro Jahr entspricht
- ohne Berücksichtigung von Zinseszinsen.

Die kalkulatorische Abschreibung entspricht dem effektiven Wertverbrauch und beträgt für die lineare Abschreibung

$$\text{Jährliche Abschreibungskosten} = \frac{\text{Investitionssumme}}{\text{wirtschaftliche Lebensdauer}} \qquad (1.2)$$

Die Anwendung dieser Formel gilt nur

- bei Inflationsrate = 0
- bei wirtschaftlicher Lebensdauer = technischer Lebensdauer, wobei die wirtschaftliche Lebensdauer eine Funktion des Nutzens, des technischen Fortschritts und des Produktionsprogramms ist,
- bei wirtschaftlicher Lebensdauer, die unterschiedlich zur steuerlich anerkannten Lebensdauer ist.

Fixe Reparaturkosten pro Jahr sind für die periodischen Kontrollen zu berücksichtigen, die unabhängig von der Betriebsstundenzahl durchgeführt werden. Fixe Lohnkosten treten bei der Betrachtung eines ganzen Fördersystems auf.

Unterhaltungs- und Reparaturkosten enthalten die Kosten für Löhne, Material und Ersatzteilen von Reparaturen und Wartung. Energiekosten beinhalten die Ladekosten bei Batteriebetrieb, die Stromkosten für elektrische Antriebe und Geräte, Brennstoffkosten bei Verbrennungsmotoren, außerdem Abschreibung und Verzinsung von Zusatzbatterien, Reifen, da deren Lebensdauer immer geringer ist als die des Fördermittels. Zu den variablen Kosten gehören auch die Lohnkosten des Bedienungspersonals. (Bild 1.11 und Tafel 4.7 im Beispiel 4.2).

Diese Kostenbetrachtung ist unter der Voraussetzung zu sehen, daß für alle Investitionsobjekte die Ertragsseite (Leistung) gleich groß ist. Die Entscheidung für ein Fördermittel ist mithin eine Funktion der Einsatzzeit, denn Belastung, Produktionsprogramm, Kosten und Leistung sind Funktionen der Zeit.

Aus Bild 1.12 geht das Einsatzgebiet von Handtransport, Flurförderer und Stetigförderer in Abhängigkeit von Kosten und Einsatzdauer (Auslastung) hervor.

Die hier vereinfacht wiedergegebenen Methoden für eine Wirtschaftlichkeits- bzw. Kostenvergleichsrechnung reichen bei der Grobentscheidung auf der Basis von Richtangeboten aus, um Fördermittel, Förder- oder Lagersysteme in vielen Fällen auszuwählen.

Handelt es sich nicht nur um die Auswahl oder den Kauf eines Fördermittels, sondern z.B. um einen Lagerneubau, so muß man sich über alle anfallenden Kosten Rechenschaft ablegen. Zu den Investitionskosten gehören hier die

- Grundstückskosten mit dem Kaufpreis, die Nebenkosten (Grunderwerbssteuer) und die Erschließungskosten für die Baureifmachung des Grundstückes
- Baukosten für Gebäude mit Heizung, Lüftung, Sanitärtechnik, Beleuchtung
- Kosten für Außenanlagen mit Ver- und Entsorgung, Beleuchtung, Abgrenzung
- Kosten für Sondereinrichtungen wie Feuerlöscheinrichtungen, Sprinkleranlagen
- Kosten für die Lagereinrichtungen wie Regale und Paletten
- Kosten für Förderanlagen mit Kaufpreis, Fracht, Montagematerial und Montagekosten
- Planungs- und Vorfinanzierungskosten.

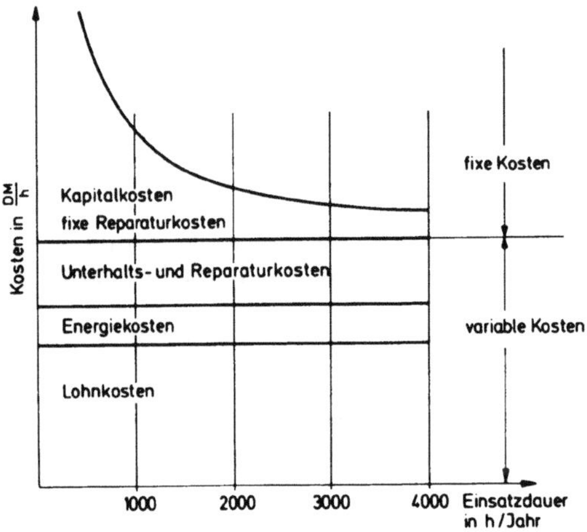

Bild 1.11
Kostenstruktur für Fördermittel

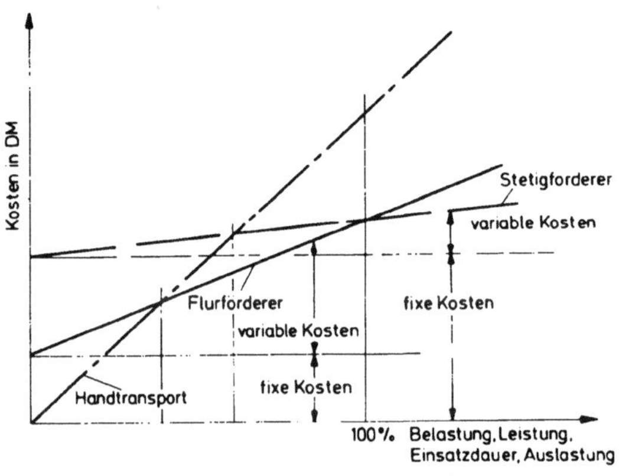

Bild 1.12
Einsatzgebiet von Handtransport, Flurförderer und Stetigförderer in Abhängigkeit von Kosten und Einsatzdauer

Um die Betriebskosten zu erhalten, muß das auszuführende Lagersystem vorliegen, und über einen Wirtschaftlichkeitsvergleich ist das optimale Lagersystem aus den anstehenden Varianten zu ermitteln, wobei von den vorgegebenen statischen, dynamischen und strukturellen Daten auszugehen ist. Kostenvergleiche sind dabei mit sinnvoll gewählten Kennzahlen möglich (Tafel 5.13 im Beispiel 5.4).

1.1.6. Normen, Richtlinien, Vorschriften

Um dem Planer und Konstrukteur Hilfestellung beim Auslegen von Bau- und Maschinenteilen zu geben, ihm in Sicherheitsfragen zu beraten, Verantwortung abzunehmen, einheitliche und sinnvolle Größen festzulegen, Ersatzteilhaltung zu ermöglichen und Ersatzteillager zu minimieren,sind für alle Betriebs- und Wirtschaftsbereiche *Normen, Vorschriften, Richtlinien* und *gesetzliche Bestimmungen* erarbeitet worden, die teilweise internationale

Bedeutung (ISO-Normen) haben. Obwohl alle diese Vorschriften freiwillige Gesetze darstellen, werden sie fast allen Verträgen zugrunde gelegt und bei gerichtlichen Auseinandersetzungen als die allgemeingültigen Regeln der Technik betrachtet. Es ist daher notwendig und erforderlich, sich vor jeder Planung, Konstruktion oder Ausarbeitung die für das behandelte Gebiet entsprechenden Normen und Vorschriften zu besorgen.

Normen und Vorschriften werden laufend den neuesten Erkenntnissen der Technik angepaßt, ergänzt, geändert oder aus dem Verkehr gezogen. Beim Bau eines *Fahrzeugkranes* sind außer den DIN-Normen, VDI-Richtlinien und VDE-Bestimmungen noch folgende Unfallverhütungsvorschriften (UVV), die sowohl zur Prüfung wie auch zur Überwachung gelten, zu beachten

UVV „Allgemeine Vorschriften"	–	VBG 1
UVV „Elektrische Anlagen"	–	VBG 4
UVV „Arbeitsmaschinen"	–	VBG 7a
UVV „Winden"	–	VBG 8a
UVV „Auslegerkrane"	–	VBG 8f
UVV „Fahrzeuge"	–	VBG 12
UVV „Leitern und Tritte"	–	VBG 74

Damit der Fahrzeugkran am Verkehr auf öffentlichen Straßen teilnehmen darf, muß ein KFZ-Sachverständiger das Fahrzeug auf Einhaltung der Straßenverkehrs-Zulassungsordnung (StVZO) prüfen.

Elektroseilzüge müssen nach den Berechnungsregeln für Serienhebezeuge der Fédération Européenne de la Manutention (FEM; Verband der Europäischen Hebezeughersteller) ausgelegt sein.

Ebenso wie der Verein Deutscher Maschinenbau-Anstalten (VDMA) werden vom Ausschuß für wirtschaftliche Fertigung (AWF) Richtlinienblätter für die unterschiedlichsten Bereiche herausgegeben.

ISO-Normen (International Organization for Standardization, Internationale Organisation für Normung) sind heute schon für viele Fördermittel bindende Vorschriften.

Wichtige Normen zum Kapitel 1.1

DIN-Normen

DIN	15 132	11.55	Flurfördermittel; Ladepritschen und Aufbauten
	E 15 141	3.75	Flachpalette; Formen und Hauptmaße
	15 142 Bl. 1	2.73	Flurfördergeräte; Boxpaletten, Rungenpaletten; Hauptmaße und Stapelvorrichtungen
	15 144	7.62	Flurfördergeräte; Gitterboxpaletten mit abnehmbarer geteilter Vorderwand
	E 15 145	1.75	Begriffe für Paletten
	15 146 Bl. 1	9.70	Flurfördergeräte; Vierwege-Flachpaletten aus Holz; 800 mm × 1000 mm
	15 146 Bl. 2	9.70	Flurfördergeräte; Vierwege-Flachpaletten aus Holz; 800 mm × 1000 mm; Europäische Tauschpalette
	15 146 Bl. 3	9.70	Flurfördergeräte; Vierwege-Flachpaletten aus Holz; 1000 mm × 1200 mm
	15 146 Bl. 4	9.70	Flurfördergeräte; Vierwege-Flachpaletten aus Holz; Schraubnägel mit Linsenkopf

15 147	6.69	Flachpaletten aus Holz; Gütebedingungen
15 148	7.68	Flurförderergeräte; Boxpaletten aus Holz aus Flachpaletten mit zusammensteckbaren Aufsetzrahmen
15 150	10.63	Flurförderergeräte; Ansteckbretter für Flachpaletten
15 155	7.67	Flurförderergeräte; Gitterboxpalette mit 2 Vorderwandklappen; 800 mm × 1200 mm; Europäische Tauschpalette
15 156 Bl. 1	7.67	Flurförderergeräte; Gitterboxpaletten; Technische Lieferbedingungen
V 15 190 Bl. 1	5.73	Frachtbehälter; ISO-Container der Reihe 1; Hauptmaße Eckbeschläge
V 15 190 Bl. 3	1.73	Frachtbehälter; ISO-Container der Reihe 1; Handhaben und Belastungen beim Befördern
V 15 190 Bl. 5	1.73	Frachtbehälter; ISO-Container der Reihe 1; Greifkanten, Gabeltaschen, Gooseneck-Tunnel
V 15 190 Bl. 101	8.74	Frachtbehälter; Binnencontainer, Nenngrößen, Hauptmaße
V 15 190 Bl. 102	8.74	Frachtbehälter; Binnencontainer; Geschlossene Bauart
V 68 160	1.74	Einmal-Paletten aus Holz und Holzwerkstoffen
V 68 161	1.74	Flachpaletten aus Holz und Holzwerkstoffen; Empfehlungen für das Handhaben

VDMA-Einheitsbehälter

VDMA 15 192	3.68	Frachtbehälter; ISO-Frachtbehälter 1F, Einheits-Frachtbehälter für den Tauschverkehr

ISO-Normen

ISO/R	198	1961	Doppeldeck-Flachpaletten für den durchlaufenden Güterverkehr
	668	1970	Maße und zulässige Bruttogewichte von Frachtbehältern
	790	1973	ISO-Container der Reihe 1; Beschriftung
	1496/I	1974	ISO-Container der Reihe 1; Spezifikation und Prüfung; Stückgut-Container
	1496/III	1974	ISO-Container der Reihe 1; Spezifikation und Prüfung; Tankcontainer für Flüssigkeiten und Gase
	1496/VII	1974	ISO-Container der Reihe 1; Spezifikation und Prüfung; Luftfracht-Container
	1894	1975	ISO-Container der Reihe 1; Mindestabmessungen
	2716	1972	Identifizierungs- und Markierungs-Code für Container

AWF-Blätter zum Lagern brennbarer Stoffe

AWF	7	Maßnahmen zur Brandverhütung (1951)
	45	Zweckmäßige Lagerung von Kohle mit Ausnahme von Brennstaub (1961)
	56	Vermeidung von Gefahren bei Kohlenstaubanlagen (1949)
	75	Lagerung gasförmiger Brennstoffe in ortsbeweglichen Behältern (1949)

VDI-Richtlinien

VDI	2363	Stapelbehälter für Lacke
	2374	Batteriestammkarte
	2375	Batterieüberwachungskarte
	2383	Stapelbehälter mit Traggestell für Flüssigkeiten und zähflüssige Güter, Nenninhalt 800 bis 2600 l
	2393	Materialklassifikation für Schüttgut
	2415	Behandlung von Paletten (Merkblatt)
	2418	Typenblatt für Palettenregale
	2496	Stahlpalette
	2683	Typenblatt für ISO-Frachtbehälter der Reihe 1 nach DIN 15 190

2684 Prüfblatt für ISO-Frachtbehälter der Reihe 1 nach DIN 15 190
2694 Bunker und Silos zur Speicherung von Schüttgut
3306 Form und Maße von Kästen aus Kunststoff (Handkästen)
3563 Stetigfördern von Kleinbehältern und Paletten

1.1.7. Fragen

1. Womit befaßt sich die Fördertechnik und wie kann sie ein- und unterteilt werden?
2. Erklären Sie mit Beispielen den stetigen und den unstetigen Fördervorgang.
3. Wodurch werden Stückgüter gekennzeichnet und welche physikalischen Eigenschaften dienen zur Klassifizierung des Schüttgutes?
4. Nennen und charakterisieren Sie Förderhilfsmittel.
5. Welche Vorteile hat die Bildung von Ladeeinheiten?
6. Nennen Sie mindestens 10 Gesichtspunkte, die zur Planung und Dimensionierung einer Förderaufgabe erforderlich sind.
7. Geben Sie Gesichtspunkte für eine wirtschaftliche Transportgestaltung an.
8. Woraus ermitteln sich die fixen Kosten und wie setzen sich die Betriebskosten eines Fördermittels zusammen?
9. Was versteht man unter einem Transportsystem und was unter einer Transportkette?
10. Welche Bedeutung haben Normen, Richtlinien und gesetzliche Vorschriften?

1.2. Antriebsarten

1.2.1. Gesichtspunkte zur Auswahl des Antriebes

Um aus den verschiedensten Antriebsarten die bestmögliche für ein Fördermittel auswählen zu können, müssen die Anforderungen an den Antrieb bekannt sein. Diese Anforderungen stellen bereits Auswahlkriterien dar wie:

Betriebsdauer (gelegentlich, ständig, ein- oder mehrschichtig) Geschwindigkeit (gering, hoch, regelbar), Anfahrmoment, Vollastmoment, Überlastbarkeit, Beschleunigung, Betriebsbereitschaft, Austauschbarkeit, Bedienung, Wartung, Steuerbarkeit, Raumbedarf, Lärmgröße, Abgaszusammensetzung, Geruchsbelästigung, Energieverbrauch, Wirkungsgrad, Anschaffungspreis, Betriebskosten.

Zur Antriebsauswahl sollten das Einsatzgebiet (im Freien, in der Halle), die Umgebungseinflüsse (Temperatur, Feuchtigkeit, Staub, Explosionsgefahr) und die zulässigen Emissionen (Lärm, Abgase) festliegen. Der Zustand, die Art und die Länge des Förderweges (Horizontaltransport, Vertikaltransport) sind wichtige Auswahlkriterien. Der Planer oder Konstrukteur muß die Vor- und Nachteile sowie den Drehmomenten-Drehzahl-Verlauf der einzelnen Antriebsarten kennen.

Es gibt *Antriebsmaschinen*, die fast gleichbleibende Drehmomente liefern, z.B. Elektromotoren, oder Antriebsmaschinen, die ein periodisch verändertes Drehmoment abgeben z.B. Kolbenmotoren. *Arbeitsmaschinen* können ein gleichbleibendes Drehmoment verlangen, z.B. Stetigförderer, oder ein periodisch verändertes Drehmoment fordern, z.B. Kolbenpumpen für pneumatische Förderung. Hebezeuge dagegen werden stoßartig belastet. Für die Antriebsauswahl ist also immer das Betriebsverhalten von Antriebs- und Arbeitsmaschine maßgebend, und zwar muß der *Anfahrvorgang* und der *Beharrungszustand* untersucht (Kapitel 1.3.4) und Überlegungen angestellt werden, ob unter Last oder im Leerlauf angefahren werden kann.

Handelt es sich um Stetigförderer, die mit einem Antrieb versehen werden müssen, so sind Dauerbetrieb und wenige Schaltungen, also normale Beanspruchungen die Regel. Unstetigförderer dagegen stellen bezüglich der Größe des Anlaufmomentes durch häufiges Schalten und dauernder Drehzahländerung hohe Anforderungen an den Antrieb.

1.2.2. Handbetrieb

Merkmale: nur für kurze Wegstrecken (bis 25 m), bei geringen Lasten, unbedeutenden Steigungen und guter Fahrbahn einzusetzen. Ziehen und Schieben von Karren, Wagen und Roller (Kapitel 4.2), benötigt normal eine Handkraft von ca. 300 N pro Mann bei einer Geschwindigkeit von 0,8 m/s; dies entspricht einer Leistung von
$P = 300 \cdot 0{,}8 = 240\ \text{W} = 0{,}24\ \text{kW}$.

1.2.3. Schwerkraftantrieb

Merkmale: billigste Energieart, bei Materialflußgestaltung im Geschoßbau, in hügeligem Gelände nach Möglichkeit einsetzen (Rollen- und Röllchenbahnen, Durchlaufregale, Rutschen).

1.2.4. Verbrennungsmotorischer Antrieb

Merkmale: Als Energieträger dienen Benzin, Dieselkraftstoff (Öl) und Flüssiggas. Der Otto-(Benzin-) Motor wird bei kleinen Leistungen eingesetzt, ist aber von dem schnellaufenden Dieselmotor weitgehend verdrängt worden. Die Entwicklung geht zum luftgekühlten Viertakt-Dieselmotor. Die Übertragung der Leistung erfolgt über Kupplung, Getriebe, Strömungskupplung, Strömungsgetriebe oder elektrisch (Generator).

Um über die Leistung eines Motors etwas aussagen zu können, muß man nicht nur seine maximale Leistung kennen, sondern auch die Drehzahl, bei der sie abgegeben wird. Der Verbrennungsmotor hat entsprechend Bild 1.13 einen ungünstigen Leistungs- und Drehmomentenverlauf über der Drehzahl. Die Leistung nimmt mit steigender Drehzahl zu und sinkt erst bei hohen Drehzahlen wieder ab. Das für den Anfahrvorgang, für die Beschleunigung aus dem Stand, für Steigerungen zur Verfügung stehende Drehmoment ist also gering.

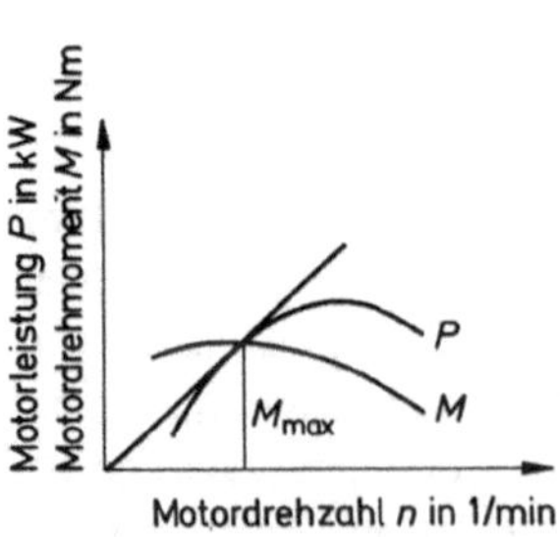

Bild 1.13. Qualitativer Verlauf von Leistung und Drehmoment zur Drehzahl eines Verbrennungsmotors

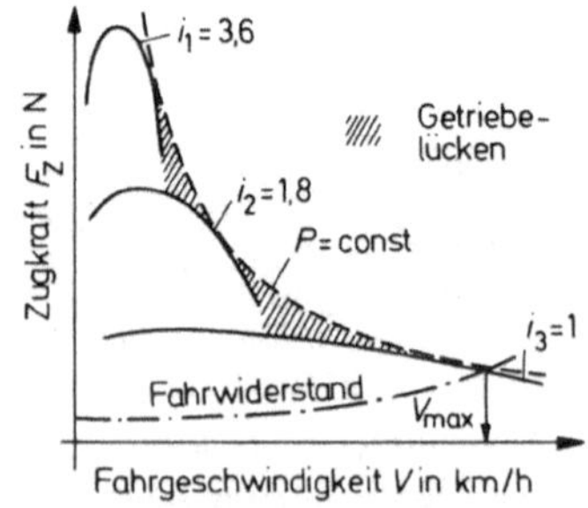

Bild 1.14. Zugkraftkurven und Getriebelücken von Verbrennungsmotoren eines 3-Ganggetriebes

Laut Gleichung

$$i = \frac{M_2}{M_1} = \frac{n_1}{n_2}$$

gibt es verschiedene Mittel,das Drehmoment zu erhöhen, so z.B. durch Schaltgetriebe ($i > 1$), wodurch das Drehmoment erhöht und dadurch Beschleunigung und Steigvermögen verbessert werden. Nachteilig ist die gleichzeitig im gleichen Verhältnis reduzierte Drehzahl und die Verlustarbeit durch die auftretende Reibung in den Zahnrädern und in den Lagern. Die zur Verfügung stehende Motorleistung wird durch jedes nachgeschaltete Zahnradpaar vermindert (Wirkungsgrad $\eta \approx 0{,}94$), oder umgekehrt muß die Antriebsleistung für jedes zwischengeschaltete Zahnradpaar um den Faktor $\frac{1}{\eta}$ höher sein als die geforderte Antriebsleistung. Da die Motordrehzahl (ca. 5000 1/min) begrenzt ist, wird durch die Übersetzungsänderung mit Schaltgetriebe das jeweils notwendige Drehmoment bei entsprechender Drehzahl hergestellt. Die schematischen Gegenüberstellungen von Zugkraft und Fahrgeschwindigkeit in Bild 1.14 zeigen, daß vielgängige Getriebe die kleinsten Getriebelücken (schraffierte Fläche) aufweisen, so daß bei allen Fahrzuständen der Motor optimal genutzt werden kann. Diese schraffierten Flächen stellen ein Maß für die Güte der Annäherung an den hyperbolischen Drehmomentenverlauf bei konstanter Leistung dar (Bild 1.22).

Die Kraftübertragung kann mechanisch oder hydraulisch durchgeführt werden. Mechanisch mittels Schaltkupplungen und -getriebe (hoher Bedienungsaufwand, viele Verschleißteile, aber einfach und guter Wirkungsgrad), hydraulisch mittels hydrodynamischer Getriebe mit Drehmomentwandlern und automatischen Schaltgetrieben (hoher Bauaufwand, teuer, aber beste Annäherung an den verlangten Drehmomentenverlauf) oder mittels hydrostatischem Antrieb (siehe Kapitel 1.2.6).

Schnelle Betriebsbereitschaft, hohe Fahr- und Hubgeschwindigkeiten, großer Fahrbereich, Überwindung großer Steigungen, hohe Antriebsleistungen und dadurch höhere Transportleistung zeichnen den verbrennungsmotorischen Antrieb aus, der damit für den Außenbetrieb bei schlechten Wegen bevorzugt eingesetzt wird.

Nachteilig sind die geringe Überlastbarkeit, die Lastanpassung durch Schaltgetriebe, höherer Bedienungsaufwand, keine direkte Umsteuerbarkeit, das Anlaufen nur im Leerlauf, die Lärmbelästigung, die Erschütterungen, denen der Fahrer ausgesetzt ist, und die Verunreinigung der Luft durch Abgase, die in Räumen zu Gesundheitsschäden führt. Giftiger Bestandteil im Abgas ist das Kohlenmonoxyd (CO; Tafel 1.5). Ein CO-Gehalt in der Atemluft von 0,05 % führt in zwei Stunden zum Tode, von 0,3 % in 15 Minuten. Um einen gefährlichen CO-Gehalt zu vermeiden, ist entweder zusätzliche Lüftung vorzusehen oder eine Abgaswascheinrichtung zu benutzen, die einer täglichen und sorgfältigen Wartung bedarf. Der Otto-elektrische oder Diesel-elektrische Antrieb besitzen stufenlose Verstellbarkeit und Fortfall von Kupplung und Gangschaltung, aber erhöhten Aufwand und Kraftbedarf.

Tafel 1.5. CO-Gehalt in Abgasen

	CO-Gehalt (Volumen %) in Abgasen bei	
	Leerlauf	Vollast
Otto-Motor	4 bis 6 %	1 bis 4 %
Diesel-Motor	0,05 %	0,1 bis 0,3 %

Die Vorteile des Dieselmotors und das günstige Betriebsverhalten des Benzinmotors werden beim Betreiben des Verbrennungsmotors mit Flüssiggas (Propan-Butan-Gemisch) vereinigt. In zwei Systemen wird Flüssiggas angeboten, einmal in Wechselflaschen (Inhalt 11 kg), zum anderen in fest auf dem Maschinenaggregat montierten Flüssiggas-Behältern (Inhalt 15 und 20 kg). Bei der letzten Versorgungsform muß eine eigene Tankstelle vorhanden sein.

1.2.5. Elektromotorischer Antrieb

Drehstrom ist als öffentliches Versorgungsnetz vorhanden, als Antrieb kann der Asynchronmotor eingesetzt werden. Gleichstrom wird über den Generator erzeugt oder kann von einer Batterie abgegeben werden.

Gleichstrommotore (Bild 1.15a).

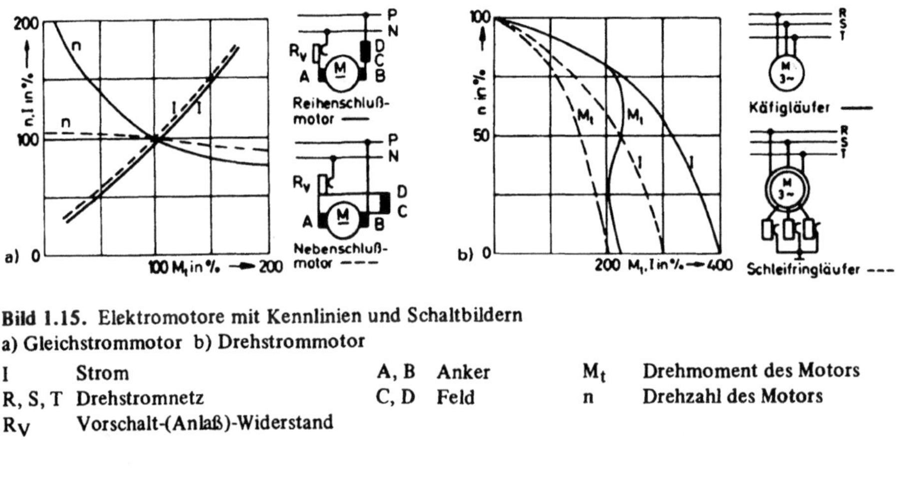

Bild 1.15. Elektromotore mit Kennlinien und Schaltbildern
a) Gleichstrommotor b) Drehstrommotor

I	Strom	A, B	Anker	M_t	Drehmoment des Motors
R, S, T	Drehstromnetz	C, D	Feld	n	Drehzahl des Motors
R_V	Vorschalt-(Anlaß)-Widerstand				

Beim *Reihenschlußmotor* (Hauptstrommotor) sind Anker- und Feldwicklung in Reihe geschaltet. Der Motor besitzt ein hohes Anzugsmoment. Die Drehzahl ist stark abhängig von der Belastung. Durch Umpolen der Ankerwicklung erreicht man Drehrichtungsänderung. Anwendung besonders für Flurförderer.

Beim *Nebenschlußmotor* sind Anker- und Feldwicklung parallel geschaltet. Die Drehzahl ist nur wenig von der Belastung abhängig. Geringes Anzugsmoment. Feinfühlige Drehzahlregulierbarkeit, daher Anwendung bei Aufzügen und Schachtförderanlagen.

Drehstrommotore (Bild 1.15b).

Der *Kurzschlußläufermotor* – auch Käfigläufermotor genannt – wird wegen des hohen Anlaufstromes oft mit einer Stern-Dreieck-Schaltung angefahren. Die Leiter im Läufer sind kurzgeschlossen. Der Motor besitzt weder Schleifringe noch Bürsten, sein Bauaufwand ist gering, er ist robust, wartungsarm, betriebssicher, einfach, umsteuerbar, preiswert, hat aber einen hohen Anlaufstrom und keine Regulierbarkeit der Drehzahl.

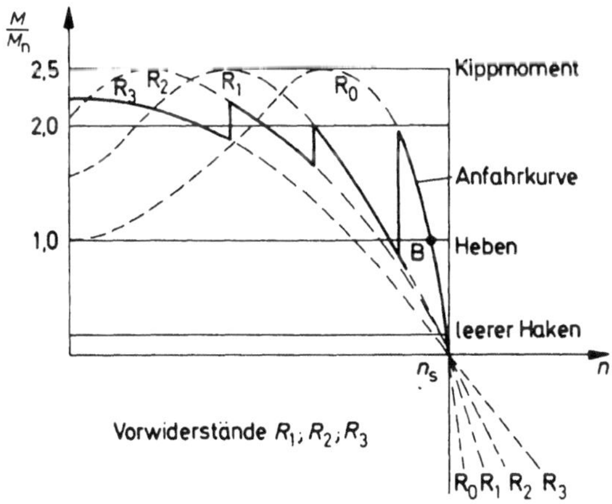

Bild 1.16
Sägezahndiagramm des Schleifringläufermotors

Der *Schleifringläufermotor* besitzt dem Läuferstromkreis vorgeschaltete Widerstandsstufen und damit verschiedene Anfahrkennlinien, die bei Belastung Null in synchronen Drehzahlpunkt zusammenstoßen (Sägezahndiagramm; Bild 1.16). Bei Nenndrehzahl (Vorwiderstand Null) hat der Motor die Charakteristik des Kurzschlußläufers. Beim Anfahren eines Kranes beginnt der Anlaßvorgang im stabilen Teil der Kennlinie mit größtem Vorwiderstand. Da mit steigender Drehzahl das Motordrehmoment sinkt, muß der Kranführer den Läuferwiderstand stufenweise verkleinern, wodurch das Moment der nächsten Kennlinie zum Tragen kommt. Es wird also durch stufenweises Abschalten des Läufervorwiderstandes eine optimale Momentanpassung während des Anlaufvorganges erzielt und der Anlaufstrom ist in Grenzen gehalten. Für sanftes Anfahren (Kran), höhere Schalthäufigkeit und höhere Geschwindigkeiten wird der Schleifringläufermotor vorteilhaft eingesetzt.

Der Aufbau eines Trommelmotors für Gurtförderer ist in Bild 3.6, der Aufbau eines Verschiebeläufermotors für Krane in Bild 2.20 dargestellt.

Die synchrone Drehzahl n_s der Asynchronmotoren berechnet sich

$$n_s = \frac{60 \cdot f}{p} \text{ in 1/min} \qquad (1.3)$$

f in Hz Netzfrequenz (normal 50 Hz)
1 Hz = 1/s
p Polpaarzahl (1 bis 6)

Dadurch entstehen folgende Drehzahlabstufungen: $n_s = 3000 - 1500 - 1000 - 750 - 600 - 500$ in 1/min.

Um den im Betriebspunkt vorhandenen Schlupf von 3 bis 8 % sind die tatsächlichen Drehzahlen n geringer. Der Schlupf s ist definiert

$$s = \frac{n_s - n}{n_s} \cdot 100 \text{ in \%} \qquad (1.4)$$

Bei Stetigförderern arbeiten die Elektromotoren im Dauerbetrieb, bei Unstetigförderern im Aussetzbetrieb. Bestimmt wird dieses Verhalten durch die relative Einschaltdauer *ED*

$$ED = \frac{\text{Einschaltzeiten während eines Spieles}}{\text{Spieldauer}} \cdot 100 \text{ in } \%$$

oder

$$ED = \frac{\Sigma \text{ Einschaltzeiten}}{\Sigma \text{ Einschaltzeiten} + \Sigma \text{ Pausen}} \cdot 100 \text{ in } \% \qquad (1.5)$$

Bei der Hubwerkstrommel (Bild 1.2) setzt sich ein Spiel aus Heben (Anlauf, Hubvorgang, Bremsen), Pause, Senken (Anlauf, Senkvorgang, Bremsen) und Pause zusammen. Die maximale Spieldauer soll 10 Minuten nicht überschreiten.

Der für die Wahl der Motorgröße wichtigste Faktor ist das Verhalten des Motors bei unterschiedlicher Belastung, dargestellt durch seine Kennlinie, die die Abhängigkeit der Drehzahl vom abgegebenen Drehmoment wiedergibt. Dieses Drehmoment muß größer sein als die mechanischen Widerstände der Arbeitsmaschine (Hubwiderstand; Fahrwiderstand). Beim Anfahrvorgang kommt zum Vollastbeharrungsmoment M_v noch das Beschleunigungsmoment M_a der geradlinig bewegten und rotierenden Massen hinzu. Stetigförderer (ED = 100 %, geringes Schalten) werden bei Ausstattung mit Asynchronmotoren nach der Vollastbeharrungsleistung P_v ausgelegt, da das Anlaufmoment dieser Motoren 1,7 bis 2,0 mal so groß ist wie das Nennmoment. Bei Unstetigförderern ($ED \approx$ 20 bis 60 %, häufiges · Schalten) ist die Beschleunigungsleistung mit zu berücksichtigen. Der Motor muß dann folgendes Nennmoment M bzw. Nennleistung P haben (Beschleunigungsleistung P_a):

$$M = \frac{M_v + M_a}{(1{,}7 \div 2{,}0)} \text{ in Nm} \qquad \text{oder} \qquad P = \frac{P_v + P_a}{(1{,}7 \div 2{,}0)} \text{ in kW} \qquad (1.6)$$

In den Herstellerlisten sind alle für eine Planung und Motorwahl wichtigen Daten wie Nennleistung als Funktion der Einschaltdauer, Nenndrehzahl, Massenträgheitsmoment, Motorschutz enthalten.

1.2.6. Batterie-elektrischer Antrieb

Batterien werden zur Gleichstromlieferung bei Flurfördermitteln benutzt, die ortsveränderlich sind und keine Verbindung zu einem Stromnetz während des Arbeitsbetriebes haben. Als Batterien verwendet man Blei- und Stahl-Akkumulatoren, wobei durch Hintereinanderschaltung der Zellen (2 V pro Zelle) die Spannung wächst (24 oder 80 Volt) und durch Parallelschaltung die Kapazität (Elektrizitätsmenge in Amperestunden Ah) sich erhöht (100 bis 1000 Ah).

Die Einsatzdauer einer Batterie soll eine Schicht betragen. Sie ist abhängig von der Größe des Entladestromes und der Schnelligkeit der Entladung. Meist wird von den Herstellern die Nennkapazität K_5 (Kapazität bei 5-stündiger Entladung) angegeben, dabei muß in der Batterie noch eine Restkapazität von 20 % der gespeicherten Energie verbleiben. Die Batterie ist immer nach dem maximalen Bedarf auszulegen. Bei der Bestimmung der Batteriegröße ist nicht allein die Ah-Zahl ausschlaggebend, sondern die Batteriespannung ist mit zu berücksichtigen.

Nach der Gleichung für die elektrische Energiemenge

$$E = \frac{I\,U\,t}{1000} \text{ in kWh} \tag{1.7}$$

E in kWh gespeicherte Energiemenge
I in A elektrische Stromstärke
U in V elektrische Spannung
t in h Zeit

hat eine 24-Volt-Batterie mit 600 Ah eine Kapazität von 14,4 kWh, dagegen eine 80-Volt-Batterie mit 200 Ah 16 kWh.

Die Lebensdauer einer Batterie mindert sich durch falsche Entladung, zu niedrigen Säurestand, durch zu häufige Tiefentladung und schlechte Wartung. Die Wahl des richtigen Ladegerätes ist eine Funktion der Anzahl der vorhandenen Flurfördermittel, der Batteriespannung und der zur Verfügung stehenden Ladezeit.

Die Ladezeit läßt sich überschlägig bestimmen zu

$$t_l = \frac{1000\,E_5}{I\,U} \text{ in h} \tag{1.8}$$

t_l in h Ladezeit
E_5 in kWh Energiemenge (5-Stunden-Kapazität $\hat{=} K_5$)
I in A Ladestrom
U in V Ladespannung

Zur Batterieschonung sollte der Ladestrom nicht mehr als 200 % des 5-stündigen Entladestromes betragen.

Bei dem batterie-elektrischen Antrieb der Fahrwerke werden bei Schleppern, Wagen und Staplern Reihenschlußmotore wegen des hohen Anzugsmomentes eingesetzt. Um die Fahrgeschwindigkeit zu variieren, kann die Drehzahlregelung durch Widerstandsschaltung oder durch die heute beim Gabelstapler vorherrschende Impulsschaltung vorgenommen werden (Bild 1.17).

Bei der *Widerstandsschaltung* unter Verwendung von einem Fahrmotor ist die Batterie in zwei Gruppen unterteilt, die bis Halblast parallel und von Halb- bis Vollast hintereinander

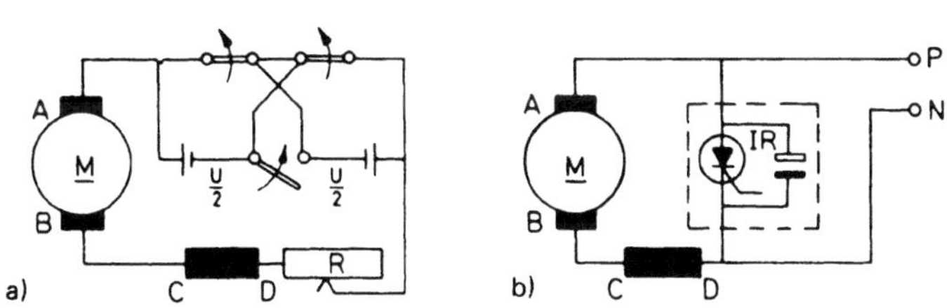

Bild 1.17. Drehzahlreglung des Gleichstromreihenschlußmotors
a) Widerstandsschaltung; b) Impulsschaltung

R Regelwiderstand P, N Gleichstromzuführung
A, B Anker IR Impulsregler
C, D Feld

geschaltet sind. Geregelt wird über den Widerstand *R*. Die Aufteilung der Batterie entfällt bei zwei Fahrmotoren, denn dann liegt bei Hintereinanderschaltung der Motore jeweils nur die halbe und bei Parallelschaltung die volle Batteriespannung an den Motoren an. Vorteil: einfache Bauweise, keine Elektronik, Reparatur durch Elektriker ausführbar.

Bei der *Impulsschaltung* werden dem Motor zeitlich veränderbare Strom- und Spannungsimpulse über einen Thyristor (≙ steuerbarer Gleichrichter, der durch einen Impulsschalter gesteuert wird) zugeführt. Damit wird bei konstanter Batteriespannung eine stufenlose und verlustfreie Regelung der Motorspannung und damit der Fahrgeschwindigkeit ermöglicht (teuer, aber kein Verschleiß trotz vieler Schaltungen pro Sekunde; wirtschaftlich bei häufigem Anfahren und längerem Fahren; weiches und stoßfreies Anfahren; feines Regulieren auch bei kleinen Geschwindigkeiten).

Die *Vorteile* des batterie-elektrischen Antriebes sind: überlastbar, unter Last anfahrbar, leicht regelbar, geruchlos, abgasfrei, geräuscharm, einfache Bedienung besonders wirtschaftlich bei Batterieladung mit Nachtstrom; bevorzugt im Innenbetrieb bei kleinen bis mittleren Lasten einzusetzen.

Als *Nachteile* sind zu vermerken: begrenzte Kapazität, dadurch bei Flurförderzeugen zum Einsatz bei Kurzstreckenbetrieb, bei geringen Steigungen, gut befestigten Wegen, normaler Anzahl von Hub- und Zusatzbewegungen pro Stunde; Sorgfalt in der Batteriepflege, Verlustzeiten durch Batterieladung bzw. Batteriewechsel, geringe Höchstgeschwindigkeit (18 km pro Stunde), relativ hohe Anschaffungskosten.

Lebensdauer der Batterien: Heute werden für Flurförderzeuge Batterien, die aus Panzerplattenzellen aufgebaut sind, eingesetzt, da diese eine hohe Lebensdauer (1500 Entladungen) erreichen, ein hohes Leistungsgewicht haben und von Anfang an die genormte Kapazität bringen.

In den Typenbezeichnungen bedeutet die erste Zahl die Anzahl der positiven Platten je Zelle. Die folgenden Buchstaben bezeichnen die Baureihe. Die Zahl hinter der Baureihe gibt die Nennkapazität K_5 in Ah an. Die Normbezeichnung einer Zelle mit 4 positiven Platten je 70 Ah K_5 lautet also *4 PzS 280. PzS* ist die Bezeichnung für Zellen mit positiven Panzerplatten.

1.2.7. Hydraulikantrieb

Hydraulikantriebe (pneumatische Antriebe) benutzen zur Leistungsübertragung Druckenergie in strömenden Flüssigkeiten (Gasen), die die Medien durch Umwandlung von mechanischer Energie erhalten. Dabei ist mittels Steuerung und Regelung die Leistung jederzeit in die Faktoren Kraft und Geschwindigkeit bzw. Moment und Winkelgeschwindigkeit umwandelbar. Eine geradlinige Arbeitsbewegung wird durch *Arbeitszylinder* (Schubmotor), eine drehende Bewegung mit *Drehmotoren* ermöglicht. Bei der hydrostatischen Leistungsübertragung sind der Primärteil (Druckerzeugung: Elektro-(Diesel-) Motor und Pumpe), die Steuer- und Regelungsorgane und der Sekundärteil (Arbeitszylinder oder Drehmotor) zu unterscheiden (Bild 1.18). Die Schaltung von Hydraulikkreisläufen wird mit Hilfe von Schaltungssymbolen (DIN 24 300) vereinfacht dargestellt

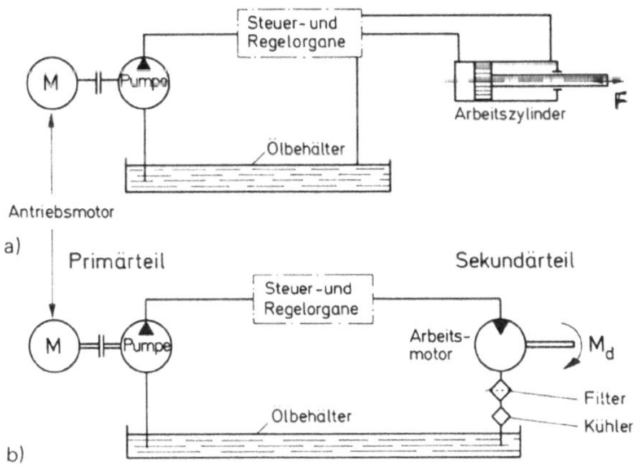

Bild 1.18
Hydrostatische Leistungsübertragung
a) für geradlinige
b) für drehende Bewegung

(Bild 1.19), die Sinnbilder für Ölhydraulik und Pneumatik unterscheiden sich nur durch die Zeichen in der Leitung und durch die Art der Auslässe.

Bauelemente von Hydraulikantrieben sind Hydropumpen, Hydromotore und Hydroventile. Pumpen und Motore sind *Verdrängermaschinen*, die je nach Bauart einen konstanten oder verstellbaren Förderstrom liefern können (Betriebsdruck für Zahnradpumpen bis 120 bar, für Kolbenpumpen bis 300 bar). Diese hydrostatische Kraftübertragung ist teuer und hat einen schlechteren Wirkungsgrad gegenüber der mechanischen Kraftübertragung, aber der Bedienungsaufwand ist geringer und eine feinfühlige Regelung der Arbeitsbewegungen ist gewährleistet.

In einer großen Zahl von Unstetigförderern (Mobilkran, Gabelstapler, Schwenk- und Drehwerke von Kranen) werden hydraulische Antriebseinheiten zum Antrieb von Hub-, Fahr- oder Schwenkwerken benutzt. Von einem Diesel- (Elektro-) Motor wird eine leistungsgeregelte *Axialkolbenpumpe* (Bild 1.20a) angetrieben. Dabei ist es oft so, daß die Pumpe direkt im Hydrauliktank eingebaut ist. Sie saugt das Öl an und verwandelt mechanische Energie in Druck. Dies geschieht im Zylinderblock, der gegen die Antriebswelle um den Verstellwinkel α schwenkbar ist. Aus dem Bild ist leicht zu ersehen, daß die Fördermenge der Pumpe bei konstanter Drehzahl der Antriebswelle nur abhängig vom Winkel α ist. Bei $\alpha = 0$ ist auch die Fördermenge gleich Null. Handelt es sich beim Antrieb um eine Schwenk- oder Fahrzeugbewegung, so kann als Hydraulikmotor die gleiche Hydraulikpumpe eingesetzt werden (meist mit *festem* Anstellwinkel α). Die Arbeitsweise des Motors erfolgt im umgekehrten Sinn der Pumpe. Die unter Druck gelieferte Ölmenge erzeugt an der Abtriebswelle ein Drehmoment. Die Drehzahl der Abtriebswelle kann – da α konstant – nur durch die Ölmenge bestimmt werden. Je größer sie ist, um so höher die Drehzahl. Um nun den Arbeits- und Fahrbewegungen des Fördermittels zu entsprechen, muß die Pumpenleistung dem abverlangten Drehmoment sich anpassen. Dies erfolgt durch einen automatisch arbeitenden Regler – am festen Teil der Pumpe angebracht –, der den herrschenden Arbeitsdruck dem Meßkolben zuführt und den verstellbaren Teil der Pumpe bewegt (Bild 1.20b).

Sinnbild	Benennung und Erklärung
Hydroventile (allgemein)	
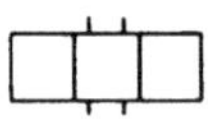	Ventile werden durch ein Rechteck dargestellt; Zahl der Felder = Schaltstellungen; Leitungen werden an Nullstellung herangezogen
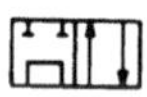	Innerhalb der Felder geben Pfeile die Durchflußrichtung an; Absperrungen werden durch Querstriche gekennzeichnet
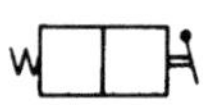	Sinnbilder der Betätigungsarten werden rechtwinklig zu den Anschlüssen außerhalb des Rechtecks angeordnet
Hydrowegeventile	
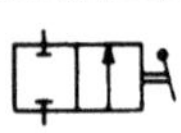	2/2-Wegeventil in Nullstellung gesperrt, handbetätigt mit Hebel
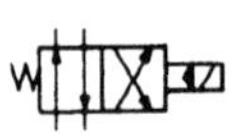	4/2-Wegeventil magnetbetätigt – vorgesteuert, mit Federrückstellung
Hydrosperrventile	
	Sperrventil, federbelastet, das Druckfluß in einer Richtung sperrt
Hydrodruckventile	
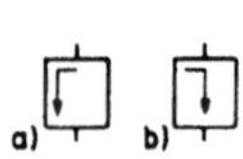	Druckventil (allgemein) a) Einkantenventil mit geschlossener Nullstellung b) Einkantenventil mit offener Nullstellung
	Druckbegrenzungsventil begrenzt Druck im Zulauf durch Öffnen des Auslasses gegen Federkraft

Sinnbild	Benennung und Erklärung
Hydrostromventile	
	Drosselventil dessen Einschnürung verstellbar und in beiden Richtungen wirksam ist
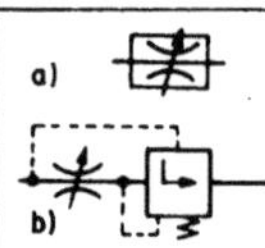	Stromregelventil (2-Wege-) a) Kurzdarstellung b) Funktionsschema
Hydropumpen	
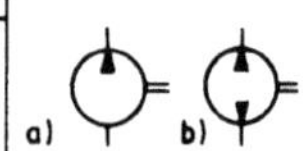	Pumpe mit konst. Verdrängungsvolumen a) mit einer Förderrichtung b) mit zwei Förderrichtungen
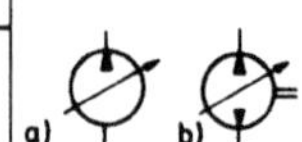	Pumpe mit verstellb. Verdrängungsvolumen a) mit einer Förderrichtung b) mit zwei Förderrichtungen
Hydromotoren	
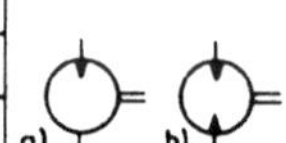	Motor mit konst. Verdrängungsvolumen a) mit einer Strömungsrichtung b) mit zwei Strömungsrichtungen
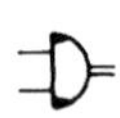	Schwenkmotor (mit begrenztem Drehwinkel)
Hydrozylinder	
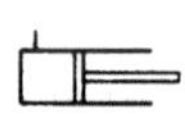	Zylinder (einfachwirkend) Rückbewegung durch äußere Kraft
	Zylinder (doppeltwirkend) mit einseitiger Kolbenstange

Bild 1.19. Symbole für ölhydraulische Elemente

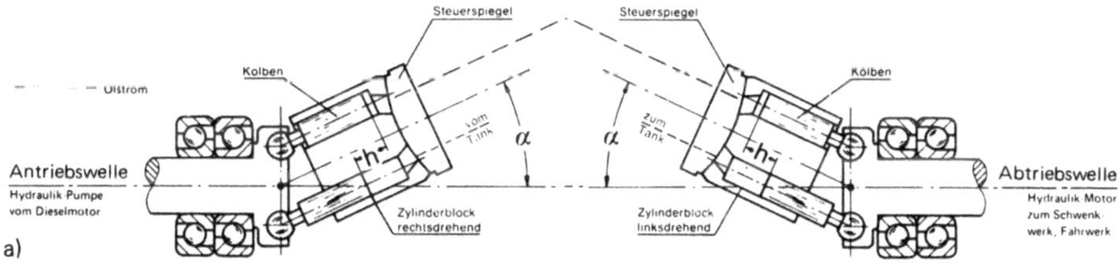

Bild 1.20. a) Schwenk- und Fahrantrieb eines Fahrzeugkranes mit Axialkolbenpumpe und -motor;
b) Sinnbild Hydraulikpumpe mit Regler

Hydraulikpumpe: *h* veränderlicher Kolbenhub
α veränderlicher Verstellwinkel

Hydraulikmotor: *h* konstanter Kolbenhub
α konstanter Anstellwinkel

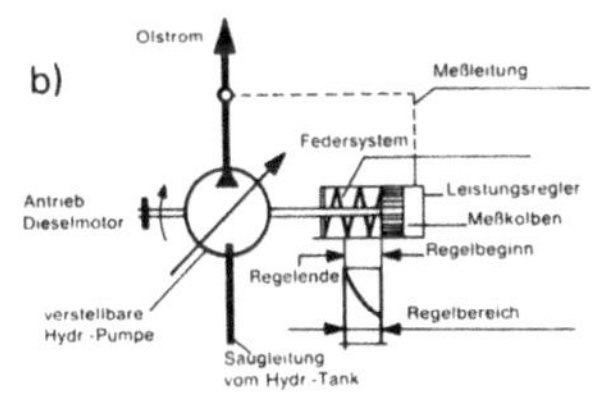

1.2.8. Pneumatikantrieb

Unter pneumatischen Antrieben versteht man Druckluftantriebe, die aus Arbeitszylindern mit Hubkolben für kurze Arbeitswege überall dort benutzt werden können, wo eine Preßluftversorgungsleitung (6 bar) vorhanden ist. Meist zur Betätigung von Kupplungen, Schaltgetrieben und Steuereinrichtungen verwendet, z. B. bei Rollenförderern, um Ausschleuseinrichtungen wie Pusher oder Gurttransfer zu bedienen (Kapitel 3.3.4). Beim Antrieb von Kleinhebezeugen wie Winden, Haspeln usw. werden in schlagwettergefährdeten Gruben und explosionsgefährdeten Betrieben Druckluft-Zahnradmotoren eingesetzt.

1.2.9. Normen, Richtlinien, Vorschriften

DIN-Normen

DIN	24 300		Benennung und Schaltzeichen der Fluidtechnik
	42 681	10.66	Oberflächengekühlte Drehstrommotoren mit Schleifringläufer für Aussetzbetrieb, Bauform B 3, mit Wälzlagern; Anbaumaße und Zuordnung der Leistungen
	43 572 Bl. 1	8.74	Gleislose Batteriefahrzeuge; Batterietröge; Form C für Elektrowagen
	43 572 Bl. 2	8.74	Gleislose Batteriefahrzeuge; Batterietröge; Form D für Elektrowagen
	43 572 Bl. 4	4.68	Gleislose Batteriefahrzeuge; Batterietröge; Formen E und EK für Elektrogabelstapler 24 V
	43 572 Bl. 5	8.63	Gleislose Batteriefahrzeuge; Batterietröge F für Elektrogabelstapler 80 V

VDMA-Einheitsblätter

VDMA	15 440	3.63	Elastische Motorkupplungen; Hauptmaße, Anschlußmaße für übliche Drehstrom-Asynchronmotoren mit Schleifringläufer für Aussetzbetrieb
	15 441	3.63	Elastische Motorkupplungen; Bolzenkupplungen; Übersicht, Anschlußmaße für übliche Drehstrom-Asynchronmotoren mit Schleifringläufer für Aussetzbetrieb
	15 442	3.63	Elastische Motorkupplungen; Bolzenkupplungen; Motorseitige Kupplungsscheiben mit Nabenbohrungen für Wellenenden üblicher Drehstrom-Asynchronmotoren mit Schleifringläufer für Aussetzbetrieb

1.2.10. Beispiele, Fragen

▶ **Beispiel 1.1:** Einschaltdauer und Nennmoment (Nennleistung) von Elektromotoren bei Stetig- und Unstetigförderern.

Lösung:

Stetigförderer: entspricht Dauerbetrieb, ED = 100 %; der Motor ist bei Betriebsdrehzahl n so auszulegen, daß dem rechnerischen Lastmoment der Arbeitsmaschine das Nennmoment des Motors entspricht (Gleichung 1.13)

$$M = 9550 \frac{P}{n}$$

Unstetigförderer: entspricht aussetzende Betrieb, $ED \approx 20$ bis 60 %; bei dem Hubmotor einer Laufkatze ergab sich laut Tafel 1.6 die gemessene Zeit für ein Arbeitsspiel zu 6,5 Minuten, wovon die Einschaltzeit 2,0 Minuten betrug. Der Rest waren stromlose Pausen für den Hubmotor. Damit wird die Einschaltdauer (Gleichung 1.5)

$$ED = \frac{2{,}0}{6{,}5} \cdot 100 = 31\ \%$$

Mit der Nennleistung und der ED-Größe wird der Motor dem Motorenkatalog entnommen. Man erkennt dabei, daß bei konstanter Vollastbeharrungsleistung P_V die Nennleistung P eines Motors um so größer wird je kleiner ED ist. Will man die Leistung auf andere Einschaltwerte umrechnen, so verwendet man die Gleichung

$$P_{40} = P_{20} \sqrt{\frac{20}{40}} \text{ in kW} \qquad (1.9)$$

Tafel 1.6. Spielzeitgliederung des Hubmotors einer Laufkatze

Tätigkeiten	Einschaltzeiten in min	stromlose Pausen in min
Last anhängen	–	1,5
Last heben	0,5	–
Verfahren des Krans	–	1,0
Last senken (mit Strom)	0,5	–
Last abhängen	–	1,0
Leeren Haken heben	0,5	–
Verfahren des Krans	–	1,0
Leeren Haken senken	0,5	–
Summe	2,0	4,5

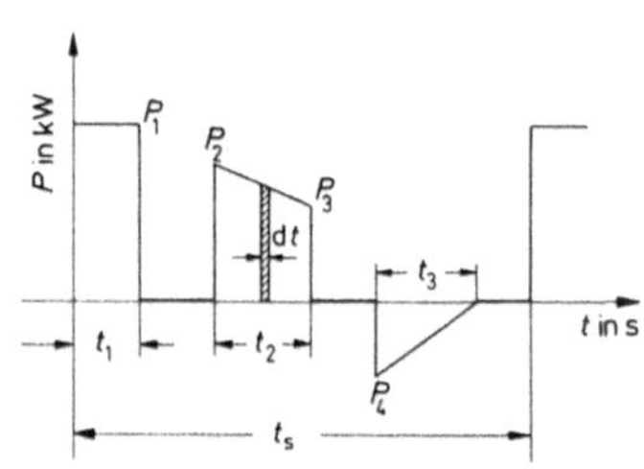

Bild 1.21
Leistungsschaubild eines Greiferspieles

▶ **Beispiel 1.2:** Thermische Motorleistungsbestimmung.

Über das vorgegebene Förderdiagramm (Bild 1.21), das den zeitlichen Ablauf der Leistungsaufnahme des Motors während eines Arbeitsspieles eines Greifhubwerkes darstellt, soll die Motorleistung bestimmt werden.

Lösung: Da die Motorerwärmung mit dem Quadrat des Stromdurchganges wächst, errechnet sich die Leistung mit Hilfe des quadratischen Mittelwertes zu

$$P_m = \sqrt{\frac{\int P_n^2 \, dt}{t_s}} \quad \text{in kW} \tag{1.10}$$

Nach Bild 1.21 ist

$$P_m = \sqrt{\frac{P_1^2 t_1 + \frac{1}{3}(P_2^2 + P_2 P_3 + P_3^2)\, t_2 + \frac{1}{3} P_4^2 t_3}{t_s}}$$

P_m	in kW	Nennleistung: thermische Leistung	t_s	in s	gesamte Spieldauer
P_n	in kW	Einzelleistungen	t_n	in s	Einzelzeiten

Diese Ermittlung ist eine gute Art der Vorausbestimmung der Leistung, es muß aber nachgeprüft werden, ob das maximale Moment des Motors auch die höchste im Diagramm auftretende Leistung aufbringen kann. Die erforderliche Motorleistung entspricht

$$P = P_m \sqrt{\frac{ED_w}{ED_l}}$$

ED_w in % ist die wirkliche Einschaltdauer, ED_l in % die aus der Liste entnommene Einschaltdauer des gewählten Motors.

▶ **Beispiel 1.3:** Bestimmung des Motorenmomentes.

Auf dem Typenschild eines Motors sind abzulesen $P = 15$ kW; Polpaarzahl $p = 2$; Frequenz $f = 50$ Hz; Schlupf im Betriebspunkt $s = 4{,}5$ %. Aus diesen Daten soll das Motorennennmoment M bei Nenndrehzahl errechnet werden.

Lösung:

$$n_s = \frac{60 f}{p} = \frac{60 \cdot 50}{2} = 1500 \text{ 1/min} \qquad \text{(Gleichung 1.3)}$$

$$n = n_s - n_s s = 1500 - 1500 \cdot 0{,}045 \approx 1430 \text{ 1/min} \qquad \text{(Gleichung 1.4)}$$

$$M = 9550 \frac{P}{n} = 9550 \frac{15}{1430} \approx 100 \text{ Nm} \qquad \text{(Gleichung 1.13)}$$

● **Fragen**

1. Welche Gesichtspunkte sind bei der Auswahl des Antriebs für ein Fördermittel zu berücksichtigen?
2. Was für Antriebsarten unterscheidet man?
3. Welche Vor- und Nachteile haben der Verbrennungsmotor und der elektromotorische Antrieb?
4. Welche Batterieschaltungen für Flurfördermittel sind möglich?
5. Skizzieren und diskutieren Sie die Drehmoment-Drehzahl-Kennlinien von Gleichstrom- und Drehstrommotoren.
6. Wie errechnen sich die Drehzahlabstufungen bei Asynchronmotoren und welche Drehzahlen ergeben sich?
7. Wie ist die Einschaltdauer definiert und worauf beruht die kurzfristige Überlastbarkeit der Asynchronmotoren?
8. Skizzieren Sie schematisch die hydrostatische Leistungsübertragung, die einen Drehmotor als Arbeitsglied enthält.
9. Was bedeutet folgende Norm-Bezeichnung einer Batterie: *4 PzS 280?*
10. Wo werden Pneumatikantriebe eingesetzt und mit welchem Druck werden sie betrieben?

1.3. Berechnungsgrundlagen

Im Rahmen der planerischen Fördertechnik sollen nur mechanische und technische Größen behandelt werden, die für das Verständnis von Fördermitteln und deren Vordimensionierung von Bedeutung sind.

1.3.1. Grundlegende Begriffe

Die Masse m in kg (oder Tonne t) ist im SI-System eine Basiseinheit. In der Fördertechnik werden als gleichbedeutende Ausdrücke Tragfähigkeit und Last benutzt. Das Gewicht entspricht der Angabe einer Warenmenge und wird als Bezeichnung für die Masse benutzt.

Die durch das Gewicht hervorgerufene Kraft (benutzt zur Schwerkraftförderung, für gewichtsbelastete Bremsen, als Vorspannkraft) nennt man Gewichtskraft G:

$$G = mg \text{ in N} \tag{1.11}$$

m in kg Masse, Gewicht
g in m/s² Erdbeschleunigung (g = 9,81)

Die Berechnungsgleichungen für die Leistung sind für geradlinige und drehende Bewegungen zu unterscheiden.

Geradlinige Bewegung

$$P = \frac{Fv}{1000} = \frac{mv^2}{1000\,t} \text{ in kW} \tag{1.12}$$

P in kW Leistung
F in N Kraft $\left(F = ma = m\frac{v}{t}\right)$
v in m/s Geschwindigkeit
m in kg Masse
t in s Zeit

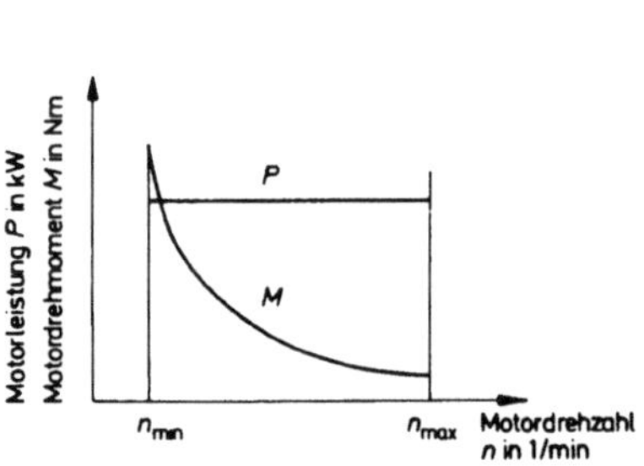

Bild 1.22
Darstellung der Drehmomentenformel bei konstanter Leistung

Drehende Bewegung

$$P = \frac{M\omega}{1000} \quad \text{und mit} \quad \omega = 2\pi n$$

$$P = \frac{Mn}{9550} \text{ in kW} \tag{1.13}$$

P in kW Leistung
M in Nm Moment
ω in rad/s Winkelgeschwindigkeit
n in 1/min Nenndrehzahl

Bei konstanter Leistung eines Motors erhält man den Drehmomentenverlauf über der Drehzahl als Hyperbel (Bild 1.22).

Unter der *Standsicherheit* ν (Standfestigkeit, Kippsicherheit) eines Fördermittels versteht man, daß in bezug auf die Kippkante die Summe der Standmomente M_{st} größer ist als die Summe der Kippmomente M_k

$$\nu = \frac{M_{st}}{M_k} > 1 \tag{1.14}$$

Das Kippverhalten muß bei Gabelstaplern, Kranen und Wagen in Dreiradbauweise untersucht werden.

Unter der *Steigungsfähigkeit* eines Fahrzeuges auf der schiefen Ebene versteht man die überwundene Steigung p

$$p = \frac{h}{l} \cdot 100 \quad \text{in \%} \tag{1.15}$$

h in m Höhe der schiefen Ebene
l in m Länge der schiefen Ebene

Die Steigungsfähigkeit ist erreicht, wenn die Räder gerade noch nicht durchdrehen.

Unter *Totlast*(-masse) sind alle Massen eines Fördermittels zu verstehen, die bei einem Bewegungsvorgang (Heben, Senken, Fahren) zusätzlich zur jeweiligen Nutzlast bewegt werden müssen. Das Totlastverhältnis v_0 ist definiert zu

$$v_0 = \frac{\text{Nutzmasse}}{\text{Nutzmasse + Totmasse}} \tag{1.16}$$

Stetigförderer zeichnen sich durch kleinere Totlasten gegenüber den Unstetigförderern aus, was eine geringere Antriebsleistung zur Folge hat.

1.3.2. Form- und reibschlüssige Kraftübertragung

Formschlüssig wird die Kraft (Umfangskraft) zwischen Kette und Kettenrad, zwischen Zahnrädern, zwischen Mitnehmern und Nocken übertragen.

Kraft- oder *reibschlüssige* Übertragung der Umfangskraft ist vorhanden zwischen Gummigurt und Trommel, zwischen Seil und Seilscheibe, zwischen Keilriemen und Keilriemenscheibe, zwischen Rad und Fahrbahn sowie im Fall der Bandbremse.

Rad und Fahrbahn: Beim Abbremsvorgang eines Fahrzeuges (Mobilkran, Stapler, Elektrokarren) ist die Höhe der Bremsverzögerung erst in sekundärer Linie von der Bremsbauart abhängig. Maßgebend ist die zwischen Fahrzeugrad und Fahrbahn vorhandene Reibungszahl. Analog gilt dies auch für den Anfahrvorgang: zu große Beschleunigung hat Durchdrehen der Räder zur Folge. Die größtmögliche Verzögerung (Beschleunigung) ergibt sich aus der Gleichung 1.9

$$\left.\begin{aligned} F_a &= m\,a \\ F_w &= G\,\mu_0 \end{aligned}\right\} \quad F_a \leqq F_w \quad \text{oder} \quad m\,a \leqslant m\,g\,\mu_0$$

$$a \leqslant g\,\mu_0 \quad \text{in m/s}^2 \tag{1.17}$$

F_a	in N	Beschleunigungs- (Verzögerungs-) Kraft
F_W	in N	Widerstands- (Reibungs-) Kraft
m	in kg	zu beschleunigende Masse
G	in N	Gewichtskraft (Normalkraft)
a	in m/s²	Beschleunigung/Verzögerung
g	in m/s²	Erdbeschleunigung
μ_0		Reibungszahl zwischen Rad und Fahrbahn

Die Reibungszahl μ_0 zwischen Rad und Fahrbahn hat viele Einflußfaktoren (Fahrbahnmaterial. Fahrbahnoberfläche, Radmaterial) und schwankt deshalb sehr stark. Nach den in Tafel 1.18 angegebenen Werten beträgt die erzielbare Verzögerung 1 bis 8 m/s².

Treibscheiben: Umschließt das Seil (Band, Riemen) die Scheibe (Trommel) mit dem Umschlingungswinkel α (Bild 1.23), dann wird das auf die Scheibe wirkende Moment versuchen, über die Umschlingungsreibung – bei vorhandener Vorspannung – das Seil in seinem Sinne zu bewegen und mitzunehmen. Die in dem Seil auftretenden Kräfte werden durch das Gesetz der Seilreibung (Eytelweinsche Gleichung) beschrieben:

$$\frac{F_{S1}}{F_{S2}} = e^{\mu_0 \alpha} \tag{1.18}$$

$$F_u = F_{S1} - F_{S2} \text{ in N} \tag{1.19}$$

F_u	in N	Umfangskraft, resultiert aus der Widerstandskraft; leitet sich von dem zu übertragenden oder abzubremsenden Moment M ab:
		$F_u = \frac{M}{r}$ r in m Radius der Seil-, Riemen- oder Bremsscheibe, Trommel
M	in Nm	siehe Gleichung 1.13
F_{S1}	in N	auflaufende Seilzugkraft (groß)
F_{S2}	in N	ablaufende Seilzugkraft (klein)
α	in 0	Umschlingungswinkel
μ_0		Reibungswert zwischen Seil und Seilscheibe
e		Eulersche Zahl = 2,718

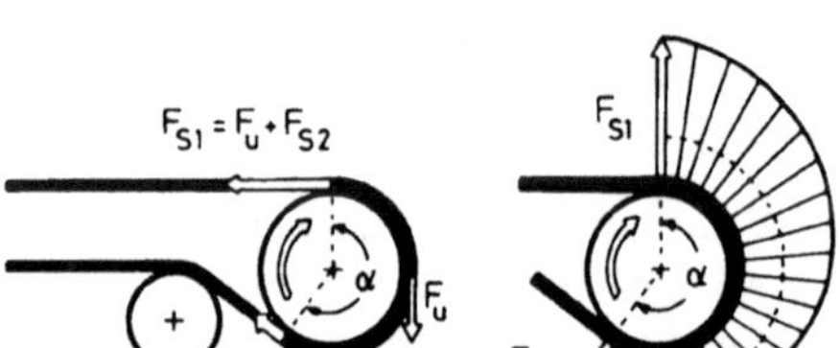

Bild 1.23. Kraftübertragung mit Umschlingungsreibung

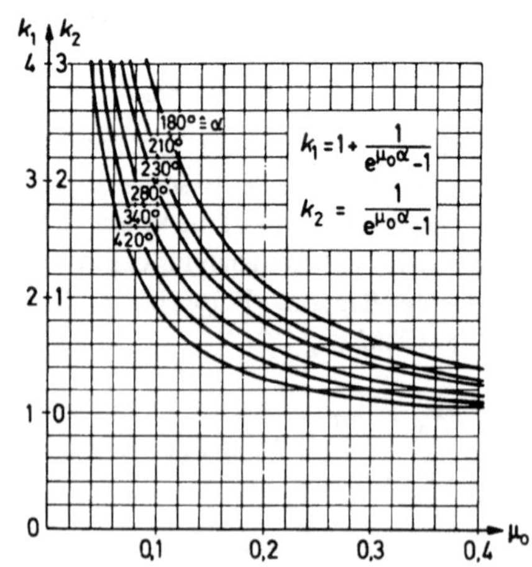

Bild 1.24. Antriebsfaktoren k_1 und k_2 in Abhängigkeit von μ_0 und α

Die Verteilung des Flächendruckes p über dem Umschlingungswinkel α zeigt Bild 1.23, die maximale Größe beträgt

$$p_{max} = \frac{F_{S1}}{r\,b} \text{ in N/m}^2 \tag{1.20}$$

b in m Breite von Band, Riemen, Seil
r in m Radius der Seil- oder Riemenscheibe

Durch Einsetzen von Gleichung 1.18 in Gleichung 1.19 erhält man folgende Ausdrücke für die Seilzugkräfte

$$F_{S1} = F_u \frac{e^{\mu_0 \alpha}}{e^{\mu_0 \alpha} - 1} = F_u \left(1 + \frac{1}{e^{\mu_0 \alpha} - 1}\right) = F_u k_1 \text{ in N} \tag{1.21}$$

$$F_{S2} = F_u \left(\frac{1}{e^{\mu_0 \alpha} - 1}\right) = F_u k_2 \text{ in N} \tag{1.22}$$

Die gebildeten Antriebsfaktoren k_1 und k_2 können in Abhängigkeit von der Reibungszahl μ_0 und vom Umschlingungswinkel α (als Parameter) aus dem Diagramm Bild 1.24 abgelesen werden.

Die reibschlüssige Kraftübertragung von der Antriebsseite (Scheibe, Trommel) auf das elastische Zugmittel (Seil, Band, Riemen) der Abtriebsseite ist abhängig

- von der Größe des Umschlingungswinkels α
- vom Reibungsbeiwert μ_0
- von der Seilzugkraft F_{S2} im ablaufenden Seil (Vorspannkraft).

1.3.3. Fördergutströme

Zur Auslegung eines Fördermittels ist die Größenordnung des zu transportierenden Fördergutes ausschlaggebend.

Bei Stetigförderern ist zwischen Schütt- und Stückgutförderung zu unterscheiden.

Schüttgutförderung

$$\dot{V} = 3600\, A\, v \text{ in m}^3\text{/h} \tag{1.23}$$

$$\dot{m} = \dot{V} \varphi_s \text{ in t/h} \tag{1.24}$$

$\dot{V}$ in m³/h Volumenstrom
$\dot{m}$ in t/h Massenstrom
A in m² Gutquerschnitt (abhängig von der Bauart des Stetigförderers)
v in m/s Fördergeschwindigkeit
φ_s in t/m³ Schüttdichte (Tafel 1.3)

Handelt es sich bei der Förderung von in Behältern befindlichem Schüttgut, so ist der Abstand (Teilung) der Behälter (Becher) von Bedeutung

$$\dot{V} = 3600 \frac{V}{a} v \text{ in m}^3\text{/h} \tag{1.25}$$

V in m³ Volumen eines Behälters (Bechers)
a in m Abstand der Behälter
v in m/s Fördergeschwindigkeit
$\dot{V}$ in m³/h Volumenstrom

Stückgutförderung

$$\dot{m} = 3600 \frac{m\,v}{a} \text{ in t/h} \qquad (1.26)$$

$$\dot{m}_{st} = 3600 \frac{v}{a} \text{ in Stück/h} \qquad (1.27)$$

$\dot{m}$	in t/h	Massenstrom
$\dot{m}_{st}$	in Stück/h	Stückstrom
a	in m	Abstand der Stücke voneinander
v	in m/s	Fördergeschwindigkeit
m	in t	Masse des Einzelstückes

Bei Unstetigförderern wie Kran- oder Flurfördermittel spielt der Stückstrom und die Spielzeit (Kapitel 5.1.3) eine Rolle, aus der z.B. die erforderliche Anzahl von Staplern (Beispiel 5.1) oder Regalbediengeräten ermittelt werden. Bei bekanntem Massenstrom $\dot{m}$ und der Masse m einer Transporteinheit ergibt sich die Anzahl der Fördermittel zur Bewältigung einer gestellten Transportaufgabe *($\dot{m}$)* zu:

$$\dot{m}_e = 60 \frac{m}{t_s} \text{ in t/h} \qquad (1.28)$$

$$z = \frac{\dot{m}}{\dot{m}_e} \text{ in Anzahl Förderer} \qquad (1.29)$$

$\dot{m}_e$	in t pro h	Massenstrom eines Unstetigförderers (Stapler, Wagen, Kran)
m	in	Masse einer Transporteinheit (Nutzlast von Stapler, Wagen)
t_s	in min	mittlere Spielzeit (Be-, Entlade- und Fahrzeit)
z		erforderliche Anzahl an Unstetigförderern (Staplern, Regalförderzeugen)
$\dot{m}$	in t/h	gesamter Massenstrom

1.3.4. Beharrungs- und Beschleunigungsgrößen

Unter dem Vollastbeharrungsmoment M_v (Gleichung 1.41) versteht man alle durch Widerstände (Kräfte: Fahrwiderstand, Hubwiderstand, Reibungswiderstand) im stationären Betrieb hervorgerufenen Lastmomente M_l der Arbeitsmaschine (Fördermittel).

Für Flurfördermittel ist der Fahrwiderstand maßgebend, der sich aus Roll-, Beschleunigungs- und Steigungswiderstand zusammensetzt (Kapitel 4.1.5).

Für Stetigförderer ist der Gesamtwiderstand die Summe aus dem Hub- und Reibungswiderstand und entspricht bei Stetigförderern mit einem Zugorgan (Gurtförderer, Kettenförderer) der Umfangskraft im Zugmittel (Kapitel 3.1.3).

Bei Krananlagen sind die Widerstände je nach Maschinensatz im Fahrt-, Dreh-, Wipp-, Hub- und Windwiderstand zu sehen (Kapitel 1.3.6; 2.6.2 und 2.6.7).

Unter der Vollastbeharrungsleistung P_v ist im Betriebszustand die erforderliche Antriebsleistung des Motors zu verstehen

$$P_v = \frac{F\,v}{1000\,\eta} \text{ in kW} \qquad (1.30)$$

P_v in kW Vollastbeharrungsleistung
F in N Gesamtwiderstand ($F \triangleq$ Reibungs-, Fahrt-, Hubwiderstand, Kapitel 3.1.3)
v in m/s Förder- oder Hubgeschwindigkeit
η Antriebswirkungsgrad

Um die ruhenden Massen auf den Betriebszustand (Beharrungszustand) zu bringen, ist ein Beschleunigungsmoment M_a (bzw. eine Beschleunigungsleistung P_a) notwendig, das sich aus den Momenten der geradlinig und der drehend zu bewegenden Teile (Massen) der gesamten Anlage während des Anlaufvorganges (Anlaufzeit) zusammensetzt und auf die Motorwelle zu beziehen ist.

$$M_a = M_g + M_r \quad \text{in Nm} \qquad (1.31)$$

$$M_g = \frac{m_{ges}\, v^2}{2\pi\, n\, t_a\, \eta_{ges}} \quad \text{in Nm} \qquad (1.32)$$

$$M_r = J_{red} \frac{n}{9{,}55\, t_a\, \eta_{ges}} \quad \text{in Nm} \qquad (1.33)$$

M_a in Nm gesamtes Beschleunigungsmoment
M_g in Nm Beschleunigungsmoment der geradlinig bewegten Massen
M_r in Nm Beschleunigungsmoment für drehende Massen
m_{ges} in kg Summe aller geradlinig bewegten Massen (Nutz- und Totmasse)
v in m/s Fahr- oder Hubgeschwindigkeit
n in 1/s Nenndrehzahl des Motors (in 1/min bei Gleichung 1.33)
t_a in s Anfahrzeit (Beschleunigungszeit)
η_{ges} Gesamtwirkungsgrad ($\eta_{ges} = \eta_1 \cdot \eta_2 \cdot \eta_3$)
J_{red} in kgm² reduziertes Massenträgheitsmoment aller drehender Teile (Massen)

Überwiegt M_g sehr stark (z.B. Gurtförderer), wird M_r durch einen prozentualen Zuschlag (10 bis 20 %) berücksichtigt und umgekehrt.
Für den Anfahrvorgang ist vom Motor die Anlaufleistung P_{an} aufzubringen.

$$P_{an} = P_v + P_a = P_v + P_g + P_r \qquad (1.34)$$

P_{an} in kW Anlaufleistung
P_v in kW Vollastbeharrungsleistung
P_a in kW Beschleunigungsleistung (gesamt)
P_g in kW Leistung für geradlinig zu beschleunigende Massen
P_r in kW Leistung für drehend zu beschleunigende Massen

Die auf dem Typenschild eines Antriebsmotors angegebene Leistung wird mit Nennleistung P bezeichnet und muß nach Gleichung 1.6 bei dem überlastbaren Elektromotor die Größe haben von

$$P = \frac{P_{an}}{(1{,}7-2{,}0)} = \frac{P_v + P_a}{(1{,}7-2{,}0)} \geqslant P_v$$

Nach diesen Berechnungsgrundlagen sind die Maschinensätze für Fahr-, Hub- und Drehwerke auszulegen, die aus Antriebselementen und Lastaufnahmemitteln wie Motoren, Kupplungen, Bremsen, Getrieben, Trommeln, Räder, Scheiben, Rollenzügen usw. zusammengesetzt sind (siehe Beispiele 1.7a bis 1.7c).

1.3.5. Normen

DIN-Normen

DIN 1301	11.71	Einheiten; Einheitennamen, Einheitenzeichen
1304	11.71	Allgemeine Formelzeichen
1305	6.68	Masse, Gewicht, Gewichtskraft, Fallbeschleunigung: Begriffe
1306	12.71	Dichte: Begriffe
1313	9.62	Schreibweise physikalischer Gleichungen in Naturwissenschaft und Technik
1314	12.71	Druck: Begriffe, Einheiten
1315	3.74	Winkel: Begriffe, Einheiten
1338	2.72	Buchstaben, Ziffern und Zeichen im Formelsatz
	5.68	Beiblatt 1 —; Form der Schriftzeichen
	5.68	Beiblatt 2 —; Ausschluß in Formeln
1343	12.71	Normzustand, Normvolumen
5483	2.74	Zeitabhängige Größen, Formelzeichen
5485	7.71	Wortverbindungen mit den Wörtern Konstante, Koeffizient, Zahl, Faktor, Grad und Maß
5488	1.69	Zeitabhängige Größen; Benennungen der Zeitabhängigkeit
5490	4.74	Gebrauch der Wörter bezogen, spezifisch, relativ, normiert und reduziert
5494	9.66	Größensysteme und Einheitensysteme
5497	12.68	Mechanik; starre Körper; Formelzeichen

1.3.6. Beispiele, Fragen

▶ **Beispiel 1.4:** Umrechnung des „Schwungmomentes“ in Massenträgheitsmoment.

Die SI-Einheiten sind in den meisten Katalogen noch nicht eingeführt. An Stelle des Massenträgheitsmoments J für Motoren, Kupplungen, Riemen- oder Bremsscheiben findet man die Angabe des Schwungmomentes GD^2 in kpm². Die Umrechnung erfolgt durch

$$J \text{ in kgm}^2 \mathrel{\hat{=}} \frac{GD^2}{4} \text{ in kpm}^2$$

▶ **Beispiel 1.5:** Berechnung der Handzugkraft bei einer Spillwinde.

Die Spillwinde oder Spillkopf (Bild 1.25) findet man in Hafenanlagen zum horizontalen Bewegen schwerer Lasten, zum Verholen und Rangieren von Schiffen und Kähnen, aber auch im Industriebetrieb zum Umrücken von Wagen und Eisenbahnwaggons. Mit Hilfe der Spillwinde ist es möglich, die menschliche Handzugkraft durch entsprechend vergrößerten Umschlingungswinkel beliebig zu verstärken.

Prinzip: reibschlüssige Kraftübertragung nach dem Gesetz der Umschlingungsreibung Gleichung 1.18. Im Fuß der Winde ist ein Motor untergebracht, der die Spillwinde entsprechend übersetzt antreibt. Durch Anziehen des Seiles mit der Hand (Vorspannkraft F_{S2}), bei gegebenem Reibungswert und gewählter Umschlingungszahl ergibt sich die Lastzugkraft F_{S1} zu

$$F_{S1} = F_{S2}\, e^{\mu_0 \alpha}$$

μ_0 = 0,14 für Drahtseile
μ_0 = 0,2 für Hanfseile

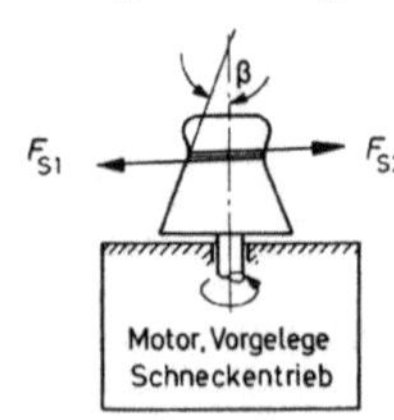

Bild 1.25. Spillwinde

Welche Umschlingungszahl n ($\alpha = n \cdot 2\pi$) muß gewählt werden, um bei einer Handzugkraft von 150 N eine Lastzugkraft von 3000 N mit einem Drahtseil zu erhalten? Welche Umfangskraft ist am Spillkopf vom Motor aufzubringen?

Lösung:

$$e^{0,14\,n \cdot 2\pi} = \frac{3000}{150} = 20$$

$$n = 0,879\,\frac{\ln 20}{\ln e} = 2,63$$

Es sind also 3 Umschlingungen erforderlich.

Die Umfangskraft $F_u = F_{S1} - F_{S2} = 3000 - 150 = 2850$ N

Die Spillwinden besitzen eine Hohlkehle. Diese hat die Aufgabe, daß das Seil beim Auflaufen immer wieder in die Hohlkehle rutscht. Dies ist der Fall, wenn der Neigungswinkel β größer ist als der Reibungswinkel φ.

▶ **Beispiel 1.6:** Ermittlung des Wirkungsgrades für Rollenzüge.

Die Gesamtverluste einer *festen* Seilrolle (Bild 1.26a) mit Seil sind bei einem Umschlingungswinkel $\alpha = \pi$

- Seilumlenkverlust durch Steifigkeit des Seiles
- Reibung zwischen Seil und Seilrolle
- Achs- oder Lagerreibung

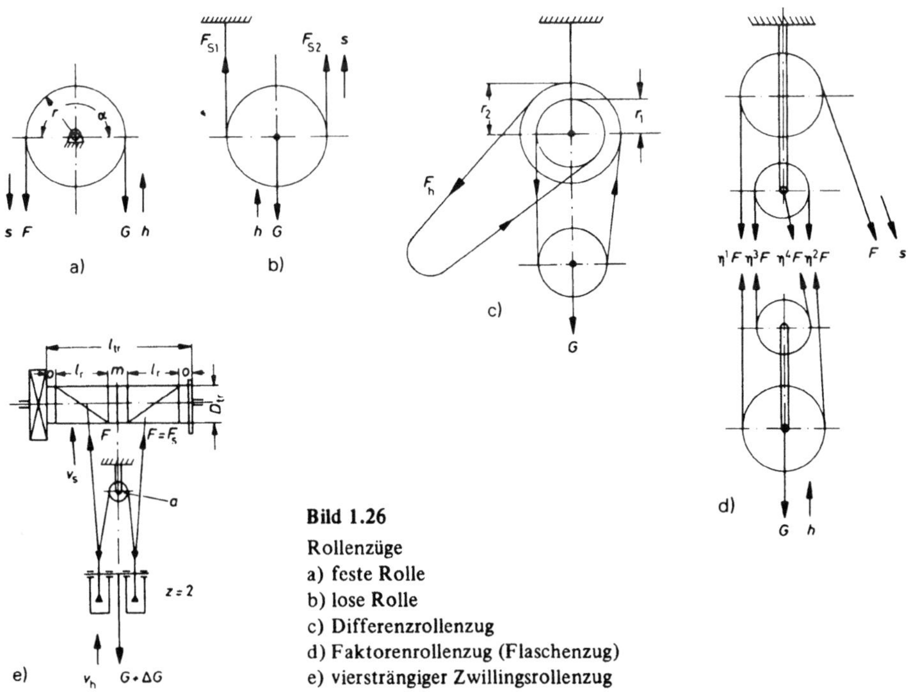

Bild 1.26
Rollenzüge
a) feste Rolle
b) lose Rolle
c) Differenzrollenzug
d) Faktorenrollenzug (Flaschenzug)
e) viersträngiger Zwillingsrollenzug

Der Wirkungsgrad der *festen* Seilrolle η_f beträgt

bei Wälzlagerung $\eta_f = 0{,}98$

bei Gleitlagerung $\eta_f = 0{,}96$

Lastweg h = Kraftweg s.

Die *lose* Seilrolle (Bild 1.26b) ergäbe bei verlustlosem Betrieb

$$F_{S1} = F_{S2} = \frac{G}{2} \qquad G \text{ in N},$$

Gewichtskraft, hervorgerufen durch die Last. Tatsächlich ist aber

$$F_{S1} = F_{S2} + F_R = F_{S2}\,\eta_f \; (F_R \text{ Reibkraft})$$

oder

$$F_{S1} + F_{S2} = G$$

$$F_{S2}\,(1 + \eta_f) = G$$

Der Wirkungsgrad der losen Rolle ist

$$\eta_l = \frac{F_{S2\,\text{ideal}}}{F_{S2\,\text{tatsächlich}}} = \frac{\frac{G}{2}}{\frac{G}{1 + \eta_f}} = \frac{1 + \eta_f}{2} \tag{1.35}$$

Der bessere Wirkungsgrad der losen Rolle ist durch das Mitwandern beim Lastaufzug (Relativbewegung) zurückzuführen.

Lastweg $h = \frac{1}{2}$ Kraftweg s.

Die feste und lose Rolle bilden einfache Rollenzüge, die eine Änderung der Kraftrichtung in Abhängigkeit vom Umschlingungswinkel ermöglichen. Durch die Kombination von losen und festen Rollen, welche durch Seile miteinander verbunden sind, werden Übersetzungen erreicht, so daß große Lasten mit kleinen Kräften gehoben werden können.

Solche Kombinationen sind Potenz-, Differenz-, Faktoren- und Zwillingsrollenzüge. Die Potenzrollenzüge spielen keine technische Rolle mehr. Differenzrollenzüge findet man als Kleinhebezeuge mit Handbetrieb, so daß der Wirkungsgrad uninteressant ist. Das Seil wird um eine feste Doppelrolle (unterschiedliche Durchmesser) und um eine lose Rolle endlos geschlungen (Bild 1.26c).

Die Handkraft F_h, die zum Heben der Last erforderlich ist, ergibt

$$F_h = \frac{G}{2}\left(1 - \frac{r_1}{r_2}\right) \tag{1.36}$$

Die Berechnung des Wirkungsgrades des *Faktorenrollenzuges* (Bild 1.26d) erfolgt mit Hilfe einer geometrischen Reihe.

– Der verlustlose Betrieb ergibt

$$F_1 = F_2 = \ldots F_n = \frac{G}{n}$$

Die Übersetzung ist

$$i = \frac{s}{h} = n,$$

d.h. bei n-tragenden Strängen hat jeder Strang $\frac{1}{n}$ der Last aufzunehmen.

– Berücksichtigung der Reibungsverluste

Die Gleichgewichtsbedingungen für das freigemachte lose Rollensystem ergeben bei gleichem Wirkungsgrad η_f je Rolle

$$F_{(y)} = 0 = G - (\eta_f F + \eta_f^2 F + \eta_f^3 F + \eta_f^4 F)$$

über eine Reihenentwicklung mit Summenformel ist

$$G = F\,(\eta_f + \eta_f^2 + \eta_f^3 + \eta_f^4) = F\,\eta_f\,\frac{1-\eta_f^4}{1-\eta_f},$$

oder allgemein bei n-tragenden Seilsträngen

$$G = F\,\eta_f\,\frac{1-\eta_f^n}{1-\eta_f}. \tag{1.37}$$

Der Wirkungsgrad η_{fl} des Faktorenrollenzuges ist bei $s = h\,n$

$$\eta_{fl} = \frac{\text{Nutzarbeit}}{\text{Arbeitsaufwand}} = \frac{G\,h}{F\,s} = \frac{G}{F\,n} = \frac{1}{n}\,\eta_f\,\frac{1-\eta_f^n}{1-\eta_f} \tag{1.38}$$

In Wirklichkeit haben die Rollen meist gleichen Durchmesser und sind oben und unten nebeneinander in einer Flasche angeordnet (Flaschenzug).

In *Zwillingsrollenzügen* z.B. bei Laufkatzen wird die Last auf mehrere Seilstränge verteilt und beide Seilenden wickeln sich auf Trommeln auf (Bild 1.26e). Je nach Größe der zu hebenden Last wird diese auf 4, 8 oder 12 Stränge verteilt. Dies entspricht 2, 4 oder 6 Rollen in der losen Flasche. Durch Zwillingsrollenzüge wird die Seilkraft geringer, die Seilgeschwindigkeit größer, was kleinere Seil- und Trommeldurchmesser zur Folge hat. Für den abgebildeten viersträngigen Zwillingsrollenzug ist die Geschwindigkeit des Seiles v_s beim Auflaufen auf die Trommel doppelt so groß wie die Hubgeschwindigkeit v_h.

Demgemäß ist die Übersetzung $i = \dfrac{v_s}{v_h} = 2 = z$, wenn z die Zahl der Unterflaschenrollen ist.

Die auf die Trommel auflaufende Seilkraft beträgt

ohne Reibung $F_0 = \dfrac{G + \Delta G}{2z}$

ΔG ist die Kraft, hervorgerufen durch das Unterflaschengewicht

mit Reibung $$F = \frac{G + \Delta G}{2}\cdot\frac{1-\eta_f}{1-\eta_f^z} \tag{1.39}$$

Der Wirkungsgrad des Zwillingsrollenzuges errechnet sich zu

$$\eta_z = \frac{F_0}{F} = \frac{1}{z}\cdot\frac{1-\eta_f^z}{1-\eta_f} \tag{1.40}$$

Die Ausgleichsrolle *a* macht nur Einstellbewegungen.

(Wirkungsgrade von Seilscheiben und Flaschenzügen sind im Anhang von DIN 15 020 Blatt 1 aufgeführt).

▶ **Beispiel 1.7:** Berechnung von Maschinensätzen.

a) Berechnungsgang für *Kranfahrwerke*, die entweder mit Zentral- oder Einzelantrieb ausgerüstet sein können. Die Berechnung von großen Fahrwerken geschieht über Teilmomente. (Vergleiche Kapitel 2.6.2).

Das *Vollastbeharrungsmoment* M_v eines Kranmotors entspricht dem *Lastmoment* M_l, dieses setzt sich aus dem *Fahrwiderstandsmoment* M_{wf} und dem *Windwiderstandsmoment* M_{wi} (nur bei Tätigkeit im Freien) zusammen.

$$M_v = M_l = M_{wf} + M_{wi} \quad \text{in Nm} \tag{1.41}$$

auf die Motorwelle bezogen errechnet sich

$$M_{wf} = F_{wf} r_l \frac{1}{i_{ges}} \frac{1}{\eta_{ges}} \quad \text{in Nm} \tag{1.42}$$

$$M_{wi} = F_{wi} r_l \frac{1}{i_{ges}} \frac{1}{\eta_{ges}} \quad \text{in Nm} \tag{1.43}$$

F_{wf} in N Fahrwiderstand
r_l in m Laufradradius

i_{ges} Gesamtübersetzung $i_{ges} = \frac{n}{n_{ab}} > 1$ (n Motornenndrehzahl, n_{ab} Drehzahl des (Abtriebs-) Laufrades)

F_{wi} in N Windwiderstand $F_{wi} = c\,q\,A$
c Widerstandsbeiwert für Fach- und Vollwandträger $c = 1{,}6$
q in N pro m² Staudruck $q \approx \frac{v_{wi}^2}{16}$ mit Windgeschwindigkeit v_{wi} in m/s
A in m² Windangriffsfläche (Windlastannahmen nach DIN 1055 Blatt 4 bei Kranen im Betrieb q = 250 N pro m², vergleiche DIN 15 018 Blatt 1)

Die *Vollastbeharrungsleistung* P_v bestimmt sich mit der Fahrgeschwindigkeit v_f des Kranes in m/s zu (Gleichung 1.12)

$$P_v = \frac{(F_{wf} + F_{wi})\, v_f}{1000\, \eta_{ges}} \quad \text{in kW}$$

Das *Anlaufmoment* M_{an} (Bild 1.27) errechnet sich zu

$$M_{an} = M_{wf} + M_{wi} + M_a \quad \text{in Nm} \tag{1.44}$$

$$M_a = M_g + M_r \quad \text{(Gleichung 1.31)}$$

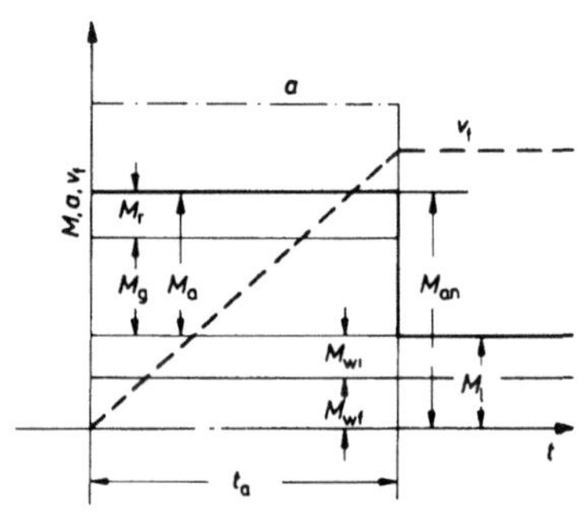

Bild 1.27
Darstellung des Anfahrmomentes und der Teilmomente

Bei einer vorgegebenen *Anfahrzeit* (Anlaufzeit) t_a bis zum Erreichen der Fahrgeschwindigkeit v_f und einer gleichförmigen Beschleunigung a vorausgesetzt, ist M_g nach Gleichung 1.32

$$M_g = \frac{m_{ges}\, v_f}{t_a} \cdot \frac{1}{\eta_{ges}} \cdot \frac{1}{i_{ges}} r_l = \frac{m_{ges}\, v_f^2}{t_a} \cdot \frac{1}{2\pi n} \cdot \frac{1}{\eta_{ges}} \quad \text{in Nm}$$

Werte für Anfahrzeiten t_a und zulässige Beschleunigungen bzw. Verzögerungen a in Tafel 2.6; Einheiten für andere Formelzeichen siehe Gleichungen 1.32 und 1.41.

M_r nach Gleichung 1.33

$$M_r = J_{red} \frac{n}{9{,}55\,t_a} \frac{1}{\eta_{ges}} \quad \text{in Nm}$$

Bei Fahrwerken wird für die Drehmassenbeschleunigung meist ein Zuschlag von 10 bis 20 % zu M_g durchgeführt.

$$M_a = (1{,}1 \text{ bis } 1{,}2)\, M_g \quad \text{in Nm}$$

Die Beschleunigungsleistung $P_a = P_g + P_r$ nach Gleichung 1.34

$$P_g = \frac{m_{ges}\, v_f^2}{1000\, t_a\, \eta_{ges}} \qquad \text{(Gleichung 1.12)}$$

$$P_r = \frac{M_r\, n}{9550\, \eta_{ges}} \qquad \text{(Gleichung 1.13)}$$

die Motordrehzahl n ist hier in 1/min und M_r in Nm einzusetzen.
Die *Anfahrleistung* (Anlaufleistung) P_{an} (Gleichung 1.34)

$$P_{an} = P_v + P_g + P_r = P_v + P_a \quad \text{in kW}$$

Die *Motornennleistung* P bei Asynchronmotoren ist laut Gleichung 1.6

$$P = \frac{P_v + P_a}{(1{,}7 \div 2{,}0)}$$

Das *Bremsmoment* M_{br} resultiert aus dem Verzögerungsmoment M'_a für die geradlinig M'_g und rotierend M'_r bewegten Massen sowie dem Windmoment M'_{wi}. Das Fahrwiderstandsmoment M'_{wf} ebenso die Reibung „helfen" bremsen. Alle Teilbremsmomente errechnen sich aus den angeführten Gleichungen, indem statt des Faktors $\frac{1}{\eta_{ges}}$ mit dem Faktor η_{ges} multipliziert wird, also z. B.

für Beharrungsvorgang $M_{wf} = F_{wf} r_l \dfrac{1}{i_{ges}} \dfrac{1}{\eta_{ges}}$

für Bremsvorgang $M'_{wf} = F_{wf} r_l \dfrac{1}{i_{ges}} \eta_{ges}$

Die Berechnungen sind auf die Bremswelle und deren Drehzahl zu beziehen. Um kleinere Abmessungen der Bremse zu erhalten, ist man bestrebt, die Bremse auf die Motorwelle zu setzen, weil hier das kleinste Moment abzubremsen ist (Gleichung 1.13!).

$$M_{br} = M'_g + M'_r + M'_{wi} - M'_{wf} \quad \text{in Nm} \qquad (1.45)$$

b) Die Berechnungen von *Hubwerken*, die entweder selbständige Hebezeuge sind oder Teil einer Förderanlage darstellen (Bild 1.28), geschehen analog zu den Fahrwerksberechnungen. (Vergleiche Kapitel 2.4.1).

Das statische Moment der Last M_l bezogen auf die Motorwelle ist

$$M_l = F_{ges} r_{tr} \frac{1}{i_{ges}} \frac{1}{\eta_{ges}} \quad \text{in Nm} \qquad (1.46)$$

F_{ges}	in N	Kraft hervorgerufen durch Nutzlast + Totlast (z. B. Rollenflaschen)
r_{tr}	in m	Trommelhalbmesser
i_{ges}		Gesamtübersetzung $i_{ges} = i_z\, i_g$
		i_z Rollenzugübersetzung
		i_g Getriebeübersetzung

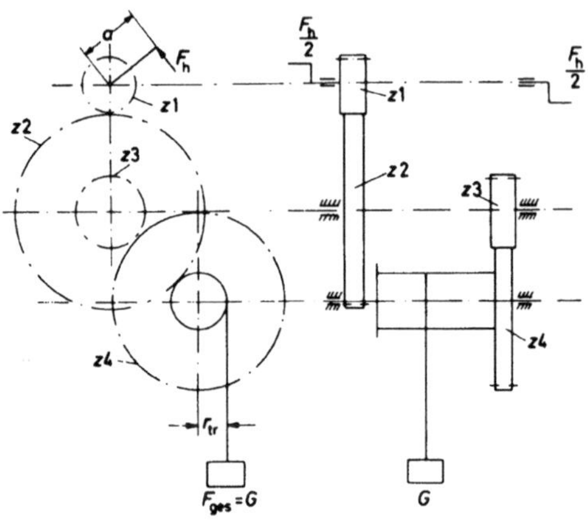

Bild 1.28. Handhubwinde
Handkurbelwelle $\hat{=}$ Motorwelle
Lastmoment an der Trommel $M_l = G\,r_{tr}$
Antriebsmoment durch Handkraft F_h:
$M_{an} = F_h a$

Übersetzung $i_{ges} = \dfrac{z4\;z2}{z3\;z1}$

Die Vollastbeharrungsleistung $P_v = \dfrac{F_{ges}\, v_h}{1000\,\eta_{ges}}$ mit der Hubgeschwindigkeit v_h in m/s.

Das Anfahrmoment M_{an} ergibt

$$M_{an} = M_l + M_g + M_r \quad \text{in Nm}$$

M_g nach Gleichung 1.32, M_r nach Gleichung 1.33, P_g und P_r nach Gleichung 1.12 und 1.13.
$P_a = P_g + P_r$ und $P_{an} = P_v + P_a$ nach Gleichung 1.34.
Das Bremsmoment M_{br} bestimmt man zu

$$M_{br} = \pm\, M_l' + M_g' + M_r' \quad \text{in Nm Senkvorgang + Hubvorgang – (Vergleiche Beispiel 1.7a)} \tag{1.47}$$

c) Bei der Berechnung von *Drehwerken,* die bei Krananlagen Dreh- und Schwenkbewegungen ausführen, kann auf die Beschleunigungsmomente für geradlinig bewegte Teile verzichtet werden. (Vergleiche Kapitel 2.6.7).

Entsprechend dem Fahrwiderstandsmoment bei Fahrwerken ist hier mit dem Moment des Drehwiderstandes M_{wd} bezogen auf die Motorwelle zu rechnen.

$$M_{wd} = F_{wd}\, r\, \frac{1}{i_{ges}}\, \frac{1}{\eta_{ges}} \quad \text{in Nm} \tag{1.48}$$

F_{wd} in N gesamter Drehwiderstand
r in m Laufradhalbmesser des Drehwerkes

Das Windwiderstandsmoment ist:

$$M_{wi} = F_{wi}\, r_{wi}\, \frac{1}{i_{ges}}\, \frac{1}{\eta_{ges}} \quad \text{in Nm} \tag{1.49}$$

F_{wi} in N gesamte Windkraft (Betriebswinddruck $q = 250\ \text{N/m}^2$, DIN 15 018 Blatt 1)
r_{wi} in m Abstand des Angriffpunktes der Windkraft von der Drehachse. (Vergleiche die Gleichungen 2.9 und 2.10)

Das Anfahrmoment M_{an} ergibt

$$M_{an} = M_{wd} + M_{wi} + M_r \quad \text{in Nm}$$

Die Anfahrleistung P_{an} errechnet sich zu

$$P_{an} = P_v + P_r = P_{wd} + P_{wi} + P_r \quad \text{in kW} \qquad \text{(analog Beispiel 1.7b)}$$

Das Bremsmoment M_{br} ist (vergleiche Beispiel 1.7a)

$$M_{br} = M'_r + M'_{wi} - M'_{wd} \quad \text{in Nm} \tag{1.50}$$

● **Fragen**

1. Wie sind die Schüttdichte und der Verdichtungsgrad von Schüttgut definiert?
2. Auf dem Typenschild eines Motors sind die Angaben über die Leistung in kW und die Motordrehzahl in 1/min angegeben. Mit welcher Gleichung errechnet sich das an der Motorwelle abgegebene Drehmoment?
3. Was ist unter der Totlast (-masse) eines Gabelstaplers (Kranes) zu verstehen und wie ist das Totlastverhältnis v_0 festgelegt?
4. Welche möglichen Kraftübertragungen gibt es?
5. Wie errechnet sich in allgemeiner Form die maximal mögliche Verzögerung oder Beschleunigung ohne Durchrutschen der Räder eines Kranes, wenn μ_0 die Reibungszahl zwischen Schiene und Antriebsrad ist?
6. Welche Gleichungen (4) beschreiben die reibschlüssige Kraftübertragung zwischen einem Seil und einer Seilscheibe?
7. Wie berechnet sich der Wirkungsgrad von einem Flaschenzug und einem Zwillingsrollenzug?
8. Geben Sie die Berechnungsgleichungen für ein Kranfahrwerk an,und zwar die Vollastbeharrungsleistung – die Anlaufleistung – die Beschleunigungsleistung – das Bremsmoment.
9. Was versteht man unter einer Spillwinde, wie ist sie aufgebaut, wo wird sie eingesetzt und nach welcher Gleichung wird die Handzugkraft berechnet?
10. Definieren Sie für die Schüttgut- und Stückgutförderung den Volumen-, Massen- und Stückstrom.

1.4. Seile, Rollen, Scheiben, Trommeln

1.4.1. Hanfseile

Wegen guter Biegsamkeit wird das Hanfseil als Schling- und Anschlagseil verwendet, aber auch als Last- und Aufzugsseil zum Heben kleiner Lasten, wobei der Vorteil im kleinen Rollen- und Trommeldurchmesser liegt.

Überschlägig gilt:

$$F_S = 700\, d^2 \quad \text{in N} \tag{1.51}$$

F_S in N Seilkraft
d in cm Seildurchmesser

Die Sicherheit gegen Bruch beträgt 7 bis 8; Seilrollen oder Seiltrommeln sollen einen Durchmesser $D = 10\,d$ haben. Hanfseile werden in Räumen ohne Vorbehandlung verwendet, dagegen bei Benutzung im Freien in Karbolineum getränkt, was eine geringere Festigkeit zur Folge hat. Außer Hanf werden als Materialien Kunststoffe (Perlon, Nylon) benutzt. Die Seilkräfte bei Verwendung als Anschlagseil ergeben sich nach Bild 1.45 aus Beispiel 1.8.

1.4.2. Drahtseile

Drahtseile haben Ketten weitgehend verdrängt und zwar wegen

- geringerem Gewicht und damit geringeren Massenkräften
- größerer Betriebssicherheit, da Beschädigung erkennbar
- höherer Festigkeit bei kleinerem Durchmesser
- ruhigerem Lauf und hoher Arbeitsgeschwindigkeit
- hoher Elastizität sowie niedrigen Anschaffungs- und Wartungskosten

Als Nachteile sind große Umlenk- und Trommeldurchmesser, Wartung, regelmäßige Überwachung, reibschlüssige Kraftübertragung zu nennen.

Die Einteilung der Seilarten (DIN 3051 Blatt 2) geschieht in Rund- und Flachseile, wobei die Rundseile unterteilt werden in:

- Spiralseil: einfach geschlagenes Seil, Verwendung als Tragseil (Bild 1.29a).
- Litzenseil: zweifach geschlagenes Seil, Verwendung im Kran- und Aufzugbau, bei Hebezeugen (Bild 1.29b). Die Litzenseile werden unterteilt in Rund- und Formlitzenseile.
- Kabelschlagseil: dreifach geschlagenes Seil, Verwendung als Anschlagseil (DIN 15 060; Bild 1.29c).

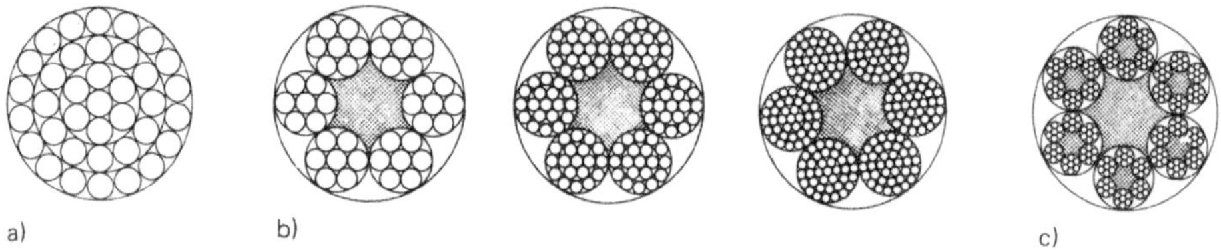

Bild 1.29. Drahtseilarten a) Spiralseil; b) Litzenseile; c) Kabelschlagseil

Bei den Rundlitzenseilen (DIN 3055 bis 3068) werden aus Stahldrähten Litzen gefertigt und die Litzen weiter zu Drahtseilen verarbeitet, indem sie um eine fettgetränkte Hanfseele geschlagen werden. Sind die Litzen im Drahtseil und die Drähte in den Litzen im gleichen Sinn geschlagen, erhält man das *Gleichschlagseil.* Vom *Kreuzschlagseil* spricht man, wenn die Litzen im Seil entgegen den Drähten in den Litzen geschlagen sind. Die Schlagrichtung der Litze (des Drahtes) im Seil (in der Litze) kann *rechtsgängig*: Kurzzeichen *z (Z)* oder *linksgängig:* Kurzzeichen *s (S)* sein (Bild 1.30). Die Merkmale von Gleich- und Kreuzschlagseil sind Tafel 1.7 zu entnehmen.

Bei den Drahtseilen nach DIN 3055, 60, 66 besitzen die Einzeldrähte alle gleichen Durchmesser und in den Litzen gleichen Schlagwinkel (Flecht- oder Steigungswinkel). Dem Vorteil der gleichmäßigen Belastung aller Einzeldrähte stehen die Überkreuzungen der Drähte in den Lagen, hohe Preßung bei der Seilumlenkung entgegen. Die Drahtseile können sowohl als Gleichschlag- wie Kreuzschlagseil, rechts- oder linksgängig hergestellt werden. Im Kran- und Aufzugbau bei den Hebezeugen überwiegen die Drahtseile mit rechtsgängigem Kreuzschlag und einer Bruchfestigkeit von 1570 N/mm² (Tafel 1.8). Die Bezeichnung eines solchen Seiles mit d = 16 mm Seil-Nenndurchmesser, Fasereinlage *(FE)* und blanker Oberfläche der Einzeldrähte *(bk)* lautet

Seil 16 DIN 3066 – *FE* – *bk* 1570 *sZ*

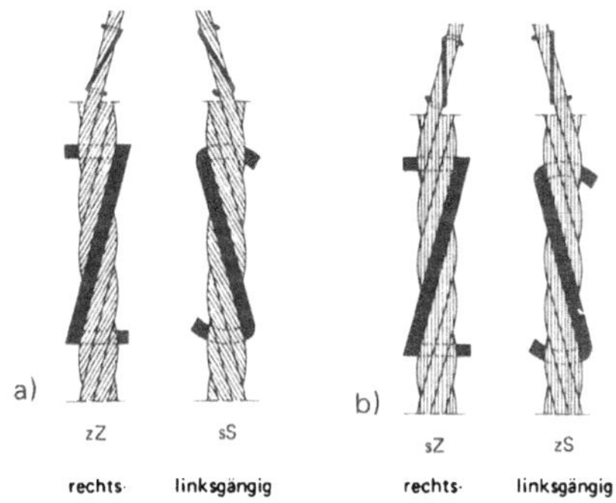

Bild 1.30. a) Gleichschlagseil; b) Kreuzschlagseil (VDI-Richtlinie 2358, DIN 3051 Blatt 2)

Den Aufbau der Seile zeigt Tafel 1.9 und Bild 1.47.

Tafel 1.7. Merkmale von Gleich- und Kreuzschlagseilen

Gleichschlagseil *G*	Kreuzschlagseil *K*
Drähte laufen quer zur Achse großer Drall Tendenz zum Aufdrehen weniger Überkreuzungen größere Lebensdauer bei geführter Last Drallaufhebung durch Anordnung eines *zZ* und *sS* Seiles Einzeldraht auf Torsion beansprucht Verwendung im Aufzugsbau	Drähte laufen längs zur Achse drallarmes Seil mehr Überkreuzungen geringere Lebensdauer für ungeführte Lasten (Hubseil) biegesteifer größere innere Reibung Drähte auf Biegung beansprucht kleinere Auflagefläche in der Seilrollen-Rille

Tafel 1.8. Bruchkraft in kN von Drahtseilen mit Fasereinlagen

Drahtseil-durchmesser d in mm	Metergewicht m_l in kg/m	Bruchkraft in kN für Bruchfestigkeit 1570 N/mm²	1770 N/mm²
6	0,125	–	22,8
8	0,221	35,9	40,5
10	0,346	56,1	63,3
12	0,498	80,8	91,1
16	0,886	144	162
20	1,38	224	253
24	1,99	323	364

Tafel 1.9. Aufbau der Drahtseile nach der Anzahl der Drähte

	Anzahl der Drähte bei Ausführung					
	DIN 3055	DIN 3060	DIN 3066	Filler DIN 3057	Seale DIN 3058	Warrington DIN 3059
Litze	1 + 6 = 7	1 + 6 + 12 = 19	1 + 6 + 12 + 18 = 37	1 + 6 + 12 = 19 + 6 Fülldrähte	1 + 9 + 9 = 19	1 + 6 + 6 + 6 = 19
Seil	6 x 7 = 42	6 x 19 = 144	6 x 37 = 222	6 x 19 = 144	6 x 19 = 144	6 x 19 = 144

Jedes Seil besitzt als Seele entweder eine Fasereinlage oder eine Stahleinlage

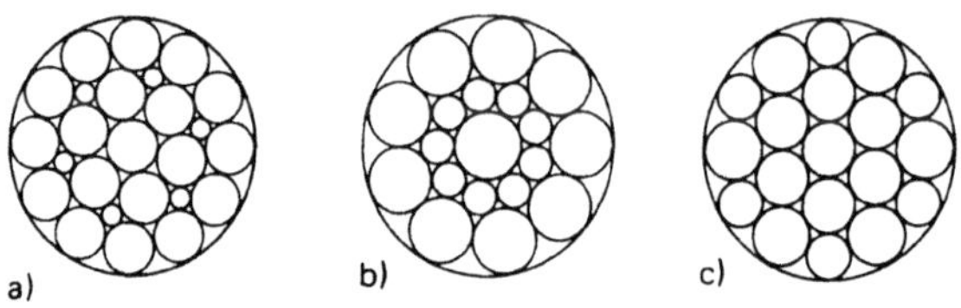

Bild 1.31. Aufbau der Litzen für Macharten
a) Filler DIN 3057; b) Seale DIN 3058; c) Warrington DIN 3059

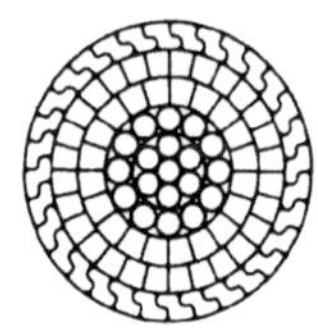

Bild 1.32. Tragseil in vollverschlossener Ausführung

Bei den Drahtseilen nach DIN 3057, 58, 59, 61, 62, 63 haben die Einzeldrähte unterschiedliche Durchmesser und Schlagwinkel. Sie besitzen für die inneren und äußeren Lagen die gleichen Schlaglängen, während die inneren Drähte kürzer als die äußeren sind. Die Drähte kreuzen sich nicht (Linienberührung; Parallelschlag).

Nach den Bauarten unterscheidet man die *Filler-* (Fülldraht-), *Seale-* und *Warrington-*Machart (Bild 1.31 und Tafel 1.9). Diese Drahtseile sind nicht dehnungsfrei.

Bei der Auswahl von Drahtseilen für Fördermittel ist zunächst zu unterscheiden, ob es sich um *laufende* Seile (Hub- und Zugseile) oder um *stehende* Seile (Tragseile für Seilbahnen, Kabelkrane; Abspannseile) handelt.

Stehende Seile sind Spiralseile. Um eine glatte Oberfläche und bessere Witterungsbeständigkeit zu haben, benutzt man *vollverschlossene* Seile, deren Kern aus Runddrähten besteht, die von einer Lage Keildrähte und außen von der Lage Z-förmiger Profildrähte umschlossen werden (Bild 1.32).

Bei der Berechnung von Drahtseilen geht man vom Seil-Nenndurchmesser d aus und versteht darunter den Seilquerschnitt umschreibenden Kreis (Bild 1.29b). Setzt man eine gleichmäßige Zugkraftverteilung auf die Einzeldrähte voraus, so berechnet sich (DIN 15 020 Blatt 1)

$$d_{min} = c\sqrt{F_S} \text{ in mm} \tag{1.52}$$

d_{min}	in mm	Seildurchmesser
c	in mm/$\sqrt{N}$	Beiwert für Betriebsweise (Tafel 1.10)
F_S	in N	Seilzugkraft

Tafel 1.10. Bemessungsgrundlagen der Seiltriebe für Krane, Winden, Serienhebezeugen

Triebwerksgruppe	Beiwert c in mm/$\sqrt{N}$ bei einer Bruchfestigkeit der Einzeldrähte von 1570 N/mm²	1770 N/mm²	Mindestwerte von D/d für Seiltrommel	Seilrolle	Ausgleichsrolle
1 B_m	0,085	0,080	14	16	12,5
1 A_m	0,09	0,085	16	18	14
2_m	0,095	0,095	18	20	14
3_m	0,106		20	22,4	16
4_m	0,118		22,4	25	16
5_m	0,132		25	28	18

der Beiwert c entsteht aus der Sicherheitszahl ν

$$\nu = \frac{\sigma_B}{\sigma_{zzul}} = \frac{A_m}{F_S}\sigma_B = \frac{f\frac{\pi d^2}{4}\cdot\sigma_B}{F_S} \qquad \text{daraus folgt} \qquad d = \sqrt{\frac{\nu F_S}{f\frac{\pi}{4}\sigma_B}} = c\sqrt{F_S}$$

oder

$$c = \sqrt{\frac{\nu}{f\frac{\pi}{4}\sigma_B}} \text{ in mm}/\sqrt{\text{N}}$$

hierin bedeuten

σ_B	in N/mm²	Bruchfestigkeit des Einzeldrahtes auf Zug
A_m	in mm²	metallischer Querschnitt des Drahtseiles
f		Füllfaktor ≈ 0,46 (DIN 3051)
		$f = \frac{\text{metallischer Querschnitt des Seiles}}{\text{umschriebener Kreisquerschnitt des Seiles}}$
ν		Sicherheitszahl

Tafel 1.10 gibt an:

- eine Einteilung in Triebwerksgruppen (Tafel 2.3; DIN 15 020 Blatt 1), die nach Laufzeitklassen und Lastkollektiven gebildet sind
- Beiwerte für c
- Werte für Trommel- und Rollendurchmesser bezogen auf den Seildurchmesser

Außer den Biegebeanspruchungen, denen das Drahtseil bei der Herstellung ausgesetzt ist, treten im Betrieb Beanspruchungen auf in Form von

- Zugspannungen durch die Last
- Biegespannungen beim Lauf über Trommeln und Rollen

- Knick- und Druckspannungen an Überkreuzungsstellen im Seil
- Reibungen der Drähte aneinander
- Auflagepressungen im Rillengrund und an der Rillenwandung beim Lauf über Rollen oder Trommeln
- Umgebungseinflüsse aller Art wie Schmutz, Temperatur, Feuchtigkeit.

Das Drahtseil ist also dem Verschleiß unterworfen. Die Lebensdauer wird erhöht bei Verwendung von großen Trommel- und Rollendurchmessern, guter Rillenausbildung, guter Seilauflage, Konstruktion von Seiltrieben ohne Ablenkung und ohne Wechselbiegung des Seiles. Außerdem ist bei der Berechnung auf Einhaltung und auf den Geltungsbereich von Normen und Vorschriften zu achten (Kapitel 1.4.5). Das Ziel der Seilberechnung ist immer, eine ausreichende Lebensdauer zu erhalten. Drahtseile müssen regelmäßig gewartet und überwacht werden. Art und Anzahl der Drahtbrüche im Seil, Abrieb, Verformung, Hitzeeinwirkung sind Kriterien,nach denen die Ablegereife d.h. das Auswechseln eines Seiles bestimmt wird (DIN 15 020 Blatt 2).

1.4.3. Seilbefestigungen

Seilbefestigungen sind erforderlich bei freien Seilenden zum Befestigen an Trommeln, Haken, Bolzen und von Seilen untereinander.
Man unterscheidet:

- *Spleißung* (Bild 1.33)
- *Seilklemmen* (Bild 1.34)
- *Preßhülsen* (Bild 1.35)

unter Verwendung von Kauschen. Tafel 1.11 gibt die Mindest-Seilklemmenzahl in Abhängigkeit vom Seildurchmesser d an. Bei Trag- und Abspannseilen beträgt der Abstand der Seilklemmen $a = 5d$.

- Die *Seilbirne* (Seilhülse), bei der das Drahtende in die kegelförmige Hülse eingezogen, aufgefächert und der Hohlraum mit Weißmetall ausgegossen wird (Bild 1.36),

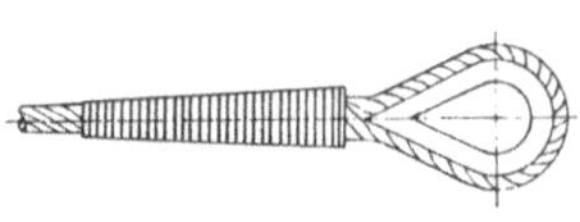

Bild 1.33
Eingespleißtes Seilende mit Kausche

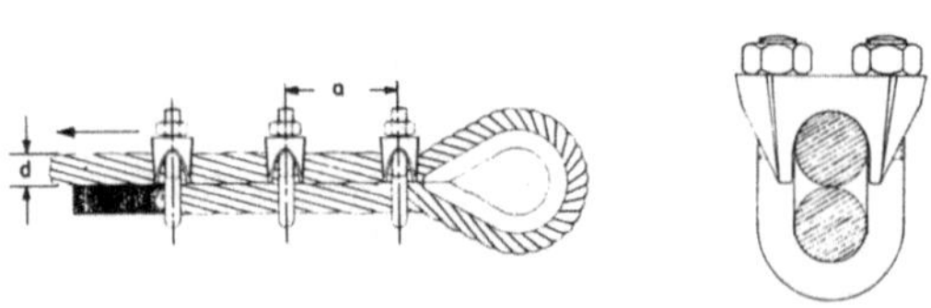

Bild 1.34
Seilklemmen mit Kausche

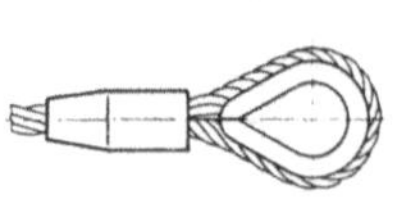

Bild 1.35
Preßhülse mit Kausche

Tafel 1.11. Seilklemmenzahl

d in mm	bis 7	über 7 bis 16	über 16 bis 20	über 20 bis 26
Mindest-Seil-klemmenzahl	3	5	6	7

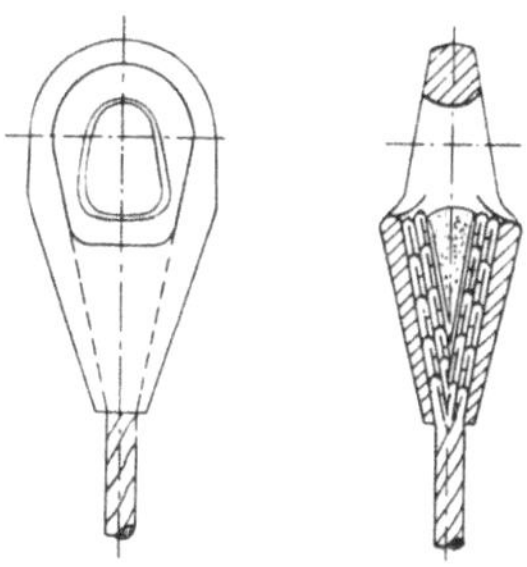

Bild 1.36. Seilbirne

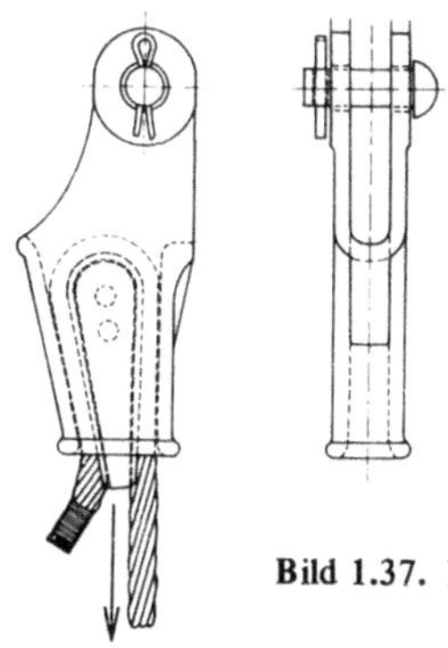

Bild 1.37. Keilschloß

– das *Keilschloß*, wobei das Seil um einen Keil gelegt und aufgrund des Seilzuges selbsttätig eine Klemmkraft erzeugt wird. Vorteil: schnell lösbare und sehr gute Befestigung. Wegen scharfer Biegung nur für kleine Drahtseildurchmesser zu verwenden (Bild 1.37).

Zur Befestigung des Seilendes auf einer Trommel benutzt man den Klemmkeil, das Keilschloß oder aufschraubbare Klemmplatten (siehe Bild 1.41). Soll unter Einbeziehung der Reibung die Seilbefestigung auf der Trommel durchgeführt werden, so müssen 2 bis 3 Windungen das 2,5fache der Seilkraft aufnehmen können. (Anwendung der Gleichung 1.18; $\mu_0 = 0{,}1$ setzen).

1.4.4. Seilrollen, Seilscheiben, Seiltrommeln

Die Aufgaben der *Seilrollen* sind Führen, Halten, Tragen, Ausgleichen, Umlenken und Leiten wie beim Flaschenzug, in der Unterflasche von Elektrozügen, bei Greifern, Drahtseilbahnen, Aufzügen, Kranen oder im Bergbau. Die Seilrollen werden aus Grau- oder Stahlguß gegossen (Bild 1.38) oder in Schweißkonstruktion (Bild 1.39) hergestellt.

Geschweißte Seilrollen- und Seilscheibenkonstruktionen sind in den verschiedensten Ausführungen auf dem Markt. Dabei kann der Kranz aus Flach- oder Winkelstahl geformt oder mit Sonderwalzprofilen gebildet sein. Der Kranz wird mit der Nabe über Speichen aus Flach-, Winkel- oder Rundstahl verbunden. Abmessungen für Seilrollen sind in DIN 16 062 zusammengestellt. Die genormten Rillenprofile finden sich in DIN 15 061. Mindestwerte für Rollendurchmesser in Abhängigkeit vom Drahtseildurchmesser gibt Tafel 1.10 an. Der Wirkungsgrad einer Seilrolle mit Wälzlagerung einschließlich Seilumlenkungswiderstand ist $\eta \approx 0{,}97$ (Beispiel 1.6). Die Kraftübertragung bei Treibscheiben geschieht nach den

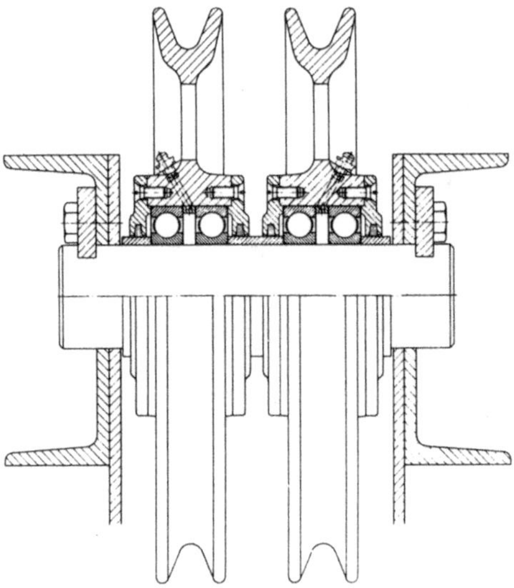

Bild 1.38. Seilrollen in gegossener Ausführung

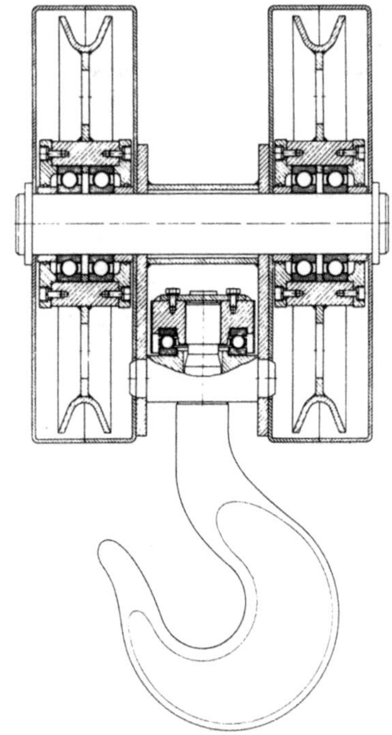

Bild 1.39. Verkürzte Hakenflasche mit geschweißten Seilrollen

Gleichungen 1.18 und 1.19 (Umschlingungsreibung). Bei großen Abmessungen von angetriebenen und nicht angetriebenen Rollen z.B. Drahtseilbahnen spricht man von *Treibscheiben* bzw. *Seilscheiben*, die dann meist zweiteilig ausgebildet sind.

Seiltrommeln benutzt man zur Aufnahme des Drahtseiles beim Heben der Last. Sie werden gegossen oder geschweißt und mit schraubenförmig eingedrehten Rillen versehen ($r \approx 0{,}53 \cdot d$; Steigung $s = d + b$; Abmessungen der Rillen Tafel 1.12 und Bild 1.40). Die Einteilung der Seiltrommeln geschieht in *Wellen-* und *Achstrommeln* (Bild 1.41; 1.42). Doppeltrommeln erhalten auf einem Trommelkörper rechts- und linksgängige Seilrillen (Bild 1.42). Die Anzahl der Rillen auf der Trommel muß bei tiefster Laststellung noch 2 bis 3 Windungen aufweisen, um die Seilbefestigung zu entlasten.

$$n_r = \frac{l_s}{D_{tr}\pi} + 2 \qquad (1.53)$$

n_r Rillenzahl (Windungszahl)
l_s in mm Seillänge
D_{tr} in mm Trommeldurchmesser, der nach Tafel 1.10 bestimmt wird

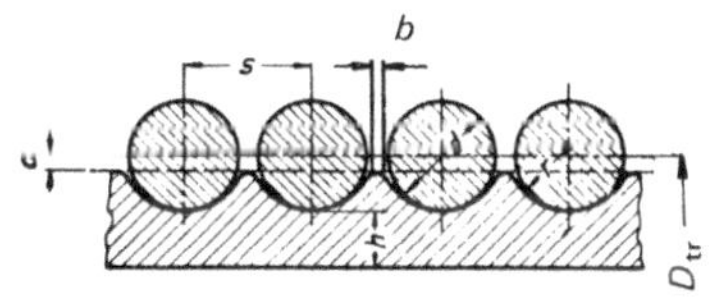

Bild 1.40
Ausbildung von Seilrillen auf Trommeln

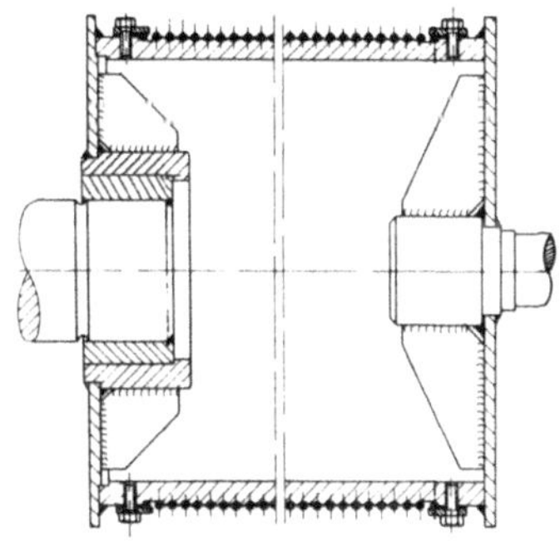

Bild 1.41. Seiltrommel in geschweißter Wellen-Ausführung

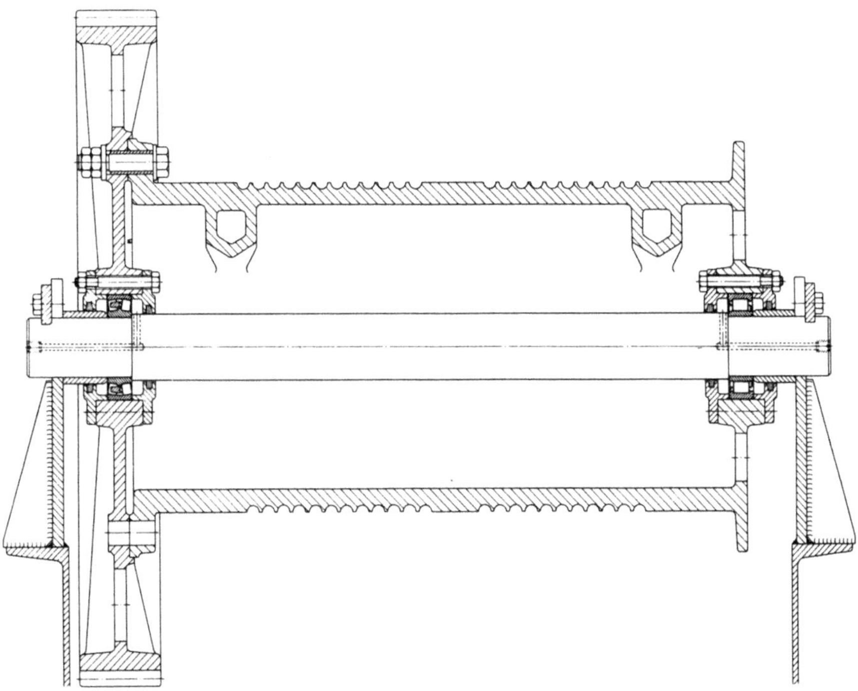

Bild 1.42. Doppelseiltrommel in gegossener Achsen-Ausführung und Wälzlagerung

Tafel 1.12. Rillenabmessungen von Seiltrommeln

Seildurchmesser d	10	13	16	19	22	27	33	40
r	5,5	7	8,5	10	12	14,5	17,5	21
b	2	2	2	3	3	4	4	5
a	1	1,5	2	2,5	3	3,5	4	5

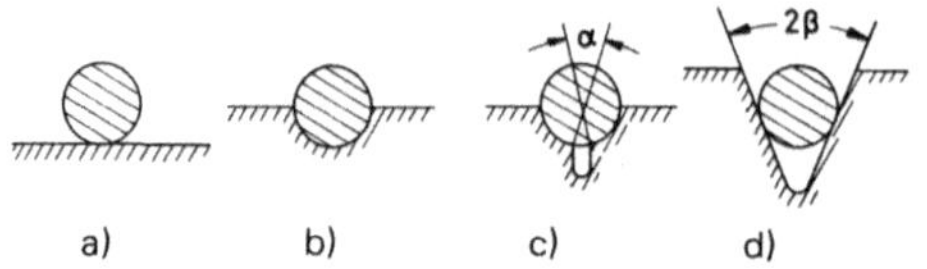

Bild 1.43

a) Drahtseil auf flacher Scheibe
b) Drahtseil in Halbrundrille
c) Drahtseil in unterschnittener Halbrundrille
d) Drahtseil in Keilrille

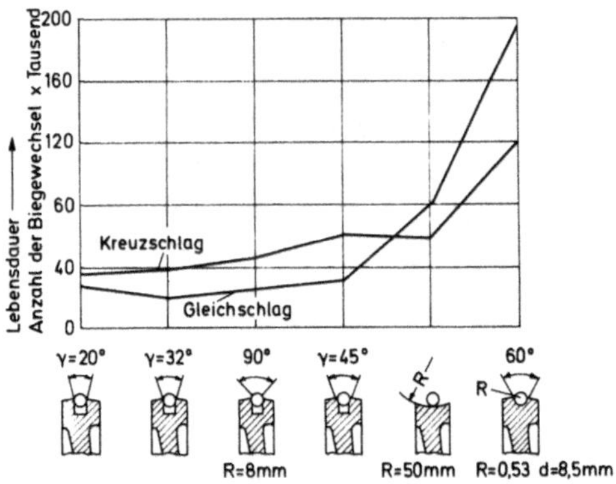

Bild 1.44

Einfluß der Rillenform auf die Lebensdauer eines Gleich- und Kreuzschlagseiles nach VDI-Richtlinie 2358

Seiltrommeln werden auf Torsion, Biegung und Umschnürung beansprucht, wobei die letzte Beanspruchungsart meist entscheidend ist. Grundsätzlich muß aus Sicherheitsgründen die Trommel beidseitig mit Bordscheiben ausgestattet sein, deren Höhe dem 2,5-fachen Seildurchmesser entspricht.

Für die Berechnung der Umfangskraft (Gleichungen 1.18; 1.19) bei Treibscheiben, für Drahtseilbahnen, Aufzüge, beim Spillkopf (Bild 1.25) oder der Reibkräfte ergeben sich je nach Form der Seilrillen unterschiedliche μ-Werte:

– Drahtseil auf flacher Graugußscheibe $\mu \approx 0{,}09$ (Bild 1.43a)

– Drahtseil in Halbrundrille $\mu' = \frac{4}{\pi}\mu$ (Bild 1.43b)

– Drahtseil in unterschnittener Halbrundrille $\mu' = \dfrac{4 \cdot \mu\,(1 - \sin\frac{\alpha}{2})}{\pi - d - \sin\alpha}$ (Bild 1.43c).

  Diese Ausführung besitzt den Vorteil, daß bei Verschleiß der Scheibe (Ausarbeitung der Rille) die Reibzahl gleich groß bleibt.

– Drahtseil in Keilrille $\mu' = \dfrac{\mu}{\sin\frac{\beta}{2}}$ (Bild 1.43d)

  Bei längerem Betrieb sinkt der μ'-Wert, da die Rille sich verformt.

Die Lebensdauer eines Gleich- und Kreuzschlagseiles in Abhängigkeit von verschiedenen Rillenformen (VDI-Richtlinie 2358) zeigt Bild 1.44.

1.4.5. Normen, Richtlinien

Für Drahtseile, Seilrollen und Seiltrommeln:

DIN-Normen

DIN	741	7. 72	Drahtseilklemmen für Seil-Endverbindungen bei untergeordneten Anforderungen
	1142	10. 75	Drahtseilklemmen für Seil-Endverbindungen bei sicherheitstechnischen Anforderungen
	3051 Bl. 1	3. 72	Drahtseile aus Stahldrähten; Grundlagen; Übersicht
	3051 Bl. 2	4. 72	Drahtseile aus Stahldrähten; Grundlagen; Seilarten, Begriffe
	3051 Bl. 3	3. 72	Drahtseile aus Stahldrähten; Grundlagen; Berechnung, Faktoren
	3051 Bl. 4	3. 72	Drahtseile aus Stahldrähten; Grundlagen; Technische Lieferbedingungen
	3052	3. 72	Drahtseile aus Stahldrähten; Spiralseil 1 × 7
	3053	3. 72	Drahtseile aus Stahldrähten; Spiralseil 1 × 19
	3054	3. 72	Drahtseile aus Stahldrähten; Spiralseil 1 × 37
	3055	3. 72	Drahtseile aus Stahldrähten; Rundlitzenseil 6 × 7
	3056	3. 72	Drahtseile aus Stahldrähten; Rundlitzenseil 8 × 7
	3057	3. 72	Drahtseile aus Stahldrähten; Rundlitzenseil 6 × 19 Filler
	3058	3. 72	Drahtseile aus Stahldrähten; Rundlitzenseil 6 × 19 Seale
	3059	3. 72	Drahtseile aus Stahldrähten; Rundlitzenseil 6 × 19 Warrington
	3060	3. 72	Drahtseile aus Stahldrähten; Rundlitzenseil 6 × 19 Standard
	3061	3. 72	Drahtseile aus Stahldrähten; Rundlitzenseil 8 × 19 Filler
	3062	9. 73	Drahtseile aus Stahldrähten; Rundlitzenseil 8 × 19 Seale
	3063	9. 73	Drahtseile aus Stahldrähten; Rundlitzenseil 8 × 19 Warrington
	3064	3. 72	Drahtseile aus Stahldrähten; Rundlitzenseil 6 × 36 Warrington-Seale
	3065	3. 72	Drahtseile aus Stahldrähten; Rundlitzenseil 6 × 35 Warrington gedeckt
	3066	3. 72	Drahtseile aus Stahldrähten; Rundlitzenseil 6 × 37 Standard
	3067	3. 72	Drahtseile aus Stahldrähten; Rundlitzenseil 8 × 36 Warrington-Seale
	3068	3. 72	Drahtseile aus Stahldrähten; Rundlitzenseil 6 × 24 Standard + 7 Fasereinlagen
	3069	3. 72	Drahtseile aus Stahldrähten; Spiral-Rundlitzenseil 18 × 7, drehungsarm
	3070	3. 72	Drahtseile aus Stahldrähten; Flachlitzenseil 10 × 10, drehungsarm
	3071	7. 72	Drahtseile aus Stahldrähten; Spiral-Rundlitzenseil 35 × 7, drehungsfrei
E	3088	12. 73	Anschlagseile zum Befestigen von Lasten an Lasthaken
	5881	5. 56	Erdölindustrie; Drahtseile und Seiltriebe
	6899	1. 65	Kauschen; leicht, mittelschwer, schwer; für Drahtlitzen, Drahtseile und Faserseile
	15 018 Bl. 1 Gek.	4. 74	Krane; Grundsätze für Stahltragwerke; Berechnung
	15 018 Bl. 2 Gek.	4. 74	Krane; Stahltragwerke; Grundsätze für die bauliche Durchbildung und Ausführung
	15 020 Bl. 1	2. 74	Hebezeuge; Grundsätze für Seiltriebe; Berechnung und Ausführung
	15 020 Bl. 2	4. 74	Hebezeuge; Grundsätze für Seiltriebe; Überwachung im Gebrauch
	15 060	3. 68	Anschlagseile zum Befestigen von Lasten an Lasthaken
E	15 061 Bl. 1	6. 70	Krane und Serienhebezeuge; Rillenprofile für Seilrollen
E	15 061 Bl. 2	6. 70	Krane und Serienhebezeuge; Rillenprofile für Seiltrommeln
E	15 063	3. 75	Hebezeuge; Seilrollen; Technische Lieferbedingungen
	21 251	7. 65	Förderseile; Rundseile aus Drähten gleichen Nenndurchmessers
	21 252	7. 65	Förderseile; Flachseile

	21 254	1. 69	Förderseile; Technische Lieferbedingungen
	21 255	7. 65	Förderseile; Rundseile in gedeckter Warrington-Machart
	21 256	7. 65	Unterseile; Flachseile
E	21 256	10. 74	Unterseile; Flachseile
	21 258	8. 67	Tränkungsmittel und Schmierstoffe für Treibscheiben-Förderseile
	22 410	11. 61	Förderseilscheiben
E	22 410 Bl. 1	6. 73	Förderseilscheiben für Rundseile; Maße und Kennzeichnung
E	22 410 Bl. 2	6. 73	Förderseilscheiben für Rundseile; Berechnungsgrundlagen
	43 154	11. 61	Offene Kauschen für Drähte und Seile
	82 101	2. 71	Schäkel
	82 220	5. 63	Klappblöcke für Drahtseile
	82 235	5. 63	Seilscheiben für Drahtseile; Rillengrunddurchmesser 8 bis 9 × Seildurchmesser
	82 236	5. 63	Seilscheiben für Drahtseile; Rillengrunddurchmesser ≈ 14 × Seildurchmesser
	82 239	5. 63	Seilscheibenbolzen für Klappblöcke, Hangerblöcke, Ladeblöcke und Leitblöcke
	82 241	5. 63	Seilösen (Hundsfotte) für Blöcke
	83 313	10. 63	Seilhülsen
	83 315	10. 63	Vergießen von verzinkten Drahtseilen für den Schiffbau in Seilhülsen mit Vergußmetallen; Richtlinien
	83 318	11. 59	Spleiße für Drahtseile
	83 451	9. 71	Seilkorb
	83 452	9. 71	Seiltrommel
E	83 507	12. 74	Spannvorrichtung für Seilverbindungen in Schubverbänden
	84 156	11. 66	Seiltrommeln für Ladewinden
	84 157	11. 66	Seilhaken mit Befestigungsschraube für Seiltrommeln

ISO-Normen

ISO	2262	1972	Kauschen für Drahtseile
	2408	1973	Stahldrahtseile für allgemeine Verwendung; Eigenschaften
	2415	1973	Schäkel: Allgemeine Kennwerte
	2532	1974	Stahldrahtseile; Wörterbuch
	2731	1973	D-Schäkel
	2791	1973	Bogenschäkel
	3108	1974	Stahldrahtseile für allgemeine Verwendung; Bestimmung der effektiven Bruchkraft
	3178	1974	Stahldrahtseile für allgemeine Verwendung; Abnahmebedingungen

VDI-Richtlinien

VDI	2500	Faserseile aus Pflanzen und/oder synthetischen Fasern
	2358	Drahtseile für Fördermittel

AWF-Blatt

AWF	23	Hanfseile

1.4.6. Beispiele, Fragen

▶ **Beispiel 1.8:** Berechnung der Seilkraft eines Anschlagseiles aus Hanf.

Ein Hanfseil mit einem Seildurchmesser d = 33 mm soll entsprechend Bild 1.45 bei einem Neigungswinkel $\beta = 30°$ eine Last, die eine Gewichtskraft von G = 5000 N hervorruft, heben. Ist das Seil (Bruchfestigkeit $\sigma_B = 120\ \text{N/mm}^2$, Sicherheitszahl $\nu = 8$) ausreichend dimensioniert?

Lösung: Aus Bild 1.45 ergibt sich die Kraft im Hanfseil F_S in Abhängigkeit des Neigungswinkels β zu

$$\sin(90° - \beta) = \frac{G}{2F_S}$$

$$F_S = \frac{G}{2 \cdot \sin 60°} = \frac{5000}{2 \cdot 0{,}866} = 2887 \text{ N} \qquad (1.54)$$

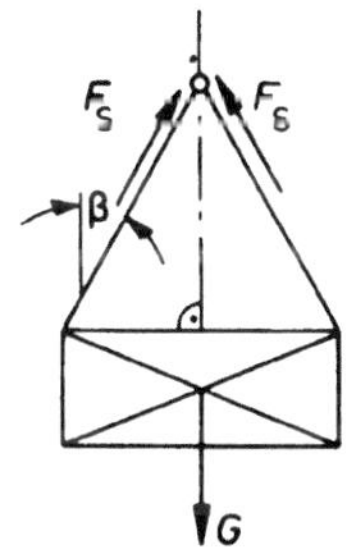

Bild 1.45
Benutzung eines Seiles (Kette) als Anschlagelement

Nach Gleichung 1.51 ergibt sich eine Seilkraft von

$$F_S = 700\,d^2 = 700 \cdot 3{,}3^2 = 7623 \text{ N}.$$

Das Seil ist also ausreichend dimensioniert!

Beispiel 1.9: Berechnungen an einem 4-strängigen Zwillingsrollenzug.

Eine Last (m = 5000 kg) wird mit Hilfe eines 4-strängigen Zwillingsrollenzuges (Bild 1.26e) mit einer Hubgeschwindigkeit v_h = 12,5 m/min gehoben. Die Triebwerksgruppe sei 3_m. Die Unterflasche wird mit 100 kg Last angenommen. Als Drahtseil soll ein Rundlitzenseil 6 × 37 Standard nach DIN 3066 benutzt werden. Die maximal auftretende Hubhöhe beträgt h = 6 m. Die wichtigsten Größen des Rollenzuges sind zu berechnen.

Lösung:

– Drahtseildurchmesser d_{min} nach Formel 1.52 $d_{min} = c\sqrt{F_S}$, c-Wert aus Tafel 1.10 bei Triebwerksgruppe 3_m und Bruchfestigkeit σ_B = 1570 N/mm² ergibt c = 0,106. Maximale Seilkraft im Strang nach Formel 1.39 mit Rollenwirkungsgrad η_f = 0,98

$$F_S = \frac{G + \Delta G}{2} \cdot \frac{1 - \eta_f}{1 - \eta_f^2} = \frac{5100 \cdot 9{,}81}{2}\left(\frac{1 - 0{,}98}{1 - 0{,}98^2}\right) = 12507 \text{ N}$$

$$d_{min} = 0{,}106\sqrt{12507} = 11{,}85 \text{ mm}$$

Gewählt nach Tafel 1.8 Seildurchmesser d = 12 mm.

Aus Tafel 1.10 ergeben sich noch folgende Werte (in Klammern: Normgrößen)

– Trommeldurchmesser $D_{tr} = 20d = 20 \cdot 12 = 240$ mm (250 mm)
– Flaschenrollendurchmesser $D_r = 22{,}4d = 22{,}4 \cdot 12 = 268{,}8$ mm (315 mm)
– Ausgleichsrollendurchmesser $D_a = 16d = 16 \cdot 12 = 192$ mm (200 mm)
– Übersetzung des Rollenzuges $i = \frac{v_s}{v_h} = 2$
– Seilgeschwindigkeit beim Auflaufen auf die Trommel

$$v_s = 2v_h = 2 \cdot 12{,}5 = 25 \text{ m/min}$$

– Trommeldrehzahl

$$v_s = D_{tr}\, n_{tr}\pi \quad \text{daraus folgt} \quad n_{tr} = \frac{v_s}{D_{tr}\pi} = \frac{25}{0{,}25 \cdot \pi} = 32 \text{ 1/min}$$

– Die Trommellänge ergibt sich aus der maximalen Hubhöhe h = 6 m. Dann ist eine Seilstranglänge l_s = 12 m aufzuwickeln. Nach Formel 1.53 folgt die Windungszahl (Rillenzahl)

$$n_r = \frac{l_s}{D_{tr}\pi} + 2 = \frac{12}{0{,}25 \cdot \pi} + 2 = 15{,}27 \quad \text{also 18 Rillen pro Seilstrang.}$$

Nach Bild 1.40 und Tafel 1.12 ist die Steigung der Rillen $s = d + b = 12 + 2 = 14$ mm und die gesamte Rillenlänge $l_r = n_r s = 18 \cdot 14 = 252$ mm. Die gesamte Trommellänge bestimmt sich zu $l_{tr} = 2 l_r + 2m + 2o$ mit $m = 0{,}5 D_{tr}$ und $o = 3d$ wird die Trommellänge $l_{tr} = 2 \cdot 252 + 0{,}5 \cdot 250 + 2 \cdot 3 \cdot 12 = 701$ mm.

● **Fragen:**

1. Welche Vorteile besitzen Drahtseile gegenüber Ketten?
2. Wie werden Drahtseile eingeteilt?
3. Was versteht man unter einem Gleichschlag- und was unter einem Kreuzschlagseil?
4. Was bedeutet die Kurzbezeichnung *sS*?
5. Worin unterscheiden sich Filler-, Seale- und Warrington-Machart?
6. Wie errechnet sich der Seil-Nenndurchmesser *d*?
7. Welchen Beanspruchungen unterliegt das Drahtseil im Betrieb?
8. Was für Seilbefestigungen gibt es?
9. Wie unterscheidet man die Seiltrommeln?
10. Welche Bedeutung haben die Rillenformen und die Reibungszahl für die Lebensdauer eines Drahtseiles?

1.5. Ketten, Kettenräder, Kettentrommeln

1.5.1. Ketten

Grundsätzlich sind zwei Kettenarten aus Stahl zu unterscheiden: die *Rundglieder(-stahl)kette* und die *Stahlgelenkkette*. Betrachtet man die Verwendung der Ketten, so kann eine Einteilung in *Antriebs-*, *Förder-* und *Lastkette* erfolgen. Nach diesen Gesichtspunkten sind auch die Vor- und Nachteile zu betrachten. Die Kette ist im Hebezeugbau durch das Seil zurückgedrängt worden und wird heute als Anschlagmittel, bei Windwerken mit kleinen Hubhöhen als Tragorgan oder bei Flaschenzügen als Haspelkette verwendet. Flurförderzeuge z. B. Gabelstapler werden mit Last- und Antriebsketten bestückt und bei den Stetigförderern findet man sie als Zug- und Tragorgan in Kettenbecherwerken, in Trogketten- und Kratzerförderern, bei Kreis- und Schleppkreisförderern.

Rundgliederketten: Als günstige Eigenschaften sind zu nennen: Beweglichkeit nach allen Seiten, geringer Preis, kleiner Aufwickeldurchmesser, Unempfindlichkeit gegen Korrosion und Hitze, formschlüssige Kraftübertragung. Nachteilig sind neben hohem Eigengewicht, geringer Elastizität und Empfindlichkeit gegen Stöße oder Überlastung die geringe Arbeitsgeschwindigkeit und das plötzliche Auftreten eines Bruches. Die Lebensdauer wird durch Abnutzung in den Gliedern begrenzt.

Weitere Unterscheidungsmerkmale sind:

lehrenhaltig (Kurzzeichen *A*) – nicht lehrenhaltig (Kurzzeichen *B*)
langgliedrig – halblanggliedrig – kurzgliedrig
Normalgüte – vergütet
geprüft – ungeprüft, blank – schwarz

Die einzelnen Kettenglieder werden vorwiegend durch Seitenschweißung hergestellt. Rundgliederketten als Last- und Anschlagketten sind Haken-, Ring-, Klauenhaken-, Schäkel-, Faß-, Bloch- und endlose Ketten (Kranzketten) Bild 1.46.

Bezeichnungen, Abmessungen, Maße und Güteklassen sind in DIN 5684 (Bild 1.47; Tafel 1.13) zu finden. Berechnung nach

$$d_{min} = \sqrt{\frac{2F_h}{\sigma_{zzul}}} \text{ in mm} \tag{1.55}$$

d_{min}	in mm	Mindestglieddicke
F_h	in N	Zug- oder Hubkraft
σ_{zzul}	in N/mm^2	zulässige Zugspannung (60 – 125 N/mm^2)

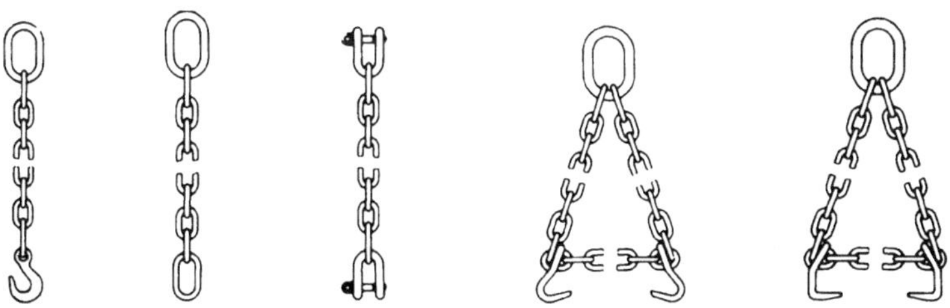

Bild 1.46. Rundgliederketten a) Hakenkette; b) Ringkette; c) Schäkelkette; d) Faßkette; e) Klauenhakenkette

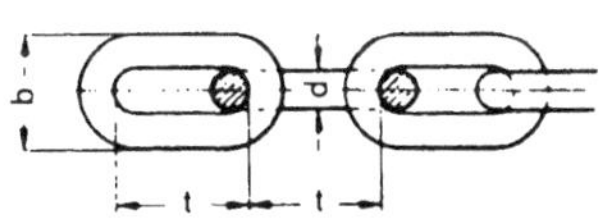

Bild 1.47
Rundstahlkette

Tafel 1.13. Technische Größen von Rundstahlketten der Güteklasse 5

Nenndicke d mm	Teilung t mm	äußere Breite b mm	Metergewicht m_l kg/m	Tragfähigkeit für Handhebezeuge kg	Tragfähigkeit für motorisch angetr. Hebezeuge kg
5	15	16,9	0,54	500	400
6	18	29,2	0,78	750	600
8	24	27	1,4	1250	1060
10	28	34	2,25	2000	1600
13	36	44,2	3,8	3350	2800
16	45	54,4	5,75	5000	4250

Bei längeren Ketten ist das Eigengewicht zu berücksichtigen (Beispiel 1.11).
Die Bezeichnung einer Kette von 20 m Länge und einer Nenndicke von 16 mm ist

20 m Kette *A* 16 DIN 766 *St* 35.13 *k*, blank.

Gelenkketten: Haben Ketten in jeder Teilung ein Gelenk, welches aus Bolzen und Lagerschale oder Wiegezapfen bestehen kann, spricht man von *Gelenkketten*. Kennzeichnend für diese Ketten sind Teilung t, lichte Weite b und Bolzen-, Buchsen- oder Rollendurchmesser d_1. Diese Ketten können als Einfach- oder Mehrfachketten konstruiert werden, sind nur in einer Ebene beweglich, empfindlich bei Schrägzug und Verschmutzung und bedürfen einer Wartung und Pflege.

Der Vorteil der *Antriebsketten* liegt in der hohen Geschwindigkeit bis zu 30 m/s und im Übertragen von kleinsten bis größten Leistungen. Zu diesen Ketten zählen die Buchsenkette (DIN 8164; Bild 1.48a), Hülsen- und Rollenketten (Bild 1.48b) und die Zahnketten.

Zu den *Förderketten*, deren Geschwindigkeiten bis 3 m/s betragen und deren Bruchlasten bis 10 MN und mehr sein können, zählen die Förderketten nach DIN 8167 und 8168 für

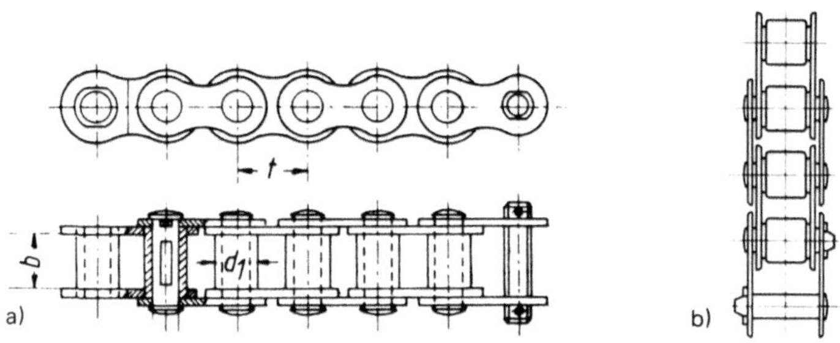

Bild 1.48. Antriebsketten a) Buchsenkette; b) Rollenkette

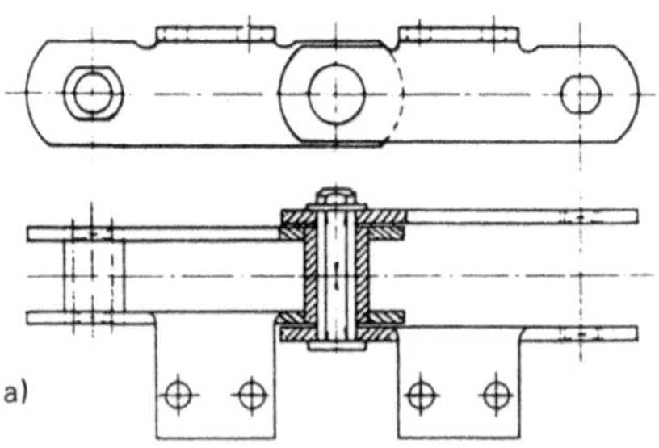

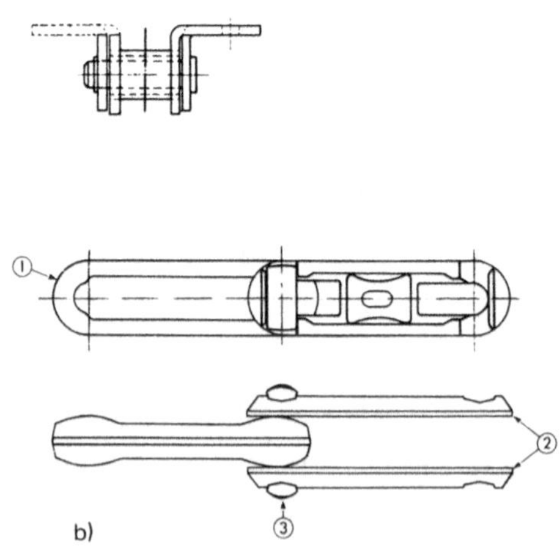

Bild 1.49

Förderketten
a) Laschenkette mit Befestigungselement
b) Steckbolzen- (Webb-) Kette
① Mittelglied
② Seitenlaschen
③ Steckbolzen

Stetigförderer, Laschenketten für Stahlgliederbänder (DIN 8175; Bild 1.49a) und Rollenketten (DIN 8164; Bild 1.48a), Hülsen- und Rollenketten (Bild 1.48b) und die Zahnketten. Eine Spezialkette, die für Kreis- und Schleppkreisförderer sowie für Schleppkettenförderer eingesetzt wird, ist die dreidimensional bewegliche Steckbolzen-Kette (Bild 1.49b), die weder Nieten noch Muttern aufweist und an jeder beliebigen Stelle des Förderers ohne Werkzeug zusammengesetzt oder auseinandergenommen werden kann. (Kardangelenkkette: Bild 3.24).

Lastketten besitzen hohe Bruchlasten bis 10 MN und mehr, aber haben niedrige Kettengeschwindigkeiten (< 1 m/s). Zu diesen Ketten zählen die Gallkette (DIN 8150; Bild 1.50a), die Fleyerkette (Bild 1.50b), die Block- und Ziehbankkette.

Zur Verlängerung und zum Endlosmachen von Ketten benutzt man Verbindungselemente, welche die Teilung der Kette erhalten müssen, um einen einwandfreien Lauf über Umlenkrollen und Antriebsräder zu gewährleisten. Die Verbindungen sind formschlüssig und werden bei Rundstahlketten als *Kettenschlösser* bezeichnet. Ausgeführt sind sie in Vierkantform, in Eiform (Bild 1.51a) und in raumsparender Konstruktion. Durch Schrauben wer-

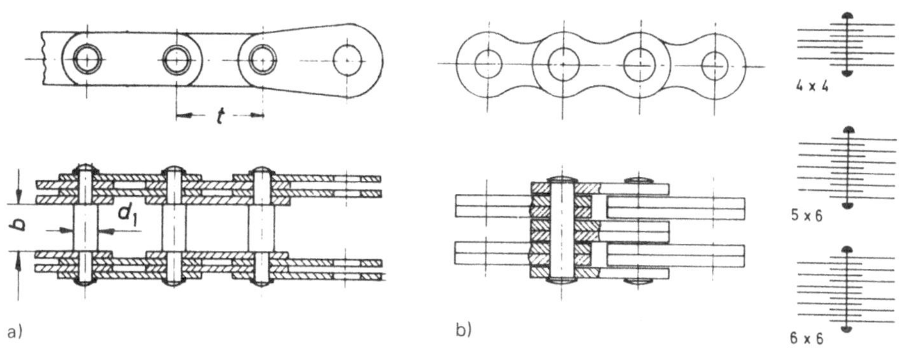

Bild 1.50. Lastketten a) Gallkette; b) Fleyerkette (Laschenkombination 4 × 6 und andere Kombinationsmöglichkeiten)

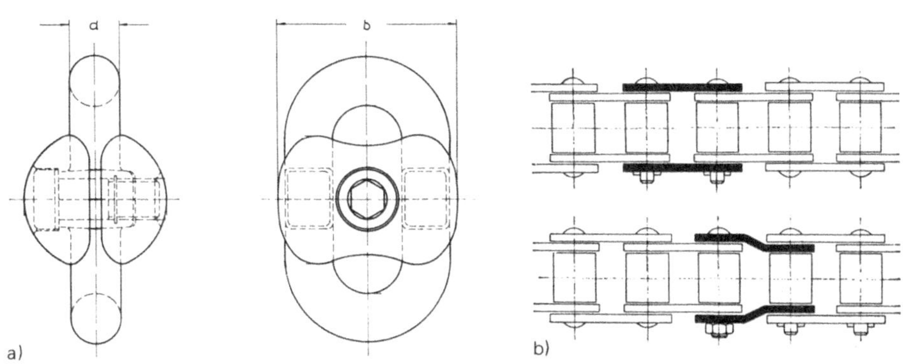

Bild 1.51. Verbindungselemente für Ketten a) Kettenschloß für Rundstahlkette; b) gerades und gekröpftes Verschlußglied einer Rollenkette (Stahlgelenkkette)

den sie zusammengehalten. Bei Stahlgelenkketten bieten sich gerade *Verschlußglieder* (Steckglieder) und gekröpfte Glieder an (Rollenkette Bild 1.51b). In der E-DIN 8195 sind die Berechnung der Antriebe von Hülsen- und Rollenketten festgelegt, die von der zu übertragenden Leistung, der Drehzahl des kleineren Kettenrades, dem Übersetzungsverhältnis, dem Wellenabstand, der Schmierungsart und verschiedenen aus der Umgebung und der Belastung resultierenden Einflüssen ausgeht und damit eine Vordimensionierung und Auswahl einer Kette erlaubt. In der Nachrechnung der gewählten Kette werden Kettengeschwindigkeit, Belastung (Zug- und Fliehkraft), Gelenkpressung, statischer und dynamischer Bruchsicherheitsfaktor ermittelt und mit zulässigen Größen verglichen.

1.5.2. Kettenrollen und Kettenräder

Rundgliederketten: Sollen Rundgliederketten umgelenkt werden, so verwendet man meist gegossene unverzahnte Kettenrollen mit oder ohne Bordrand (Bild 1.52), deren Durchmesser $D_r = 20d$ in mm ist.

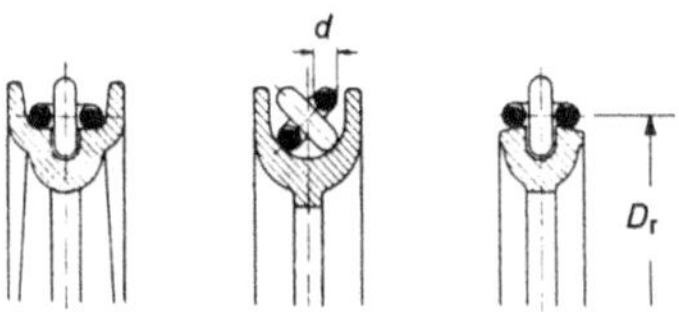

Bild 1.52
Kettenrollen für Rundstahlkette mit und ohne Bordränder

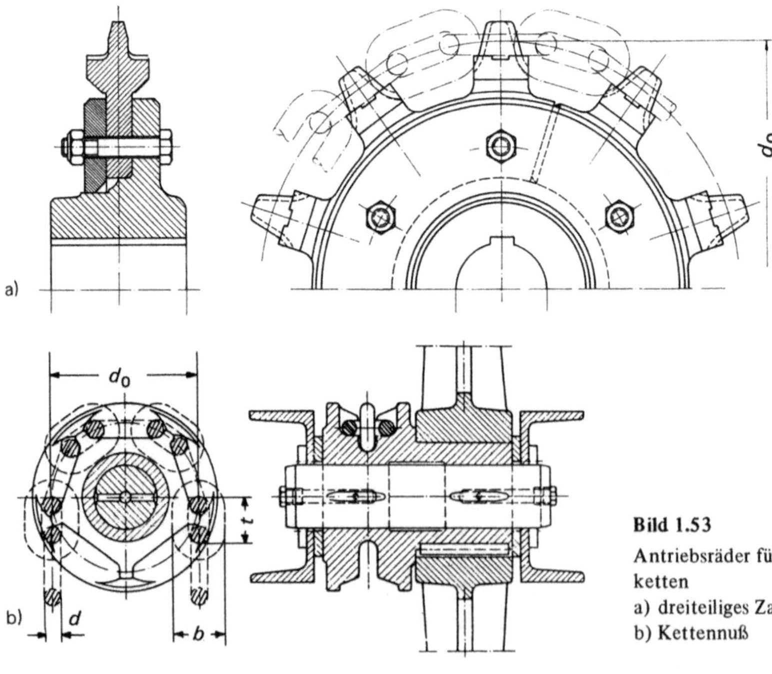

Bild 1.53
Antriebsräder für Rundstahlketten
a) dreiteiliges Zahn-Kettenrad
b) Kettennuß

Werden Umfangskräfte übertragen, so sind verzahnte Kettenräder für Handbetrieb als Haspelräder, für motorischen Antrieb als Zahn-Kettenräder (Bild 1.53a) oder bei kleinen Zähnezahlen Kettennüsse (Bild 1.53b) im Einsatz. Der Teilkreisdurchmesser d_0 dieser Räder errechnet sich aus

$$d_0 = \sqrt{\left(\frac{t}{\sin\frac{90°}{z}}\right)^2 + \left(\frac{d}{\cos\frac{90°}{z}}\right)^2} \text{ in mm} \qquad (1.56)$$

t in mm Teilung der Kette
d in mm Kettendicke
z Zähnezahl des Kettenrades

Das zweite Glied der Wurzel in Formel 1.56 kann vernachlässigt werden, wenn die Zähnezahl $z \geqq 6$ und die Kettendicke $d \leqq 16$ mm sind, das entspricht dem Übergang von der Kettennuß zum Kettenrad.

$$d_0 = \frac{t}{\sin\frac{90°}{z}} \text{ in mm} \qquad (1.57)$$

Gelenkketten: Die Gleichung 1.57 gilt auch zur Berechnung des Teilkreisdurchmessers für verzahnte Kettenräder für Stahlgelenkketten, wenn man statt 90° den Winkel 180° einsetzt, wobei die kleinste Zähnezahl 7 bis 8 ist. Die Kettenräder sind in 3 Ausführungsformen (Bild 1.54) anzutreffen als

- Scheibenrad: einfachste, billigste Art; angeschraubt
- Kettenrad mit einseitiger Nabe: weitgehend vom Lager zu beziehen; Bohrung mit Nut versehen
- Kettenrad mit zweiseitiger Nabe: sowohl mit symmetrischer als auch mit unsymmetrischer Nabenlänge.

Entscheidend für ein gutes Arbeiten des Kettentriebes sind eine zweckmäßige Zahnform, ein reibungsloses Abwickeln der Kette vom Rad und das Auffangen von etwaiger Kettenlängung. Umlenkrollen für Fleyerketten oder Zahn-Kettenräder für Zahnketten, Buchsen- oder Gallketten besitzen verschiedene Zahnprofile.

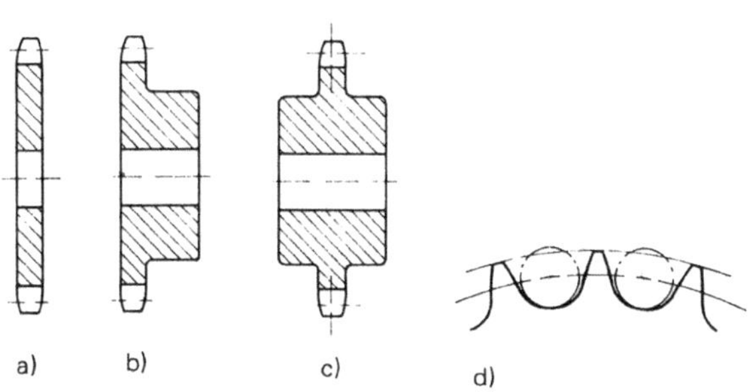

Bild 1.54. Kettenräder für Rollenketten
a) Scheibenrad
b) Kettenrad mit einseitiger Nabe
c) mit zweiseitiger Nabe
d) Zahnprofil

1.5.3. Kettentrommeln

Nur Kettentrommeln für Rundstahlketten sind im Einsatz, um Last- oder Ankerketten aufzuwickeln. Man kennt – wie bei den Kettenrollen Bild 1.52 dargestellt – Trommeln mit glatter Oberfläche, mit schmalen, tiefen Rillen und mit breiten, flachen Rillen. Den Trommeldurchmesser D_{tr} wählt man zu $D_{tr} = (20–30)d$, wobei d der Kettendicke entspricht. Die Befestigung der Kette auf der Trommel geschieht mit Haken, die auf der Trommel aufgeschraubt werden.

1.5.4. Normen, Richtlinien

DIN-Normen

DIN	654 Bl. 1	3. 72	Stahlbolzenketten; Maße
	654 Bl. 2	3. 72	Stahlbolzenketten; Befestigungsglieder
	685 Bl. 1	2. 71	Geprüfte Rundstahlketten; Anforderungen
	686 Bl. 1	3. 72	Zerlegbare Gelenkketten
	686	3. 73	Zerlegbare Gelenkketten; Maße
	689	7. 75	Ösenhaken
	695	9. 59	Rundstahlketten; Hakenketten, Ringketten
E	695	1. 73	Hakenketten, Ringketten
	762	1. 71	Rundstahlketten für Stetigförderer; Kettenenden; geprüft, lehrenhaltig, langgliedrig
	764	1. 71	Rundstahlketten für Stetigförderer; Kettenenden für Becherwerke; geprüft, halblanggliedrig
	765	3. 55	Rundstahlketten für Hebezeuge; geprüft, lehrenhaltig, kurzgliedrig
E	765	4. 75	Rundstahlketten; Güteklasse 3, lehrenhaltig, geprüft
E	766	4. 75	Rundstahlketten; Güteklasse 2 und 3, nicht lehrenhaltig, geprüft
	766	7. 54	Rundstahlketten für allgemeine Zwecke und Hebezeuge; Kettenenden; geprüft, kurzgliedrig
	5681	2. 66	Ketten mit starren Mitnehmern
	5682	2. 66	Ketten mit kippbaren Rollen-Mitnehmern
	5684 Bl. 1	6. 72	Rundstahlketten für Hebezeuge; Güteklasse 5; lehrenhaltig, geprüft
	5684 Bl. 2	6. 72	Rundstahlketten für Hebezeuge; Güteklasse 6; lehrenhaltig, geprüft
	5684 Bl. 3	6. 72	Rundstahlketten für Hebezeuge; Güteklasse 8; lehrenhaltig, geprüft
	5687 Bl. 1	6. 72	Rundstahlketten; Güteklasse 5; nicht lehrenhaltig, geprüft
	5687 Bl. 2	6. 72	Rundstahlketten; Güteklasse 6; nicht lehrenhaltig, geprüft
	5687 Bl. 3	6. 72	Rundstahlketten; Güteklasse 8; nicht lehrenhaltig, geprüft
E	5688 Bl. 1	11. 72	Hakenketten und Ringketten; Güteklasse 5
E	5688 Bl. 2	11. 72	Hakenketten und Ringketten; Güteklasse 6
E	5688 Bl. 3	11. 72	Hakenketten und Ringketten; Güteklasse 8
E	8150	5. 74	Gallketten
	8151	4. 46	Stahlgelenkketten; Gallketten; leicht; Abmessungen und Bruchlasten
E	8164	5. 74	Buchsenketten
	8165 Bl. 1	9. 53	Stahlgelenkketten; Buchsenketten, Doppelbuchsenketten; für stetige Förderer
	8165 Bl. 2	9. 53	Stahlgelenkketten; Buchsenketten, Doppelbuchsenketten; mit Befestigungsgliedern für stetige Förderer
	8166	8. 53	Laufrollen (Gleitlager) für Ketten für stetige Förderer
	8167 Bl. 1	3. 71	Förderketten mit Vollbolzen für Stetigförderer

E	8167 Bl. 2	3. 72	Förderketten mit Vollbolzen; Befestigungslaschen
E	8167 Bl. 3	3. 72	Förderketten mit Vollbolzen; Tragketten mit erhöhten Laschen
	8168	3. 71	Förderketten mit Hohlbolzen für Stetigförderer
E	8168 Bl. 1	3. 72	Förderketten mit Hohlbolzen; Befestigungslaschen
E	8168 Bl. 2	3. 72	Förderketten mit Hohlbolzen; Tragketten mit erhöhten Laschen
	8169	3. 71	Rollen für Förderketten mit Vollbolzen und Hohlbolzen für Stetigförderer
	8175	5. 61	Laschenketten für Stahlgliederbänder
	8176	10. 48	Stahlgelenkketten; Laschenketten für Kettenbahnen
	8181	3. 72	Rollenketten; langgliedrig
	8184	4. 54	Stahlgelenkketten; Rollenketten für Umlaufaufzüge
	8185	6. 54	Stahlgelenkketten; Rollenketten für Stützkettenaufzüge
	8187	8. 72	Rollenketten; Europäische Bauart
	8188	8. 72	Rollenketten; Amerikanische Bauart
E	8195	5. 74	Rollenketten; Kettenräder; Auswahl von Kettentrieben
	8196	3. 63	Stahlgelenkketten; Kettenräder für Hülsen- und Rollenketten; Profilmessungen
E	8196	5. 74	Kettenräder für Rollen- und Hülsenketten; Profilabmessungen

ISO-Normen

ISO/R	610	1967	Hochfeste Rundstahlketten für Kettenförderer und Kohlenhobel
	1834	1971	Kurzgliedrige Rundstahlketten für den Hebezeugbetrieb; Allgemeine Anforderungen
R	1977/I	1971	Förderketten; Befestigungslaschen und Kettenräder; Ketten (Metrische Reihe)
	1977/II	1974	Förderketten; Befestigungslaschen und Kettenräder; Kettenräder

1.5.5. Beispiele, Fragen

▶ **Beispiel 1.10:** Bestimmung der Tragfähigkeit von ein- und mehrsträngigen Anschlagketten mit verschiedenen Neigungswinkeln.

Es ist zu ermitteln, welche Nenndicke d die Glieder einer 2-strängigen Rundstahlkette haben müssen, um bei einem Neigungswinkel $\beta = 45°$ eine Gewichtskraft von $G = 30$ kN auszuhalten.

Lösung: Nach Formel 1.54 Bild 1.45 ergibt sich die Zugkraft in jedem Kettenstrang zu

$$F_k = \frac{G}{2 \sin 45°} = \frac{30000}{2 \cdot 0{,}707} = 21216 \text{ N}$$

Nach Tafel 1.14 muß die Nenndicke der Kette $d = 8$ mm betragen.

▶ **Beispiel 1.11:** Die Grenzlänge l_g einer Rundstahlkette 16 × 45 DIN 5684–5 soll berechnet werden, bei der die Kette aufgrund des Eigengewichtes bis zu ihrer zulässigen Spannung belastet ist.

Gegeben: $\nu = 4$ Sicherheit gegen Bruch, $F_B = 212$ kN Bruchkraft der Kette, $\sigma_B = 530$ N/mm² Bruchfestigkeit $\left(\sigma_{zzul} = \frac{\sigma_B}{\nu}\right)$.

Aus Tafel 1.13 $d = 16$ mm; $t = 45$ mm; $m_l = 5{,}75$ kg/m.

Lösung:

$$l_g = \frac{\pi d^2 \sigma_{zzul}}{2 g m_l} \tag{1.58}$$

oder, da

$$\sigma_{zzul} = \frac{F_B}{A\,\nu},$$

wird

$$l_g = \frac{F_B}{g\,m_l\,\nu}.$$

Die Zahlenwertgleichungen ergeben:

$$l_g = \frac{\pi \cdot 0{,}016^2 \cdot 530 \cdot 10^6}{2 \cdot 9{,}81 \cdot 5{,}75 \cdot 4} = 944 \text{ m}$$

$$l_g = \frac{212000}{9{,}81 \cdot 5{,}75 \cdot 4} = 940 \text{ m}$$

Für ein Drahtseil mit gleicher Sicherheit ergibt sich ca. die 5-fache Länge (Nachprüfen!).

Tafel 1.14. Tragfähigkeit in kg von zweisträngigen Anschlagketten mit verschiedenen Neigungswinkeln bei symmetrischer Belastung der Stränge

Zuordnung der Anhänger zur Anschlagkette	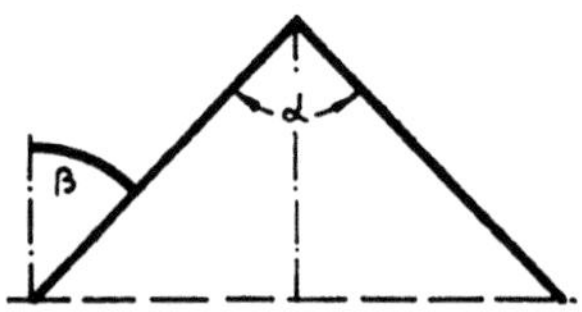	
Neigungswinkel β	45°	60°
Nenndicke d in mm	Tragfähigkeit in kg	
6	1600	1120
8	2800	2000
10	4500	3200
13	7100	5000
16	11200	8000

▶ **Beispiel 1.12:** Vergleich verschiedener Größen von Drahtseil- und Kettenantrieb.

Lösung: Entsprechend den Bildern 1.55a bis c werden verschiedene Größen miteinander verglichen:

Seil 10 DIN 3060 *FE-bk* 1570 *sZ*

Triebwerksgruppe 2_m

Seildurchmesser d = 10 mm

Trommeldurchmesser D_{tr} nach Tafel 1.10

$$\frac{D_{tr}}{d} \geqq 18$$

$D_{tr} = 10 \cdot 18 = 180$ mm

Gewählt D_{tr} = 200 mm

Kette *A* 10 DIN 766 *St* 35.13 *k*

Nenngliedstärke d = 10 mm

Teilung t = 28 mm

Zähnezahl der Kettennuß z = 4

Teilkreisdurchmesser der Kettennuß (Formel 1.56)

$$d_0 = \sqrt{\left(\frac{t}{\sin \frac{90°}{z}}\right)^2 + \left(\frac{d}{\cos \frac{90°}{z}}\right)^2}$$

d_0 = 73,9 mm

Buchsenkette *A* 25 DIN 81

Berechnung nach DIN 8195

Teilung t = 25 mm Zähnezahl des Kettenrades z = 8

Teilkreisdurchmesser des Kettenrades (Formel 1.57)

$$d_0 = \frac{t}{\sin \frac{180°}{z}}$$

d_0 = 65,3 mm

Der Antrieb soll über Elektromotor mit $n = 2800$ 1/min erfolgen. Die Seil- bzw. Kettengeschwindigkeit v beträgt 10 m/min.

Trommeldrehzahl:	Drehzahl der Kettennuß:	Drehzahl des Kettenrades
$n_{tr} = \frac{v}{D_{tr}\pi} = 15{,}9$ 1/min	$n_n = \frac{v}{d_0\pi} = 43{,}1$ 1/min	$n_r = \frac{v}{d_0\pi} = 48{,}7$ 1/min

Die erforderliche Gesamt-Übersetzung beträgt:

$i = \frac{n}{n_{tr}} = 176$	$i = \frac{n}{n_n} = 65$	$i = \frac{n}{n_r} = 57{,}5$

Beim Seiltrieb ist eine hohe Übersetzung erforderlich, was einen hohen Aufwand bedeutet. Über Tragfähigkeit und Anwendungsmöglichkeit sagt die Gegenüberstellung nichts aus.

E-DIN 8195 bringt zwei ausführliche Beispiele zur Berechnung von Kettentrieben, wobei die Kette ausgewählt und der Teilkreisdurchmesser, Kettengeschwindigkeit, Schmierung, Kettenlänge und Achsabstand bestimmt werden.

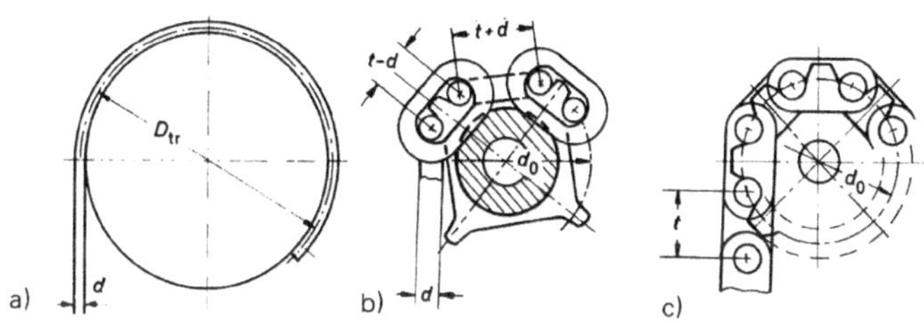

Bild 1.55. Seil- und Kettenantriebe
a) Drahtseil-; b) Rundstahlketten-; c) Stahlgelenkkettenantrieb

• Fragen

1. Wie lassen sich Ketten ein- und unterteilen?
2. Wo und wie finden Ketten in der Fördertechnik Anwendung?
3. Zählen Sie die Vor- und Nachteile der Rundstahlkette auf.
4. Wie berechnet sich die Grenzlänge einer hängenden Kette nur belastet durch das Eigengewicht?
5. Wodurch unterscheiden sich Rundstahlketten untereinander?
6. Welche Ketten zählen zu den Stahlgelenkketten?
7. Welche Möglichkeiten zur Verbindung von Rundstahl- und Stahlgelenkketten gibt es?
8. Welche 3 Ausführungsarten von Kettenrädern für Stahlgelenkketten kennt man?
9. Was für Ketten werden als Zugketten bei Kreis- und Schleppkreisförderern benutzt, welche Ketten finden sich beim Gabelstapler und welche Ketten sind bei Hubzügen eingesetzt?
10. Wie lassen sich Ketten mit Tragelementen zu Fördermitteln herstellen?

1.6. Räder, Fahrbahnen

1.6.1. Räder, Laufräder

Zu unterscheiden sind *Räder* für befestigte Fahrwege und *Laufräder* für Schienen als angetriebene oder nicht angetriebene Räder.

Räder für befestigte Fahrwege: Die Bereifung eines Flurförderers oder eines Mobilkranes ist ausschlaggebend für dessen Fahreigenschaften. Ein Reifen kann charakterisiert werden durch:

- die *Reifenkonstruktion* und den *Reifenaufbau:* Luftreifen (Bild 1.56a) als Diagonal-, Gürtel- oder Stahlcordreifen; Vollgummireifen (Bild 1.56b); Elastikreifen (Bild 1.56c).
- die *Tragfähigkeit* des Reifens: Sie wird bestimmt beim Luftreifen durch die in ihm enthaltene Luftmenge. Je größer die Luftmenge, desto größer auch die Tragfähigkeit. Daraus resultieren zwei Konstruktionsmöglichkeiten, einmal großvolumige Reifen mit niedrigem Luftdruck, zum anderen kleinvolumige Reifen mit hohem Luftdruck. Bei Vollgummireifen ist die Tragfähigkeit eine Funktion des verwendeten Gummis.
- den *Reifendruck* bei Luftreifen: Hochdruckreifen über 5 bar; Niederdruckreifen bis 3,5 bar Überdruck. Überschreitet man den in den Tragfähigkeitslisten angegebenen zulässigen Reifendruck, wird die Karkasse des Reifens zu sehr gespannt, was einen mindernden Einfluß auf die Lebensdauer hat. Zu niedriger Luftdruck führt zu erhöhter Walkarbeit des Reifens, was Erwärmung und Zerstörung zur Folge hat. Um die größtmögliche Lebensdauer des Reifens zu erhalten, muß der vorgeschriebene Luftdruck eingehalten werden.
- die *Breite* des Reifens: Normalreifen besitzen ein Querschnittsverhältnis (Höhe zu Breite) von 1:1, Breitreifen von 0,7:1, d.h. die Querschnittshöhe des Reifens beträgt ca. 70 % der Reifenbreite.
- die *Reifeneigenschaften* (Tafel 4.3): sie sind gekennzeichnet durch die Federkennlinie, die Verbreitung des Reifens unter Belastung, die Bodenaufstandsfläche und durch den Rollwiderstand F_{wr} (Kapitel 4.1.5; Gleichung 4.2).

Die Kennzeichnung der Luftreifen ist dem Bild 1.56d zu entnehmen. (Industriereifen für Förderzeuge sind in den DIN 7794, 7811 und 7845 genormt.

Die guten Eigenschaften der Luftbereifung und die Unfallsicherheit der Vollgummireifen sind in dem Elastikreifen vorhanden, der auf denselben Felgen wie der Luftreifen aufgezogen werden kann. Er besitzt je nach Gummiqualität bis zu 90 % größere Lebensdauer, bis zu 75 % der Federungseigenschaften des Luftreifen, ist aber auch bis zu 70 % teurer (siehe Kapitel 4.1.4; Bild 4.3). Luft- und Elastikreifen sind profiliert, Vollgummireifen meist nicht.

Laufräder für Schienen: (angetrieben oder nicht angetrieben) meist aus Stahlguß mit zylindrischer, balliger oder konischer Lauffläche, mit zweiseitigem, einseitigem oder ohne Spurkranz je nach Führungsaufgabe und Schienenprofil. (Bild 1.57).

Zweiseitige Spurkränze erhalten Räder für Laufkatzen und Lauf-(Brücken-)Krane. Durch „Ecken" des Laufkranes ergibt sich hoher Verschleiß an den Rädern. Schwere Laufkrane sind deshalb oft mit Laufrollen (zylindrisches Laufrad ohne Spurkränze) und seitlichen

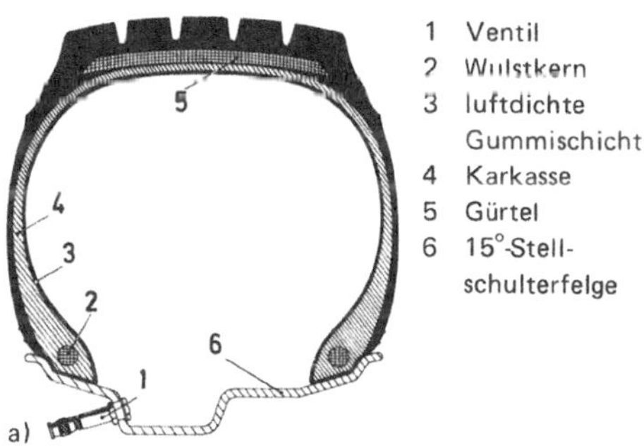

schlauchloser Gürtelreifen auf Steilschulterfelge (15°)

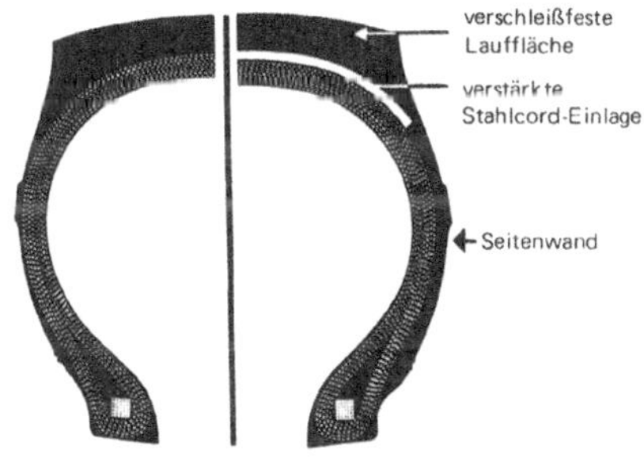

Stahlcord-Reifen (normal)

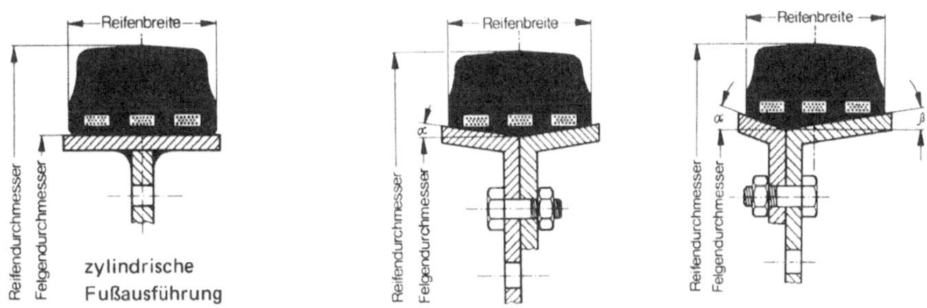

zylindrische Fußausführung

konisch mittengeteilte Fußausführung

konisch seitengeteilte Fußausführung

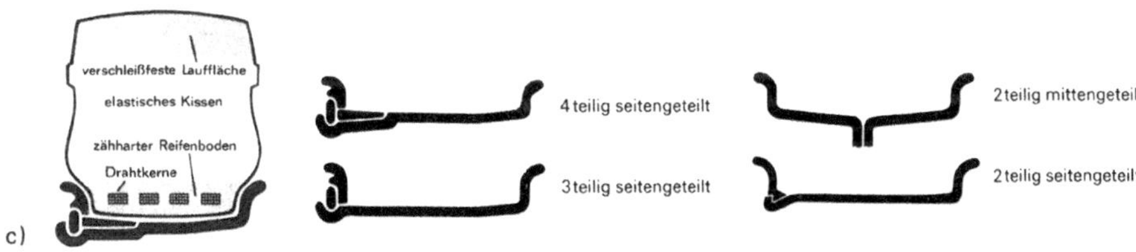

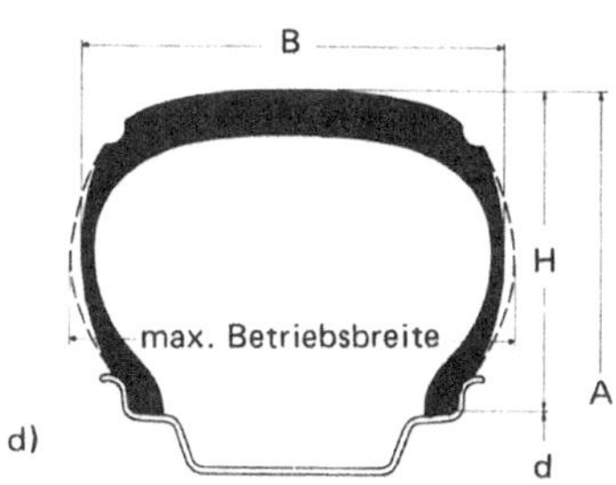

Bedeutung	Reifen-Ø A	Reifen-Querschn.-Breite B	Felgen-Ø d	Reifen-Querschnitt H : B (%) ca.	Beispiel
international maßgebend	–	Zoll	Zoll	88 98 80 88 max.	6,00–14 10,00–20 14/80–20 8,3/8–24 AS
		mm	Zoll	82	185 SR 14
		Zoll/mm	Zoll	82	7,35/185–14
		mm	Zoll	70	185/70 SR 14

A Reifen Ø, B Querschnittsbreite, d Felgen Ø

Bild 1.56. Räder von Flurförderzeugen und Mobilkranen

a) Luftbereifung mit verschiedenen Einlagen; b) Vollgummireifen mit verschiedener Fußausführung; c) Elastic-Reifen mit verschiedener Felgenausführung; d) Kennzeichnung der Reifen

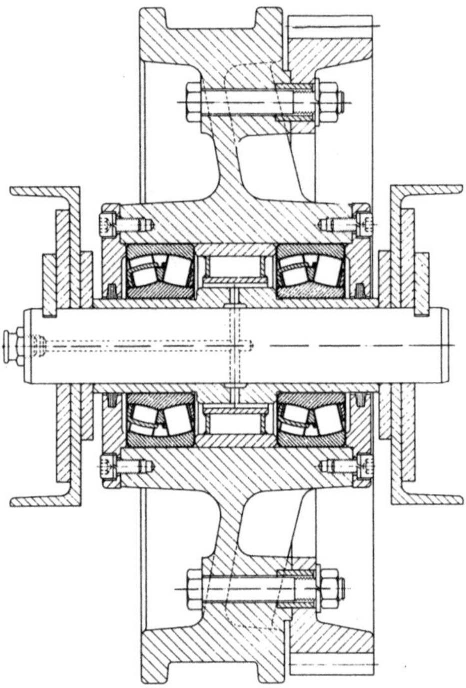

Bild 1.57
Angetriebenes Kranlaufrad mit zweiseitigem Spurkranz

Rollenführungen ausgestattet. Konische Laufflächen (Konus 1:16 nach außen) ergeben gute Führungsverhältnisse. (DIN 15 018 Blatt 1, Bild 5).

Ausbildung, Bauformen, Laufflächenprofile mit Zuordnung zu den Kranschienen und Berechnungen sind in den DIN-Normen 15 070 bis 15 084 zu finden (Kapitel 1.6.3.).

Der Laufraddurchmesser berechnet sich zu

$$d_l = \frac{F_r}{b_t p_{zul} c_1 c_2} \text{ in mm} \tag{1.59}$$

d_l	in mm	Laufraddurchmesser
F_r	in N	Gewichtskraft auf das Rad
b_t	in mm	Schienenbreite
p_{zul}	in N/mm²	zulässiger Flächendruck (Tafel 1.15)
c_1		Drehzahlbeiwert (Tafel 1.16)
c_2		Betriebsdauerzahl (Tafel 1.17).

Bei hochbeanspruchten Laufrädern und bei verschiedenen Werkstoffen von Rad und Schiene wird der zulässige Flächendruck über die *Hertzsche* Pressung bestimmt. Reibzahlen Tafel 1.18.

Der Fahrwiderstand läßt sich genau ermitteln für den Vollastbeharrungszustand aus der Zapfenreibung, dem Rollwiderstand, der Spurkranzreibung, der Nabenstirnflächenreibung und dem Widerstand für eventuell seitlich angebrachte Führungsrollen.

Tafel 1.15. Zulässige Flächendruck zwischen Laufrad und Schiene

Werkstoff	GS45	GS52 St50	GS60 St60	GS70 St70 C60
p_{zul} in N/mm²	4,3	5,0	5,6	6,5

Tafel 1.16. Drehzahlbeiwert c_1

n in 1/min	200	160	125	100	80	63	50	25	14	8
Drehzahlbeiwert c_1	0,66	0,72	0,77	0,82	0,87	0,91	0,94	1,03	1,10	1,14

n Drehzahl des Laufrades

Tafel 1.17. Betriebsdauerzahl c_2

Betriebsdauer des Fahrantriebes pro Stunde	Betriebsdauerzahl c_2
bis 16 %	1,25
über 16 bis 25 %	1,12
über 25 bis 40 %	1,0
über 40 bis 63 %	0,9
über 63	0,8

Tafel 1.18. Reibzahlen zwischen verschiedenen Rad-Fahrbahnkombinationen

Rad-Fahrbahnkombination	Reibzahl μ
Schienenfahrzeuge:	
Stahl auf Stahl	0,1 bis 0,35
Flurförderer:	
Gummireifen auf vereister Asphaltstraße	0,1 bis 0,2
Gummireifen auf trockener Asphaltstraße	0,6 bis 0,8

In der Praxis läßt sich eine schnelle, überschlägige Berechnung des Fahrwiderstandes F_{wf} erreichen mit Hilfe des Einheitsfahrwiderstandes w_{ges} in ‰.

$$F_{wf} = w_{ges} G \text{ in N} \tag{1.60}$$

$w_{ges} \approx 20$ ‰ bei Laufrad-Schiene aus Stahl für Gleitlagerung
$w_{ges} \approx 5$ ‰ bei Laufrad-Schiene aus Stahl für Wälzlagerung
G in N Gewichtskraft der Radbelastung

Berechnung des Fahrwiderstandes für Flurförderer siehe Kapitel 4.1.5.

1.6.2. Fahrbahnen, Schienen

Der Zustand der Fahrbahn ist entscheidend für die Art der Bereifung des Fördermittels. Im Freien gilt für Luftbereifung: Die Hochdruckreifen sind kleinvolumig, haben dadurch einen hohen Flächendruck, aber geringen Rollwiderstand. Sie benötigen gut befestigte Straßen. Bei Niederdruckreifen ist durch die große Aufstandsfläche ein geringerer Flächendruck vorhanden. Das Einsatzgebiet ist das unbefestigte Gelände (höherer Rollwiderstand). Mit Zwillingsbereifung ist ebenfalls eine Verringerung des Flächendruckes möglich. In Hallen bei Asphalt-, Beton- oder Kunststoffboden kann Vollgummibereifung gewählt werden.

Eine Fülle von Schienenformen sind bei Kreis-, Schleppkreis- und Schleppkettenförderern vorhanden, die entweder warmgewalzte Fertigerzeugnisse oder durch spanlose Umformung von Blechen hergestellte Schienenprofile sind. Für Einschienenhängebahnen werden ein- oder doppelseitige Wulstprofile benutzt (Bild 1.58a bis d). Gerade an Schienen von Kreisförderern und Einschienenhängebahnen werden durch Weichen, Abzweigungen und Kurven hohe Anforderungen gestellt.

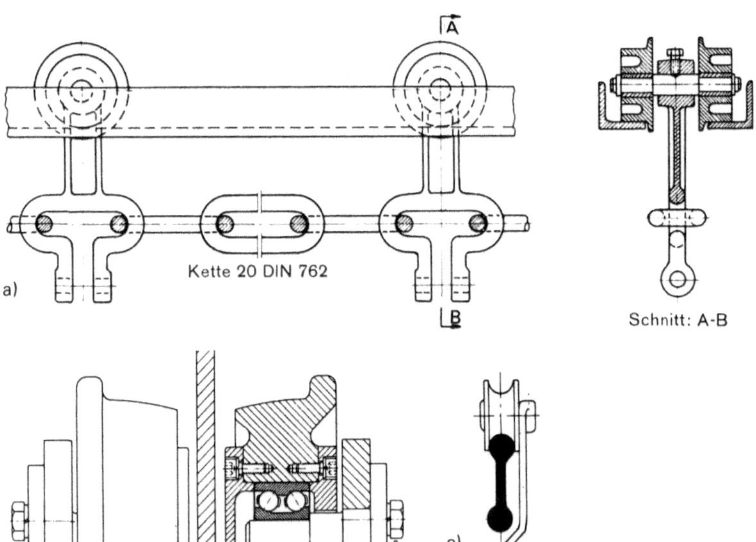

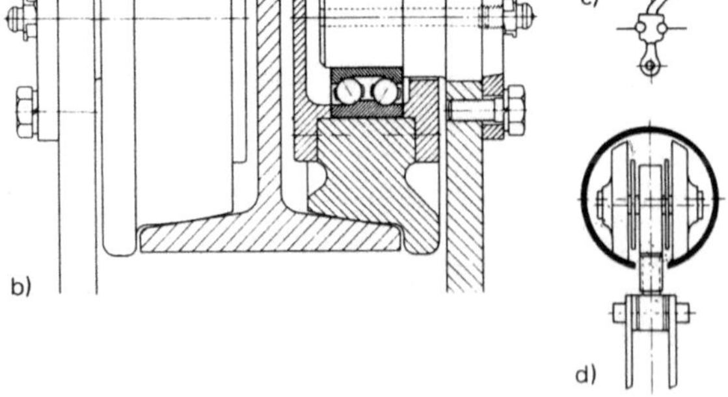

Bild 1.58. Laufräder von Stetigförderern und Einschienenhängebahnen mit diversen Schienenprofilen
a) Schiene aus L-Profilstahl für Kreisförderer
b) Schiene aus I-Profilstahl
c) Schiene aus Wulstprofil
d) Schiene mit kreisförmigen Querschnitt

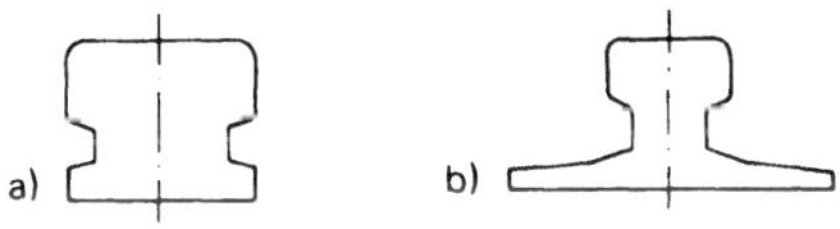

Bild 1.59. Kranschienen nach DIN 536
a) Flachschienenprofil Form F
b) Fußflanschschiene Form A

Die verwendeten Laufräder richten sich in erster Linie nach den benutzten Schienen und nach der Linienführung (horizontal-vertikal). Lauf- und Hängekrane, Kreisförderer und Regalförderzeuge sind schienengebundene Fördermittel. Bei mittleren Belastungen genügt die Flachschiene (flach, abgerundet, gewölbt), für Krane bei größeren Belastungen sind Kranschienen mit Fußflansch (Walzprofile) im Einsatz (Bild 1.59). Dieses letztere Schienenprofil ist gedrungener als die Eisenbahnschiene, besitzt meist einen breiteren Kopf und breiteren Fuß, um hohe Lasten aufzunehmen.

1.6.3. Normen, Richtlinien

Laufräder

DIN	15 070	4. 59	Krane; Berechnungsgrundlagen für Laufräder
	15 071	4. 59	–; Berechnung der Lagerbelastung der Laufräder für die Lebensdauerberechnung der Wälzlager
	15 072	4. 59	–; Laufflächenprofile der Laufräder und Zuordnung der Kranschienen zum Laufraddurchmesser
	15 073	4. 59	–; Laufräder, Übersicht
	15 074	4. 59	–; Laufräder mit Spurkranz mit Gleitlagerung; ohne Zahnkranz
	15 075	4. 59	–; –; mit Zahnkranz
	15 076	4. 59	–; Laufräder mit Spurkranz-Radreifen mit Gleitlagerung ohne Zahnkranz
	15 077	4. 59	–; –; mit Zahnkranz
	15 078	4. 59	–; Laufräder mit Spurkranz mit Wälzlagerung, ohne Zahnkranz
	15 079	4. 59	–; –; mit Zahnkranz
	15 080	4. 59	–; Laufräder mit Spurkranz-Radreifen mit Wälzlagerung, ohne Zahnkranz
	15 081	4. 59	–; –; mit Zahnkranz
	15 082	4. 59	Blatt 1 –; Zahnkränze anflanschbar, Scherbuchsen für Laufräder
		4. 59	Blatt 2 –; Zahnkränze, aufgepreßt, für Laufräder mit Wälzlagerung
	15 083	4. 59	Krane, Radreifen für Laufräder bearbeitet
	15 084	4. 59	Krane, Laufräder mit Wälzlagerung, Verschlußdeckel
	15 275	11. 51	Stetige Förderer; Platten-, Trog- und Kastenbänder für Schüttgüter, Plattenbänder für Stückgüter
	15 281	6. 51	Stetige Förderer; Kreisförderer
	15 282	1. 52	Stetige Förderer, Schaukelförderer für Stückgüter; Hauptabmessungen
	15 285	10. 52	Stetige Förderer; Wandertische für Stückgüter

Kranschienen

DIN	536 Bl. 1	12. 74	Kranschienen; Form A (mit Fußflansch); Maße, statische Werte, Stahlsorten
	536 Bl. 2	12. 74	Kranschienen; Form F (flach); Maße, statische Werte, Stahlsorten

1.7. Gesperre, Bremsen

1.7.1. Allgemeines

Gesperre werden in erster Linie bei Handhebezeugen zum Halten der Last gegen Absinken benutzt, *Bremsen* zum Festhalten, Stoppen und Regeln bei Fördermitteln und Fahrzeugen aller Art. Während des Abbremsvorganges, der auf dem Prinzip der gleitenden Reibung beruht, wird die entstehende Bremsarbeit fast vollständig in Wärme umgesetzt, so z.B. beim Senkbremsen einer Kranlast, wo potentielle Energie aufzunehmen, in Wärme umzuwandeln und nach außen abzuführen ist oder beim Bremsen eines Kranes, wo kinetische Energie vernichtet werden muß.

Die Aufgabe der Gesperre ist das Blockieren einer Drehrichtung, die Aufgaben der Bremsen sind

- Sperren der Bewegung in beiden Dreh- oder Fahrrichtungen: *Haltebremse*
- Abbremsen einer Last oder eines Fahrzeuges bis zum Stillstand: *Verzögerungsbremse*
- Drehzahl- oder Geschwindigkeitsreglung: *Regelbremse* (Senkbremse)
- Leistungsmessung durch Bremsbelastung einer Antriebsmaschine: *Belastungsbremse.*

Die Bauformen sind abhängig

- von der Bedienung: *Aufbringen der Bremskraft* von Hand, durch Fußbetätigung, durch Gewichts- oder Federkraft, mittels hydraulischer oder pneumatischer Arbeitszylinder; *Lüften der Bremse* von Hand, durch Magnete, Motorbremslüfter, Fliehkraft betätigte oder elektrohydraulische Lüftermotoren, mittels hydraulischen oder pneumatischen Arbeitszylindern
- von der Größe des abzubremsenden Momentes und damit von der Größe der zu vernichtenden Wärmemenge
- von der Werkstoffpaarung Bremsscheibe – Bremsbelag
- von der Anzahl der Arbeitspiele pro Stunde
- von der Anordnung der Bremse im Maschinensatz. Um ein möglichst kleines Moment abbremsen zu müssen, wird die Bremse zweckmäßig auf die Welle mit der größten Drehzahl (Motorwelle) angeordnet (Gleichung 1.23!). Üblich ist dann die Ausbildung der Bremsscheibe als Kupplungshälfte.

Nach der Bauform lassen sich Gesperre einteilen in

- Zahn-(Klinken-)Gesperre mit außen-, innen- und seitenverzahntem Sperrad
- Klemmgesperre
- Freiläufe.

Bei Bremsen sind zu unterscheiden: dynamische Bremsen und Reibungsbremsen, wobei die letzte Gruppe sich in Trommel-, Band- und Scheibenbremsen gliedert (Tafel 1.19). Sonderbauformen entstehen durch Kombination von Gesperren und Bremsen wie die Lastdruckbremse und die Sperradbremse.

Tafel 1.19. Einteilung der Bremsen

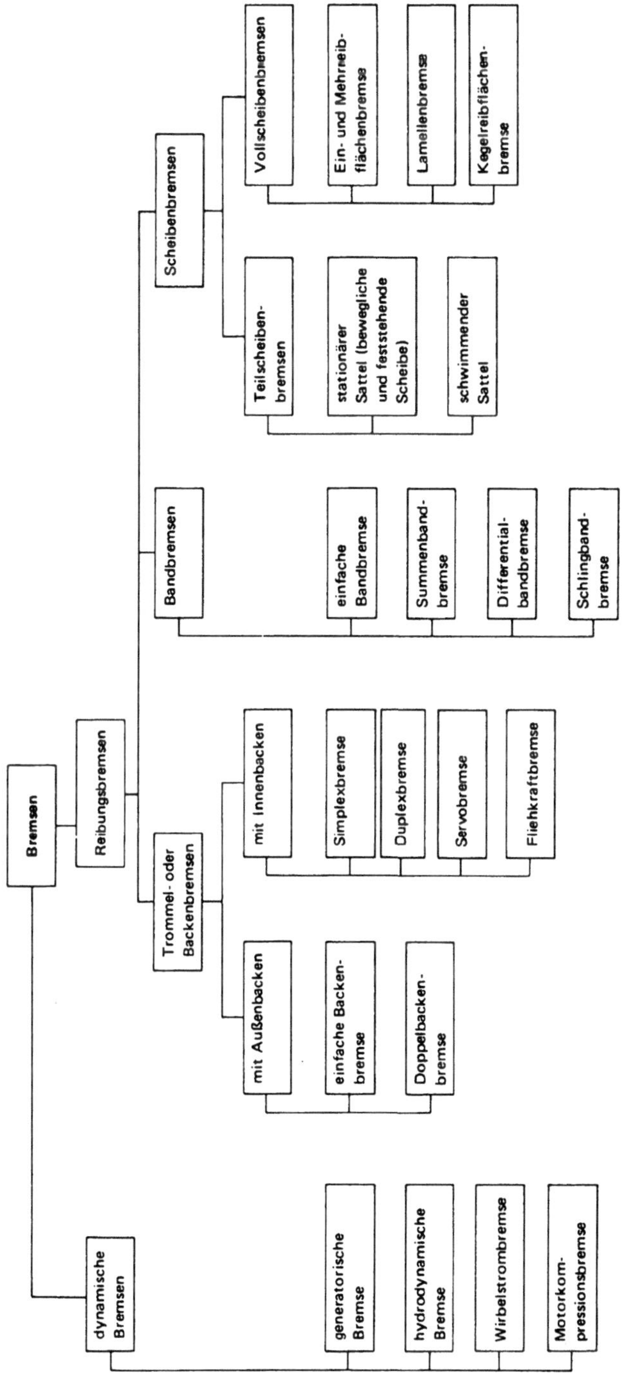

Bei der Auswahl des Bremsbelages sind maßgebend

- der zulässige Flächendruck p in N/mm²
- die maximal zulässige Temperatur T in K
- die Umfangsgeschwindigkeit (Gleitgeschwindigkeit) der Scheibe oder Trommel in m/s
- die Reibungszahl zwischen Bremsbelag und Bremsscheibe μ
- die Zahl der Arbeitsspiele pro Stunde z.

Zu beachten ist, daß der μ-Wert bei hoher Temperatur und hoher Gleitgeschwindigkeit absinkt, bei zu geringem Flächendruck nicht die in den Katalogen angegebenen Werte erreicht. Hoher Flächendruck bewirkt hohen Verschleiß. Harte Bremsbeläge halten länger, haben aber geringeren μ-Wert (0,3) als weichere Beläge (0,4). Je nach Werkstoffzusammensetzung (Fiber, Asbest, Kunstharz mit Metallbeimischungen) können Bremsbeläge kurzzeitig 600 °C aushalten, im Dauerbetrieb bis zu 400 °C.

Bei der Berechnung von Fahrzeugbremsen muß zunächst die maximale Verzögerung nach Gleichung 1.17 ermittelt und danach die Bremsmomente bestimmt werden. Eine überschlägige Ermittlung der Bremsmomente über das *auf die Bremswelle bezogene* Antriebsmoment M_{an} ergibt sich nach

$$M_{br} = \nu M_{an} \eta_{ges} \text{ in Nm} \tag{1.61}$$

ν ist ein Faktor für sicheres Abbremsen, Sicherheitszahl

$\nu = 1{,}5$ für Handhubwerke
$\nu = 1{,}0$ bis $1{,}5$ für Fahr- und Drehwerke
$\nu = 2{,}0$ bis $2{,}5$ für motorische Hubwerke
$\nu = 2{,}5$ bis $3{,}0$ für Greiferhubwerke und solche mit großer Spielzahl

Die genaue Ermittlung der Bremsmomente geschieht (DIN 15 434) über Teilmomente, wobei der Sicherheitsfaktor entfällt. Bei Hebezeugen ist für Fahrwerke Gleichung 1.45, für Hubwerke Gleichung 1.47 und für Drehwerke Gleichung 1.50 maßgebend.

Eine wichtige Größe bei der Berechnung von Bremsen ist die Bremszeit t_{br} in s auch Nachlaufzeit genannt. Sie läßt sich entweder festlegen oder errechnen aus

- der Anzahl der *Nachlaufumdrehungen* z_u der Bremse (gezählt vom Bremsbeginn bis Bremsende)

$$z_u = \frac{n_1 - n_2}{60} \cdot \frac{t_{br}}{2} \tag{1.62}$$

z_u Nachlaufumdrehungen (Tafel 2.6)

$n_{1,2}$ in 1/min Drehzahl der Bremswelle

Index 1 bei Bremsbeginn
Index 2 bei Bremsende

– der *mittleren Verzögerung a* bei Fahrzeugen

$$a = \frac{v_{f1} - v_{f2}}{t_{br}} = \frac{v_{h1} - v_{h2}}{t_{br}} \text{ in m/s}^2 \tag{1.63}$$

$v_{f1,2}$	in m/s	Fahrgeschwindigkeit bei Fahrwerken
$v_{h1,2}$	in m/s	Hub- oder Senkgeschwindigkeiten bei Winden
		Index 1 bei Bremsbeginn
		Index 2 bei Bremsende
		(Tafel 2.6)

– dem *Nachlaufweg* s_n, auch Auslaufweg genannt

$$s_n = \frac{v_{f1} - v_{f2}}{2} t_{br} \text{ in m} \tag{1.64}$$

Bei der Berechnung des in der Bremse entstehenden Wärmestromes Φ muß bei Hebezeugen einmal zwischen einer Fahrwerks- und Hubwerksbremse unterschieden werden, zum anderen bei Hubwerken, ob ein Senk- oder ein Hubvorgang stattfindet.

Bei *Fahrwerksbremsen* bestimmt sich der Wärmestrom Φ zu

$$\Phi = \frac{z}{3{,}6 \cdot 10^6} \left(\frac{m_{ges} v_f^2}{2} - \frac{F_{wf} v_f t_{br}}{2} \right) \eta_{ges} \text{ in kW} \tag{1.65}$$

z	in 1/h	Arbeitsspielzahl/Stunde
m_{ges}	in kg	Nutzmasse + Eigenmasse
v_f	in m/s	Fahrgeschwindigkeit
F_{wf}	in N	Gesamtfahrwiderstand
t_{br}	in s	Bremszeit
$\frac{v_f t_{br}}{2} = s$	in m	Bremsweg
η_{ges}		Triebwerkwirkungsgrad

Anmerkung: Gleichung 1.65 gilt strenggenommen nur, wenn F_{wf} und η_{ges} konstant und unabhängig von der Zeit t_{br} sind und wenn v_f linear von der Zeit t_{br} abnimmt.

Bei *Hubwerksbremsen* ist der Wärmestrom (Senkvorgang +; Hubvorgang –)

$$\Phi = \frac{z}{3{,}6 \cdot 10^6} \left(\frac{m_{ges} v_h^2}{2} \pm F_{ges} h \right) \eta_{ges} \text{ in kW} \tag{1.66}$$

F_{ges}	in N	Nutzlast + Totlast
m_{ges}	in kg	Nutzmasse + Totmasse
v_h	in m/s	Senk- oder Hubgeschwindigkeit
h	in m	Senkweg oder Hubhöhe

Dieser entstehende Wärmestrom muß mittels Strahlung Φ_1 und mittels freier Konvektion Φ_2 oder erzwungener Konvektion Φ_3 abgeführt werden. Der abgeführte Wärmestrom Φ'_{ges} in kW errechnet sich aus der Summe der einzelnen Wärmeströme und muß größer sein als der entstehende Wärmestrom Φ

$$\Phi'_{ges} = \Phi_1 + \Phi_2 + \Phi_3 \geqq \Phi \tag{1.67}$$

Die einzelnen abgeführten Wärmeströme sind

$$\Phi_1 = \frac{1}{1000}\,(\alpha_{s1} A_1 + \alpha_{s2} A_2)\,\left[\left(\frac{T_1}{100}\right)^4 - \left(\frac{T_2}{100}\right)^4\right] \quad \text{in kW} \qquad (1.68)$$

α_{s1}	in W/m^2K^4	Wärmestrahlungszahl ca. 1,51 für polierten, blanken Stahl der Bremsfläche
α_{s2}	in W/m^2K^4	Wärmestrahlungszahl ca. 5,0 für matten Stahl (Seitenflächen der Bremsscheibe, Trommel)
A_1	in m^2	Fläche des zylindrischen Teiles der Bremsscheibe
A_2	in m^2	Fläche der Seiten der Bremsscheibe
T_1	in K	maximal zulässige Temperatur des Bremsbelages
T_2	in K	Umgebungstemperatur

Für normale Berechnungen kann der Ausdruck $\alpha_{s2} A_2$ (unterschiedliche Temperatur über die Scheibe) und $\left(\frac{T_2}{100}\right)^4$ wegen Geringfügigkeit entfallen.

$$\Phi_2 = \alpha_m A_3 (T_1 - T_2)\,\frac{ED}{1000} \quad \text{in kW} \qquad (1.69)$$

α_m	in W/m^2K	mittlere Wärmeübergangszahl ca. 5,8
ED		relative Einschaltdauer (leichter Betrieb ED = 0,15; normaler Betrieb ED = 0,25)
A_3	in m^2	$= A_1 + A_2$, verringert um die vom Bremsband oder Bremsbacken verdeckte Fläche

$$\Phi_3 = \alpha_3 A_3 (T_1 - T_2)\,\frac{ED}{1000} \quad \text{in kW} \qquad (1.70)$$

α_3	in W/m^2K	Wärmeübergangszahl in Abhängigkeit von der Umfangsgeschwindigkeit v der Bremsscheibe $\alpha_3 = 6{,}14\,v^{0,78}$ (v in m/s)

1.7.2. Gesperre

Bevorzugt bei Handhebezeugen werden Gesperre eingesetzt, die im Hubsinn eine Bewegung ermöglichen, im Senksinn (Stillstand) ein Absinken der Last verhindern.

Beim *Klinken-* oder *Zahngesperre* rutscht beim Hubvorgang unter dem Sperrad die Klinke durch und wird durch Schwer- oder Federkraft in die nächste Zahnlücke gedrückt. Um kleinere Einrastintervalle zu bekommen, werden 2 Klinken um die halbe Teilung versetzt angebracht (siehe Bild 2.19).

Klemmgesperre haben durch die Anordnung eines unverzahnten Innensperrades gegenüber den Zahngesperren folgende Vorteile

- Geräuschlosigkeit
- geringe Stoßwirkung
- größere Laufruhe
- Einrasten in jeder Stellung.

Beim Senkvorgang klemmen sich die drehbar an der Trommel befestigten Backen – durch Federkräfte noch verstärkt – in die innere Keilrille einer gebremsten Scheibe. Für die Sperrwirkung muß Selbsthemmung vorhanden sein, d.h. der Klemmwinkel muß kleiner als der Reibungswinkel sein. Die Anwendung der Klemmgesperre findet sich bei Klinkengesperren in Verbindung mit einer Bremse.

Freiläufe und *Rücklaufgesperre* sind in der Fördertechnik als Sicherheitseinrichtungen bei Becherwerken oder aufsteigenden Gurtförderanlagen zu finden, um z.B. bei Stromausfall ein Rücklaufen der Anlage zu verhindern. Ihr Arbeitsprinzip beruht auf reibschlüssiger Klemmwirkung. Bei feststehenden Innenring blockiert ein linksdrehender Außenring durch Klemmwirkung der Klemmrolle sofort.

1.7.3. Bremsen

Die kinetische Energie des bewegten Fahrzeuges, Fördermittels oder der sinkenden Last wird bei *dynamischen Bremsen* (siehe Tafel 1.19) zur Bremsung ausgenutzt. Beim Bremsvorgang nimmt die kinetische Energie ab, denn die Fahr- und Senkgeschwindigkeit verringert sich. Dies hat aber auch eine Verminderung der Bremskraft zur Folge, so daß meist mechanische Bremssysteme die weitere Bremsung übernehmen müssen. Die Verzögerung bei Fahr- und Drehwerken wird durch elektrische Nachlaufbremsung geregelt, bei Hubwerken wird durch Senkbremsschaltung die Senkgeschwindigkeit gesteuert.

Backenbremsen werden hergestellt mit Außen- und Innenbacken. Elektrisch angetriebene Fördermittel, Hub-, Fahr- und Drehwerke werden häufig mit Außenbackenbremsen in der Bauart als Doppelbackenbremse ausgerüstet.

Die Vorteile der im Bild 1.60 dargestellten Doppelbackenbremse sind bei Ausführung mit abgekröpften Hebel

- gleichmäßiger Bremsbelagverschleiß
- gute Kühlwirkung
- keine Biegebeanspruchung der Welle
- unempfindlich gegen Montageungenauigkeiten
- leichte Auswechselbarkeit der Backen
- gleiche Bremskraft in beiden Drehrichtungen.

Die erforderliche Bremskraft F bei gegebenem Bremsmoment M_{br} ist

$$F_u = 2F_n\mu \qquad F_n = \frac{F_u}{2\mu}$$

$$\Sigma M_{(0)} = 0 = F_n a - F_h b \qquad F_h = F_n \frac{a}{b}$$

$$\Sigma M_{(D)} = 0 = F_h d - Fl$$

$$F = F_h \frac{d}{l} = F_n \frac{ad}{bl} = F_u \frac{ad}{2\mu b l} \quad \text{in N} \qquad (1.71)$$

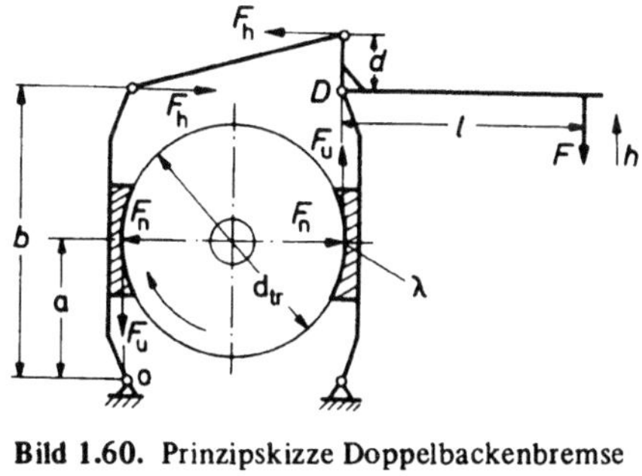

Bild 1.60. Prinzipskizze Doppelbackenbremse

Die Bremskraft kann als Gewichts- oder Federkraft bei der Doppelbackenbremse aufgebracht werden. Die gesamte Übersetzung des Gestänges bis zum Angriffspunkt der Bremskraft ergibt die Gestängeübersetzung

$$i_g = \frac{a\,d}{b\,l} \tag{1.72}$$

F	in N	Bremskraft
F_u	in N	Umfangskraft
F_n	in N	Normalkraft
μ		Reibzahl zwischen Bremsklotz und Bremstrommel
F_h	in N	Horizontalkraft
$a; b; l; d$	in mm	Hebellänge (Bild 1.60)
i_g		Gestängeübersetzung

Die Abmessungen der Bremsbacke errechnen sich über den zulässigen Flächendruck der Werkstoffpaarung: Bremsbackenbelag/Bremsscheibe und der bekannten Normalkraft F_n.

$$p_{zul} = \frac{F_n}{l_{br}\,b_{br}} \text{ in N/mm}^2 \tag{1.73}$$

p_{zul}	in N/mm²	zulässiger Flächendruck zwischen Bremsbelag und Bremstrommel
l_{br}	in mm	Bremsbackenlänge $\approx 0{,}5\, d_{tr}$ (d_{tr} Bremstrommeldurchmesser)
b_{br}	in mm	Bremsbackenbreite $\approx 0{,}25\, d_{tr}$.

Das radiale Abheben der Bremsbacke von der Bremstrommel wird als Lüften bezeichnet. Dieser Lüftweg λ liegt zwischen 1 bis 2 (5) mm. Der Lüftweg h am Hebel für die Bremskraft beträgt dann

$$h = 1{,}1 \cdot \lambda \cdot 2 \cdot i_g \text{ in mm} \tag{1.74}$$

1,1 entspricht einem Zuschlagsfaktor von 10 % für das Gestängespiel. Die Lüftarbeit W_l ergibt sich dann

$$W_l = \frac{F\,h}{\eta_g} \text{ in J} \tag{1.75}$$

η_g Gestängewirkungsgrad $\approx 0{,}9$

Das Lüften der Backen- und Bandbremsen beim Einschalten des Elektromotors und während des Betriebes (z.B. eines Hubwerkes) geschieht mittels Bremslüfter, deren Berechnung nach Hubhöhe, -kraft, -zeit und Spielzahl pro Stunde durchgeführt wird. An motorisch angetriebenen Lüftern sind im Einsatz

- Magnetbremslüfter
- Motorbremslüfter
- Motordrücker
- elektrohydraulische Bremslüfter
- hydraulische und pneumatische Druckzylinder.

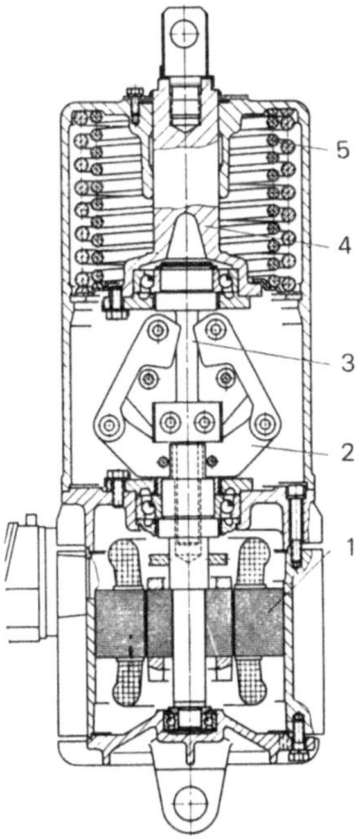

Bild 1.61. Motordrücker
1 Motor, 2 Fliehkraftlenkersystem, 3 Schubachse, 4 Stößel, 5 Bremsfeder

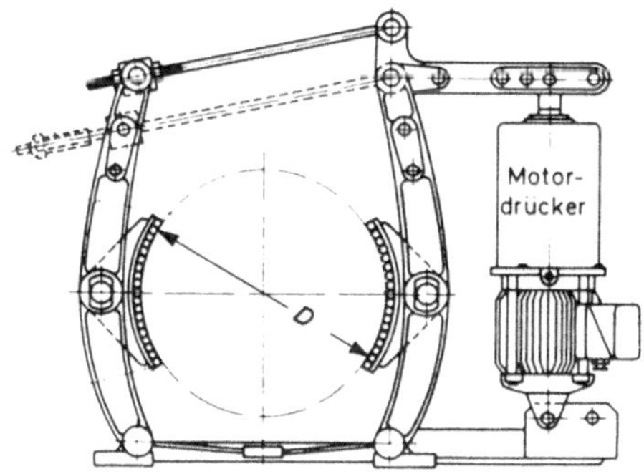

Bild 1.62. Doppelbackenbremse mit Motordrücker

Aus dieser Vielzahl von Bremslüftern soll der Motordrücker (Bild 1.61) kurz beschrieben werden.

Anwendung: zum Lüften und Schließen von Bremsen, zum Betätigen von Kupplungen, zum Stellen und Einrichten von Ventilen.

Vorteile: kleine Hubwege, die beliebig begrenzt werden können; liegender, stehender oder schräger Einbau; unabhängig von der Umgebungstemperatur.

Arbeitsweise: Elektromotor *(1)* bewegt ein Fliehkraftlenkersystem *(2)*, welches den Stößel *(4)* über die Schubachse *(3)* gegen die Arbeitsfedern *(5)* bewegt und während der Einschaltzeit in Endstellung hält.

Bild 1.62 zeigt die Normalkonstruktion einer Doppelbackenbremse mit außenliegender Bremsfeder und Bremslüfter.

Innenbackenbremsen werden als Simplex-, Duplex- und Servobremsen im Fahrzeugbau und als Fliehkraftbremse (Bild 3.34) bei Regelungsvorgängen eingesetzt.

Bandbremsen werden fast ausschließlich im Hebezeugbau verwendet. Ihre Bedeutung ist gering. Sie bestehen aus einem mit einem Bremsbelag versehenen Stahlband, welches über eine Bremsscheibe gelegt ist und durch Gewichte, Federn oder von Hand angezogen wird. Die Bandbremsen werden eingeteilt in die einfache-, die Summen- und die Differentialbandbremse und berechnet nach den Gesetzen der Umschlingungsreibung (Gleichungen 1.18 bis 1.22).

Aus Gleichung 1.13 ersieht man, daß durch Vergrößerung des Umschlingungswinkels α die Bremskraft vergrößert wird. Dieser Gedanke ist in der *Schlingbandbremse* verwirklicht,

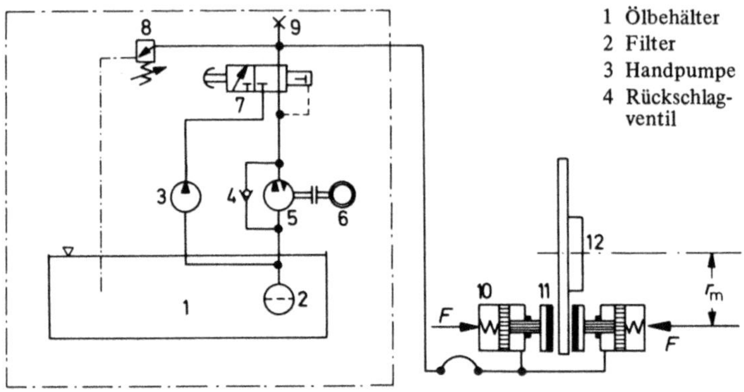

1 Ölbehälter
2 Filter
3 Handpumpe
4 Rückschlagventil
5 Zahnradpumpe
6 Motor
7 Umschaltventil für die Handpumpe
8 Überdruckventil
9 Manometeranschluß
10 Bremszylinder mit Federn
11 Bremsbacke
12 Bremsscheibe

Bild 1.63. Teilscheibenbremse einer Förderanlage mit Hydraulikschaltplan

bei der das Bremsband entweder mehrfach schraubenförmig um die Bremsscheibe geschlungen ist oder ein zweiteiliges (gegabeltes) Bremsband besitzt. Beim Eingreifen hat die Bremse ein stoßartiges Arbeiten.

Bei den *Scheibenbremsen,* die aus ringförmig angeordneten Bremsflächen bestehen, unterscheidet man *Teil-* und *Vollscheibenbremsen.* Beide Arten finden sich in der Fördertechnik. Der Vorteil der Scheibenbremse gegenüber der Trommelbremse ist in der geringeren Abhängigkeit des μ-Wertes, in der gleichmäßigeren Verzögerung infolge der fehlenden Selbstverstärkung und in der guten Kühlwirkung sowie dem geringen Massenträgheitsmoment besonders bei den Teilscheibenbremsen zu sehen. Bei der letzteren werden Bremsklötze (-backen) in rechteckiger oder kreisförmiger Ausführung an die Bremsscheibe gepreßt. Bild 1.63 zeigt eine hydraulisch betätigte Teilscheibenbremse mit Schaltplan.

Die Bremskraft bestimmt sich aus

$$M_{br} = F_u r_m \qquad \text{und} \qquad F_u \leqq F_R = \mu F$$

für beidseitigen Bremsklotzangriff zu

$$F = \frac{F_u}{2\mu} = \frac{M_{br}}{2 r_m \mu} \text{ in N} \tag{1.76}$$

r_m in m mittlerer Bremsscheibenradius

Die *Vollscheibenbremsen* werden als Ein- und Mehrscheiben-Reibflächenbremsen (Lamellenbremse) gebaut. Eingesetzt sind sie z.B. bei der Lastdruckbremse (Bild 1.65). Lamellenbremsen wie auch die Kegelbremse arbeiten als Kupplung, wenn alle Teile sich drehen können.

Die *Kegelbremse* (Bild 1.64) besteht aus einer fest auf der Antriebswelle sitzenden Kegelscheibe, die mit der Anpreßkraft F_a beim Bremsvorgang in den feststehenden Hohlkegel eingedrückt wird. Da keine Selbsthemmung auftreten darf, muß der Öffnungswinkel γ größer als der Reibungswinkel sein.

$\mu_{max} \approx 0{,}45 \qquad \gamma > 25°$

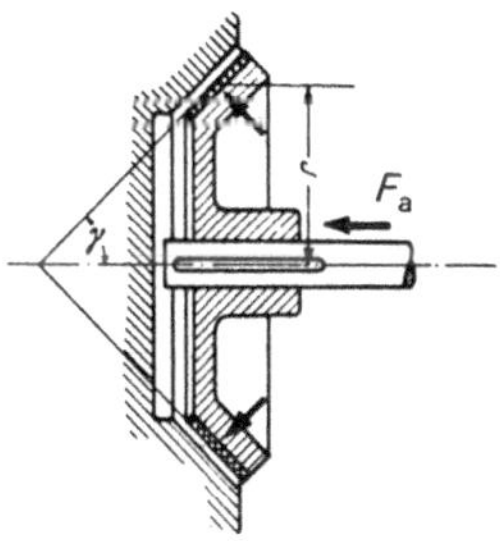

Bild 1.64. Kegelbremse

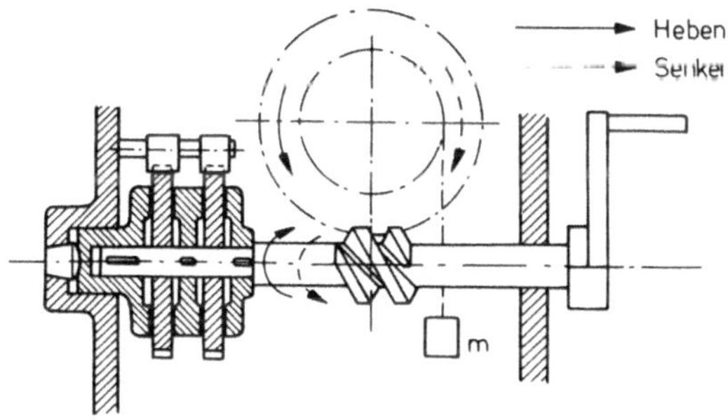

Bild 1.65. Lastdruckbremse

Angewendet und eingesetzt werden die Kegelbremsen in Verbindung mit dem Verschiebeläufermotor bei Elektrozügen als Hub- und Fahrbremsen, oft ausgerüstet mit einem Feingang bei Kranen und Regalförderzeugen (Bild 2.20).

Für Schneckenwinden und Schraubenflaschenzüge wird die *Lastdruckbremse* eingesetzt. Ihr Prinzip beruht auf dem Lastrückdruck, der auf eine Vollscheiben- oder Kegelbremse wirkt und aufgrund des Schneckengetriebes (Axialkraft) erzeugt wird. Das Klinkengesperre ist mit der Bremse zusammengebaut. Die im Bild 1.65 dargestellte Lastdruckbremse besitzt vier Reibflächen.

Beim Heben der Last m durch Drehen der Kurbel (oder eines Kettenrades) im Hubsinn werden Bremsscheiben und Sperräder zusammengedrückt und drehen sich unter den Klinken durch. Beim Halten der Last pressen sich durch den Zahndruck die Bremsscheiben und Sperräder zusammen und die Klinken verhindern den Rücklauf. Beim Senken durch Drehen der Kurbel im Senksinn verringert sich der Axialdruck und die Bremsscheiben drehen gegen die feststehenden Sperräder. Es liegt also beim Senken ein permanentes „Durchrutschen" an der Bremse vor, d.h. durch gleitende Reibung entsteht Reibungswärme, daher sind Lastdruckbremsen nicht für große Höhen zu empfehlen. Normalerweise ist bei einer 1-gängigen Schnecke der Einbau der Lastdruckbremse noch nicht erforderlich, sondern erst bei einer 2- oder 3-gängigen Schnecke (Selbsthemmung).

1.7.4. Normen, Richtlinien

DIN-Normen

DIN	Ausgabe	Titel
DIN 15 431	6. 67	Krane; Bremsscheiben für Doppelbackenbremsen; Hauptmaße
15 435 Bl. 1	3. 61	Krane; Doppelbackenbremsen; Anschlußmaße
15 435 Bl. 2	3. 61	Krane; Doppelbackenbremsen; Bremsbacken
15 435 Bl. 3	3. 61	Krane; Doppelbackenbremsen; Bremsbeläge

VDMA-Einheitsblätter

VDMA 15 434	3. 63	Berechnung von Doppelbackenbremsen; Zuordnung der Bremsen zu üblichen Drehstrom-Asynchronmotoren mit Schleifringläufer für Aussetzbetrieb
15 435 Bl. 4	5. 65	Berechnung von Doppelbackenbremsen; Sorten und Prüfbedingungen für Bremsbeläge

• 1.7.5. Fragen

1. Welche Aufgaben haben Gesperre, welche Aufgaben die Bremsen?
2. Von welchen Größen sind die Bauformen der Bremsen abhängig?
3. Welche Größen sind für die Auswahl von Bremsbelag maßgebend?
4. Wie ermittelt sich überschlägig das Bremsmoment für Fahrwerke?
5. Wie berechnet sich der entstehende Wärmestrom beim Abbremsen von Fahrwerken und Hubwerken?
6. Durch welche physikalischen Größen wird die Wärme abgeführt?
7. Wie kann man Bremsen ein- und unterteilen?
8. Welche Vorteile haben Doppelbackenbremsen?
9. Was versteht man unter der Gestängeübersetzung und dem Gestängewirkungsgrad von Doppelbackenbremsen?
10. Welche Aufgaben haben Bremslüfter und welche Konstruktionen gibt es?
11. Wie ist die Arbeitsweise des Motordrückers?
12. Wie baut sich die Lastdruckbremse auf?
13. Wo verwendet man in der Förder- und Lagertechnik Fliehkraftbremsen?
14. Beschreiben Sie den Einsatz der Kegelbremse im Verschiebeläufermotor.

1.8. Zielsteuerungs- und Ausschleussysteme für Stückgutförderer

1.8.1. Allgemeines

Um ein Maximum an Wirtschaftlichkeit im Materialfluß zu erzielen, um den betrieblichen Werkstücktransport innerhalb der Fertigungskette personalunabhängig und frei von menschlichem Versagen zu machen, um die immer größer werdenden Güterströme in die einzelnen Betriebsbereiche automatisch zu verteilen und um den Transport zu beschleunigen, benutzt man heute aufsichts- und begleitfrei arbeitende Fördermittel. Dabei übernehmen *Ausschleus-* und *Übergabeeinrichtungen* das Verteilen oder Zusammenführen, das nur im Zusammenhang mit einem Steuerungssystem rationell und wirtschaftlich gelöst werden kann. Dem Fördergut wird schon an der Aufgabenstelle ein bestimmtes Ziel, z.B. als Code, mitgegeben. Dieser Code wird an der vorbestimmten Ausschleus- oder Übergabestelle von einem Steuerungsteil erkannt und dadurch der Weiche, dem Abweiser oder dem Transfer ein Schaltsignal zum Ausschleusen übermittelt. Man nennt dieses System *Zielsteuerung,* da dem Gut an der Aufgabestelle ein Ziel mitgegeben wird.

Die entwickelten Verteil-, Zusammenführungs- und Übergabeeinrichtungen sind in ihrer Mehrheit nicht bei jedem Fördermittel einzusetzen, sondern auf bestimmte Förderer, z.B. Rollenbahnen, individuell zugeschnitten. Dafür bietet die Industrie bereits Baukastensysteme an. Ein nachträglicher Einbau von Ausschleuseinrichtungen in eine vorhandene Förderanlage hängt in erster Linie also von dem verwendeten Fördermittel ab.

Auf dem Markt existiert eine große Zahl von Zielsteuerungssystemen, die nach unterschiedlichen Prinzipien arbeiten und die alle ihre spezifischen Vor- und Nachteile besitzen. Grundsätzlich ist jedes Zielsteuerungssystem für eine Ausschleus- oder Übergabeeinrichtung geeignet, jedoch richtet sich die sinnvolle Kombination Zielsteuerung-Ausschleuser

- nach dem Durchsatz pro Zeiteinheit,
- nach der Anzahl der Zielstellen,
- nach dem Umfang des gesamten Fördersystems.

Die folgenden Tabellen sollen dem Materialflußplaner, dem Rationalisierungs- oder Betriebsingenieur

- einen schnellen Überblick über Zielsteuerungs- und Ausschleuseinrichtungen geben,
- als Planungshilfe und -unterlage dienen,
- die Auswahl der wirtschaftlichen Kombination von Zielsteuerung und Ausschleuseinrichtung erleichtern,
- Anregungen zur Verbesserung des innerbetrieblichen Materialflusses geben.

1.8.2. Zielsteuerungssysteme

Man unterscheidet zunächst die Zielsteuerungssysteme (Tafel 1.20) nach der Art der Informationsspeicherung:

Tafel 1.20. Systematik der Zielsteuerungen

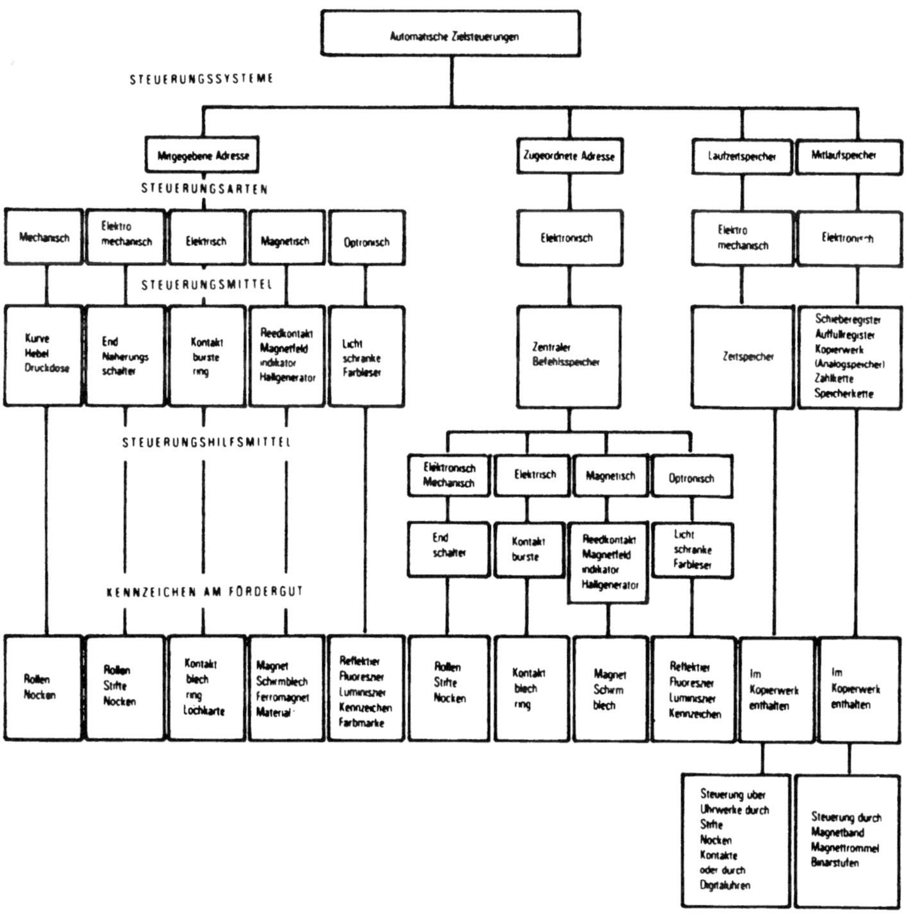

1. Adressierung am Transporthilfsmittel oder am Fördergut (direkte Zielsteuerung) durch:

Mitgegebene Adresse

Das Steuerungsmittel ist unmittelbar am Fördergut oder Fördergutträger in Form eines Codes oder natürlichen Merkmales als Adresse angebracht.

Zugeordnete Adresse

Hierbei wird die Adresse einem zentralen Befehlsspeicher eingegeben und dem Kennzeichen zugeordnet, das am Fördergut oder Fördergutträger befestigt ist. Das unveränderliche Kennzeichen kommt nur einmal in dem Fördersystem vor.

2. Adressenspeicherung in Kopierwerken (indirekte Zielsteuerung) über:

Laufzeitspeicher

Die Adresse läuft laufzeitabhängig, jedoch unabhängig vom Fördergut außerhalb der Förderstrecke mit.

Mitlaufspeicher

Die Adresse läuft hier in einem mechanischen oder elektrischen Abbild des Fördersystems synchron oder taktweise außerhalb der Transportanlage parallel zum Fördergut mit.

Die weiteren Unterscheidungsmerkmale der Systematik sind:

Die *Steuerungsarten* wie mechanisch, elektromechanisch, elektrisch, elektronisch, magnetisch und optronisch.

Die *Steuerungshilfsmittel* wie Endschalter, Kontaktbürsten, Hallgenerator, Lichtschranke usw.

Die *Kennzeichnung am Fördergut* wie Rollen, Nocken, Stifte, Lochkarte, Magnet, reflektierende Folien usw.

Beim Einsatz von Zielsteuerungseinrichtungen muß zwischen einem geschlossenen und einem offenen Fördersystem unterschieden werden. Unter dem geschlossenen System versteht man einen geschlossenen Förderrundlauf: ein in dem System befindliches, nicht oder falsch codiertes Stückgut wandert zum Ausgangspunkt zurück, um überprüft werden zu

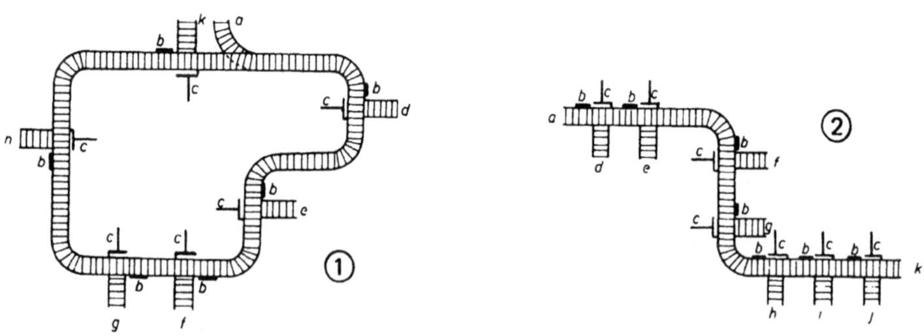

Bild 1.66. Rollenbahn als ① geschlossenes Fördersystem; ② offenes Fördersystem
a Aufgabestation; b Code-Leseeinheit; c Pusher; d bis j Zielstationen; k Leerbehälter oder fehlcodierte Fördergüter

können. Der Vorteil des geschlossenen Systems liegt in dem Einsatz der Anlage als Pufferspeicher (Abschalten der Codelesung an einer Ausschleuseinrichtung) und in dem Rücktransport von Leerbehältern von jedem Ziel zur Aufgabestation (Bild 1.66-1). Bildet die Streckenführung keinen geschlossenen Rundlauf, so spricht man von einem offenen System, bei dem nicht oder falsch codierte Stückgüter am Ende der Anlage abgegeben werden. Wirtschaftlich sind solche Anlagen beim Verteilen von Gütern ohne Rücktransport. Vorteilhaft wirkt sich dabei der geringere Platzbedarf aus, besonders bei langgestreckten Gebäuden oder bei Stockwerkbauten. Als Pufferspeicher ist das offene System nicht einzusetzen, und bei mehreren Aufgabestationen müssen diese alle vor dem ersten Ziel liegen (Bild 1.66-2).

Der Planer und Anwender von Zielsteuerungseinrichtungen ist vor allem an der Beantwortung folgender Fragen interessiert:

- Welches Fördergut kann mit welchem Zielsteuerungssystem versehen werden?
- Welches Zielsteuerungssystem erfordert welche Kennzeichenart?
- Welches Zielsteuerungssystem wird sinnvoll bei welchen verschieden aufgebauten Förderanlagen eingesetzt?

Die Antworten hierzu liefern die Tafeln 1.21–1.22.

Tafel 1.21. Zielsteuerungssystem in Abhängigkeit vom Fördergut

Zielsteuerungssysteme / Fördergut (Stückgut)	Beliebige feste Gestalt	Kartons einer Größe	Kartons verschiedener Größe	Einheitstransportbehälter	Spezialbehälter mit Kodierungsmöglichkeit
Mitgegebene Adresse					
Mechanische Steuerung					×
Elektromechanische St.					×
Elektrische Steuerung					×
Magnetische Steuerung					×
Einweglichtschranke			×		×
Zweiweglichtschranke		×	×	×	
Farbmarkenleser		×	×	×	
Zugeordnete Adresse					
Behälterkodierung					×
Förderplatzkodierung	×	×	×		
Laufzeitspeicher	×	×	×		
Mitlaufspeicher					
Auffüllregister	×	×	×		
Kopierwerk	×	×	×		
Zählkette	×	×	×		

× Kombination sinnvoll

Tafel 1.22. Zielsteuerungssystem in Abhängigkeit von der Kennzeichnung

Kennzeichnung durch: / Zielsteuerungssysteme:	Natürliche Merkmale, z. B. Farbe, Größe, Gewicht	Einwegkennzeichnung, z. B. Druckmarken, Aufkleber	Manuell einstellbare Kennzeichnung, z. B. Nocken, Drehmagnete	Elektronisch programmierbare Kennzeichen, z. B. mit Lochkarte, durch Dateneingabe	Magnetisierung von Datenträgern, z. B. Bleche, Trommeln, Bänder
Mitgegebene Adresse					
Mechanische Steuerung			×		
Elektromechanische St.			×		
Elektrische Steuerung			×		
Magnetische Steuerung			×		×
Einweglichtschranke	×		×		
Zweiweglichtschranke		×			
Farbmarkenleser	×	×			
Zugeordnete Adresse					
Behälterkodierung				×	×
Förderplatzkodierung				×	×
Laufzeitspeicher			×		
Mitlaufspeicher					
Auffüllregister				×	
Kopierwerk			×		×
Zählkette				×	

× Kombination sinnvoll

1.8.3. Ausschleussysteme

Im innerbetrieblichen halb- oder vollautomatischen Materialfluß findet man für den Transport von Stückgütern in erster Linie angetriebene Rollenförderer, schleifend abgetragene Gurtförderer und Kreisförderer, und zwar wegen des einfachen, betriebssicheren und damit preisgünstigen Aufbaues. Die Beförderung der Güter verlangt Aufgabe, Abgabe, Verteilung, Zusammenführung, Übergabe und Umlenkvorgänge, die mit Hilfe von *Ausschleuseinrichtungen* (Kapitel 3.3.4) vorgenommen werden können. Im Sprachgebrauch existieren für diese Vorgänge verschiedene Begriffe wie Ausweiser, Ausschleuser, Weiche, Pusher, Transfer (Bilder 3.30 und 3.31) usw. Die Stückgutausschleusung geschieht unter 45°, meist aber 90°, wobei besonders bei der letztgenannten Winkelgröße überlegt werden muß, ob ein Wechsel der Frontseiten des Fördergutes für den weiteren Transport zulässig ist oder nicht (Quer- oder Längsausschleusung).

Bei der Auswahl von Ausschleuseinrichtungen ist ein wichtiges Kriterium die Ausschleusleistung. Man spricht von der Ausschleusfrequenz oder vom Durchsatz pro Zeiteinheit. Diese Größe ist abhängig von der Fördergeschwindigkeit des Stückgutes und von der Hub-, Schwenk- oder Schubgeschwindigkeit der Ausschleuseinrichtung. Versteht man unter einem Arbeitsspiel einer Ausschleusvorrichtung das einwandfreie Ausschleusen des Fördergutes bis zur erneuten Ruhestellung der Vorrichtung, dann läßt sich die dafür benötigte Zeit eines Arbeitsspieles durch den *Mindestgutabstand* ausdrücken. Arbeitet man mit einer dem Fördergut zumutbaren Ausschleusgeschwindigkeit, so ermittelt sich der Stückstrom $\dot{m}_{st}$ (Gleichung 1.27) zu

$$\dot{m}_{st} = \frac{3600\,v}{l + a} \text{ in Stück/h}$$

v in m/s Fördergeschwindigkeit
l in m maximale Länge des Stückgutes
a in m Mindestabstand der Fördergüter

Wird jedes zweite Fördergut ausgeschleust, beträgt der Stückstrom nur noch die Hälfte von $\dot{m}_{st}$. Der Mindestabstand ist durch eine Vereinzelungseinrichtung herzustellen.

Für die unterschiedlichen Formen, Abmessungen, Gewichte des Stückgutes und erforderlichen Ausschleusleistungen stehen die verschiedensten Ausschleussysteme zur Verfügung, die nach ihrem Aufbau, ihrer Wirkungsweise, ihrer Anwendung oder ihrer Leistung eingeteilt und unterteilt werden können.

In der Tafel 1.23 werden in erster Linie die für Rollen- und Gurtförderer benutzten Systeme zusammengefaßt, wobei nach der Art der Ausweiser unterschieden wird.

Tafel 1.23. Systematik der Ausschleuseinrichtungen

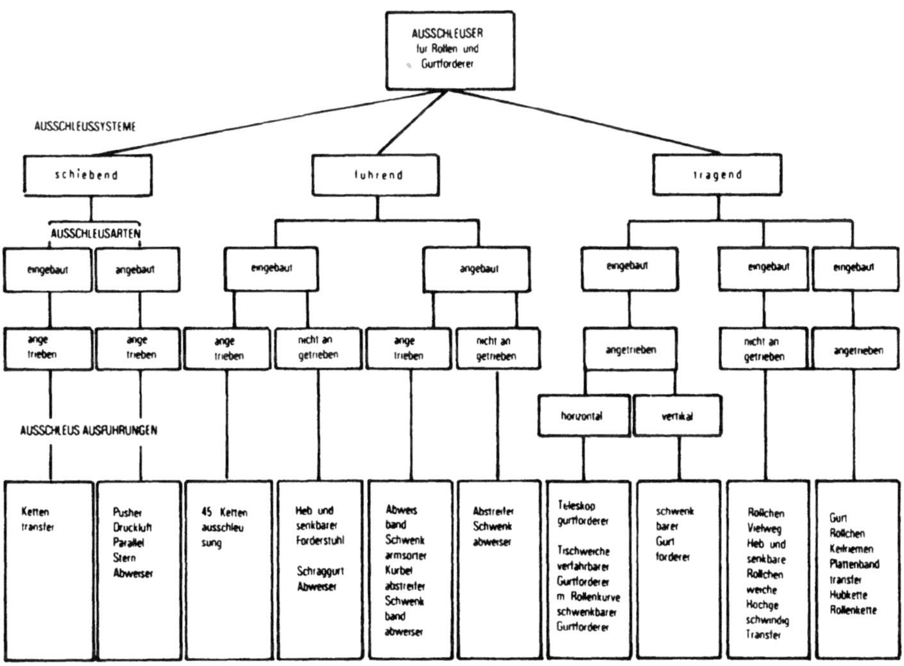

Der *schiebende* oder auch *stoßende* Transfer (quer zur Förderrichtung) bedingt

- eine Stoßwirkung auf das Fördergut,
- eine Leerbewegung beim Zurückgehen in die Ruhelage,
- eine Frontseitenänderung,
- je nach Bauart einen möglichen nachträglichen Einbau.

Der *führende* Transfer geschieht durch seitliches Abführen an einem Blech oder an einem angetriebenen Riemen. Dies bewirkt

- keinen Frontseitenwechsel des Fördergutes,
- die Möglichkeit eines nachträglichen Einbaues,
- unbedeutende Stoßwirkung.

Der *tragende* Transfer erfaßt das Fördergut an dessen Laufseite. Dadurch ist die Beschaffenheit der Bodenfläche von besonderem Einfluß auf Anwendung und Leistung. Kennzeichnend sind

- Stoßfreiheit,
- kein Fördergutfrontwechsel,
- kein nachträglicher Einbau.

2. Hebezeuge, Krane und Verladeanlagen

2.1. Allgemeines

Bei den Unstetigförderern (Tafel 1.1) wird die senkrechte Förderung von Stückgut und Schüttgut durch *Serienhebezeuge, Krane* und *Lastenaufzüge,* der Personentransport durch *Personenaufzüge* bewältigt. Reiner waagerechter Transport geschieht mit den *Hängebahnen.* Oft handelt es sich um eine kombinierte senkrechte und waagerechte Förderung mittels *Krane,* wobei Serienhebezeuge wiederum feste Bestandteile der Krane sein können. Aufzüge werden im Rahmen dieses Buches nicht behandelt. Die Kombination von Unstetig- und Stetigförderern oder das Zusammenspiel verschiedener Unstetigförderer bzw. Stetigförderer ergeben *Verladeanlagen* für Schütt- und Stückgut (Fördersystem – Förderkette).

2.2. Lastaufnahmeeinrichtungen

2.2.1. Allgemeines

Für Krane und Serienhebezeuge (ausgenommen Aufzüge) wird (DIN 15 003) bei den Lastaufnahmeeinrichtungen zwischen den zum Hebezeug gehörenden Einrichtungen – *Tragmittel* genannt – und den nicht zu ihm gehörenden – *Anschlag-* und *Lastaufnahmemittel* genannt – unterschieden. Bild 2.1 definiert dies am Beispiel eines Brückenkranes.

Auswahlkriterien für Anschlag- und Lastaufnahmemittel sind

- die Art der Gutaufnahme und Gutabgabe: schnell, schonend, selbsttätig
- die Art der Konstruktion: leicht (geringes Gewicht wegen der Totlast), betriebs- und unfallsicher, selbsttätig.

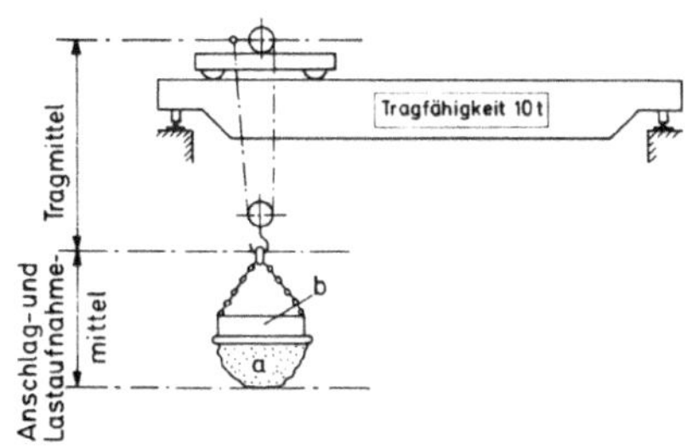

Bild 2.1
Lastaufnahmeeinrichtung
Schrott (a) = Nutzlast
Magnet (b) = Lastaufnahmemittel (= Totlast)

2.2.2. Tragmittel

Sie sind Teil des Hebezeuges, ohne die die Funktionsfähigkeit des Fördermittels nicht gegeben wäre und deren Abmessungen bei der Angabe von Hub- und Einbauhöhen schon bei der Planung zu berücksichtigen sind. Die Tragmittel dienen zum Aufnehmen der Last, wobei Seil- oder Kettentrieb mit zum Tragmittel zählen.

Unter *Tragfähigkeit* (Traglast) in kg oder t ist die betriebsmäßig zulässige Masse zu verstehen, die vom Hebezeug aufgenommen werden kann. Bei Serienhebezeugen (Elektrozügen) spricht man von Nennlast.

Nutzlast = Tragfähigkeit – Gewicht der Anschlag- und Lastaufnahmemittel.

Unter *Hubkraft* in N oder kN ist die Summe der Gewichtskräfte von Last- und Tragmittelanteil zu verstehen, unter Trommelzugkraft die Kraft, die von einer Trommel auf das Tragmittel (Seil, Kette) wirkt. Daher ist die Hubkraft für die Berechnung des Tragwerkes und seiner Teile maßgebend, während die *Trommelzugkraft* für die Berechnung der Triebwerkteile einzusetzen ist (DIN 15 003).

Tragmittel sind außer Seilen und Ketten noch:

– *Lasthaken,* die als Einfachhaken (Bild 2.2) und Doppelhaken (Bild 2.3) mit kurzem oder langem Schaft ausgeführt werden, sind genormt und werden aus Vergütungsstahl hergestellt. Sie bestehen aus dem Haken mit seinem Maul und dem Schaft mit Gewinde, das auf Zugfestigkeit mit Flächendruck zu berechnen ist. Die Berechnung, Werkstoffbeanspruchung, Prüfung und Behandlung der Lasthaken ist in DIN E 15 400 festgelegt. Der gefährdete Hakenquerschnitt *(A–B)*, abhängig von der Richtung der Anschlagseile oder -ketten, und die Änderung des Querschnittes gehen aus den Bildern 2.2 und 2.3 hervor. Da Doppelhaken symmetrisch belastet werden, sind sie geringeren Beanspruchungen ausgesetzt (für Lasten von 0,5 t bis 500 t). Um die Bruchsicherheit eines Hakens zu erhöhen, benutzt man den aus Blechpaketen aufgebauten *Lamellenhaken,* dessen Maul oft mit einer gelenkigen Bronzeschale versehen ist.

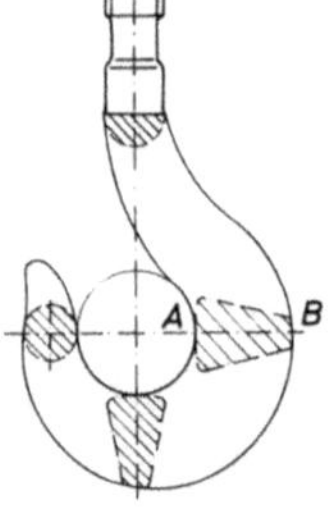

Bild 2.2. Einfachhaken

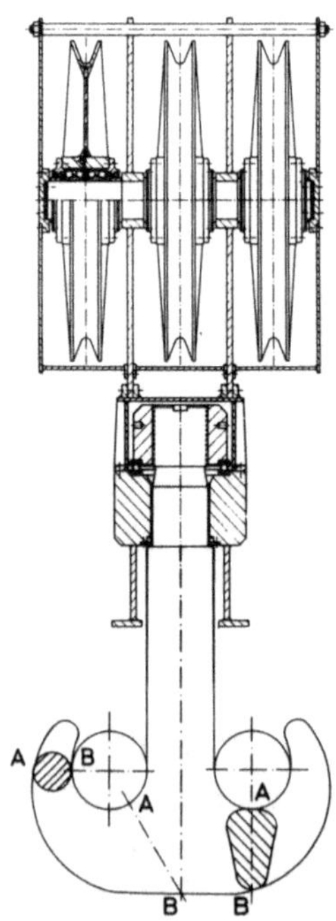

Bild 2.3. Doppelhaken

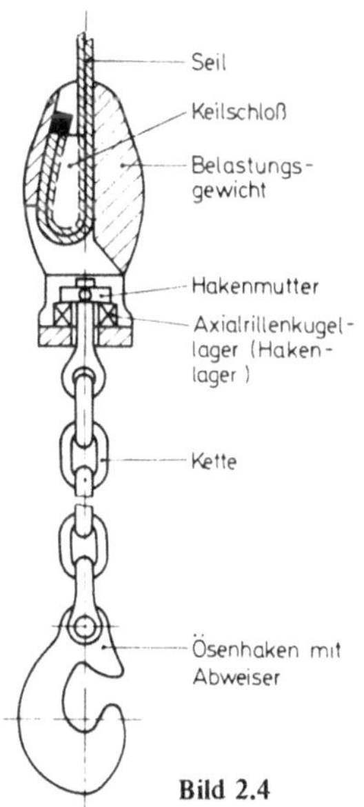

Bild 2.4
Hakengeschirr

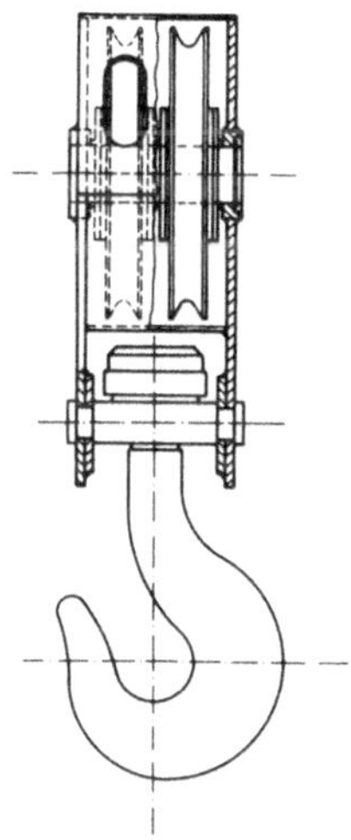

Bild 2.5. Unterflasche mit kurzem Haken, lange Bauart

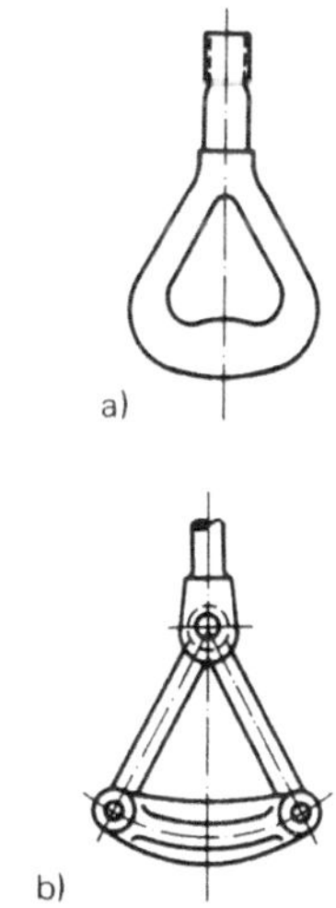

Bild 2.6. Schäkel,
a) geschlossen,
b) gelenkig (dreiteilig)

- *Ösenhaken* (DIN 689) für Lastketten, Haken mit Abweisern oder verschiedenen Sicherheitseinrichtungen (Abweisnase Bild 2.4, Hakensicherung), um ein Herausgleiten des Seiles zu verhindern. Diese Haken werden für kleine Lasten benutzt und sind oft bei Hafenkranen anzutreffen. Die Verbindung der Haken mit dem Seil erfolgt bei kleinen Lasten durch das Hakengeschirr, bei großen Lasten über eine Flasche.
- *Hakengeschirre* (Bild 2.4) bestehen aus einem Haken, der direkt über ein Keilschloß an das Seil angeschlossen ist. Die Drehbarkeit – erreicht durch ein Axiallager – erleichtert den Einsatz, der besonders bei Hafen- und Baukränen zu sehen ist.
- *Unterflaschen* (Hakenflaschen) verteilen die Last auf mehrere Seilstränge. Es gibt ein- und mehrrollige Unterflaschen, die sich unterscheiden durch:

  kurzen Haken (Bild 1.39); langen Haken (ältere Bauart) und kurzen Haken unterhalb der Umlenkrollen (Bild 2.5).

  Während die beiden ersten Bauarten eine gedrungene Bauweise ergeben (größere Hubhöhe), stellt die letzte eine schmale Unterflasche dar.
- *Schäkel* haben ihren Anwendungsbereich bei Lasten über 100 t, da durch die geschlossene Form bei gleicher Last geringere Spannungen auftreten als bei einem Haken. Geschlossene Schäkel (Bild 2.6a) stellen ein statisch unbestimmtes, gelenkige Schäkel (Bild 2.6b) ein statisch bestimmtes System dar.
- Weitere Tragmittel sind *Traversen* für Traversenkrane und *Gehänge* für spezifische Aufgaben (Bild 5.11).

2.2.3. Anschlagmittel

Sie gehören nicht zum Hebezeug, stellen eine Verbindung vom Tragmittel zur Nutzlast oder zum Lastaufnahmemittel dar und lassen sich unterteilen in

- *Anschlagketten:* Ausführungsform in Ring-, Haken-, Klauenhaken-, Kranz- und Spreizketten (Kapitel 1.5)
- *Anschlagseile:* Ausführungsform in Seilstropp, Ösen-, Haken- und Schlingseil (Kapitel 1.4)
- *Hebebänder:* Ausführungsform, z.B. V-DIN 61 360 (Bild 2.7), schonend für Oberfläche, sehr gute Anpassung an Ladegutkonturen.

Bild 2.7. Hebebänder im Einsatz

2.2.4. Lastaufnahmemittel

Wie die Tragmittel gehören die *Lastaufnahmemittel* nicht zum Hebezeug. Sie dienen zum Aufnehmen der Nutzlast. Zu unterscheiden sind Lastaufnahmemittel einmal für Stückgut, zum anderen für Massen- und Schüttgut.

Lastaufnahmemittel für Stückgut

- *Traversen* zum Einhängen in das Tragmittel des Kranes haben die Aufgabe, schwere und sperrige Lasten zu transportieren. Die Traverse kann die Form eines Tragbalkens haben, einen Tragbügel zum Transport von Fördergefäßen besitzen oder mit verschiedenen Haken, Klemmen oder Klauen ausgerüstet sein (Bild 2.8)
- *Gehänge* in den unterschiedlichsten Formen für Kübel, Zangen oder als C-Haken für ringförmige Lasten, als Ladeplatte oder als C-Gestell zum Transport von Paletten oder Langgut
- *Körbe* zum Aufnehmen von Baumaterial
- *Brooken* (Ladenetze) für viele Kleingüter (Säcke) oder empfindliche Güter als Netz-, Segeltuch- oder Gummibrooke
- *Haftgeräte* dienen zur Aufnahme und zum Transport von Fördergütern ohne Formschluß und sind auf besondere Eigenschaften der Transportgüter (magnetisch, glatte Oberfläche) begründet. Zu unterscheiden sind *Lasthebemagnete* und *Vakuumheber.*

  Lasthebemagnete, die bei massiven Blöcken mit relativ glatter Oberfläche Tragfähigkeiten bis 40 t haben, können an jeden Elektrozug oder Kran angehängt werden und transportieren Stahl bis zu einem Mangangehalt von 7 % und einer Temperatur von 700 °C (Praxis: 500 °C), weil darüber Stahl seine magnetischen Eigenschaften verliert.

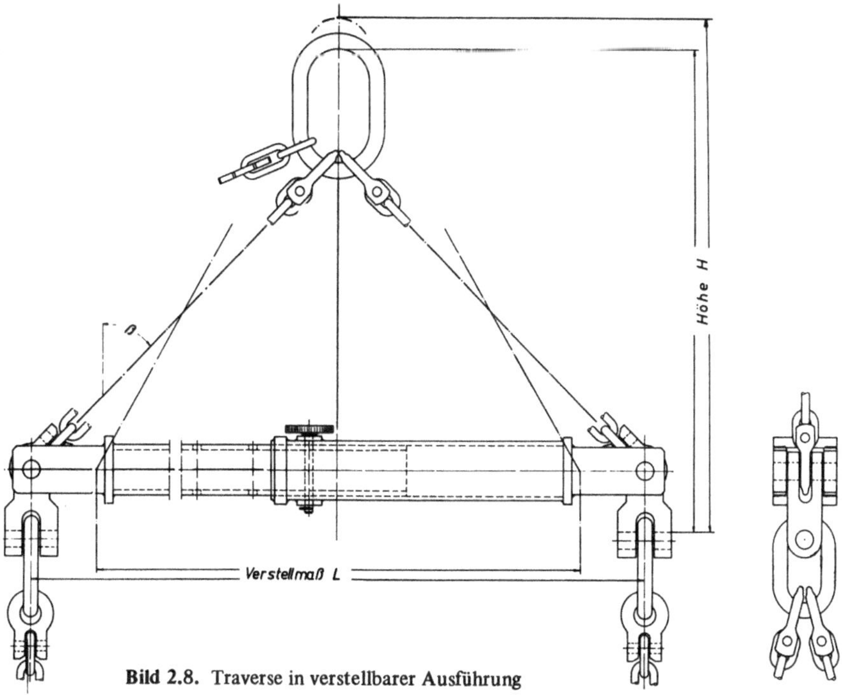

Bild 2.8. Traverse in verstellbarer Ausführung

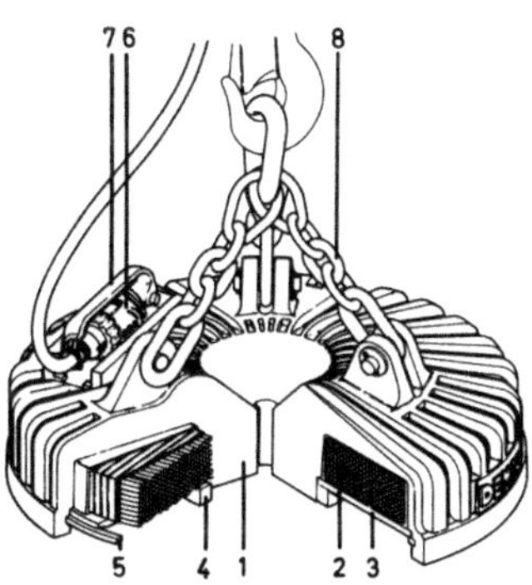

Bild 2.9. Runder Lasthebemagnet
1 Stahlgußgehäuse 2 Erregerspulen 3 Manganstahlplatte
4 Schrumpfring 5 Sprengring 6 Steckvorrichtung
7 Schutzhaube 8 Kettengehänge

Die Tragfähigkeit ist eine Funktion des zu transportierenden Stahlgutes. So hat z.B. ein Rundmagnet mit 1150 mm Durchmesser (Gewicht 2 t; Leistungsaufnahme 6,2 kW) eine Tragfähigkeit bei Blockmaterial von 13 t, Kugelmaterial: 4 t, Grobschrott: 0,5 t, Feinschrott: 0,2 t. Die Form der Magnete ist dem Transportgut angepaßt. So gibt es Rund- oder Tellermagnete mit Durchmessern von 700 bis 2000 mm (Bild 2.9), Flachmagnete, Hufeisenmagnete oder Blechstapelmagnete mit gefederten Einzelmagneten in Rechteckform. Magnete werden mit Gleichstrom der Spannung 100 bis 600 V betrieben.

Beim Ausschalten schließt man die Spulen kurz (Induktionsstrom!). Vorteilhaft ist das schnelle selbsttätige Aufnehmen und Abgeben der Last, nachteilig die geringe Sicherheit, z.B. bei Stromausfall. Daher können keine hochwertigen Güter mit dem Lasthebemagnet befördert werden. (Kein Einsatz für Tafelblech: Aneinanderhaften der einzelnen Bleche).

Bei Lasten bis 2500 kg kann unabhängig vom Netzanschluß ein Batterielasthebemagnet eingesetzt werden, der mit einer Autobatterie (12 V, 110 Ah) bestückt ist. Die Abreißkraft ist (VDE 0580) vom Luftspalt und der Materialstärke der Last abhängig. Aus Sicherheitsgründen rechnet man mit halber Tragfähigkeit.

Vakuumheber (Bild 2.10) ermöglichen mittels Saugteller (runde oder rechteckige Form) den Transport flächiger Güter zum Stapeln, Entstapeln, Verladen, Beschicken von Fertigungsmaschinen und -straßen, werden bei Handbearbeitungsvorgängen wie Feilen, Sägen, Montieren und bei maschineller Bearbeitung wie Fräsen, Schleifen oder Drehen zum verzugsfreien Spannen eingesetzt.

Der Unterdruck im Saugteller wird entweder durch Volumenvergrößerung, meist durch eine Vakuumpumpe erzeugt.

Die Vorteile liegen im schonenden Transport – auch bei empfindlicher, fertig bearbeitender oder polierter Oberfläche – von Gütern, die aus einigermaßen dichten Werkstoffen wie Stahl, Holz, Glas, Leichtmetall, Kunststoff usw. bestehen. Da das Spannen und Lösen ohne Zeitverluste erfolgt, resultiert ein schnelles Arbeiten ohne Beschädigung der Bearbeitungs- oder Transportgüter.

Die Ausführungsformen sind Einzelteller, die fest, drehbar, schwenkbar oder an Hebezeuge anhängbar sind. Mehrere Saugteller werden über Hubtraversen zu einer Trageinheit für Kran oder Elektrozug zusammengeschaltet. In der Handhabungstechnik werden diese Lastaufnahmemittel halb- oder vollautomatisch bei Beschickungs- und Entnahme-

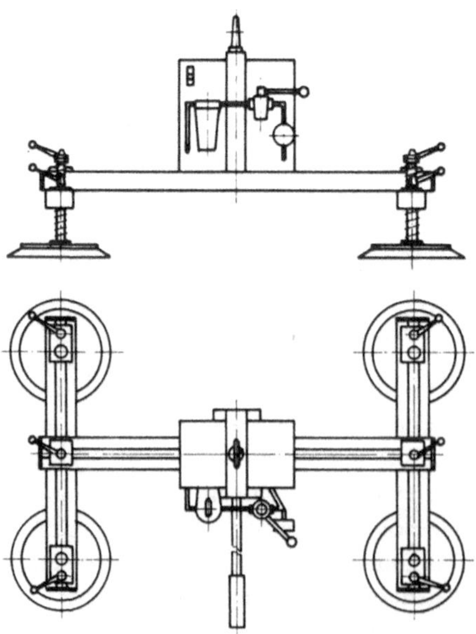

Bild 2.10. Vakuumheber z.B. für Blechtafeln bis 3 × 2 m aufgebaut aus einer Längstraverse und 2 zueinander verstellbaren Quertraversen; Saugteller verstellbar und federnd; Tragfähigkeit 500 kg (ca. 75 % des Vakuums)

vorrichtungen verwendet. Durch Steuerungsmöglichkeit (3-Wege-Ventil) ist die Sicherheit gegen Abstürzen der Last größer als beim Lasthebemagnet (elektro-hydraulische Schaltung siehe Bild 2.64).

- *Containergeschirr* zum selbsttätigen Fassen von Containern über Eckbeschläge (Greifrahmen, Spreader; Kapitel 5.3.3. DIN 15190 Blatt 3)
- *Klauen* zum formschlüssigen Transport von Fördergütern
- *Klemmen*, wobei durch das Gewicht Klemmkräfte erzeugt werden, die oft durch eine fein verzahnte Ausbildung der beweglichen Klemme erhöht werden. Bild 2.11a zeigt eine reibschlüssige Klemme (keine Beschädigung der Oberfläche: Feinbleche), und Bild 2.11b stellt eine reib- und formschlüssig wirkende Klemme, z.B. für Grobbleche, dar.
- *Zangen* gibt es in einer Fülle von Ausführungsformen. Ihr Arbeitsprinzip sind Klemmkräfte, die meist durch das Eigengewicht des Transportgutes erzeugt werden, aber auch formschlüssige und form- und kraftschlüssige Zangen sind. Schließt eine Zange unter dem Einfluß der Last selbsttätig, so spricht man von *ungesteuerter* Zange; wird sie dagegen vom Kranführer aus bedient, bezeichnet man sie als eine *gesteuerte* Zange (dann Tragmittel). Die Zangenarme sind meist dem zu transportierenden Gut angepaßt. Am verbreitesten sind Hebelzangen für Steinblöcke, Holzstämme, Papierrollen, Fässer, Säcke, Ballen, Kisten, Profilstahl, Brammen, Stahlblöcke oder Coils. Um eine größere Anpreßkraft zu erreichen, verwendet man entweder Mehrfachhebelzangen oder Motorzangen. Bild 2.12 zeigt Zangen, die auf diesem Prinzip basieren.

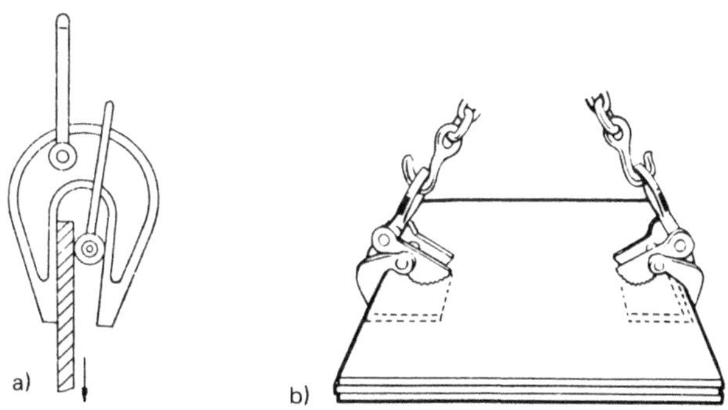

Bild 2.11. Blechklemmen
a) kraftschlüssig
b) kraft- und formschlüssig

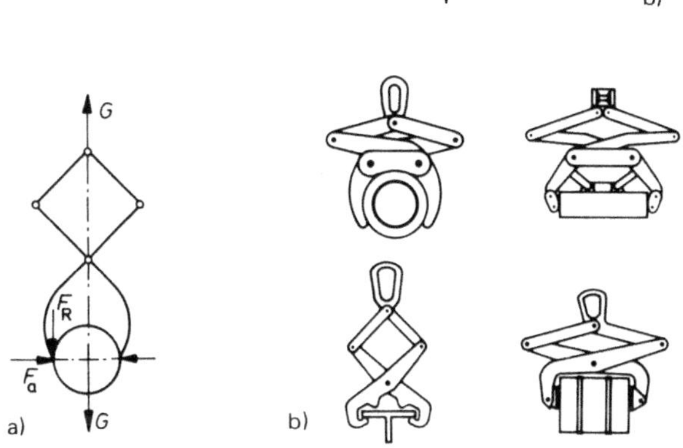

Aus der Bedingung (Bild 2.12a) $F_R > F_a\mu = \frac{G}{2}$ ergibt sich

$$F_a = \frac{G\nu}{2\mu} \text{ in N} \qquad (2.1)$$

F_R in N Reibkraft
F_a in N Anpreßkraft je Backe
G in N Gewichtskraft der Last
μ Reibungszahl, abhängig von Werkstoffpaarung
ν Sicherheitszahl ($\nu > 2$ wählen)

Lastaufnahmemittel für Massen- und Schüttgüter

– *Greifer* bestehen aus zwei oder mehreren Greiferelementen, die um eine senkrechte Achse symmetrisch angeordnet sind. Nach dem zu fördernden Gut werden sie ausgebildet und sind im geschlossenen Zustand sowohl Fördergefäße für Schüttgut, in das sie aufgrund ihres Eigengewichtes im geöffneten Zustand eindringen, oder sie transportieren mit schmalen Schalen sperrige Massengüter.

Einseilgreifer benötigen ein Eintrommelwindwerk. Der Greifer wird nur in den Haken des Seiles eingehängt. Die Entleerung geschieht durch Aufsetzen des Greifers, durch Klinkenauslösung oder durch einen im Greifer eingebauten Motor (elektro-hydraulischer Antrieb), der das Öffnen und Schließen der Schalen bewirkt: *Motorgreifer.* Er benötigt einen zusätzlichen Stromanschluß, ist ca. 10 % leichter als vergleichbare Mehrseilgreifer, hat dadurch höhere Umschlagsleistung und kann leicht gegen andere Lastaufnahmemittel ausgewechselt werden.

Mehrseilgreifer besitzen ein Zweitrommelwindwerk und werden nach der Anzahl der Seile unterschieden. Beim *Zweiseilgreifer* ermöglicht ein Seil (oder Seilpaar) das Heben und Schließen des Greifers (Hubseil), ein anderes Seil das Halten und Entleeren des Greifers (Halteseil). Die Arbeitsweise eines Zweischalengreifers mit zwei Seilen beschreiben die Bilder 2.13*a* bis *d*.

a) Greifer offen, Bewegung auf Fördergut hin und Eintauchen durch Eigengewicht

b) Aufnahme des Schüttgutes durch Schließen der Greifschalen, Hubbewegung der Schließ- und Hubtrommel, Halteseile sind lose

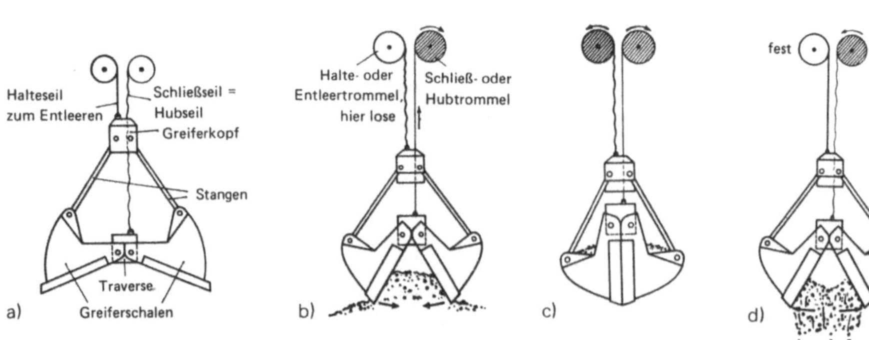

Bild 2.13. Zweischalengreifer a) bis d) siehe Text

c) Hubbewegung des Greifers, beide Trommeln bewegen sich, Last hängt an Hubtrommel

d) Entleerung des Greifers, Haltetrommel blockiert, Hubtrommel bewegt sich im Senksinne durch den Einfluß des Traversengewichtes

Zweischalengreifer gibt es als

Motor-Zweischalengreifer in Stangen- und Kompakt-Bauart als Einseilgreifer (Bild 2.14b)

Mehrseil-Zweischalengreifer in Stangen- und Trimm-Bauart (Bild 2.14a)

a) Stangen- Trimm- Bauart

b) Stangen- Kompakt- Bauart

Bild 2.14. Zweischalengreifer a) Mehrseil-Greifer b) Motor-Einseilgreifer

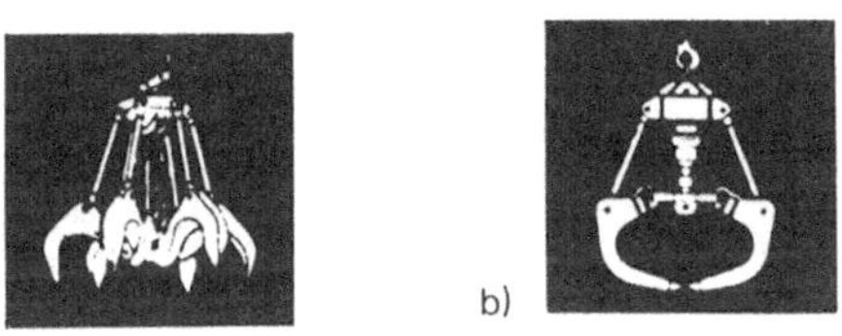

a) b) Polyp-Bauart

Bild 2.15. Mehrschalengreifer
a) Mehrseil-Greifer b) Motor-Einseilgreifer

Mehrschalengreifer für Schüttgut, Schrott, Steine, sperrige Güter, Koks oder Müll können als Mehrseilgreifer (Bild 2.15a) oder als Motor-Einseilgreifer (Bild 2.15b) im Einsatz sein. Der Behälterraum wird durch mehrere Schalen gebildet, wobei zwischen *geschlossener* und *offener* Bauart (schmale Schalen) zu unterscheiden ist.

– *Kübel,* die das Schüttgut nicht selbsttätig aufnehmen, gibt es in der Ausführung als:
  Kippkübel, die 0,3 bis 3,0 m³ Fassungsvermögen haben, kippen nach dem Lösen einer Verriegelung aus und kehren in die Ausgangslage zurück
  Klappkübel – bis 24 m³ Inhalt – besitzen zwei miteinander verbundene schalenförmige Hälften, die an Hub- und Halteseilen befestigt sind. Der Schließvorgang wird durch Eigengewicht der Hälften erzeugt. Transport über Hubseile; Befüllung im geschlossenen Zustand.
– Weitere Lastaufnahmemittel sind *Bodenentleer-Kübel; Schrotteinsatz-Mulden; Pfannen, Kokillen* und *Kästen.*

DIN 15 002 gibt für Hebezeuge eine Zusammenstellung der Lastaufnahmeeinrichtungen mit Prinzip-Skizzen und legt die Bezeichnung der einzelnen Geräte und Vorrichtungen fest.

2.3. Serienhebezeuge

2.3.1. Allgemeines

Unter *Serienhebezeuge* sind Kleinhebezeuge zum Heben, Senken und Ziehen von Fördergütern zu verstehen, die meist in Serien produziert werden. DIN 15 100 regelt die Benennungen der vielen Typen und gliedert sie in 15 Gruppen:

1. Elektrozüge
2. Pneumatische Hebezeuge
3. Flaschenzüge
4. Mehrzweckzüge
5. Seilblöcke für Rollenzüge
6. Einhängekatzen
7. Trommelwinden
8. Spille
9. Zahnstangenwinden
10. Schraubenwinden
11. Spindelhebeböcke
12. Hydraulische Hebeböcke
13. Achssenken
14. Fahrzeug-Kippeinrichtungen
15. Hebebühnen

2.3.2. Elektrozüge

Elektrozüge stellen ein komplettes Hubwerk dar und sind mit einer Trommel und einem Elektro-Hubmotor ausgestattet, wobei die Lastaufnahme über ein ein- oder mehrsträngiges Tragmittel (Seil, Kette) erfolgt (Bild 2.16). Maximale Werte von Tragfähigkeiten, Hubhöhen, Hubgeschwindigkeiten sind der Tafel 2.1 zu entnehmen (DIN 15 021). Traglasterhöhung durch mehrfache Seileinscherung siehe Rollenzüge, Beispiel 1.6.

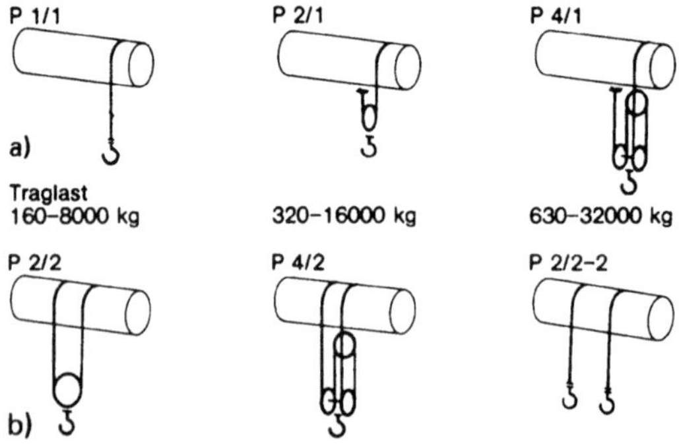

Bild 2.16
Einscherungsarten bei Elektroseilzügen
a) einrillige Trommel
b) zweirillige Trommel

Tafel 2.1. Maximalwerte von Elektrozügen

	Einheit	Tragmittel	
		Kette	Seil
Tragfähigkeit bis	t	1	16 (32)
Hubhöhe bis	m	3	60 (80)
Hubgeschwindigkeit bis	m/min	20	40

Maximalwerte in Klammern

Elektroseilzüge: Größe, Ausführung und Bauformen der Elektroseilzüge sowie ihre Kombinationen mit Katzen und Kranen sind sehr vielgestaltig. Mittels Zwischengetriebe, Feingangmotoren oder polumschaltbaren Motoren erzielt man eine differenzierte Absetzgeschwindigkeit der Last beim Senkvorgang. Um kleinere Abmessungen zu erreichen, verwendet man Trommelmotoren (Bild 3.5), außerdem verkürzte Bauarten. Seilzüge werden ortsfest oder fahrbar auf/an Ein- und Zweischienenfahrwerken bei Hänge- und Brückenkranen – oft in Verbindung mit Flaschenzügen – und bei Hängebahnen eingesetzt, da sie durch große Stückzahlen preiswert und kurzfristig lieferbar sind. Durch die kompakte Bauweise, die betriebssichere und wartungsarme Konstruktion, die universelle Verwendbarkeit sowie durch das geringe Eigengewicht sind Elektroseilzüge das verbreiteste Serienhebezeug.

Der Aufbau eines Elektroseilzuges (Bild 2.17) erfolgt heute im Baukastensystem, so daß durch die Kombination der verschiedenen Baugruppen die unterschiedlichsten Varianten entstehen.

Die Einheit „Elektroseilzug" ist aus den Baugruppen aufgebaut:

- Antrieb: Kombination von Verschiebeläufermotor und Bremse
- Getriebe: meist in der Trommel untergebracht
- Seiltrieb: Trommel, Seilrollen und Seil
- Feingangantrieb: Feingangmotor mit Zwischengetriebe
- Sondervorrichtungen, z.B. Hubbegrenzung, Funkentstörung, Explosionsschutz.

Auswahlkriterien für einen Elektroseilzug sind:

- die maximale Traglast
- die Hubhöhe (= effektiver Hakenweg)
- die Hubgeschwindigkeit (eventuell mit feinfühligem Anheben und Absetzen der Last)

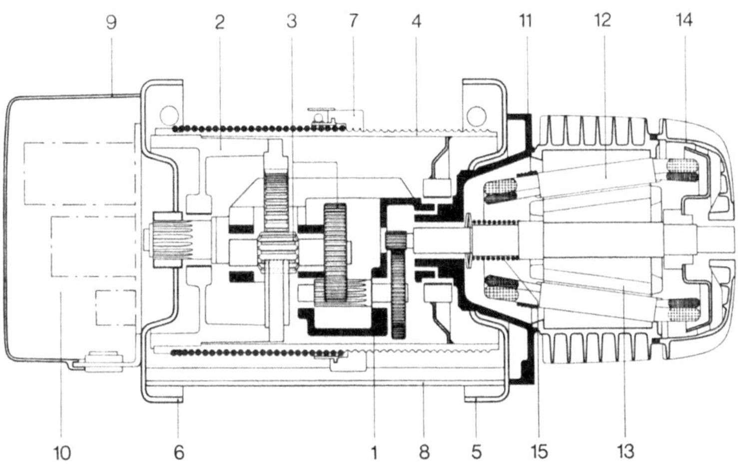

Bild 2.17. Aufbau eines Elektrozuges mit Seil

1 Getriebegehäuse
2 Trommellagerschild
3 Getrieberäder und Ritzel
4 Seiltrommel
5 Fußflansch Motorseite
6 Fußflansch Getriebeseite
7 Seilspanner
8 Verbindungsprofil
9 Apparatehaube
10 Raum für elektrische Geräte (Notgrenzschalter, Klemmenleiste usw.)
11 Lagerschild
12 Ständer mit Wicklung
13 Verschiebeläufer mit Bremsscheibe
14 Bremsschild
15 Bremsfeder

- die Ausführung (Verfahrbarkeit, Fahrbahnprofil)
- die Steuerungsart (Flur- oder Fernsteuerung)
- die Stromzuführung.

Für die Lebensdauer sind noch die Betriebsbedingungen, unter denen der Elektroseilzug arbeiten muß, entscheidend

- Belastungsart: Wie oft wird mit Vollast oder mit Teillasten gearbeitet (Lastkollektiv; Schwere der Belastung wie leicht, mittel, schwer)?
- Laufzeit: Wie lange ist die tatsächliche Laufzeit des Elektroseilzuges pro Tag (Laufzeitklassen)? Je höher also die Lastbeanspruchung und je länger die Laufzeit pro Tag, um so kürzer ist die Lebensdauer des Elektroseilzuges.

Die DIN 15 020 und die FEM-Regeln bilden unter diesen Gesichtspunkten Triebwerksgruppen, welche eine Einstufung bzw. Auswahl eines Elektroseilzuges schnell gestatten. Für die Bauausführung ist noch die Art der Seileinscherung entsprechend ein- oder zweirilliger Trommel maßgebend (Tafel 2.2; Kapitel 2.4.1.). Elektroseilzüge werden in zunehmendem Maße für den Aufzugsbetrieb beim vereinfachten Güteraufzug, bei Kleingüter-, Lagerhaus-, Behälter- und Güteraufzügen eingesetzt.

Elektrokettenzüge: Die Anwendung liegt bei geringen Hubhöhen und Traglasten von 150 bis 4000 kg meist in Verbindung mit den verschiedensten Lastaufnahmemitteln, wie Lasthebemagnet, Vakuumheber, Klauen, Zangen usw. zum Bedienen von Arbeitsplätzen, an Werkzeugmaschinen, im Schiffsbau und auf Schiffen zum Anheben der Zylinderköpfe, Auswechseln der Motorteile oder Verfahren von Ladeluken, in Materiallägern, Druckereien usw.

2.3.3. Zahnstangenwinden

Zahnstangenwinden besitzen einen kurzen Hub, werden von Hand über eine Kurbel bedient und zum kurzzeitigen Anheben von Geräten, Maschinen und Bauteilen benutzt. Stahlwinden, bei denen das Stahlgehäuse sich hebt, sind in der DIN 7355 genormt. Bei den Schaftwinden hebt sich die Zahnstange. Die Tragfähigkeit ist gestuft 1,5 – 3 – 5 – 10 t bei maximaler Kurbelkraft von 280 N. Das Eigengewicht liegt zwischen 13 bis 43 kg und der Hub zwischen 200 bis 600 mm. Der Wirkungsgrad bewegt sich um 65 %, die Übersetzung ist 4:1 bis 5:1. Zum Halten der Last ist eine 2-teilige Sperrklinke vorgesehen.

2.3.4. Hebebühnen

Hebebühnen werden unterteilt in *Lasten*-Hebebühnen und *Arbeits*-Hebebühnen. Überall dort, wo ein Niveau-Ausgleich notwendig ist, z.B. an einer Verladerampe oder zur leichteren Bedienung einer Maschine, können *Lasten-Hebebühnen* eingesetzt werden, die als Scheren-Hubtische gebaut sind. Sie bestehen aus Grundrahmen, Scherensystemen, Oberrahmen mit Abdeckplatte, Elektrohydraulikantrieb sowie den notwendigen Steuer- und Schaltelementen. Die Hubhöhe beträgt bei dem Einzel-Schersystem (Bild 2.18a) ca. 60 % der Plattformlänge (Länge der Plattform bis 3000 mm möglich), bei dem Doppelschersystem 100 %. Der elektro-hydraulische Antrieb, der separat oder in die Bühne eingebaut

Tafel 2.2. Einstufung und Auswahl eines Elektroseilzuges (Hubwerk)

Belastungsart

1 leicht
Hubwerke, die selten die höchste Traglast und meistens kleinere Teillasten heben.

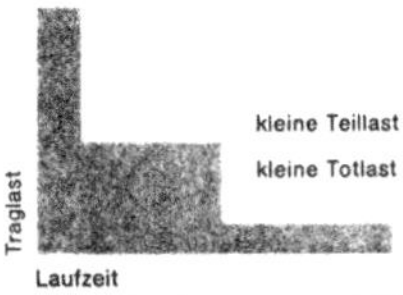

2 mittel
Hubwerke, die etwa gleichmäßig die höchste Traglast sowie größere und kleinere Teillasten heben.

3 schwer
Hubwerke, die hauptsächlich Lasten in der Nähe der höchsten Traglast heben.

Aus Laufzeit und Belastungsart wird die Gruppe bestimmt.

Belastungsart		Mittlere Laufzeit je Arbeitstag in Stunden					
1	leicht	bis 2	2–4	4–8	8–16	über 16	–
2	mittel	bis 1	1–2	2–4	4–8	8–16	über 16
3	schwer	bis 0,5	0,5–1	1–2	2–4	4–8	über 8
Gruppe	FEM	I b	I a	II	III	IV	V
	DIN 15020	1 B_m	1 A_m	2_m	3_m	4_m	5_m

Einscherungsart bei einrilliger Trommel					Baureihe	Elektrozug-Bauarten					
1/1	2/1	4/1	6/1	8/1							
Traglast in kg											
160	320	630	–	–							P 116
200	400	800	–	–						P 120	
250	500	1000	–	–					P 125		
320	630	1250	–	–				P 132			P 203
400	800	1600	–	–			P 140			P 204	
500	1000	2000	–	–	100	P 150			P 205		
630	1250	2500	–	–				P 206			P 406
800	1600	3200	–	–			P 208			P 408	
1000	2000	4000	6300	8000	200	P 210			P 410		P 610
1250	2500	5000	8000	10000		P 212		P 412		P 612	
1600	3200	6300	10000	12500			P 416		P 616		P 1016
2000	4000	8000	12500	16000	400	P 420		P 620		P 1020	
2500	5000	10000	16000	20000		P 425	P 625		P 1025		P 1625
3200	6300	12500	20000	25000	600	P 632		P 1032		P 1632	
4000	8000	16000	25000	32000			P 1040		P 1640		
5000	10000	20000	32000	40000	1000	P 1050		P 1650			
6300	12500	25000	40000	50000			P 1663				
8000	16000	32000	50000	63000	1600	P 1680					

werden kann, ist aus einem Kurzschlußläufer-Motor mit Hochdruck-Zahnradpumpe aufgebaut. Der Überlastungsschutz wird durch ein Druckbegrenzungsventil hergestellt. Die elektrische Steuerung erfolgt über Hand- oder Fußdruckschalter.

Arbeits-Hebebühnen erreichen Höhen mittels Mehrfach-Schersystem bis 6,5 m, mittels Teleskopzylinder bis 25 m und werden als Montagebühnen im Großgerätebau oder zur Wartung von Hallen, Kranen und dergleichen benutzt. Die Arbeitsbühne kann starr, schwenkbar, verschiebbar oder ausfahrbar konstruiert sein. Sie wird als verfahrbares oder selbstfahrendes Gerät hergestellt. Die Teleskopsäulen besitzen in Längsrichtung genutete Zylinder, die ein Verdrehen der Arbeitsbühne verhindern (Bild 2.18b). Andere Ausführungsarten sind aus viereckigen Teleskopen oder aus Fachwerk in drei- oder viereckiger Form aufgebaut. Beim Einsatz im Freien muß die Bühne ab Windstärke 6 (10 m/s) außer Betrieb gesetzt werden (elektro-hydraulische Schaltung siehe Bild 2.61).

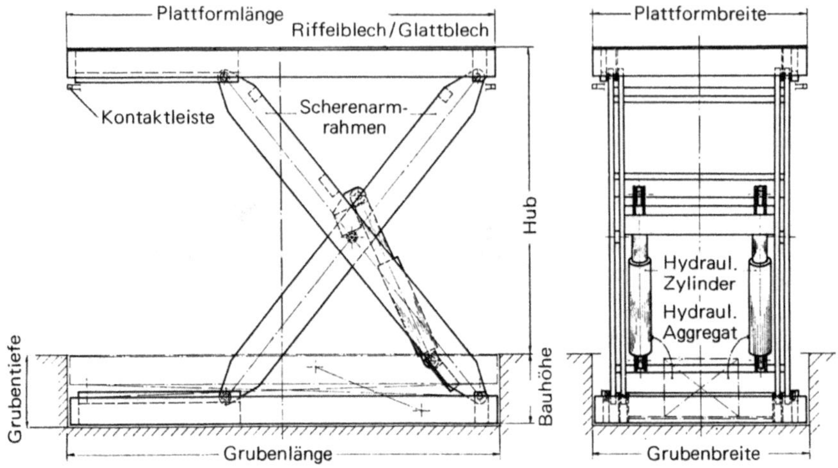

Bild 2.18a) Elektrohydraulische Lasten-Hebebühne mit Einzelschersystem

2.3.5. Diverse Serienhebezeuge

Zu den kurzhubigen Hebezeugen zählen die *Schraubenwinden, hydraulische Hebeböcke, Achssenken* zum Auswechseln von Radsätzen an Schienenfahrzeugen und *Fahrzeug-Einbaugeräte* in Form von Kippvorrichtungen. *Flaschenzüge* als Ketten- oder Seilzüge werden von Hand über eine Haspelkette bedient (siehe Bild 2.19; 2.21; Beispiel 1.6; Bild 1.26). Für Rollenzüge sind *Seilblöcke* im Einsatz. Zum Ziehen, Spannen und Heben werden *Mehrzweckzüge* – mit Kette oder Seil ausgestattet – benutzt. *Trommelwinden* sind als Wand-, Flur- und Fahrzeugwinden auf dem Markt. Die waagerecht liegende Seiltrommel nimmt in einer oder mehreren Seillagen das Drahtseil auf (siehe Bild 2.63).

Spill: siehe Kapitel 1.3.2; Beispiel 1.5; Bild 1.25.

Hebezeuge, die mit einem Druckluftmotor oder Druckluftzylinder konstruiert sind, werden *pneumatische Hebezeuge* genannt. Am verbreitesten sind Druckluftzüge mit Seil oder Kette als Tragmittel. Bild 2.19 zeigt einen Ketten-Druckluft-Hebezug mit Haspelkettenantrieb für Handlaufkatzen, der Lasten von 0,25 t bis 15 t heben kann. Der Luftdruck beträgt 6 bar, der Luftverbrauch bei Vollast ca. 2,2 m^3/min. Der Standardhub ist 3 m, die Kettenteilung in Abhängigkeit von der Tragfähigkeit von 15 bis 45 mm. An Stelle der Handlaufkatze können jederzeit angetriebene Motor-Laufkatzen eingesetzt werden. Für geringen Hub sind Druckluftzylinder im Einsatz (Kapitel 1.2.8).

2.4. Hubwerke und Laufkatzen

2.4.1. Allgemeines

Als Hubwerke werden für den senkrechten Transport bei großen Hubhöhen Elektrozüge oder Windwerke eingesetzt, die Seile als Tragmittel besitzen und entweder ortsfest oder verfahrbar sind. Hubwerke bestreiten den Stückguttransport über *Hakenbetrieb* und den Schüttgut-Massentransport mit dem *Greiferbetrieb* auf Brücken-, Portal- oder Drehkranen.

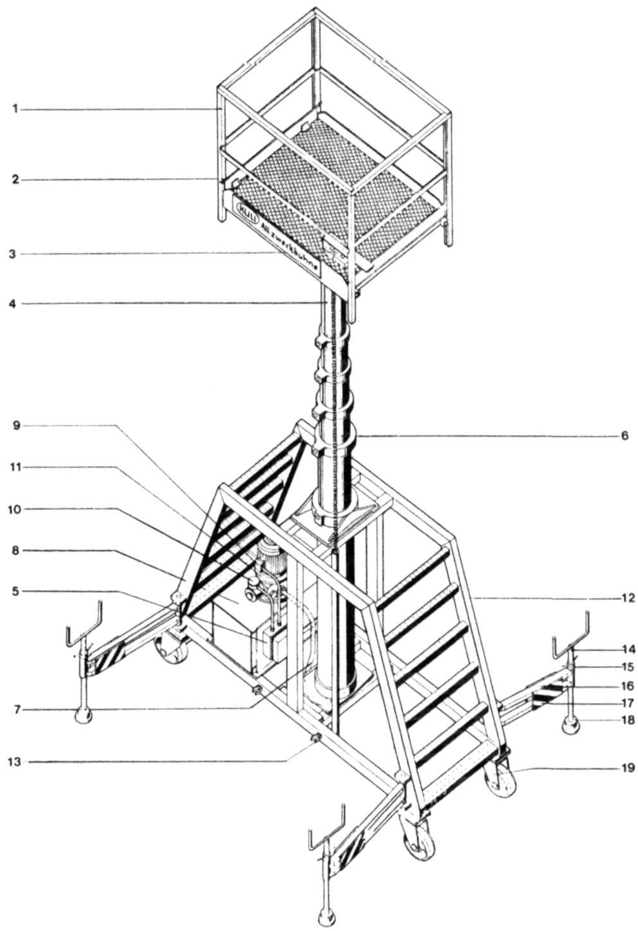

1 Geländer
2 Plattform
3 Fußschalter
4 Spiralkabel
5 Elektroschaltkasten
6 Zylinder
7 Ölschlauch
8 Ölbehälter
9 Pumpenmotor
10 Magnetventil
11 Zahnradpumpe
12 Rahmen
13 Schwenkstützenhalter
14 Stützspindel
15 Kontermutter
16 Schwenkstütze
17 Warnschild
18 Stützfuß
19 Lenkrolle

Bild 2 18b) Elektrohydraulische Arbeits-Hebebühne für 450 kg Tragfähigkeit und 6 bis 17 m Höhe

Zum anderen dienen Windwerke in Verbindung mit Seilzügen zum Bewegen des Auslegers bei Auslegerkranen und des Einfachauslegers bei Wippsystemen. Kabelkrane besitzen Hub- und Fahrwinden (Seilzugkatzen).

Voraussetzung für die Auswahl des richtigen Hubwerkes ist eine genau formulierte Aufgabenstellung und vorgegebene Basisdaten. Aufgrund einer gegebenen Belastungsart und der mittleren Laufzeit des Hubwerkes je Tag in Stunden kann die Einstufung des Hubwerkes in eine Gruppe nach FEM oder DIN 15 020 erfolgen (Tafel 2.2). Die Frage, ob ein *Elektrozug*, ein *Elektrozug-Doppelhubwerk* oder ein *Windwerk* einzusetzen ist, geht aus Tafel 2.3 hervor.

Tafel 2.3. Elektrozug- und Windwerk-Bereiche in Abhängigkeit von der Traglast und der Belastungsgruppe

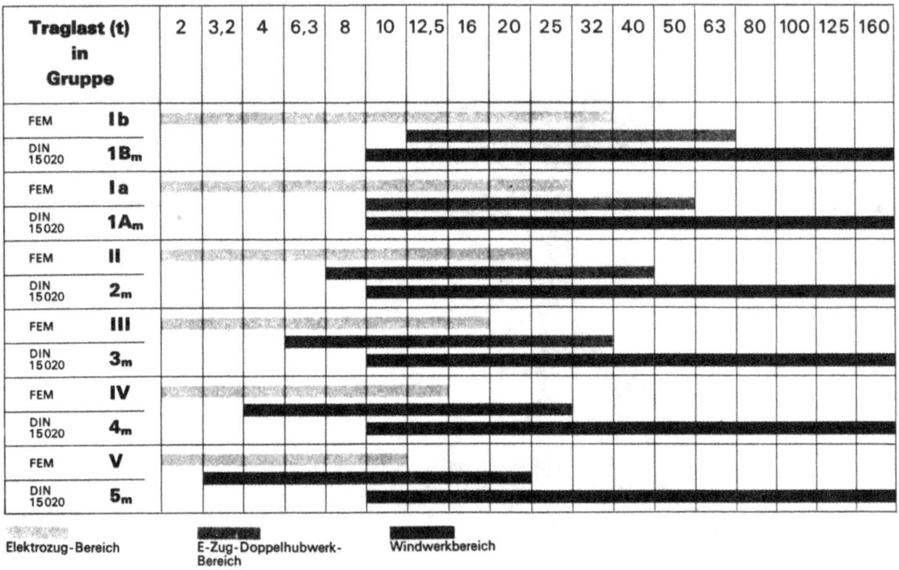

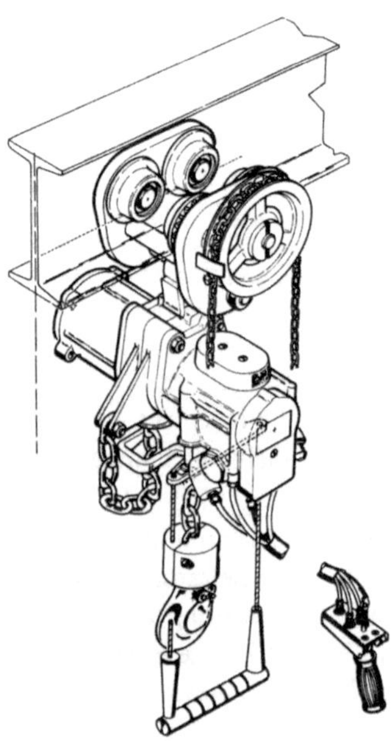

Bild 2.19
Ketten-Druckluft-Hebezug mit Haspelkettenantrieb

Die FEM-Sektion IX bezeichnet die Belastungsarten als Belastungskollektiv und versteht darunter die Höhe der Beanspruchung, der das Triebwerk oder ein Teil davon unterworfen ist. Ausgedrückt wird dies durch den kubischen Mittelwert k, welcher auf die Tragfähigkeit bezogen ist und das Belastungskollektiv beinhaltet. Die Einstufung des Seiltriebes in die drei Gruppen erfolgt nach der Größe von k (DIN 15 020)

Gruppe *1*: leicht $k < 0{,}53$

Gruppe *2*: mittel $0{,}53 < k < 0{,}67$

Gruppe *3*: schwer $0{,}67 < k < 0{,}85$

Elektrozüge gibt es bei 4-facher Seileinscherung bis 32 t Tragfähigkeit und bei Doppel-Elektrozug-Konstruktion bis 63 t. Windwerke können Traglasten bis 160 t (250 t) befördern und lassen sich an die Betriebsbedingungen und Aufgabenstellungen leichter und besser anpassen als Elektrozüge (DIN 14 021). Die Elektrozug- und Windwerkskatzen müssen der DIN, FEM und den UVV entsprechen. Die Traglasten sind nach der Normreihe R10 im unteren und nach R5 im oberen Tragbereich gestuft. Die Spurmittenmaße für Zweischienenkatzen sind in DIN 15 024 festgelegt. Die Arbeitsgeschwindigkeiten für Heben, Senken und Katzfahren sind der DIN 15 022 zu entnehmen (Berechnungen Beispiel 1.7b).

Wird ein ortsfestes Hubwerk – bestehend aus einem Elektrozug oder aus einem Windwerk – mit einem Fahrwerk versehen, so nennt man diese Konstruktion *Laufkatze.* Einmal kann man die Laufkatzen nach der Art der Bedienung in Laufkatzen mit oder ohne Krankabine unterscheiden, zum anderen in *Einschienen-* und *Zweischienenkatzen.* Zweischienenkatzen gibt es in verschiedenen Bauformen, wie *Drehscheiben-*, *Ausleger-*, *Drehlauf-*, *Winkel-* oder *Greiferkatze.* Unter *Seilzugkatze* versteht man Laufkatzen, bei denen Hubwerk und Fahrantrieb voneinander getrennt sind und über Seile die Katzbewegungen erfolgen.

2.4.2. Laufkatzen mit Elektrozug

Versieht man einen „ortsfesten Elektroseilzug" mit einem Fahrwerk, so nennt man diese Konstruktion Elektroseilzugkatze. Es wird unterschieden zwischen:

- *Einschienenlaufkatze* mit *normaler* Bauhöhe (Bild 2.20). Der Elektrozug hängt an dem Fahrwerk, das meist auf den Unterflanschen eines I-Profiles fährt. Der Antrieb erfolgt bei kleinen Traglasten mit Hilfe eines Rollfahrwerkes durch Drücken von Hand oder mit Hilfe eines Haspelkettenfahrwerkes (Bild 2.21). Bei größeren Traglasten wird ein angeflanschter Getriebemotor eingesetzt.
- *Einschienenlaufkatzen* mit *kurzer* Bauhöhe (Bild 2.22). Einsatzgebiet bei niedrigen Raumhöhen und größeren Lasten.

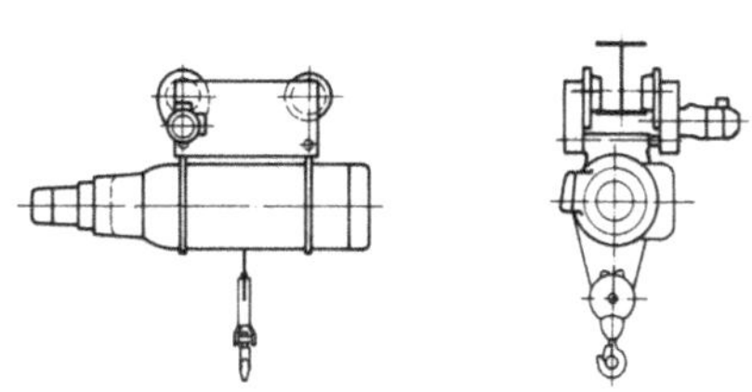

Bild 2.20
Einschienen-Unterflansch-Laufkatze mit Elektrozug (Normalausführung)

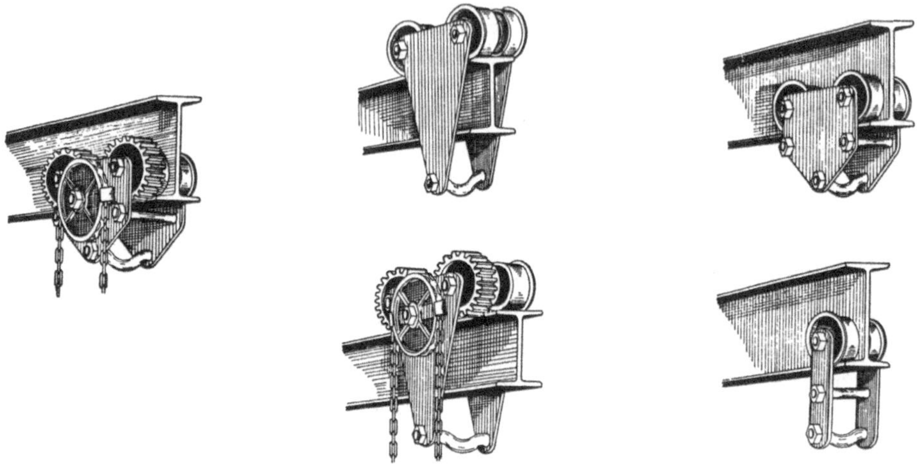

Bild 2.21. Verschiedene Antriebsmöglichkeiten für Handlaufkatzen bei unterschiedlichen Rad-Schienenkombinationen

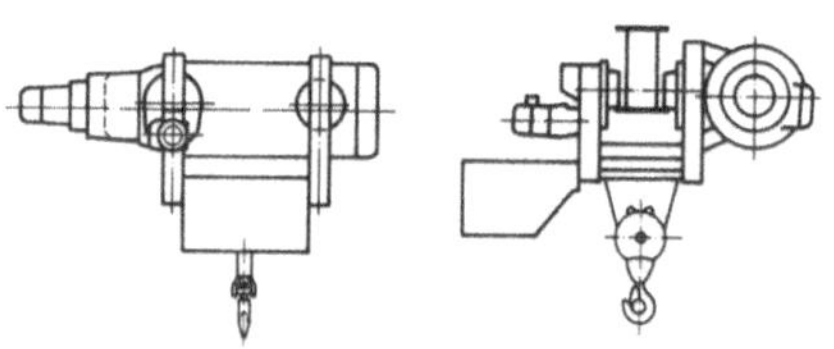

Bild 2.22. Einschienen-Unterflansch-Laufkatze (kurze Bauhöhe)

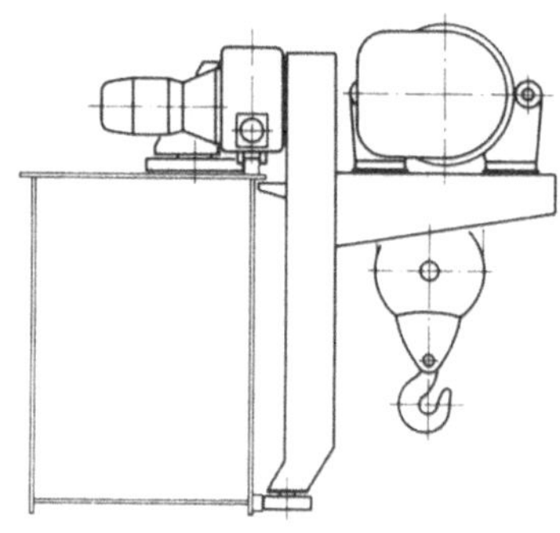

Bild 2.23. Winkellaufkatze mit Elektroseilzug

- *Winkellaufkatze* mit Elektroseilzug (Bild 2.23). Das Fahr- und Hubwerk ist seitlich an einem Kastenträger angeordnet und zeichnet sich durch günstige Baumaße aus.
- *Zweischienenlaufkatze:* Sie ist verfahrbar auf zwei Schienen, die auf zwei Trägern angebracht sind. Zu unterscheiden sind Dreirad- und Vierradbauweise der Katze (Bild 2.38).

Die zu den beschriebenen Elektroseilzugkatzen gehörenden Krankonstruktionen sind in Kapitel 2.6 beschrieben.

2.4.3. Laufkatzen mit Windwerk

Das normale *Eintrommelwindwerk*, bei einem Drehkran ortsfest angebracht, wird mit Hilfe eines Fahrwerkes zu einer Laufkatze. Sie besteht aus (Bild 2.24) Motor *a*, Kupplung mit Bremsscheibe *b*, Doppelbackenbremse *c* mit Bremslüfter *d*, Stirnradgetriebe *e*, Seiltrommel

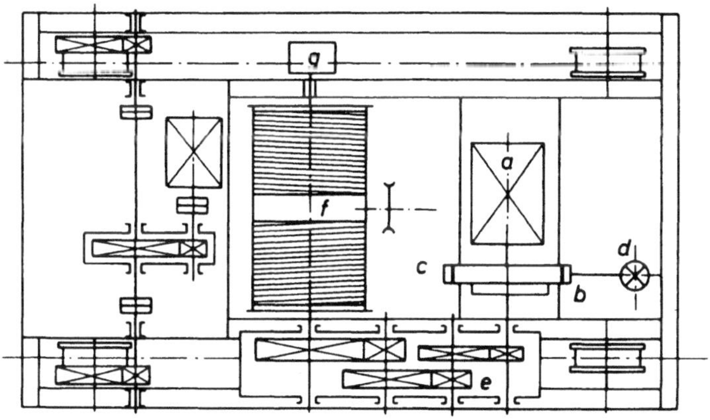

Bild 2.24. Zweischienenlaufkatze mit Windwerk für Hakenbetrieb und Katzfahrwerk a) bis g) siehe Text

f und Endschalter zur Hubbegrenzung *g*. Anstelle von Motor, Doppelbackenbremse und Lüfter wird oft ein Verschiebeläufer-Bremsmotor eingesetzt, wo die Last beim Ausschalten des Motors durch die Kegelbremse gehalten wird (Bild 2.17). Andere motorische Ausführungsarten, wie die mit einem Planetengetriebe ausgerüsteten Winden, werden heute nur als Sonderkonstruktionen hergestellt, da aus Rationalisierungsgründen die Katzen und Krane aus Baugruppen bestehen. Der Einsatz eines Verschiebeläufer-Bremsmotors in Verbindung mit einem angeflanschten Feinhubmotor und Getriebe ermöglicht ein feinfühliges Anheben und Absetzen der Last.

2.4.4. Laufkatzen für Greiferbetrieb

Steht für den Schüttgutumschlag nur ein Kran mit Hakenbetrieb (Eintrommel-Windwerk) zur Verfügung, muß mit dem Einseilgreifer meist in Motorgreiferausführung (Kapitel 2.2.4) gearbeitet werden.

Bei Mehrseilgreifern und Klappkübeln sind zwei Trommeln erforderlich (Hub- oder Schließtrommel *S* und Halte- oder Entleerungstrommel *H*), deren Anordnung bei Vierseilausführung hintereinander geschieht. Nach der Anzahl der Motoren unterscheidet man:

Einmotoren-Greiferwindwerke: Ein einziger Motor treibt Hub- und Haltetrommel an. Ausführung mittels Planetengetriebe (teuer) oder mittels Stirnradgetriebe und Vorgelege. Die Schaltkupplungen und Bremsen sind besonders dem Verschleiß unterworfen.

Bild 2.25 stellt das Prinzipbild eines Einmotoren-Greiferwindwerkes mit Reibungskupplung dar. Die Arbeitsweise und die Arbeitsgänge bezogen auf den Zweischalen-Greifer (Bild 2.13) sind folgende:

Senken des Greifers: *a* und *b* gelüftet; *c* eingekuppelt; *M, S* und *H* drehen sich im Senksinn

Schließen des Greifers: *a* gelüftet; *b* angezogen; *c* ausgekuppelt; *H* steht still; *M* und *S* drehen sich im Hubsinn

Heben des Greifers: *a* und *b* gelüftet; *c* eingekuppelt; *M, S* und *H* drehen sich im Hubsinn

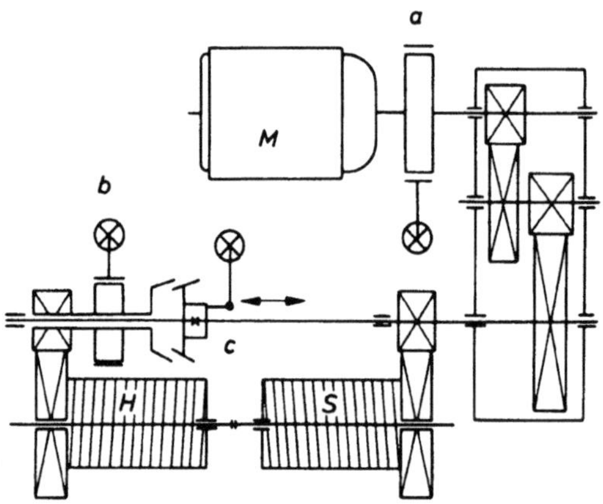

Bild 2.25
Einmotoren-Greiferwindwerk mit Reibungskupplung
a Doppelbackenbremse, b Doppelbackenbremse, c Kegelkupplung, H Haltetrommel, S Schließ- und Hubtrommel, M Antriebsmotor

Öffnen des Greifers: *a* gelüftet; *b* angezogen; *c* ausgekuppelt; *H* steht still; *M* und *S* drehen sich im Senksinn.

Beim Schließen und Öffnen des Greifers wird die Haltetrommel *H* ausgekuppelt und festgebremst.

Zweimotoren-Greiferwindwerke: Das Zweimotorenwindwerk wird bei mittlerer und hoher Umschlagsleistung eingesetzt. Die Bauart mit Planetengetriebe wird verdrängt durch eine Konstruktion mit zwei gleichen Eintrommelwindwerken mit je einer Antriebseinheit ohne mechanische Kupplung der beiden Winden. Die Kupplung wird mittels elektrischer Schaltung erreicht. Über einen Differentialschalter geschieht die Steuerung des Schließ- und Haltehubes, und der Übergang vom Greifen zum Schließen geht ohne Schlaffseilbildung vor sich. Außerdem wird die Last gleichmäßig auf alle Seile verteilt. Beide Antriebsmotoren werden nur über einen Schalthebel gesteuert, so daß besonders kurze Spielzeiten erzielt werden und jeder Motor nur mit ca. 60 % der Vollast-Hubleistung auszulegen ist.

2.5. Hängebahnen

Die *Einschienen*-Hängebahnen transportieren die Fördergüter flurfrei – meist horizontal – und bestehen aus der an der Hallendecke oder an Stützen befestigten Schienen, dem Fahrwerk und dem Gehänge. An der Laufschiene (= Tragschiene) sind die Stromschienen (Schleifleistung: 42 V; 50 Hz) und das Fahrwerk (Reibrad) angebracht (Bild 2.26, 2.27).

Die Anzahl der Laufräder beim Fahrwerk (Bild 2.28) ist von der Tragfähigkeit der Hängekatze abhängig. Die einzelnen Fahreinheiten können von Hand, durch Haspelantrieb, elektrisch mit Flursteuerung (bis 63 m/min Bild 2.29), selbsttätig oder mit Kabinensteuerung (Bild 2.30) fahren und laufen bei Ringverkehr mit Zielsteuerung ihr Ziel automatisch an. Die Fahrgeschwindigkeit liegt zwischen 10 m/min und 100 m/min. Die Linienführung kann durch Geradstücke, Bogenstücke, Weichen, Schwenkscheiben, Absenkstationen und horizontale Versetzstationen dem Produktionsablauf und der Transportaufgabe gut angepaßt werden. Bei den Weichen sind einfache Abzweigungen mittels Schiebe- oder Klapp-

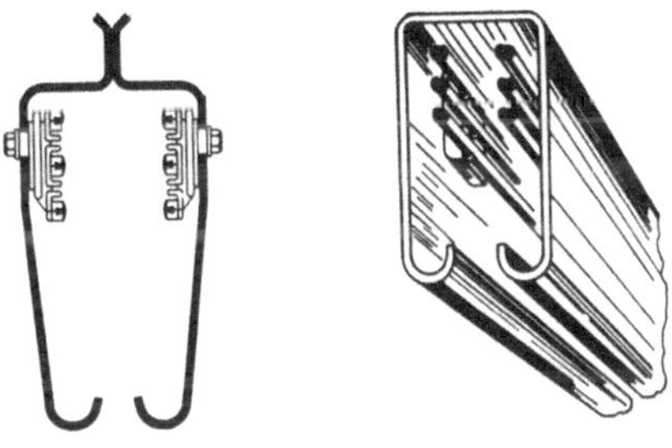

Bild 2.26 U-Profil mit innenliegenden Stromschienen für Elektro-Hängebahn
Tragfähigkeit 1600 kg
Geschwindigkeit 20 bis 60 m/min

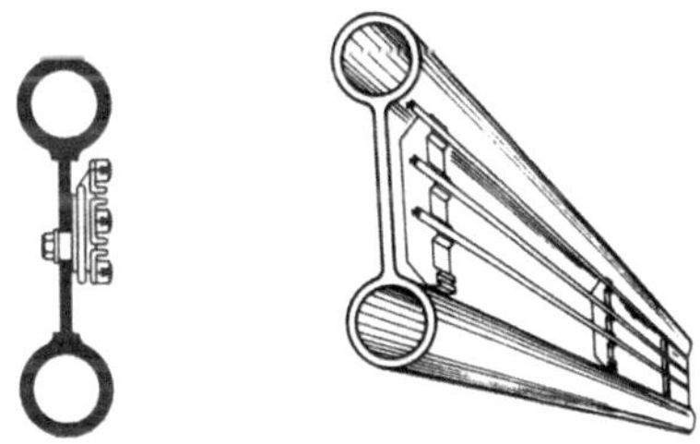

Bild 2.27. Wulstprofil mit außenliegenden Stromschienen für Elektrohängebahn
Tragfähigkeit 300 kg Geschwindigkeit 10 bis 40 m/min; Fahrschiene aus stranggepreßtem Aluminium

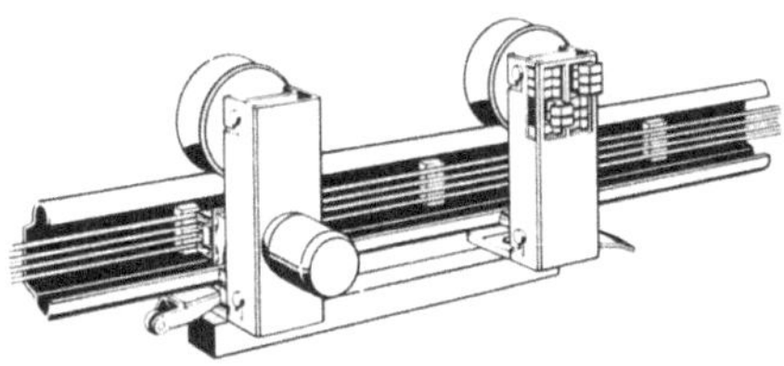

Bild 2.28. Fahrwerk einer Elektro-Hängebahn auf profilierter Stahlblechschiene mit Traverse für Lastträger

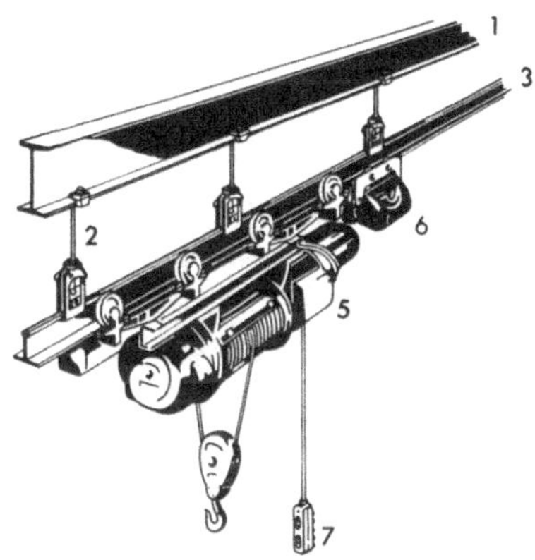

Bild 2.29. Hängebahn mit Elektrozuglaufkatze
1 Obergurt 2 Fahrbahnaufhängug 3 Wulstschiene 5 Hängekatze 6 Reibradfahrantrieb
7 Steuertaster

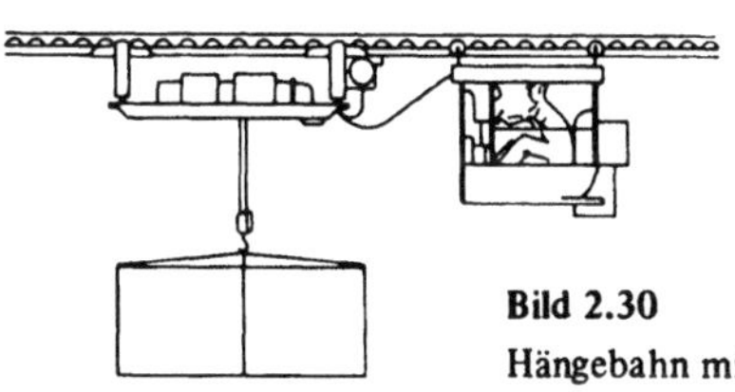

Bild 2.30
Hängebahn mit Kabinensteuerung

weichen und mehrfache Abzweigungen mittels Drehweichen zu unterscheiden. Das Hubwerk kann ein Elektrozug mit Lasthaken oder ein dem Transportgut angepaßtes Tragmittel in Gabel-, Wannen-, Behälter-, Haken- oder Tischform sein. Zur Werkstückverteilung und Sortierung kann ein Ringverkehr mit Verzweigungen (Bild 2.31) eingesetzt werden, dessen Lastaufnahme und -abgabe manuell erfolgt. Die Katzen der Hängebahn fahren selbsttätig und sind mit Auflaufsicherung versehen. Weichenverstellungen laufen automatisch nach Programm ab, und Pufferzonen sind als hängendes Lager ausgebildet. Der Vertikaltransport erfolgt mittels Aufzügen (Bild 2.32).

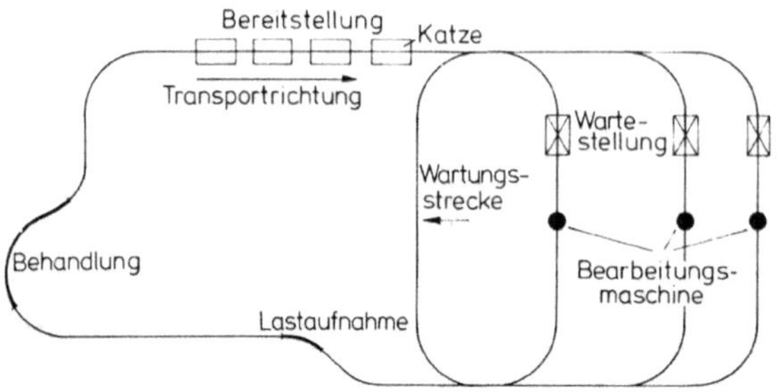

Bild 2.31. Ringbahnanlage mit Verzweigungen

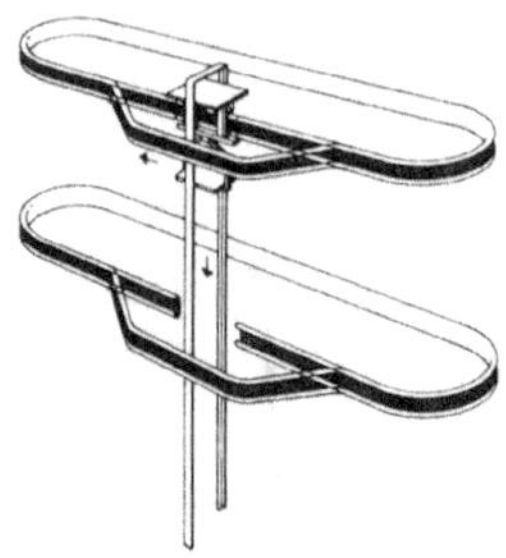

Bild 2.32. Vertikaltransport mittels Aufzüge

Die Vorteile der Einschienenhängebahn liegen in

- der flexiblen Linienführung und großem Anwendungsbereich
- der einfachen Anpassung an den Materialfluß und an die betrieblichen Erfordernisse
- dem flurfreien Transport
- dem geräuschlosen Lauf (umweltfreundlich)
- der Einsparung von Betriebskosten (intermittierender Betrieb: nur benötigte Fahrwerke laufen; jedes Fahrwerk hat eigenen Antrieb)
- der Automatisierbarkeit der Anlage mittels Zielsteuerung (Anweisungen an das Fahrwerk durch Nockeneinstellung, Lochkarten, Druckschalter oder Computer)
- der einfachen Erweiterungsmöglichkeit der Anlage
- einem Traglastbereich von 250 kg bis 6,3 t
- Kurven mit kleinem Radius $r > 1{,}2$ m
- der Kombination mit Hängekranen (Linien- und Flächenbedienung)
- Fahrtrichtungswechsel der einzelnen Fahrwerke möglich
- jedes Fahrwerk kann mit oder ohne Hebezeug ausgerüstet werden.

Bei waagerechtem Transport geringer Länge und geringer Frequenz werden für Transportgüter bis zu einer Belastung von 1,6 t/m Schiene *Handhängebahnen* eingesetzt, d.h. der Antrieb der Hängebahn erfolgt von Hand durch Schieben oder Ziehen. Einsatz in erster Linie am Arbeitsplatz.

2.6. Krane

2.6.1. Allgemeines

Die Vorteile eines Kranes liegen in vertikalen und horizontalen Bewegungen, wobei die Richtung beliebig ist und die Bewegungen gleichzeitig ausgeführt werden können. Sowohl zum Transport von Stück- oder Schüttgut, von sperrigen Lasten, von Langgut oder Massengut sind Krane geeignet. Bestimmte Bauarten (Brückenkrane) benötigen für den Transport keine Grundfläche (flurfreier Betrieb), und der Transportraum liegt über dem Arbeitsraum.

Mit dem Hängekran ist ein Quertransport der Laufkatze von einem Hallenschiff zum anderen möglich. Der Stapelkran wird im Lagerbereich zur Bedienung von Hochregalen eingesetzt, und der Mobilkran hat seinen Wirkungsbereich im Freien. Diesen Vorteilen stehen entgegen:

- beschränkter Arbeitsbereich (an Fahrbahn gebunden)
- ungeeignet zur stetigen Förderung
- unwirtschaftlich zum Bewegen leichter Fördergüter (große Totlast).

Bei der Auswahl der Kranbauart für einen vorgegebenen Transport spielen eine Vielzahl von Faktoren eine Rolle, wie z.B.

- der Einsatzort: in der Halle, im Freien, auf der Baustelle
- der Einsatzbereich: im Lager, in der Fertigung, bei der Montage
- die Abmessungen und Maße des Hallengrundrisses, die Lagerplatzgröße
- die maximale Lastgröße
- die mittlere Spieldauer und die maximale Zahl der Spiele pro Zeiteinheit
- die erforderliche Hakenhöhe und der Stützenabstand.

Das Lichtraumprofil (Durchgangsprofil) des Kranarbeitsbereiches ermittelt sich aus der Spannweite S, der Hakenhöhe h und spezifischen Abmessungen der Krankonstruktion, wie z.B. beim Brückenkran (Bild 2.33), der Art der Kopfträgeranschlüsse an die Kran-

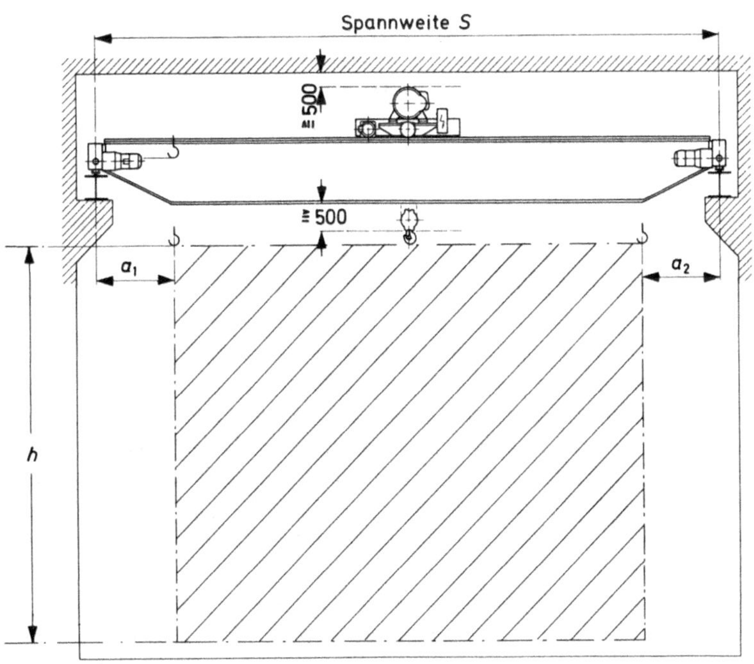

Bild 2.33. Lichtraumprofil eines Brückenkranes

Tafel 2.4. Hubklassen und Beanspruchungsgruppen zur Einstufung von Kranen (Auszug DIN 15018)

Lfd. Nr.	Kranart		Hubklassen	Beanspruchungsgruppen
1	Handkrane		H 1	B 1, B 2
2	Montagekrane		H 1, H 2	B 1, B 2
3	Maschinenhauskrane		H 1	B 2, B 3
4	Lagerkrane	unterbrochener Betrieb	H 2	B 4
5	Lagerkrane, Traversenkrane, Schrottplatzkrane	Dauerbetrieb	H 3, H 4	B 5, B 6
6	Werkstattkrane		H 2, H 3	B 3, B 4
7	Brückenkrane, mit besonderem Lastaufnahmemittel	Greifer- oder Magnetbetrieb	H 3, H 4	B 5, B 6
8	Gießkrane		H 2, H 3	B 5, B 6
9	Tiefofenkrane		H 3, H 4	B 6
10	Stripperkrane, Chargierkrane		H 4	B 6
11	Schmiedekrane		H 4	B 5, B 6
12	Verladebrücken, Halbportalkrane Vollportalkrane mit Laufkatze oder Drehkran	Hakenbetrieb	H 2	B 4, B 5
13	Verladebrücken, Halbportalkrane Vollportalkrane mit Laufkatze oder Drehkran	Greifer- oder Magnetbetrieb	H 3, H 4	B 5, B 6

brücke, der Bauweise der gewählten Laufkatze mit Elektrozug oder Windwerk (auf Unter- oder Obergurt laufend) sowie der Art des Lastaufnahmemittels.

$$\text{Lichtraumprofil} = h\,(S - a_1 - a_2) \quad \text{in m}^2 \qquad (2.2)$$

Der Arbeitsraum eines Kranes ist abhängig von dem Abstand des Lastaufnahmemittels zu den Seiten- und Stirnwänden der Halle und errechnet sich wie folgt:

$$\text{Arbeitsraum} = \text{Lichtraumprofil} \times \text{Kranfahrweg} \quad \text{in m}^3 \qquad (2.3)$$

Die Anfahrmaße für die Laufkatze und für den Kran sind möglichst klein zu wählen, um die Raumausnutzung zu erhöhen. Den Unfallverhütungsvorschriften ist z.B. durch Laufstege mit Geländer und Steigleitern zur Wartung der Maschinenteile Rechnung zu tragen.

Das Krantragwerk der Krane muß nach der Art und der Schwere des Betriebes unterschiedlich konstruiert werden. In den Berechnungsvorschriften von FEM, ISO und DIN 15 018 werden die Krane nach *Hubklassen* und *Beanspruchungsgruppen* eingestuft (Tafel 2.4). Dabei berücksichtigt die Hubklasse die dynamische Beanspruchung des Tragwerkes beim Hubvorgang und ist eine Funktion von dem Bewegungsablauf, der Nenngeschwindigkeit, der Federung des Hubwerkes und der Elastizität des Tragwerkes. In der Beanspruchungsgruppe wird die Lebensdauer des Krantragwerkes festgelegt, die von dem Spannungskollektiv und der Zahl der Spannungsspiele abhängig ist. DIN 15 021, 15 022 und 15 023 geben Normgrößen für Tragkräfte, Hubhöhen, Arbeitsgeschwindigkeiten und Ausladungen für verschiedene Kranarten an.

Die Berechnungsgrundsätze für die Stahltragwerke von Kranen sind in der DIN 15 018 Blatt 1 und 2 festgeschrieben. Danach wird von Haupt-, Zusatz- und Sonderlasten ausgegangen, die auf das Tragwerk einwirken. Zwischen drei Lastfällen wird unterschieden.
Lastfall H: Hauptlasten, darunter sind Eigenlasten, Hublasten, Massenkräfte aus Antrieben

beim Katz- und Kranfahren, Drehen oder Wippen zu verstehen. Lastfall *H* besagt, daß gleichzeitig alle Haptlasten im ungünstigsten Fall auftreten. *Lastfall HZ* geht von der gleichzeitigen Wirkung von *Haupt-* und *Zusatzlasten* aus, die im ungünstigsten Fall zusammenwirken. Zusatzlasten sind Windlasten und Kräfte aus Schräglauf, Schneelasten und Lasten auf Laufstegen und Treppen. Unter *Sonderlasten* sind Pufferkräfte, Prüflasten und Kippkräfte bei Laufkatzen mit Hublastführung zu verstehen, die mit den Haupt- und Zusatzlasten zu dem *Lastfall HS* zusammengefaßt werden. Eigenlastbeiwerte berücksichtigen die Güte der Fahrbahn in Abhängigkeit von der Geschwindigkeit. Je nach Zugehörigkeit des Krans zu einer der Hubklassen *H1* bis *H4* tragen Hublastbeiwerte den daraus resultierenden Beanspruchungen Rechnung. Um die Abmessungen der Tragwerke zu erhalten, sind in die Überlegungen der Lastfälle auch die Werkstoffe, statische oder dynamische Beanspruchung und die Bauweise mit einzubeziehen, wie Vollwand-(Stegblech)-trägerkonstruktion, Fachwerk- oder Kastenträgerkonstruktion. DIN 15 018 Blatt 1 und 2 regelt auch die zu erbringenden Nachweise für Spannungen, Stabilität, Betriebsfestigkeit und Standsicherheit.

Nach der Einstufung des Kranes, der Festlegung der Bauart und der Auswahl des Hubwerkes (Tafel 2.2 und 2.3) wird in Abhängigkeit von der Kranbahnlänge bzw. der Kranspannweite die zweckmäßigste Kranfahr- bzw. Katzfahrgeschwindigkeit nach Bild 2.34 ermittelt und auf Normwerte (DIN 15 022) aufgerundet. Um möglichst große Transportleistungen zu erzielen, müssen Krane mit großen Bahnlängen höhere Fahrgeschwindigkeiten besitzen als Krane mit kleinen Kranfahrwegen, zum anderen müssen die Geschwindigkeiten des Kranes und der Katze entsprechend der Transportaufgabe aufeinander abgestimmt sein. Die Motoren werden nach den Gesichtspunkten des Kapitels 1.2.5 und dem geforderten Drehmomentenverlauf ausgewählt. Die Wahl der richtigen Motorgröße hängt von den arbeitstechnischen Gegebenheiten ab. Der Berechnungsgang für Hub-, Fahr- und Drehwerke ist dem Beispiel 1.7 und Kapitel 1.3.4 zu entnehmen.

Die Fahrbahnen der Krane sind Schienen, die aufgrund des breiten Kopfes hohe Radlasten aufnehmen können und die durch den breiten Fuß gute Befestigungsmöglichkeiten bieten (Kapitel 1.6.2). Im Freien sind die Schienen auf Betonfundamente, in der Halle auf Stahl-

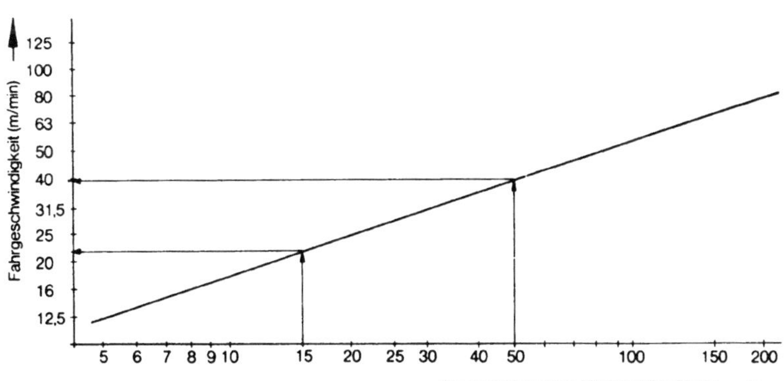

Bild 2.34. Ermittlung der Kran- und Katzgeschwindigkeit in Abhängigkeit von der Kranbahnlänge bzw. der Kranspannweite

Tafel 2.5. Möglichkeiten der Stromzuführung

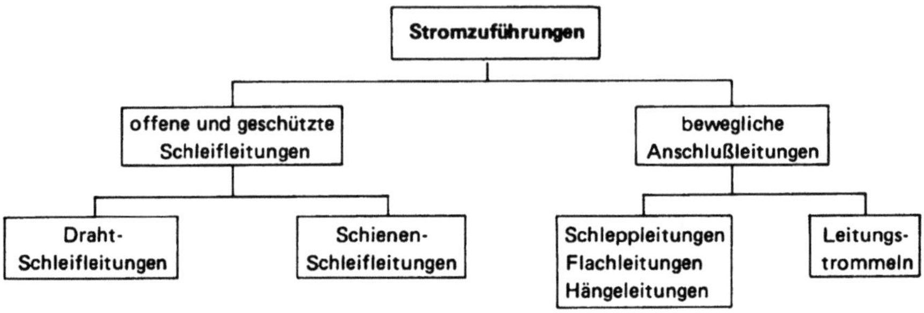

je nach Schienenform innen oder außen liegend		Kabelwagen mit besonderer Kabelwagenschiene:	Federleitungs- oder Motorleitungstrommel:
Stromabnahme durch: Bürsten, Rollen und Kontakte		an Gleitschuhen an Leitungswagen	auf Boden liegend
Einsatz: bis mittlere Leistung und Geschwindigkeit	für hohe Leistungen und Geschwindigkeiten	mittlere Wege, in Hallen, im Freien	mittlere Wege, im Freien
Anwendung bei: Katzen	Katzen, Krane	Katzen, Krane Regalbediengeräte	Krane

konstruktionen verlegt. Die Schienen von Zweischienenkatzen werden an der Fachwerkträgerkonstruktion meist angenietet, an Vollwand- und Kastenträgern angeschweißt. Am Ende der Fahrbahn sind Puffer vorzusehen.

Tafel 2.5 zeigt die Möglichkeiten der Stromzuführungen bei Kranen und Katzen auf, die den Sicherheitsvorschriften (VBG 8c) genügen müssen. Danach ist es z.B. erforderlich, daß Hauptschleifleitungen oder bewegliche Anschlußleitungen allpolig durch einen leicht zugänglichen Netzschalter getrennt werden können. Vom Bedienungsstand aus muß durch einen Kranschalter die gesamte Krananlage stillzulegen sein. Die Schleifleitungen für die Katze sind so anzubringen, daß sie bei pendelnder Last nicht vom Tragmittel berührt werden. Hauptstromanschlußmöglichkeiten für Brückenkrane siehe Bild 2.65b.

Schleifleitungen sind raumsparend, einsetzbar für alle Hallenlängen, und eine Schleifleitung reicht als Stromzuführung für mehrere Krane aus. Der Stromschienenquerschnitt wird wirtschaftlich genutzt. Sicherheitsausführungen in kleinbauender, stahl- oder kunststoffgekapselter Form für Innen- und Außenbetrieb. Kurvengängigkeit gegeben, bei Weichen, Drehscheiben und Überleitungen einsetzbar.

Bewegliche Anschlußleitungen benötigen Halte- und Laufschienen mit Leitungsträgern (Gleitschuhe, Kabelwagen) für Flachleitungen. Sie sind wartungs- und geräuscharm sowie leichtgängig und können zusätzliche Signale und Informationen, z.B. für automatische

Steuerungen, übertragen. Bei den Federleitungstrommeln werden die Leitungen selbsttätig durch Federkraft aufgewickelt: Anwendung bei wenig bewegten Geräten. Die Motorleitungstrommeln wickeln Nieder- und Hochspannungsleitungen bei intensivem Betrieb elektromotorisch oder hydraulisch auf.

Die Bedienung und Steuerung der Krane erfolgt in Abhängigkeit von der Bauart über *Flur-* oder *Führerhaussteuerung.* Bei der Flursteuerung kann der Steuertaster

– am Kran verfahrbar angebracht sein (Umgehen von Hindernissen möglich)
– an der Katze befestigt sein (bei Reparatur-, Montage- und Einrichtungsarbeiten vorzuziehen)
– fest am Kran montiert sein (siehe Bild 2.65a).

Diese Arten sind für Fahrgeschwindigkeiten bis 63 m/min möglich. Außerdem sind Funkfernsteuerung oder die Steuerung vom ortsfesten Steuerstand aus im Einsatz bei Kernenergie-, Müllverbrennungs- und Kläranlagen, bei Beizereien, Verzinkereien oder bei Kranen, die in großen Höhen fahren.

In offener oder geschlossener Weise kann der Kran mit einer Führerhaussteuerung versehen werden, die bessere Beobachtungen von Last und Transportweg zuläßt und den Kranführer gegen schädliche Einflüsse von Witterung, Staub und Wärme schützt. Man unterscheidet Führerhaussteuerungen, die

– seitlich fest am Kranträger angebracht,
– mittig fest an der Kranbrücke befestigt (Anordnung bei großen Spannweiten),
– fest an der Katze montiert oder
– am Kranträger beliebig verfahrbar sind.

Bei flurgesteuerten Kranen erfolgt die Ansteuerung der Schütze über Druckknopftaster, wobei alle Einzeltasten zweistufig sind. Bei Führerhaussteuerung werden Steuerschalter eingesetzt.

Für immer wiederkehrende Aufgaben kann eine Programmsteuerung vorgesehen werden (Stapelkran zur Bedienung eines Hochregals). Welche Bedienungsart gewählt werden soll, hängt ab, ob der Kran von einem besonderen Kranfahrer gesteuert wird oder von verschiedenen Personen bei Bedarf verfahren wird, ob der Kran laufend oder nur sporatisch benötigt wird, wie gut die Arbeitsvorgänge beobachtet oder überwacht werden müssen und ob der Kran in einem stetig wiederkehrenden Fertigungs- oder Lagerprozeß eingesetzt ist.

Der Kran kann über Nockenschaltwelle direkt oder – wie heute üblich – über Schütze bzw. elektrisch arbeitende Aggregate gesteuert werden. Endschalter für Haupt- und Nebenstromleitungen gibt es in den Ausführungen von Hebel-, Spindel- oder Getriebeendschaltern sowie in berührlos arbeitenden Ausführungen, wie Lichtschranken, Magnetschalter, induktive oder kapazitive Signalgeber.

Überlastsicherungen (VDI 3570) in Form von elektrischen Sicherungen, Sicherheitskupplungen, Lastschaltern und Momentenschaltern dienen zur Sicherung gegen thermische Überlastungen, überhöhte Kräfte, Momente und Lasten. Beim Versagen der Motore müssen Hub-, Fahr- oder Drehwerke entsprechende Bremsen, Puffer oder Schienenzangen aufweisen.

2.6.2. Fahrwerke

Nicht nur die Anordnung und die Form der Laufräder haben einen Einfluß auf das Fahrverhalten eines Kranes, sondern ebenso die Art des Antriebes, wie Einzel-, Zentral- oder Allradantrieb. Zu unterscheiden sind die Fahrwerke für *Laufkatzen* und für *Krane*.

Fahrwerke für Laufkatzen: Antriebsmöglichkeiten bei *Handlaufkatzen* Bild 2.21. Fahrwerksantriebe für *Einschienenlaufkatzen*, siehe Kapitel 2.4.2.

Antriebsmöglichkeiten für *Zweischienenlaufkatzen*, bei denen überwiegend nur 2 Räder angetrieben werden, sind:

- *Mittenantrieb*, wobei der Antrieb auf die Antriebswelle über Motor, Kupplung, Bremse und Getriebe erfolgt. Ausführungsvarianten sind einmal der direkte Antrieb der Laufräder für leichte und mittlere Katzen, zum anderen ein auf der Antriebswelle sitzendes Ritzel, welches das am Laufrad angeflanschte Zahnrad antreibt (Bild 1.57 und 2.24)
- *Einzelantrieb*, der heute meist bevorzugt wird, mittels Getriebe-Flanschmotor. Der Antrieb vom Getriebe ist entweder über fliegendes Ritzel auf ein am Laufrad angeflanschtes Zahnrad oder direkt auf das beidseitig gelagerte Laufrad möglich. Als Antriebseinheit eignet sich besonders der Verschiebeläufer-Bremsmotor, der mit einem 3-stufigen Getriebe gekoppelt ist (Bild 2.17) und in sich Motor und Bremse vereinigt. Beim Einschalten des Motors wird durch die kegelförmige Bauart des Ständers und des Läufers eine Axialkraft erzeugt, die den Läufer gegen die Kraft der Bremsfeder verschiebt und so die Bremswirkung aufhebt. Der Motor kann ungehindert anlaufen. Nach Abschalten oder bei Spannungsausfall drückt die Bremsfeder den Läufer zwangsläufig in die Bremse.

Fahrwerke für Kranbrücken: Die Fahrantriebe von Kranbrücken richten sich in erster Linie nach der Spannweite des Kranes und seiner Tragfähigkeit. Bei Mittenantrieb muß die lange Fahrwerkswelle mehrfach mittels gelenkiger Kupplungen gelagert werden, um ein statisch bestimmtes System zu ergeben. Die Verdrehungswinkel der Wellenenden sollen beim Anfahrvorgang im belasteten Zustand gleich groß sein, um ein Verkanten der Kranbrücke zu verhindern. Dies setzt aber eine gleiche Belastung der 4 Räder voraus, was praktisch nie der Fall ist.

Antriebsmöglichkeiten sind

- *Mittenantrieb*, wobei entweder nur zwei gegenüberliegende Laufräder angetrieben werden oder alle vier.
- *Einzelantrieb* für alle vier oder zwei gegenüberliegende Laufräder ohne mechanische Kupplung. Dies ist heute im Rahmen der Baukastenbauweise vorherrschend, besonders bei Brückenkranen, wo der Verschiebeläufer-Bremsmotor eingesetzt wird (siehe Bild 2.36; 2.37).

Bei Kran- oder Verladebrücken erzielt man ohne mechanische Ausgleichswelle einen Gleichlauf der Einzelantriebe durch die

- *elektrische Arbeitswelle:* kein absoluter Gleichlauf möglich, da die Belastung auf beide Einzelrad-Antriebsmotore nicht gleichmäßig aufgeteilt ist

– *elektrische Gleichlaufwelle:* die Läufer der Arbeitsmotoren sind elektrisch gekuppelt. d.h. über die Richtmotoren wird Gleichlauf erreicht. Die Polpaarzahl der Richtmotoren muß kleiner sein als die der Arbeitsmotoren.

Zur Verringerung der Raddrücke werden bei hochbelasteten Kranen und Verladebrücken 8 oder 6 statt 4 Laufräder benutzt. Um statisch bestimmte Systeme zu erhalten, kennt man als Anordnung der Laufräder im Kopfträger die Schwinglagerung und die Gelenk-Ausführung (geteilter Kopfträger). Die beweglichen Ausleger- und Drehkrane besitzen als gleisgebundene Krane einen mit einem Fahrwerk versehenen Unterwagen, der oft mit gefederten Radsätzen ausgestattet ist. Mobilkrane sind mit einem Hydraulikaggregat als Antrieb der gummibereiften Räder versehen.

Bei der Dimensionierung der Schienen und Laufräder der Fahrwerke von Laufkatzen wird eine gleichmäßige Verteilung der Kräfte angenommen. Die auf ein Laufrad der Katze wirkende Kraft F_{rk} in N ist

$$F_{rk} = \frac{G_l + G_k}{4} \text{ in N} \tag{2.4}$$

G_l in N Gewichtskraft der Last
G_k in N Gewichtskraft der Katze

Für das Laufrad der Kranbrücke errechnet sich bei ungünstigster Laststellung nach Bild 2.35 eine Belastungskraft F_{rb} von

$$F_{rb} = \frac{G_b}{4} + \frac{G_l + G_k}{2}\left(\frac{l - a}{l}\right) \text{ in N} \tag{2.5}$$

G_b in N Gewichtskraft der Kranbrücke

Genormte Fahrgeschwindigkeiten, maximale Beschleunigungen und Verzögerungen, Anlaufzeit und Nachlaufumdrehungen sind in DIN 15 022 und Tafel 2.6 zu finden. Berechnung der Raddurchmesser und damit der Schienenbreite siehe Gleichung 1.59.

Bei Einschienenkatzen mit Handbetrieb ist nur das Moment zur Überwindung des Fahrwiderstandes maßgebend, für motorisch angetriebene Zweischienenkatzen und für Krane

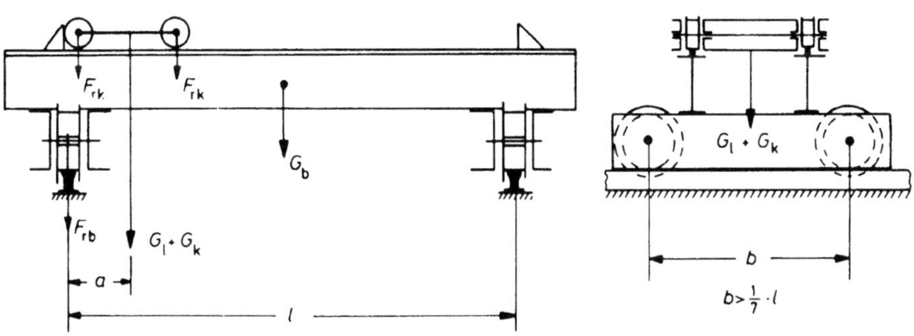

Bild 2.35. Raddrückermittlung beim Brückenkran

Tafel 2.6. Richtwerte für Katz- und Kranberechnung

	Beschleunigung a	Anlaufzeit t_a	Verzögerung a	Nachlaufumdrehungen der Bremswelle n_s	Bemerkungen
Einheit	m/s²	s	m/s²	–	die zulässige Verzögerung ist begrenzt durch Rutschen der Räder auf der Schiene (Gleichung 1.44) und der Größe der Last
Katzfahrwerk	0,2 bis 0,3	3 bis 5			
Kranfahrwerk	0,4 bis 0,7	5 bis 20	0,5 bis 1,3	8	
Hubwerk					
bis 30 t		2 bis 5	0,5 bis 0,8	5 bis 8	
über 30 t		12			
Drehwerk	1		0,5 bis 0,9		

kann die Berechnung der erforderlichen Motorleistung, Bremsen oder Antriebsform nach Beispiel 1.7 und Kapitel 1.3.4 vorgenommen werden.

2.6.3. Einteilung der Krane

Krane können ortsfest aufgestellt oder auf Schienen verfahrbar sein, werden freizügig eingesetzt oder auf Schiffen angeordnet. Diese Vielfalt an Einsatzmöglichkeiten drückt sich auch in der Bezeichnung der Krane aus. DIN 15 001 Teil 2 gibt eine Einteilung der Krane nach ihrem Verwendungszweck oder Aufstellungsort an und unterscheidet 16 Haupt-Kranarten mit einer Vielzahl von weiteren Unterbezeichnungen. Diese Kranarten sind:

1. Werkstattkrane
2. Maschinenhauskrane
3. Lagerkrane
4. Hüttenwerkskrane
5. Walzwerkskrane
6. Schmiedekrane
7. Vergütekrane
8. Baukrane
9. Montagekrane
10. Hafenkrane
11. Werftkrane
12. Schiffskrane
13. LKW-Ladekrane
14. Bergungskrane
15. Containerkrane
16. Krane für sonstige Aufgaben.

Damit ist aber ein Kran noch nicht vollständig bestimmt. Es bedarf dazu der Angabe über die Kranbauform. Die Einteilung der Krane nach der Bauart ist der Inhalt der DIN 15 001 Blatt 1. Die Norm teilt dabei die Bauarten ein in

Auslegerkrane und Drehkrane
Brückenkrane
Portalkrane
Wandlaufkrane
Turmdrehkrane
Fahrzeugkrane
Schwimmkrane
Kabelkrane

2.6.4. Brückenkrane

Die am häufigsten in Montage-, Fertigungs- und Lagerhallen, in Gießereien und Bearbeitungswerkstätten anzutreffende Kranform ist der auf oder an einer hochgelegenen Fahrbahn laufende Brückenkran.

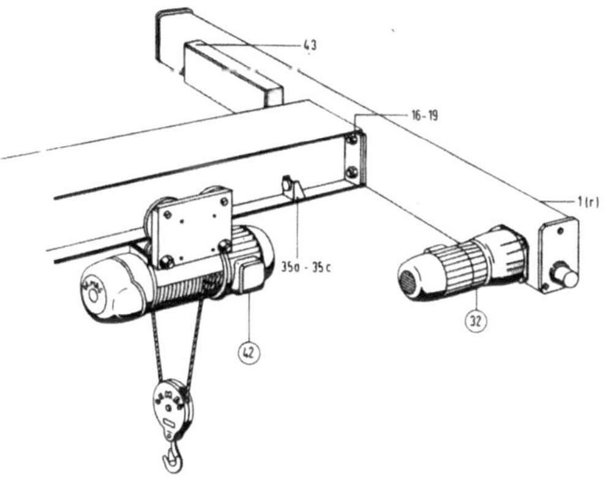

Bild 2.36
Einträger Brückenkran mit Untergurt – Elektroseilzug-Laufkatze und Kranfahrwerksantrieb (Zahlen geben die Einzelteile der Konstruktion an)

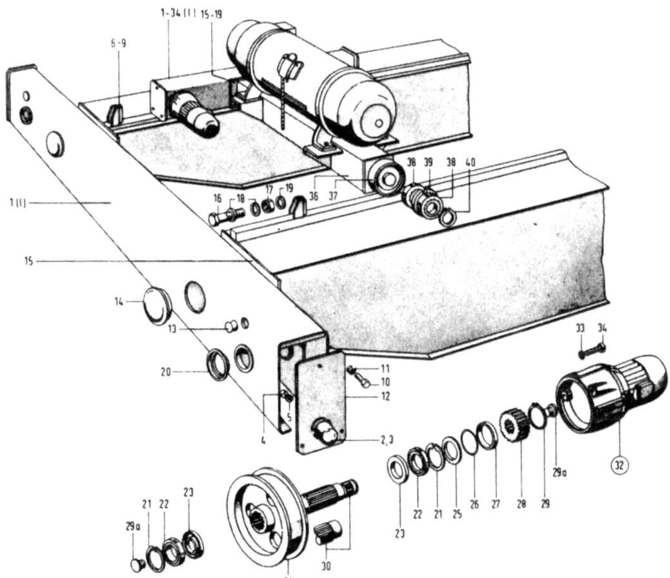

Bild 2.37. Zweiträger-Brückenkran mit Obergurt – Dreirad-Zweischienen-Laufkatze (Elektroseilzug) – (Zahlen geben die Einzelteile der Konstruktion an)

Unterscheidungsmerkmale sind:

– die *Bedienungsart:* Flur-, Fern- oder Kabinensteuerung, Kapitel 2.6.1
– die *Brückenausführung:* in Abhängigkeit von der Tragkraft und der Spannweite als Einträger- oder Zweiträgerbrücke.

Einträgerbrücke in Profil- oder Kastenträgerausbildung (Bild 2.36).

Zweiträgerbrücke gebildet als Profilträger-, Vollwandträger-, Fachwerkträger- oder Kastenträgerbrücke (Bild 2.37). Aus der Kranauswahltabelle Tafel 2.7 können für die

Tafel 2.7. Kranauswahltabelle, Technische Daten für Zweiträgerbrückenkran bezogen auf Bild 2.38

Katzanfahrmaße a_1 und a_2

d	a_1	a_2	a_2	Katzbauart			Traglast 25, 32, 40 t a_1	Traglast 25, 32, 40 t a_2	Traglast 50 t a_1	Traglast 50 t a_2
400	700	1250	1300	ohne Hilfshub		2 Schienen	800	1300	700	1400
500	700	1250	1300			4 Schienen	800	1300	800	1300
630	760	1310	1350	mit Hilfs-hub	P 600	2 Schienen	1400	1300	1300	1400
					P 1000	4 Schienen	1200	1300	1300	1400
					P 1600	2 Schienen	1600	1300	1500	1400
					P 1600	4 Schienen	1400	1300	1500	1400

Arbeitsgeschwindigkeiten

Heben	Auswahl nach Tabelle
Kranfahren	wahlweise 40; 10/40; 63; 80 m/min
Katzfahren	Auswahl nach Tabelle Windwerkskatzen

Kranschienen- und Puffer-Maße

d	p	h	s	k
400	80	100	75	50 ... 65
500	100	100	95	60 ... 75
630	160	250	143	65 ... 100

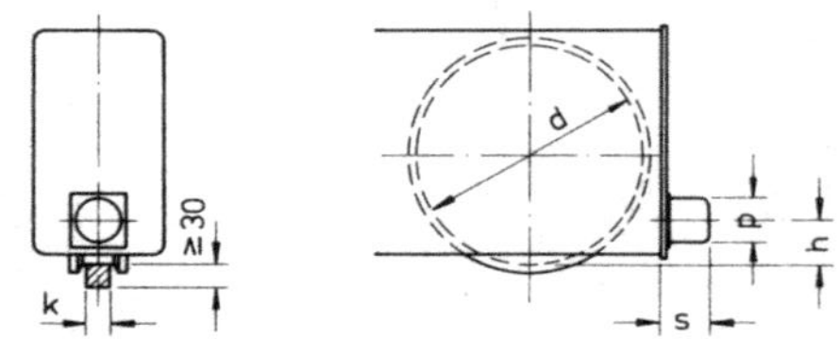

Traglast	Hubwerk H m	Hubwerk H m	Haupthub FEM m/min	Haupthub DIN m/min	Haupthub FEM/DIN m/min	Kranbrücke S m	g mm	e_1 mm	L mm	d mm	t mm	N mm	M_1 mm	M_2 mm	Flur x_1 mm	Führerhaus x_2 mm
5,0 t	19,0	24,4	9,0	9,9	11,3/16,6	19	150	3600	4250	400	2240	325	615	445	1545	2230
	19,0	24,4				25	150	4000	4650	400	2240	325	415	245	1545	2230
	29,9	35,3				30	150	4560	5210	400	2800	325	415	245	1545	2230
8,0 t	17,2	21,7	10,7	11,3	11,3/16,6	19	150	3600	4250	400	2240	325	615	445	1545	2230
	17,2	21,7				25	150	4000	4650	400	2240	325	415	245	1545	2230
	27,1	31,6				30	50	4560	5440	500	2800	395	300	130	1650	2335
10,0 t	14,8	18,7	8,7	9,9	11,3/15,3	16	250	3600	4250	400	2240	325	615	445	1545	2230
	14,8	18,7				25	150	4000	4790	500	2240	395	345	175	1650	2335
	23,8	27,7				30	150	4560	5440	500	2800	395	300	130	1650	2335
12,5 t	16,3	20,3	7,0	7,3	10,4/11,9	25	150	4000	4790	500	2240	395	345	175	1650	2335
	26,2	30,2				30	150	4560	5440	500	2800	395	300	130	1650	2335
16,0 t	14,3	17,7	4,6	5,7	6,9/8,7	25	350	4000	4790	500	2240	395	345	175	1650	2335
	23,4	26,8				30	200	4500	5840	630	2800	795	0	0	1800	2480

Baumaß u

Traglast	5,0 t		8,0 t		10,0 t		12,5 t		16,0 t	
	S m	u mm	S m	u mm	S m	u mm	S m	u mm	S m	u mm
	9	0	6	0	18	320	15	210	13	210
	11	100	8	100	20	420	17	310	15	310
	17	210	13	210	24	510	19	410	17	410
	21	310	19	320	30	680	21	510	19	510
	23	420	20	420			30	680	25	670
	25	520	23	520					30	540
	27	620	25	620						
	30	780	30	680						

Raddrücke

Traglast		Raddrücke in kg bei S ≦												
		6 m	8 m	10 m	12 m	14 m	16 m	18 m	20 m	22 m	24 m	26 m	28 m	30 m
5,0 t	R_1 max	3 730	3 930	4 100	4 250	4 410	4 600	4 790	5 210	5 410	5 660	5 990	6 220	6 860
	R_2 max	4 680	4 950	5 180	5 420	5 650	5 900	6 200	6 740	7 030	7 370	7 790	8 130	8 890
	R min	640	620	660	730	820	970	1 120	1 450	1 630	1 860	2 160	2 380	2 950
8,0 t	R_1 max	5 380	5 650	5 850	6 080	6 320	6 610	6 870	7 160	7 380	7 650	8 060	8 520	9 480
	R_2 max	6 310	6 670	6 920	7 250	7 560	7 910	8 280	8 690	9 000	9 360	9 920	10 490	11 570
	R min	870	810	820	930	1 070	1 290	1 490	1 680	1 870	2 110	2 380	2 810	3 760
10,0 t	R_1 max	6 380	6 690	6 910	7 110	7 390	7 710	8 100	8 370	8 600	8 870	9 240	9 700	10 680
	R_2 max	7 330	7 710	7 990	8 280	8 630	9 010	9 570	9 960	10 280	10 640	11 100	11 680	12 770
	R min	1 080	980	980	1 040	1 190	1 430	1 600	1 810	2 000	2 240	2 500	3 010	3 960
12,5 t	R_1 max	7 790	8 170	8 420	8 670	8 940	9 220	9 480	9 720	10 020	10 310	10 620	11 210	12 550
	R_2 max	8 800	9 250	9 560	9 900	10 240	10 580	10 950	11 310	11 700	12 080	12 480	13 180	14 640
	R min	1 310	1 220	1 200	1 280	1 410	1 580	1 780	1 950	2 200	2 450	2 720	3 280	4 600
16,0 t	R_1 max	9 440	9 880	10 200	10 490	10 810	11 110	11 410	11 690	12 040	12 350	13 910	14 400	15 500
	R_2 max	10 450	10 960	11 340	11 720	12 110	12 470	12 880	13 280	13 720	14 120	15 880	16 480	17 700
	R min	1 550	1 400	1 400	1 470	1 610	1 790	1 990	2 200	2 490	2 750	3 240	3 710	4 780

R_1 Nichtfahrwerksseite, R_2 Fahrwerksseite, bei Kran ohne Führerhaus ist $R_2 \approx R_1$

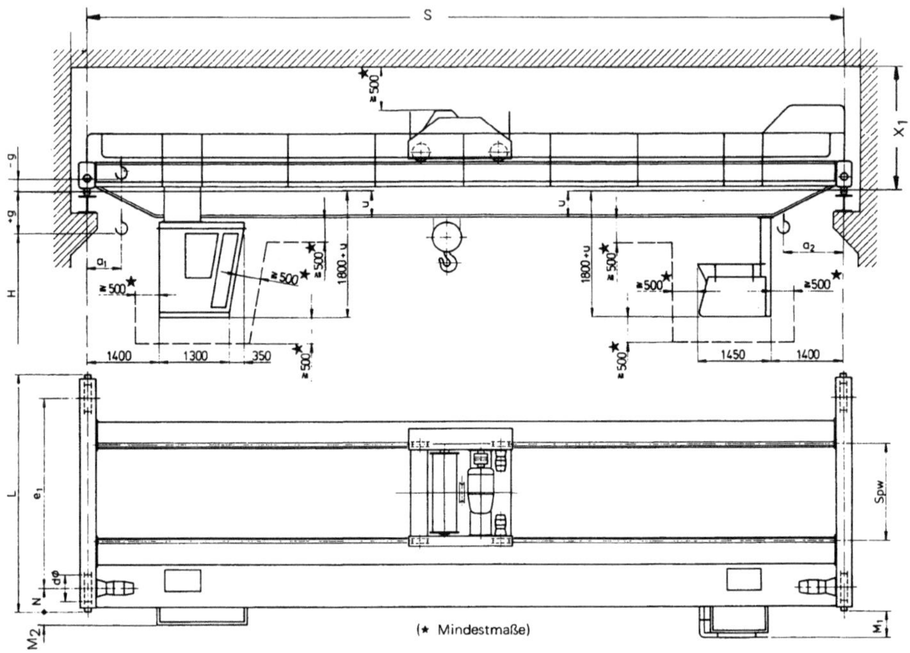

Bild 2.38. Zweiträger-Brückenkran in Vollwandbauweise mit Zweischienenkatze

Triebwerksgruppe IV FEM, normaler Betrieb, alle Abmessungen, Baumaße und Raddrücke in Abhängigkeit von der Traglast bezogen auf den Zweiträger-Brückenkran (Bild 2.38) abgelesen werden.

Die Brückenkrane sind mit den unterschiedlichsten Laufkatzen-Ausführungsformen (Kapitel 2.4) zu kombinieren und passen sich so der gestellten Transportaufgabe am besten an.

Unter *Hänge-* oder *Deckenkrane* werden Brückenkrane in *Einträger-* und in *Zweiträgerbauart* (Bild 2.39) verstanden, deren Fahrbahn über Zuganker an Decken oder Dachkonstruktionen aufgehängt ist. Das Hubwerk ist ein Elektroketten- oder -seilzug. Ab 6 m Kranträgerlänge und 500 kg Traglast wird ein Elektrofahrantrieb eingesetzt. Besitzt die Decke oder Dachkonstruktion genügende Tragfähigkeit, dann sind Hängekrane bis 10 000 kg Last einsetzbar, denn ihre Vorteile sind:

- nachträglicher Einbau in Hallen oder Räumen (je nach Deckentragfähigkeit)
- geringes Eigengewicht
- schnelle Montage einer Anlage
- geringe Bauhöhe, dadurch gute Ausnutzung der Raumhöhe
- Leichtgängigkeit, handverfahrbar, motorverfahrbar
- Kombination mit Hängebahn

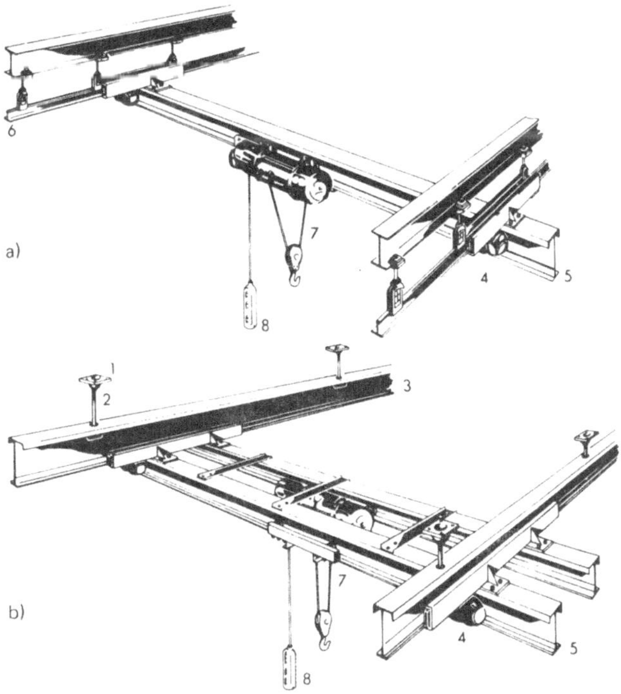

Bild 2.39
a) Einträger-Hängekran mit Wulstschienen
b) Zweiträger-Hängekran mit Fahrbahnträgern
1 Kugelpfanne zur Befestigung an Stahl- oder Betonkonstruktion
2 Hängestange mit Kugelkopf
3 Fahrbahnträger
4 Kopfträger mit Fahrgestellen und Reibradfahrantrieb
5 Kranträger
6 Wulstschiene an I-Obergurt
7 Hängekatze mit Fahrgestellen und Reibradantrieb
8 Druckknopftaster für Steuerung

- Querverbindung von nebeneinanderliegenden Hallenschiffen
- große Kranbahnlängen durch mehrfache Aufhängung
- Ausgleich unterschiedlichen Bahnabstandes durch Schrägfahrt
- kein Verklemmen der Kranbrücke, gute Führungseigenschaften des Kranes.

Entscheidend für den Einbau eines Hängekranes sind Traglast, notwendige Spannweite des Kranträgers, Aufhängeabstand für die Kranbahn und die Deckentragfähigkeit.

Bei nebeneinanderliegenden Hallenschiffen besteht die Möglichkeit, bei entsprechender mechanischer Verriegelung einen Quertransport der Laufkatze (Bild 2.40) ohne Lastabsetzen durchzuführen. Dabei wird die *Direktverriegelung* in stützenlosen Hallen angewendet; sonst wird mit *Überfahrstücken* gearbeitet. Eine Kombination mit einer Hängebahn (Kapitel 2.5) bereitet keine Schwierigkeiten (Bild 2.41).

2.6.5. Portalkrane

Krane mit portalartigem Traggerüst werden als Portalkrane bezeichnet und unterscheiden sich

- in der Bedienung (analog Brückenkran)
- in der Brückenbauweise (analog Brückenkran)

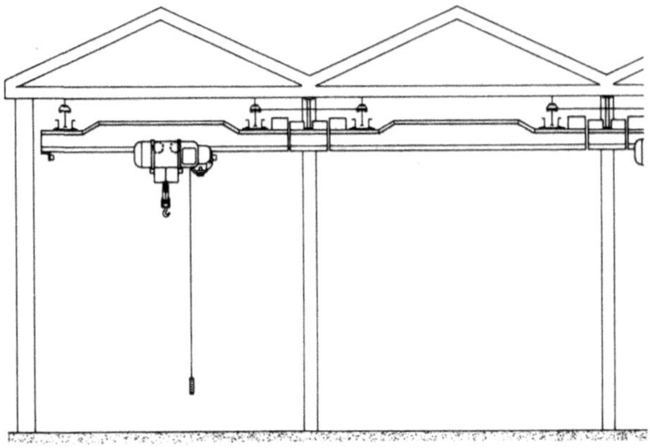

Bild 2.40. Hallenschiffe mit Hängekranen und Überfahrstücken

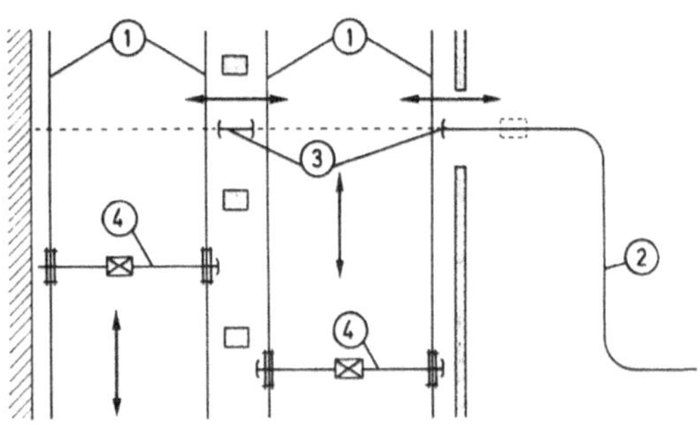

Bild 2.41
Hängekran-Hängebahnsystem
1 Kranbahn 2 Einschienenhängebahn
3 Überfahrstelle der Laufkatze mit Verriegelung durch Überfahrstück (links) und direkt (rechts) 4 Hängekran

- in der Stützenausführung: ein oder zwei Stützen
- in der Möglichkeit, Kragarme zu besitzen: an einem oder an beiden Enden kann die Kranbrücke mit festen oder hochklappbaren Kragarmen versehen sein.

Die Krane sind längs- oder/und querbeweglich, sind ortsfest oder fahren auf Schienen.

Bei *Vollportalkranen* (Bild 2.42) stützt sich die Kranbrücke über zwei Portalstützen auf ebenerdig liegenden Kranschienen ab, beim *Halbportalkran* (Bild 2.43) ist statt einer Stütze eine hochliegende Kranbahn vorhanden. Beide Krantypen können mit einer Ober- oder Untergurt-Laufkatze versehen werden oder nehmen festsitzende Ausleger- oder Drehkrane auf. Vollportalkrane werden auch *Bockkrane* oder *Verladebrücken* genannt.

In der Halle setzt man Vollportalkrane ein, wenn die Deck- oder Stützkonstruktion keine zusätzlichen Lasten mehr aufnimmt. Das Haupteinsatzgebiet dieser Krane liegt im Freien. Gegen Windkräfte müssen sie mit Haltebremsen oder Schienenzangen abgesichert werden. Speziell im Container-Umschlag haben sich Portalkrane auf Schienen oder auf Reifen zusammen mit Portalhubwagen und Portalstaplern (Bild 5.22) bewährt.

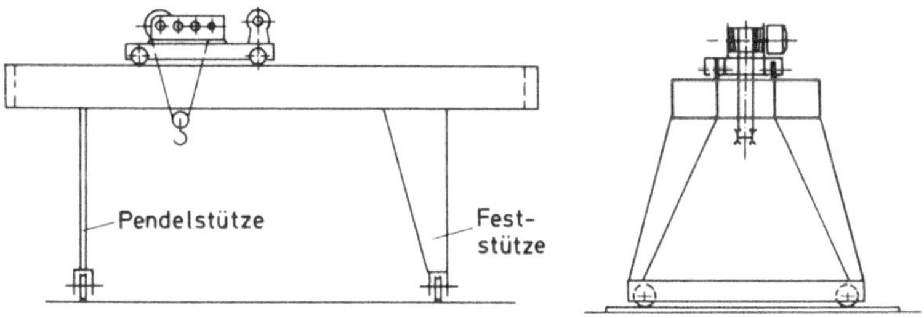

Bild 2.42. Vollportalkran mit beidseitig festen Kragarmen und Zweischienen-Windwerkkatze (statisch bestimmtes System)

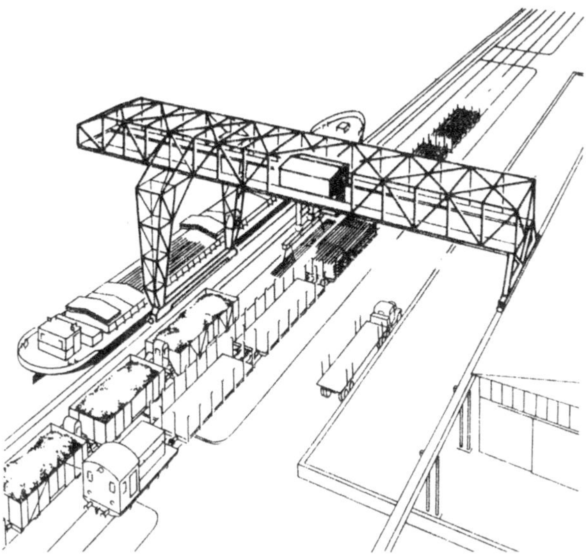

Bild 2.43. Halbportalkran in Fachwerkträgerkonstruktion mit einseitigem Kragarm und Traversenkatze zum Langgutumschlag

In Form des Vollportalkranes sind Portalstapler für Langgutlager entwickelt worden, die nur eine kleine Grundfläche benötigen und das Lager schnell halb- oder vollautomatisch bedienen. Das Material lagert dabei in Sichtkörben (Bild 1.7; Wannenpaletten) auf Ständerregalen, die zu einem Regallager mit geringer Gangbreite aufgebaut sind. Der Portalstapler fährt auf einer hochgelegenen Fahrbahn. Die Hubtraverse, mit der die Wannenpaletten gestapelt werden, wird über einen Elektrozug bewegt (Bild 2.44).

2.6.6. Ausleger- und Drehkrane

Dient zur Lastaufnahme ein über die Standfläche hinausragender Ausleger, so bezeichnet man den Kran als *Auslegerkran.* Ist der Ausleger dazu noch drehbar, wird dieser Kran *Dreh-*

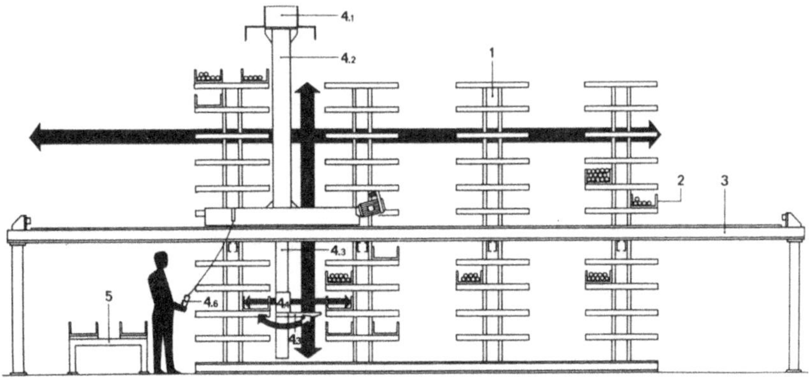

(Seitenansicht)

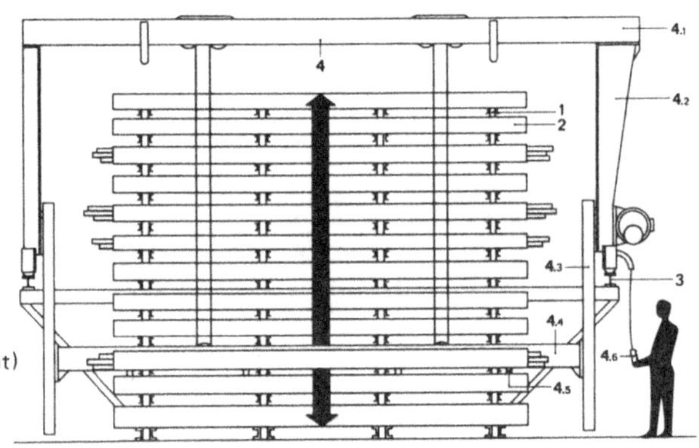

Bild 2.44. Systemzeichnung des Portalstapelkranes für Langgutlager
1 Ständerregale, 2 Wannenpaletten, 3 Fahrbahn für Portalstapler, 4 Portalstapler, 4.1. Portalbrücke, 4.2. Portalstützen, 4.3. Teleskopführung, 4.4. Hubtraverse, 4.5. Tragarme, 4.6. Druckknopfsteuerung, 5 Bereitstellungsplätze

kran genannt. Ausleger- und Drehkrane sind ortsfest oder verfahrbar. Besteht der Kran aus einem Standmast und einem verstellbaren Ausleger, der mittels Seile oder Streben abgespannt wird, so spricht man vom Seil- oder vom Streben-*Derrickkran*. Man unterscheidet eine ortsfeste und eine verfahrbare Ausführung.

Die Einteilung der *Auslegerkrane* ist möglich

- nach der Beweglichkeit (ortsfest, verfahrbar)
- nach der Bauart des Auslegers und für Drehkrane zusätzlich
  nach der Art des Drehsystems
  nach der Art der Drehbewegung (Schwenken, Volldrehung).

Den unterschiedlichen Bedürfnissen entsprechend gibt es eine Reihe von Auslegerkonstruktionen, mit denen Ausleger- und Drehkrane bestückt werden können. *Auslegersysteme*

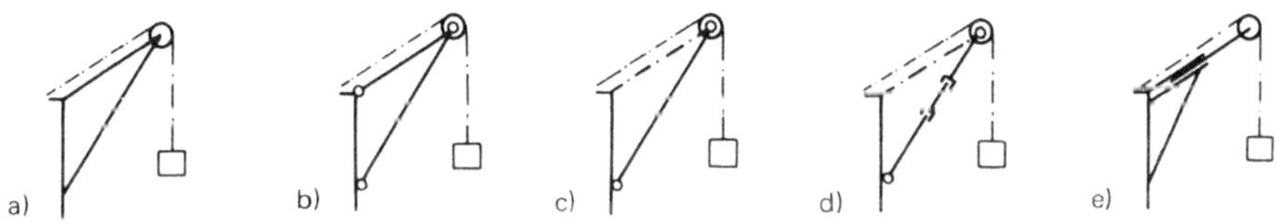

Bild 2.45. Auslegersysteme
a) fester Ausleger b) Einstellausleger
c) Einziehausleger d) Ausleger mit Zwischenstück
e) Teleskopausleger

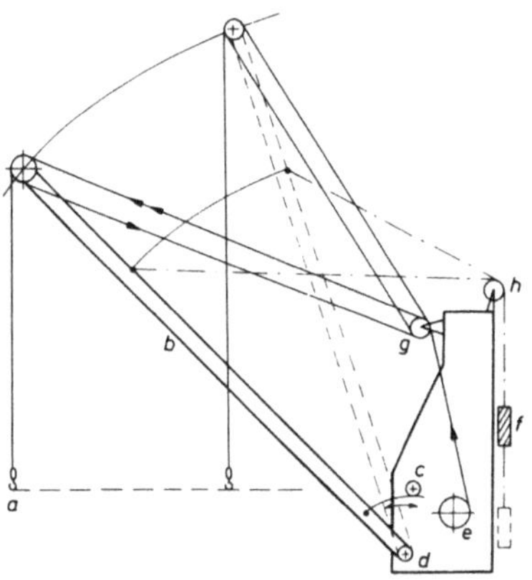

Bild 2.46. Wippsystem mit Seilausgleich durch 3-fache Hubseil-Einscherung für Stückgutbetrieb

a Last b Ausleger c Zahnsegment-Wippwerk
d Drehpunkt des Auslegers e Windwerk
f Gegengewicht g und h feste Doppelrollen

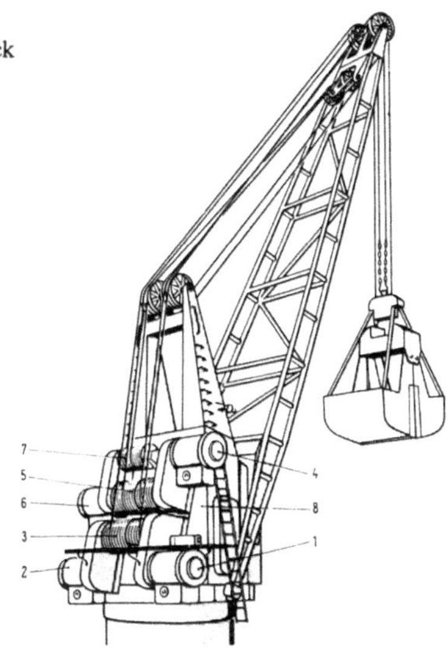

Bild 2.47. Drehkran für Greiferbetrieb mit Wippsystem (Seilausgleich) für 10 t Tragfähigkeit, maximale Ausladung 16 m

1, 2 Schließmotor
3 Schließtrommel
4 Haltemotor
5 Haltetrommel
6 Motor des Einziehwerkes
7 Trommel des Einziehwerkes
8 Krangehäuse

sind in feste, einstellbare, einziehbare, wippbare, aufsteckbare und ausschiebbare Ausleger sowie in Katzausleger zu unterteilen (Bild 2.45 *a* bis *e*):

- *fester Ausleger a:* keine Veränderung der Ausladung möglich
- *Einstellausleger b:* bei unveränderlicher Auslegerlänge sind verschiedene Ausladungen möglich, Einstellungen nur ohne Last durchführbar
- *Einziehausleger c:* Änderung der Lage des Auslegers zwischen zwei Betriebszuständen ohne und mit Last möglich, kein waagerechter Lastweg, unveränderliche Auslegerlänge
- *Wippausleger* (Bild 2.46 bis 2.48): Veränderung der Ausladung unter Last mit fast waagerechtem Lastweg, Auslegerlänge unveränderlich

- *Ausleger mit Zwischenstücken* (Bild 2.56) *d*: Veränderung der Auslegerlänge außerhalb des Betriebes durch Zwischenstücke
- *Teleskopausleger e:* Veränderung der Auslegerlänge während des Betriebes
- *Katzausleger* (Bild 2.54): fester, waagerechter Ausleger von Laufkatze befahren, dadurch Änderung der Ausladung unter Last.

Nach einem konstanten Lastmoment M_l erfolgt die Dimensionierung des Auslegers, so daß große Lasten nur bei kleiner Ausladung gehoben werden können.

$$M_l = F_h l \text{ in Nm} \tag{2.6}$$

F_h in N Hubkraft
l in m Ausladung

Durch die Anordnung einer Gegenlast wird die Standsicherheit gewährleistet.

Die Kennzeichnung der Wippsysteme liegt in der Änderung der Ausladung als Betriebsweg: Wippen gehört zum Arbeitsspiel. Zu bevorzugen ist ein horizontaler Lastweg, der Hubarbeit vermeidet und eine übersichtliche Lastbewegung erzielt. Ein horizontaler Lastweg wird erreicht durch

- geeignete Seilführungen (Wippsystem mit Seilausgleich durch mehrfache Hubseileinschnürung)
- waagerecht geführte Auslegerrolle (Lemniskatenlenker)
- gekoppeltes Wipp- und Hubwerk (Ellipsenlenker)
- Schwinghebel-Wippsystem.

Die Wippsysteme mit *Seilausgleich* sind für kleine bis mittlere Tragfähigkeiten und Auslegerlängen und erreichen die notwendige Seilverlängerung für den horizontalen Lastweg beim Einziehen des Auslegers aus der mehrfachen (3-, 5-, 7-fachen) Seileinscherung. Den prinzipiellen Konstruktionsaufbau zeigt Bild 2.46. Das Heben und Senken der Last erfolgt bei stillstehendem Wippwerk, der Wippvorgang wird bei stehendem Hubwerk durchgeführt. Ausführung für Greiferbetrieb: Bild 2.47.

Beim *Lemniskaten-* oder *Doppellenker*-Wippsystem beschreibt die Auslegerspitze eine Lemniskoide, deren nahezu waagerechter Teil für den horizontalen Lastweg ausgenutzt wird. Wichtig ist, daß das Seil parallel mit einem Lenker geführt wird; nur so bleibt die Länge des Seiles erhalten (Bild 2.48). Große Auslegerlängen und hohe Tragfähigkeiten kennzeichnen dieses Wippsystem.

Zum Wippsystem gehören der *Ausleger*, das *Wippwerk* und das *Gegengewicht* zum Ausgleich des Auslegergewichtes. Zugorgane für Wipp- und Einziehwerke sind:

- Seilzüge (Flaschenzüge)
- Zahnstangentrieb
- Zahnsegmenttrieb
- Schraubenspindeltrieb (Bremse wegen Selbsthemmung entbehrlich)
- Hydraulikaggregat mit gelenkig am Ausleger angreifender Kolbenstange.

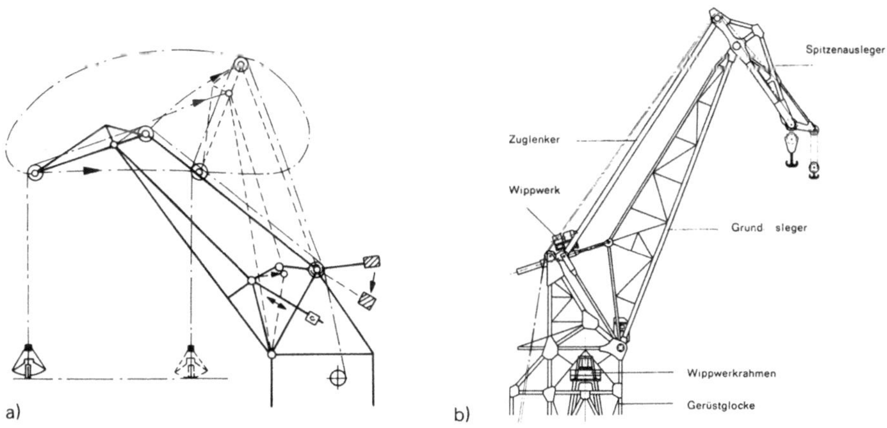

Bild 2.48. Lemniskatenlenker-Wippsystem a) Prinzipskizze b) Fachwerkausführung

Bei der Einteilung der *Drehkrane* nach dem Drehsystem sind zu unterscheiden:

- *Drehkran mit feststehender Säule:* Bei ortsfesten Kranen ist die Säule einbetoniert, bei fahrbaren Kranen ist sie mit dem Unterwagen fest verbunden. Das drehbare Oberteil wird über diese Säule gestülpt, so daß das obere Lager axiale und radiale Kräfte aufnimmt, das Lager am Säulenfuß nur durch Radialkräfte beansprucht wird.
- *Drehkran mit drehbarer Säule:* Säule und Krangerüst drehen, der Säulenfuß nimmt hier die axialen und radialen Kräfte auf, wogegen das obere Lager nur radial belastet ist.
- *Drehkran mit Drehscheibe:* Um einen zur Führung dienenden Königszapfen dreht sich das Krangerüst auf einer kreisförmigen Schiene. Wegen der Unterbringung der Kippmomente innerhalb des Schienenringes baut dieser Kran sehr groß und schwer und wird nur noch selten angewandt.
- *Drehkran mit Drehkranz:* Die Verbindung zwischen festem Kranunterteil (Unterwagen) und drehbarem Oberteil wird durch ein Großwälzlager hergestellt. Die Gesamtkonstruktion kann klein gehalten werden. Die resultierende Kraft aus den Kräften kann außerhalb des Wälzkreisdurchmessers liegen. Diese Bauart ist heute vorherrschend. Ausführungsarten der Drehwerke siehe Kapitel 2.6.7.

Die verschiedensten Ausführungsformen der Ausleger- und Drehkrane, die für die unterschiedlichsten Aufgaben und Tragfähigkeiten konstruiert werden, können nach dem Verwendungszweck oder nach der Art der Lagerung des drehbaren Oberteiles eingeteilt werden. Besonders häufig sind für den Hafen- und Werftbetrieb Voll- und Halbportalkrane mit einem Ausleger- oder Drehkran oder mit Drehlaufkatzen bestückt.

Einfache und wichtige Ausführungen sind

- *Säulendrehkrane:* Sie bestehen aus einer feststehenden Rohrsäule, die im Fundament verankert ist, und sind mit einem von Hand oder mittels Drehwerk schwenkbaren waagerech-

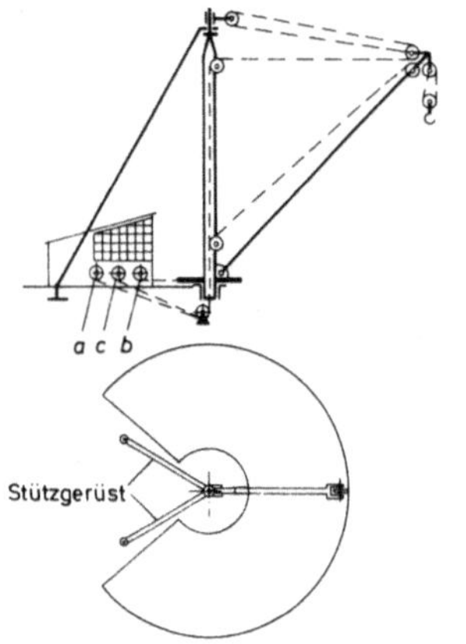

Bild 2.49
Bock-Derrick-Kran für einen Schwenkbereich von 280° mit Einziehausleger
a Hubwinde b Schwenkwinde c Einziehwinde

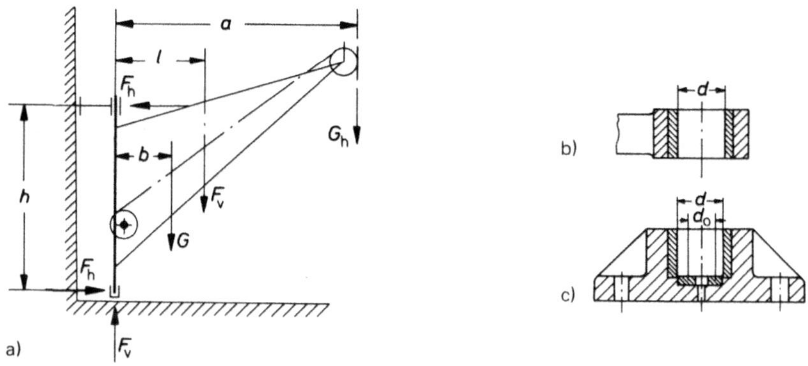

Bild 2.50. Prinzipskizze zur Berechnung der Lagerkräfte und des Drehwiderstandes eines Wandschwenkkranes (a); Gleitlagerausführung des Hals- (b) und des Spurlagers (c)

ten Ausleger, der die Untergurt-Laufkatze (Elektrozug) aufnimmt, ausgerüstet (siehe Beispiel 2.4).

- *Wandschwenk(-dreh-)krane:* Der Ausleger entspricht dem eines Säulendrehkranes, der über eine kurze, an beiden Enden festgelegte Säule schwenken kann.
- *Derrick-Krane* (Bild 2.49): Für Bau- und Montagearbeiten sind feststehende Bauarten dieses Typs im Einsatz, dessen wippbarer Ausleger am Fuß eines senkrechten Mastes gelagert ist.

2.6.7. Drehwerke

Drehwerke ermöglichen Schwenk- und Drehbewegungen des Kranoberteiles. Vertikale und horizontale Kräfte, Widerstände und Momente zur Auslegung des Lagers und Berechnung der Drehwerke (nach Beispiel 1.7c) ergeben sich bei Drehkranen mit

Drehbarer Säule: Aus den geometrischen Abmessungen des Wandschwenkkrans und den in Bild 2.50a dargestellten äußeren Belastungen ergeben sich für das obere Halslager und für das untere Spurlager, die horizontale Kraft F_h und die vertikale Kraft F_v, die folgenden Größen

$$F_v = G + G_h$$

G in N Eigengewichtskraft
G_h in N Hubkraft

$$G_h a + Gb = F_v l \quad \text{und} \quad F_h h = F_v l$$

$$F_h = \frac{F_v l}{h} = \frac{(G + G_h) l}{h} \text{ in N} \tag{2.7}$$

Mit den Abmessungen des oberen Hals- und unteren Spurlagers in Bild 2.50b und c bezogen auf die Drehachse, errechnet sich das Drehwiderstandsmoment M_{wd} hervorgerufen durch die Reibung (ohne Windlast) zu

$$M_{wd} = 2F_h \mu_1 \frac{d}{2} + F_v \mu_2 \frac{d_0}{2} \text{ in Nm} \tag{2.8}$$

$\mu_1 \approx \mu_2 = 0{,}07$ bis 0,1 für Gleitlager
0,003 bis 0,013 für Wälzlager

Eine Ausführung des unteren Spurlagers für die drehbare Säule eines Drehkranes oder der Lagerung des Standmastes eines Derrick-Kranes zeigt Bild 2.51.

Feststehende Säule: Das Drehwiderstandsmoment errechnet sich aus dem Rollenwiderstandsmoment der Stützrollen im drehbaren unteren Teil und dem Widerstandsmoment des winkelbeweglichen oberen Hals- und Spurlagers. Bei Einsatz im Freien ist das Windmoment zu berücksichtigen.

Großwälzlager-Drehverbindung: Es gibt ein- und mehrreihige Kugel- oder Rollen-Drehverbindungen, die für das Drehwerk entweder eine Außen- oder Innenverzahnung besitzen.

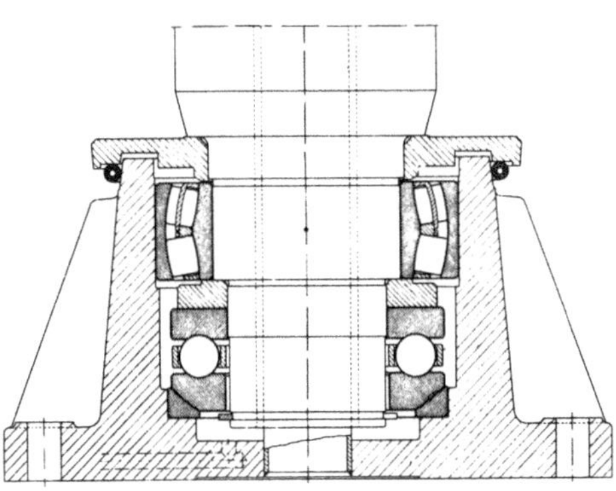

Bild 2.51
Hals- und Spurlager eines Drehkranes mit drehbarer Säule

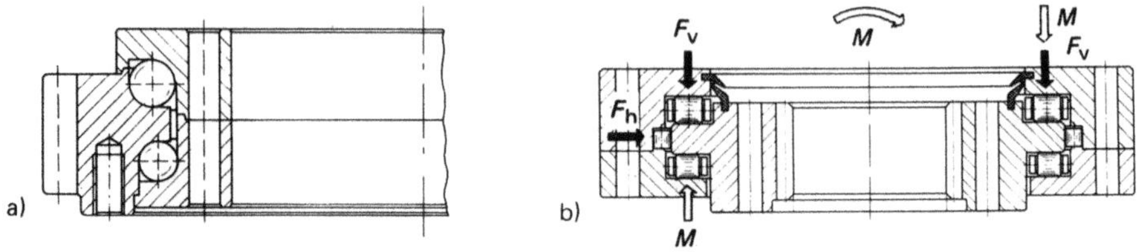

Bild 2.52. Großwälzlager-Drehverbindung
a) zweireihige Kugeldrehverbindung mit Außenverzahnung
b) dreireihige Rollendrehverbindung mit Innenverzahnung

Je nach Konstruktion der Drehverbindung wird der Außen- oder Innenring mit dem Unterwagen verschraubt (Bild 2.52a und b).

Diese Verbindung nimmt Vertikal- und Horizontalkräfte (Axial- und Radialkräfte) sowie Momente auf. Dabei werden die Axialkräfte als Druckkräfte von der oberen, die Radialkräfte von der oberen und unteren Kugelreihe aufgenommen. Kippmomente – von außermittigen Axialkräften erzeugt – werden in Axialkräfte umgesetzt und wirken als Druckkräfte an der oberen und als Zugkräfte an der unteren Kugelreihe. Die Vorteile dieser heute vorherrschenden Konstruktion und Lagerung sind:

- niedrige Bauhöhe, bessere Raumausnutzung
- leichtere Drehverbindung
- Verzahnung für Drehwerk in einem der Lagerringe eingeschnitten
- geringe Reibungsverluste
- Gesamtschwerpunkt bei Maximallast kann außerhalb des Lagerdurchmessers liegen
- Aufnahme von Axial- und Radialkräften sowie Momenten
- Mittenfreiheit erlaubt Anordnung anderer Teile (Antrieb, Durchstieg)
- einfache Montage durch einbaufertiges Element.

Das Drehwiderstandsmoment M_{wd}, hervorgerufen durch die Reibung, ist

$$M_{wd} = \mu(F_{hges} + F_{vges}) \frac{D}{2} \text{ in Nm} \tag{2.9}$$

μ		Reibungszahl des Kugellagers ($\approx$ 0,005 bis 0,01)
F_{hges}	in N	resultierende Horizontalkraft
F_{vges}	in N	resultierende Vertikalkraft
D	in m	Großkugellager-Durchmesser

Aus den Herstellerkatalogen, die auch Berechnungs- und Ausführungsbeispiele enthalten, ersieht man, daß Kugeldrehverbindungen bis 5000 kN Axialkraft und Momente bis 12000 kNm übernehmen (bei Rollendrehverbindungen sind die entsprechenden Werte 30000 kN und 50000 kNm).

Um die erforderliche Antriebsleistung eines Drehwerkes (Kapitel 1.3.4, Beispiel 1.7c) zu bestimmen, müssen folgende Widerstände bzw. Momente bekannt sein:

a) Drehwiderstandsmoment M_{wd} in Nm durch Reibung an den Drehrollen, in Hals- und Spurlager oder am Drehkranz (Gleichung 1.48)

b) Beschleunigungswiderstandsmoment M_r in Nm aller rotierender Teile (Gleichung 1.33)

c) Bewegungswiderstandsmoment M_{wi} durch die Windlast (Gleichung 1.49)

Die Vollastbeharrungsgleichung P_v setzt sich beim Drehkran (im Freien) aus den Momenten von a) und c) zusammen. Entsprechend Gleichung 1.13 ergibt sich auf die Motorwelle bezogen

$$P_v = \frac{(M_{wd} + M_{wi})\,\pi n}{1000 \cdot 30\, i\eta_{ges}} \quad \text{in kW} \tag{2.10}$$

$i = \dfrac{n}{n_k}$ Übersetzung, n Motordrehzahl

n_k Krandrehzahl

η_{ges} Gesamtwirkungsgrad des Drehwerkes

Für M_{wi} muß das resultierende Moment (Bild 2.53) eingesetzt werden, es gilt um Drehpunkt d

$$M_{wi} = A_1 q r_1 - A_2 q r_2 \quad \text{in Nm} \tag{2.11}$$

q	in N/m²	Betriebswinddruck q = 250 N/m² (DIN 15 018 Blatt 1)
$r_{1,2}$	in m	Entfernung zwischen dem Schwerpunkt der Windangriffsfläche und der Drehachse (Drehpunkt d)
$A_{1,2}$	in m²	Windangriffsfläche

Nur der Anteil der Drehmassen ist bei der Berechnung der Beschleunigungsleistung einzusetzen. Auf die Motorwelle bezogen errechnet sich P_r nach Gleichung 1.13 zu

$$P_r = \frac{M_r n}{9550\, \eta_{ges}} \quad \text{in kW}$$

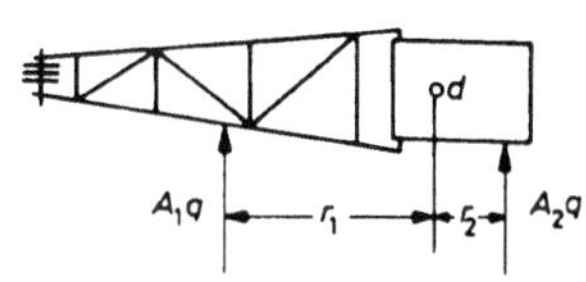

Bild 2.53. Berechnungsskizze des resultierenden Windlastmomentes eines Drehkranes (Draufsicht)

Die Anlaufleistung (Gleichung 1.34) ist dann

$$P_{an} = P_v + P_r = P_{wd} + P_{wi} + P_r \quad \text{in kW}$$

Die Motorgröße ist

$$P = \frac{P_{an}}{1{,}7 \div 2{,}0} \quad \text{in kW nach Gleichung 1.6.}$$

Je nach Betriebsart (Einschaltdauer von 25, 40 oder 60 %) wird aus der Motorliste der Motor mit der nächstgrößeren Leistung gewählt.

Möglichkeiten der konstruktiven Gestaltung der Drehwerke für Schwenk- und Drehbewegungen sind:

- elektrischer Antrieb mit Schneckentrieb und Stirnradvorgelege (i = 40); wegen des besseren Wirkungsgrades ist eine mehrgängige Schnecke vorzusehen; Drehwerk meist mit Kegelrutschkupplung ausgestattet

- elektrischer Antrieb mit senkrecht stehendem Motor und ein- oder mehrstufigem Stirnradgetriebe
- hydraulischer Antrieb mit Dieselmotor, Hydraulikpumpe, Hydraulikmotor (Bild 1.20).

2.6.8. Wandlaufkrane

Krane, die längs einer Wand verfahrbar und deren Kranbahnen senkrecht übereinander angeordnet sind, werden als Wandlaufkrane (Konsolkran) bezeichnet. Zu unterscheiden sind Wandlaufkrane mit Katzausleger und mit drehbarem Ausleger. Sie können mit und ohne Krankabine ausgerüstet sein. Diese Krane werden zur Entlastung von darüberliegenden Brückenkranen eingesetzt, um spezielle Arbeitsplätze zu bedienen. Die Traglasten gehen bis 20 t, die Ausladung bis zu 12,5 m.

2.6.9. Turmdrehkrane

Besonders hohe, turmartige Krane, die an der Spitze einen Ausleger haben und drehbar sind, heißen Turmdrehkrane. Dabei können die im Kapitel 2.6.7 besprochenen Ausleger mit diesem Krantyp verbunden werden. Man unterscheidet einen *drehbaren Turm* (Untendreher) und einen *festen Turm* (Obendreher) je nach Anordnung des Drehwerkes. Die Türme der Krane sind auf verschiedenen Unterwagen befestigt, deren Räder entweder auf Schienen oder auf Straßen fahren (Schienen-, Mobil- oder Autoturmdrehkran). Speziell für Hochbauten sind die *Kletterkrane* entwickelt worden, die mit dem Baufortschritt verlängert oder angehoben werden (Turm- und Stockwerkskletterkrane). Bei häufigem Standortwechsel muß der Kran für den Straßentransport einfach zerlegbar sein.

Der Turmdrehkran mit festem Turm (Bild 2.54) ist auf dem gleisgebundenen Unterwagen fest montiert. Der drehbare waagerechte Ausleger wird mit dem aus Gewichtsgründen in Fachwerkträgerbauweise konstruierten Turm über einen Drehkranz verbunden. Auf dem

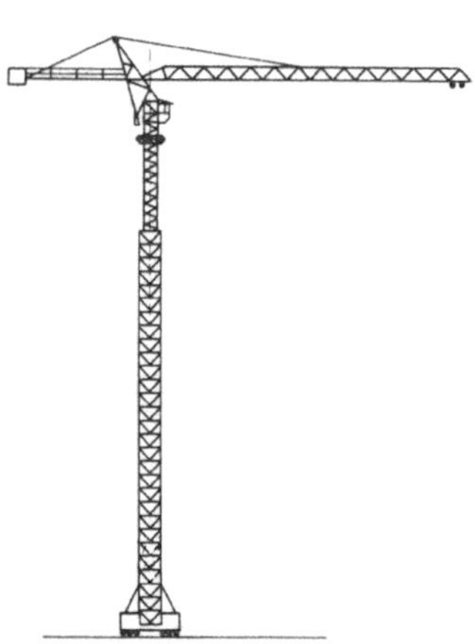

Bild 2.54. Turmdrehkran mit festem Turm (Obendreher)

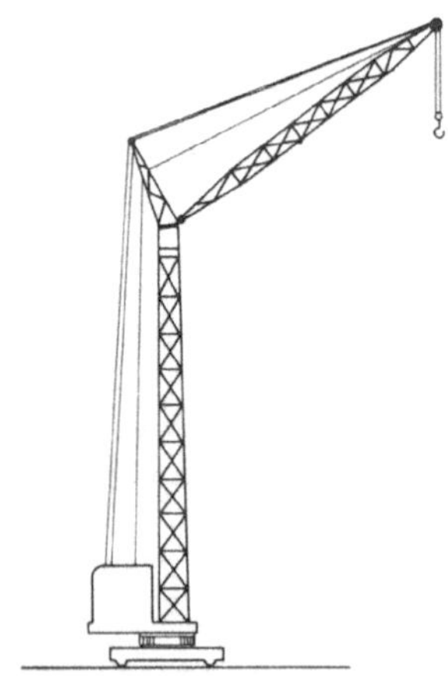

Bild 2.55. Turmdrehkran mit drehbarem Turm (Untendreher)

Untergurt des Auslegers, der zum Gewichtsausgleich einen Gegenausleger mit Gegengewicht besitzt, fährt eine Seilzug-Laufkatze. Diese Bauart wird wegen

- des hohen Gesamtschwerpunktes
- der schlechten Zugänglichkeit des Hub- und Drehwerkes
- der höheren Beanspruchung der Drehverbindung und
- des größeren Gegengewichtes (dadurch hohes Trägheitsmoment)

zunehmend ersetzt durch den Turmdrehkran mit drehbarem Turm (Bild 2.55). Alle Antriebsaggregate sind auf dem Unterwagen angebracht, die Hub- und Wippseile werden parallel zum Turm geführt. Über eine Kugel- oder Rollendrehkranz-Verbindung ist der Unterwagen mit dem Turm verbunden. Der Ausleger ist meist wippbar.

2.6.10. Fahrzeugkrane

Setzt man den Ausleger- oder Drehkran auf einen fahrbaren Unterwagen, so erhält man Fahrzeugkrane, die nach der Fortbewegungsart in Schienen-, Raupen-, Mobil- oder Autokrane unterteilt werden.

Straßenfahrzeuge werden vielseitig eingesetzt und besitzen als Antrieb meist Dieselmotoren mit hydrostatischer Kraftübertragung für Fahr- und Arbeitsbewegungen (siehe Kapitel 1.2.4 und 1.2.7).

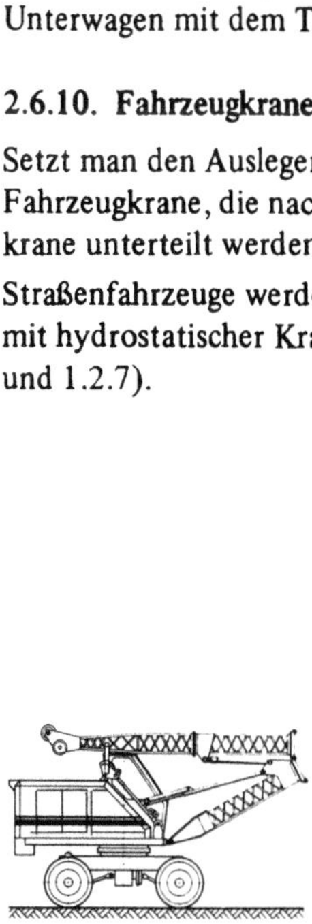

Mobilkran mit zusammengeklapptem Ausleger

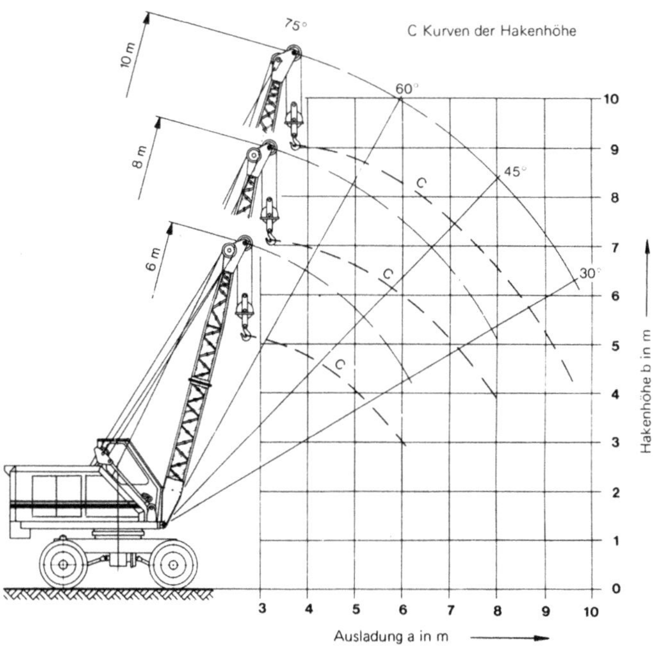

Bild 2.56. Hydraulischer Mobilkran mit Fachwerkausleger
Hakenhöhe in Abhängigkeit von der Ausladung und der Winkelstellung (Ausleger mit Zwischenstücken)

Tafel 2.8. Tragfähigkeit eines Mobilkranes (Bild 2.56) in Abhängigkeit von der Ausladung

Ausladung m	3,0	3,5	4,0	4,5	5,0	6,0	7,0	8,0	9,0	10,0
Nutzlast (Ausleger 6 u. 8 m) kg	6500	4700	4000	3450	3000	2300	1800	1500		
Nutzlast (Ausleger 10 m) kg		4700	3850	3300	2900	2300	1800	1500	1250	1100

Mobilkrane sind meist luftbereift, werden von nur einem Antriebsmotor angetrieben (siehe Bild 1.20), der alle Bewegungsvorgänge erzeugt, und haben dadurch nur geringe Fahrgeschwindigkeiten (bis 20 km/h). Sie sind im innerbetrieblichen Transport beim Einsatz im Freien für Lager-, Montage- und Bauarbeiten vielseitig verwendbar. Die kompakte Bauweise wird durch eine Kugeldrehkranz-Verbindung erreicht, die den meist in der Ausladung verstellbaren Wippausleger mit dem Unterwagen verbindet. Die Ausladungsverstellung mit Zwischenstücken erfordert wesentlich mehr Rüstzeit als mittels Teleskop. Traglast 1 bis 16 t, Ausladung 4 bis 16 m (Achtung: konstantes Lastmoment).

Der im Bild 2.56 dargestellte Mobilkran besitzt einen Schwenkbereich von 360°. Seine Standsicherheit muß den in DIN 15 019 Blatt 2 angegebenen Prüfwerten entsprechen (Winddruck). Besondere Bedeutung kommt der Bereifung zu, denn nur bei vorgeschriebenem Luftdruck sind die in Tafel 2.8 angegebenen maximalen Tragfähigkeiten in Abhängigkeit von der Ausladung gewährleistet.

Der *Autokran* hat als Unterwagen ein Lastkraftwagen-Fahrgestell mit eigenem Antrieb und damit auch die Eigenschaften eines LKWs (Fahrgeschwindigkeit bis 80 km/h). Einsatzgebiet bei häufigem Standortwechsel. Der Ausleger besteht meist aus einem Mehrfachteleskop-Ausleger in Kastenbauweise mit Hubhöhen bis 40 m, Tragkraft 8 bis 40 t und 8 bis 20 m Ausladung. Die Standsicherheit wird durch ausfahrbare Stützen am Unterwagen wesentlich erhöht.

2.6.11. Kabelkrane

Beim Kabelkran ist die Kranbrücke durch ein oder mehrere halb- oder vollverschlossene Spiralseile als Tragseile (Bild 1.32) ersetzt, auf denen eine Seilzug-Laufkatze fährt. Die Seile werden über Stützen (Türme) mittels Gewichte gespannt und über Treibscheiben oder -trommeln angetrieben. In den aus Fachwerk bestehenden Stützen sind die Maschinenaggregate untergebracht. Spannweiten von 1000 m werden erreicht. Das Einsatzgebiet der Kabelkrane sind Großbaustellen, große Lagerplätze, Werften und besonders der Staudammbau.

Eingeteilt werden die Kabelkrane nach Art und Ausbildung ihrer Stützen. Danach unterscheidet man ortsfeste Kabelkrane mit fester oder schwenkbarer Stütze, mit einer fahrbaren Stütze oder Wagen und mit zwei fahrbaren Stützen oder Wagen (Bild 2.57).

2.7. Verlade- und Umschlagsanlagen

Um den Umschlag von Massengütern zu steigern, wirtschaftlicher und schneller durchzuführen, werden Stetigförderer und Unstetigförderer in einem System zusammengestellt

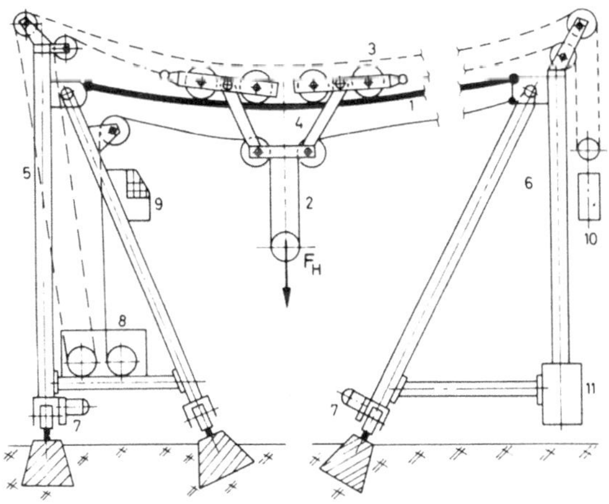

Bild 2.57
Kabelkran mit zwei fahrbaren Türmen
1 Tragseil
2 Hubseil
3 Fahrseil
4 Seilzuglaufkatze
5 Maschinenturm
6 Pendelturm
7 Turmfahrwerk
8 Hub- und Fahrwinde
9 Führerkabine
10 Fahrseilspannlast
11 Gegenlast am Pendeltrum
F_h Hubkraft

und aufeinander abgestimmt. Herausragendes Fördermittel beim Umschlag von Schüttgut wie Erz, Sand, Kohle sind bei den Unstetigförderern die großen Vollportalkrane – Verladebrücken genannt – und bei den Stetigförderern die langen Gurtförderer. Eingesetzt werden die Verlade- und Umschlagsanlagen zum Be- und Entladen von Schiffen, Eisenbahnen, Lastkraftwagen und zum Bedienen von Lagerplätzen. Die Erhöhung der Umschlagsleistung erfolgt nicht nur durch Vergrößern der Tragkraft und des Volumens der Greifer und seiner Arbeitsgeschwindigkeit, sondern auch durch die Trennung des horizontalen und vertikalen Transportes. So übernehmen die Dreh- und Auslegerkrane die Hub- und Senkbewegungen, während die Stetigförderer die waagerechten und schrägen Transporte bewältigen.

Beispielsweise wird das aus verschiedenen Paketgrößen (Stückgut) bestehende Fördergut von der Verpackungsstelle zielgesteuert über angetriebene Rollenbahnen zu den verschiedenen Stauförderern (Sortiervorgang) gebracht, um mittels einer Palettiermaschine mehrlagig auf Paletten gestapelt zu werden. Nach erfolgter Ladungssicherung durch Schrumpffolie (Umreifung) gelangt die Palettenladung über Schwer-Rollenbahnen zu den Pufferplätzen. Von dort wird die Einheitsladung über Gabelstapler (Unstetigförderer) in den Container gefördert, gestapelt, gestaut und die Ladung gesichert. Anschließend übernimmt der Portalstapler den Transport des Containers entweder zum Freilager oder zur Verladung auf LKW (Bahn). Diese Verkehrsmittel bringen den Container je nach Bestimmungsort zum Verbraucher oder für den Schiffstransport in den Hafen, wo wiederum Portalstapler, Portalhubwagen, Seitenstapler oder der Containerkran den Lagerungsvorgang oder den Weitertransport zum Schiff bewerkstelligen. Sind alle Fördermittel auf ein Förderhilfsmittel (Palette, Container) abgestimmt, spricht man von einer Förderkette, wo also inner- und außerbetrieblicher Transport aufeinander abgestimmt sind.

Bild 2.58 vermittelt einen Eindruck einer Speicher-, Abfüll- und Umschlagsanlage für granulierten, kristallinen und pulverförmigen Kunststoff.

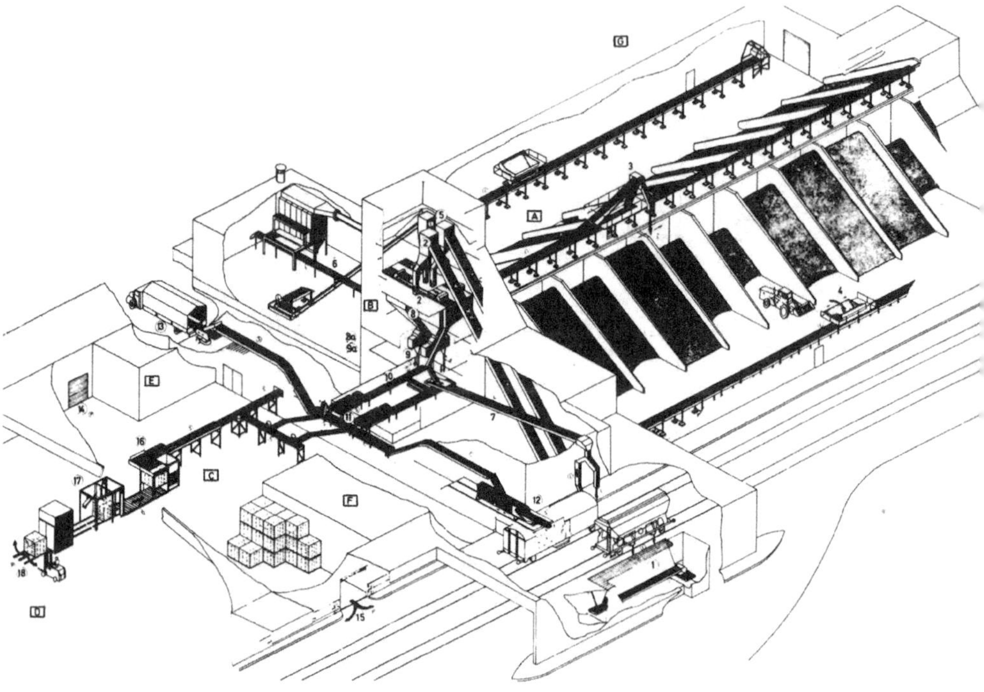

Bild 2.58. Umschlagsanlage mit Speicher- und Abfülleinrichtungen für Schüttgut
1 Schüttgutannahme; 2 Schüttgutverteilung (Einspeicherung); 3 Abwurfwagen; 4 Bunkerwagen; 5 Schüttgutverteilung (Ausspeicherung); 6 Schüttgutverladung in Straßenfahrzeuge; 7 Schüttgutverladung in Schienenfahrzeuge; 8 Absackbunker; 9 Absackanlage für offene und Ventilsäcke; 10 Absackbänder mit Verschließeinrichtung; 11 Sacksynchronisierung; 12 Sackverladung in Schienenfahrzeuge; 13 Sackverladung in Straßenfahrzeuge; 14 Beiladungszone für Straßenfahrzeuge; 15 Beiladungszone für Schienenfahrzeuge; 16 Palettiergerät; 17 Umhüllungsautomat; 18 Schrumpfofen

A Schüttgutlager
B Packhaus (einschl. Sozialräume)
C Vollsacklager
D Sacksignierbetrieb (nicht dargestellt)
E Energieversorgung und Umspannung
F Werkstatt und Magazin
G Gebindefreilagerung (nicht dargestellt)

2.8. Normen, Richtlinien, Vorschriften

DIN-Normen

DIN		536 Bl. 1	12. 74	Kranschienen; Form A (mit Fußflansch); Maße, statische Werte, Stahlsorten
		536 Bl. 2	12. 74	Kranschienen; Form F (flach); Maße, statische Werte, Stahlsorten
		7355	12. 70	Serienhebezeuge; Stahlwinden
	E	1080 Bl. 1	2. 75	Begriffe, Formelzeichen und Einheiten im Bauingenieurwesen; Grundlagen
	E	20 621	12. 71	Einschienenhängebahnen; Lasthaken mit Sicherung für 3000 kp Tragkraft
		15 001 Bl. 1	11. 73	Krane; Begriffe, Einteilung nach der Bauart
		15 001 Teil 2	7. 75	Krane; Begriffe, Einteilung nach der Verwendung
		15 002	6. 74	Hebezeuge; Lastaufnahmeeinrichtungen; Benennungen
		15 003	2. 75	Hebezeuge; Lastaufnahmeeinrichtungen; Begriffe
	E	15 004	7. 75	LKW-Ladekrane; Benennung der Hauptteile
		15 011	7. 63	Elektrozüge; Fabrikschilder; Richtlinien für die Angaben
	E	15 017	11. 75	Hebezeuge; Grundsätze für Triebwerke; Berechnung
		15 018 Bl. 1	4. 74	Krane; Grundsätze für Stahltragwerke; Berechnung
		15 018 Bl. 2	4. 74	Krane; Stahltragwerke; Grundsätze für die bauliche Durchbildung und Ausführung
		15 019 Bl. 2	9. 68	Krane; Standsicherheit für gleislose Fahrzeugkrane
		15 020 Bl. 1	2. 74	Hebezeuge; Grundsätze für Seiltriebe; Berechnung und Ausführung
		15 020 Bl. 2	4. 74	Hebezeuge; Grundsätze für Seiltriebe; Überwachung im Gebrauch
		15 021	4. 51	Krane und Winden; Tragkräfte
		15 022	4. 51	Krane; Hubhöhen, Arbeitsgeschwindigkeiten; Richtlinien
		15 023	4. 51	Krane; Ausladungen
		15 024	10. 68	Krane und Serienhebezeuge; Spurmittenmaße für Zweischienenkatzen
	E	15 025	8. 75	Krane; Anordnung und Betätigungssinn von Bedienteilen in Krankabinen
	E	15 026	8. 75	Hebezeuge; Gefahrenkennzeichnung
		15 049	9. 58	Krane mit Elektrozug oder ähnlichem Hubwerk; Laufräder mit Gleitlagern
		15 050	4. 58	Krane mit Handantrieb; Laufräder mit Walzenlager
	E	15 053	11. 73	Krane; Getriebe; Hauptangaben
		15 057	11. 62	Krane; Verschlußdeckel; Anschlußmaße
		15 058	8. 74	Hebezeuge; Achshalter
	E	15 061 Bl. 1	6. 70	Krane und Serienhebezeuge; Rillenprofile für Seilrollen
	E	15 061 Bl. 2	6. 70	Krane und Serienhebezeuge; Rillenprofile für Seiltrommeln
	E	15 063	3. 75	Hebezeuge; Seilrollen; Technische Lieferbedingungen
	E	15 069	8. 75	Hebezeuge; Anlaufscheiben
		15 070	4. 59	Krane; Berechnungsgrundlagen für Laufräder
		15 071	4. 59	Krane; Berechnung der Lagerbelastung der Laufräder für die Lebensdauerberechnung der Wälzlager
		15 072	4. 59	Krane; Laufflächenprofile und Laufräder und Zuordnung der Kranschienen zum Laufraddurchmesser
		15 073	4. 59	Krane; Laufräder, Übersicht
		15 074	4. 59	Krane; Laufräder mit Spurkranz; mit Gleitlagerung, ohne Zahnkranz
		15 075	4. 59	Krane; Laufträger mit Spurkranz; mit Gleitlagerung, mit Zahnkranz
		15 076	4. 59	Krane; Laufräder mit Spurkranz-Radreifen; mit Gleitlagerung, ohne Zahnkranz
		15 077	4. 59	Krane; Laufräder mit Spurkranz-Radreifen; mit Gleitlagerung mit Zahnkranz

DIN	15 078	4. 59	Krane; Laufräder mit Spurkranz; mit Wälzlagerung, ohne Zahnkranz
	15 079	4. 59	Krane; Laufräder mit Spurkranz; mit Wälzlagerung, mit Zahnkranz
	15 080	4. 59	Krane; Laufräder mit Spurkranz-Radreifen; mit Wälzlagerung, ohne Zahnkranz
	15 081	4. 59	Krane; Laufräder mit Spurkranz-Radreifen; mit Wälzlagerung, mit Zahnkranz
	15 082 Bl. 1	4. 59	Krane; Zahnkränze anflanschbar; Scherbuchsen für Laufräder
	15 082 Bl. 2	4. 59	Krane; Zahnkränze aufgepreßt; für Laufräder mit Wälzlagerung
	15 083	4. 59	Krane; Radreifen für Laufräder; bearbeitet
	15 084	4. 59	Krane; Laufräder mit Wälzlagerung; Verschlußdeckel
E	15 085	3. 75	Hebezeuge; Laufräder; Technische Lieferbedingungen
E	15 086	8. 75	Krane; Laufräder mit Wälzlagerung; Abflachung der Innenbuchsen
	15 100	2. 67	Serienhebezeuge; Benennungen
	15 111 Bl. 1	10. 62	Drahtseilhebezeuge; Wandwinden mit Handantrieb; Seilzugkräfte, Drahtseile, Trommelabmessungen
	15 111 Bl. 2	10. 62	Drahtseilhebezeuge; Montagewinden; Seilzugkräfte, Drahtseile, Trommelabmessungen
E	15 400	4. 70	Lasthaken für Hebezeuge; Werkstoffe und vorhandene Spannungen von Lasthaken mit Schaft
	15 401 Bl. 1	7. 70	Lasthaken für Hebezeuge; Einfachhaken; Rohlinge
	15 401 Bl. 2	7. 70	Lasthaken für Hebezeuge; Einfachhaken; Fertigteile mit zylindrischem Schaft und Gewindeschaft
	15 402 Bl. 1	7. 70	Lasthaken für Hebezeuge; Doppelhaken; Rohlinge
	15 402 Bl. 2	7. 70	Lasthaken für Hebezeuge; Doppelhaken; Fertigteile mit zylindrischem Schaft und Gewindeschaft
	15 404 Bl. 1	12. 67	Lasthaken für Hebezeuge; Technische Lieferbedingungen für geschmiedete Lasthaken
	15 404 Bl. 2	12. 67	Lasthaken für Hebezeuge; Technische Lieferbedingungen für Lamellenhaken
15	15 405 Bl. 1	12. 67	Lasthaken für Hebezeuge; Überwachung im Gebrauch von geschmiedeten Lasthaken
	15 405 Bl. 2	12. 67	Lasthaken für Hebezeuge; Überwachung im Gebrauch von Lamellenhaken
	15 411 Bl. 1	9. 70	Unterflanschen; Lasthaken-Aufhängungen für Elektrozüge
	15 411 Bl. 2	9. 70	Unterflanschen; Lasthaken-Aufhängungen für Krane
	15 412	9. 70	Unterflanschen; Traversen für Krane
	15 413	9. 70	Unterflanschen; Lasthakenmuttern für Krane
	15 414	9. 70	Unterflanschen; Sicherungsstücke für Krane
V	61 360 Bl. 1	4. 73	Hebebänder aus synthetischen Fasern; Begriffe
V	61 360 Bl. 2	4. 73	Hebebänder aus synthetischen Fasern; Maße, Technische Lieferbedingungen

ISO-Normen

ISO	1837	1973	Lasthaken für Hebezeuge; Allgemeine Anforderungen
	2766	1973	Einfachhaken mit Schaft; Tragfähigkeit bis 25 t, Festigkeitsklassen M, P, S (T, V), gesenk- und freiformgeschmiedet.

VDMA-Einheitsblätter

VDMA	689 Bl. 1	4. 70	Ösenhaken zum Heben von ISO-Frachtbehältern der Reihe 1 mit oberen Eckbeschlägen
	15 005	6. 68	LKW-Ladekrane; Nenntragfähigkeiten, Bezeichnung, Typschild

VDI-Richtlinien

VDI	2194	Ausbildung von Kranführern
	2194a	Kranführer Ausweis
	2195	Leistungsstudien am Kran
	2195a	Beobachtungsbogen (Kran)
	2195b	Auswertungsbogen (Kran)
	2350	Ein- und Zweiträgerbrückenkran
	2351	Muldenchargierkran
	2352	Tiefofenkran
	2353	Stripperkran
	2354	Gießkran
	2355	Pratzenkran
	2356	Blockchargierkran
	2357	Schrottplatzkran
	2369	Portalkrane
	2370	Stapelkran
	2381	Prüfung von Krananlagen; Merkblatt für Sachverständige
	2382	Instandsetzung von Krananlagen
	2386	Konsollaufkran
	2388	Empfehlungen für bauliche Planungen im Förder- und Lagerwesen: Brückenkrane (Laufkrane)
	2394	Auslegerkrane
	2395	Raupenkrane (Fahrzeugkran) Mobilkran
	2397	Auswahl der wirtschaftlichen Arbeitsgeschwindigkeiten von Brückenkranen
	2414	Anbinden von Lasten, Dienstanweisung für Anbinder
	2482	Kostenblatt für ortsfeste und fahrbare Ausleger- und Drehkrane
	2484	Kostenblatt für Brückenkrane (Laufkrane)
	2485	Planmäßige Instandhaltung von Krananlagen
	2494	Sinnbilder für Krananlagen
	2499	Mobiler Portalkran
	2500	Faserseile aus Pflanzen und/oder synthetischen Fasern, Beschreibung, Auswahl, Bemessung
	2687	Ladegeschirre für Container, Sattelanhänger und LKW-Wechsellaufbauten (WAB)
	3303	Muster einer Dienstanweisung für Betätigung und Wartung elektrischer Krane
	3305	Gefahrenkennzeichnung an Kranen und Hebezeugen
	3314	Fahrzeugkrane, Merkblatt für die Abnahmeprüfung
	3570	Überlastungssicherungen für Krane
	3571	Herstellertoleranzen für Brückenkrane
	3573	Auswahl der wirtschaftlichen Arbeitsgeschwindigkeiten von Hafenkranen
	3574	Fahrzeugkrane, Typenblatt

2.9. Beispiele, Fragen

▶ **Beispiel 2.1:** Projektierung eines Kranes in einer Bearbeitungswerkstatt.

In einer Werkstatt sollen 8 Bearbeitungsmaschinen mit Hilfe eines flurfreien Kranes bedient werden. Hierfür ist eine Projektskizze anzufertigen und eine Zusammenstellung der Bauteile zu geben.

Lösung: Die Aufgabe wird mit einem Einträgerhängekran gelöst. Die Ausgangsdaten werden zusammengestellt und darauf Normgrößen und Planungsdaten festgelegt oder gewählt (Tafel 2.9). Bild 2.59 zeigt in einer Projektskizze eine mögliche Lösung der Aufgabe. Aus Tafel 2.10 gehen die erforderlichen Bauteile hervor. Anhand dieser Stückliste und Preislisten der Hersteller ist mit ca. 15 % Zuschlag für die Montagekosten ein Richtwert für die Investitionskosten zu ermitteln.

Tafel 2.9. Ausgangsgrößen und gewählte Daten für Einträgerhängekran

Ausgangsdaten		gewählt	
Traglast	110 kg	Kettenzug	125 kg
Hubgeschwindigkeit	7 m/min	8 m/min	
Feinhubgeschwindigkeit	3 m/min	2 m/min	
Hubhöhe nach Skizze	3 m	3 m Hakenweg	
Aufhängemöglichkeit	Betondecke	Bügelschraube	
Aufhängeabstand (Bahnträger)	–	alle 4 m	
Spannweite (Kranträger)	nach Skizze	5,4 m	
Fahrgeschwindigkeit	von Hand	–	
Stromzuführung	–	verfahrbare Flachleitung	
Betriebsspannung	380 V/50 Hz		
Steuerspannung	380 V/50 Hz		

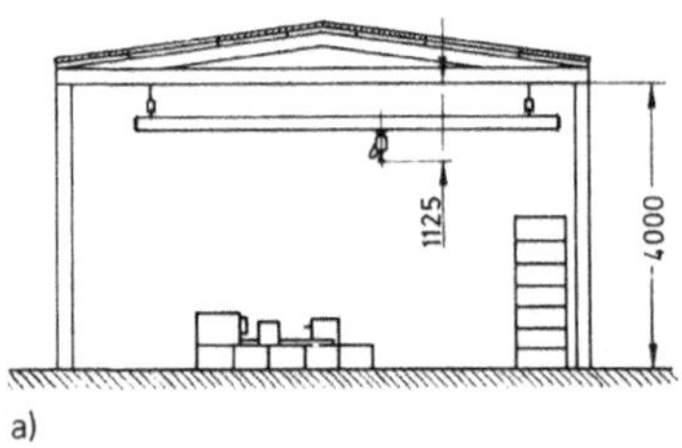

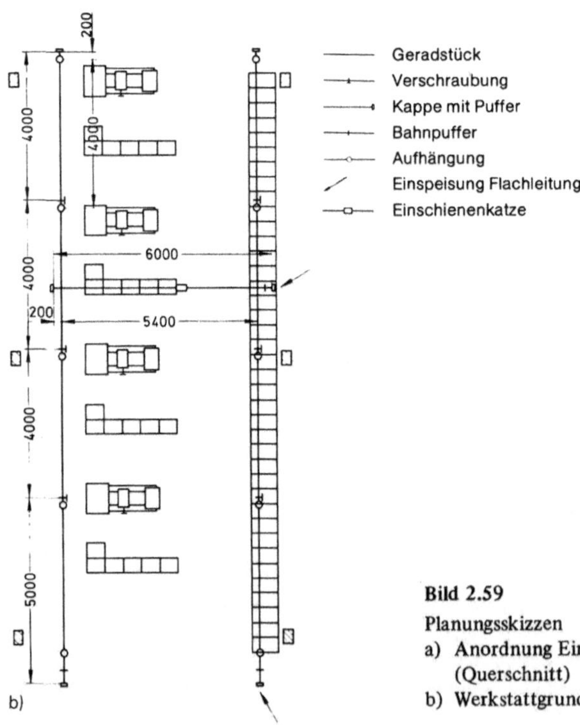

Bild 2.59

Planungsskizzen

a) Anordnung Einträgerhängekran in der Werkstatt (Querschnitt)

b) Werkstattgrundriß

Tafel 2.10. Zusammenstellung der erforderlichen Bauteile

Benennung	Stück
Geradstück	
L = 4 m (führ Kranbahn)	6
L = 5 m (für Kranbahn)	2
L = 6 m (für Kranträger)	2
Verschraubung	6
Bahnpuffer (für Kranbahn)	2
Bahnpuffer (für Kranträger)	1
Kappe mit Puffer (für Kranbahn)	4
Kappe mit Puffer (für Kranträger)	2
Deckenlasche A	10
Bügelschraube	10
Kugelstange	20
Gewindestange L = 80	10
Hängelasche	10
Fahrwerk für Kranträger	2
Fahrwerk für Katze	1
Kranträgeraufhängung	2
Leitungsklemme	2
Flachleitung YFLYk – J 4 X 1,5	28 m
Gleitschuh (für Kranbahn)	8
Gleitschuh (für Kranträger)	4
Netzanschlußschalter	1
Elektro-Kettenzug mit Kettenspeicher 380 V/50 Hz, 3 m Hakenweg	1

▶ **Beispiel 2.2:** Fördermittelauswahl für einen kurzhubigen Arbeitsvorgang.

Für eine Last Q, die um 180 mm zu heben ist, wird ein Hebezeug gesucht. Der Hubvorgang ist in unterschiedlich langen Zeiträumen durchzuführen.

Lösung: Für diese Aufgabe ist der hydraulische Hebebock geeignet, der zu den Serienhebezeugen zu zählen ist. Er ist aus Zylinder und Kolben aufgebaut, die Druckflüssigkeit ist Öl und soll durch Handantrieb bedient werden. Eine Konstruktionsmöglichkeit zeigt Bild 2.60. Aus den angegebenen Größen lassen sich die Handkraft F_H in N ausrechnen, um eine Last heben zu können, sowie alle anderen Abmessungen ermitteln.

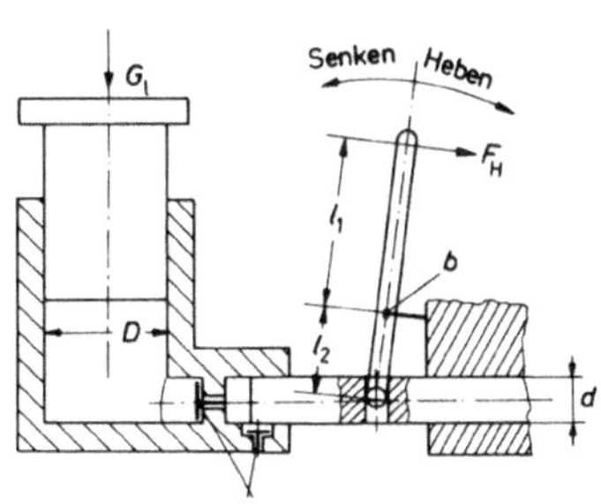

Bild 2.60. Hydraulischer Hebebock mit Handbetrieb
a Ventile b Hebeldrehpunkt

Die Übersetzung zwischen Kolben und Stempel ist

$$i = \frac{\text{Gewichtskraft}}{\text{Handkraft}} \quad \text{ergibt} \quad i = \frac{D^2}{d^2}$$

mit der Hebelübersetzung wird die Gesamtübersetzung

$$i_{ges} = \frac{D^2 l_1}{d^2 l_2} \tag{2.12}$$

Bei einem vorhandenen Wirkungsgrad η ($\eta \approx 0{,}7$) ist die Handkraft zum Überwinden der Gewichtskraft der Last G_l

$$F_H = G_l \frac{d^2 l_2}{D^2 l_1 \eta} \quad \text{in N} \tag{2.13}$$

Der Kolbendurchmesser errechnet sich aus der Beziehung

$$p_k \frac{\pi D^2}{4} = G_l \qquad \text{daraus folgt} \qquad D = \sqrt{\frac{G_l \cdot 4}{p_k \pi}} \quad \text{in m} \tag{2.14}$$

p_k in N/m^2 Flüssigkeitsdruck im Lastzylinder

Das Senken der Last erfolgt durch Ventilsteuerung, wobei der Stempel nach rechts bewegt werden muß, um das Ventil frei zu geben.

▶ **Beispiel 2.3:** Schaltplan für Lasten-Hebebühne.

Für die im Bild 2.18b dargestellte Arbeits-Hebebühne soll ein elektrischer und ein hydraulischer Schaltplan erstellt werden, der die Funktionen der Bühne bei der Auf- und Abwärtsbewegung gewährleistet.

Die **Lösung** dieser Aufgabe wird mittels Skizze in Bild 2.61 durchgeführt.

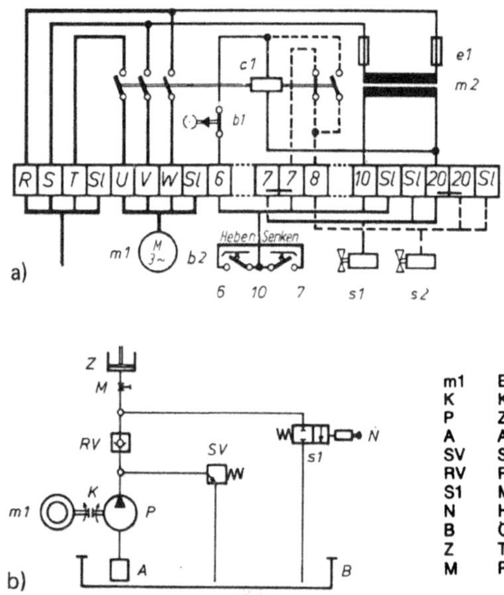

Drehstrom:

R, S, T	Stromzuführung
Sl	Schutzleiter
c 1	Hubschütz
e 1	Steuersicherung
m 2	Steuertrafo
b 1	Not – Aus
b 2	Fußschalter Heben – Senken
m 1	Hydraulikmotor
s 1	Magnetventil Senken
s 2	Sperrventil

m1	Elektromotor
K	Kupplung
P	Zahnradpumpe
A	Ansaugsieb
SV	Sicherheitsventil
RV	Rückschlagventil
S1	Magnetventil
N	Handnotbetätigung
B	Ölbehälter
Z	Teleskopzylinder
M	Prüfmanometeranschluß

Bild 2.61. Elektrischer (a) und hydraulischer (b) Schaltplan für Lasten-Hebebühne

▶ **Beispiel 2.4:** Beschreiben Sie die in Bild 2.62 dargestellten 5 Kranarten nach:

- Benennung
- Aufbau mit Anordnung der Laufkatze
- Vor- und Nachteile
- Einsatzgebiete und Anwendung.

Lösung: siehe Kapitel 2.

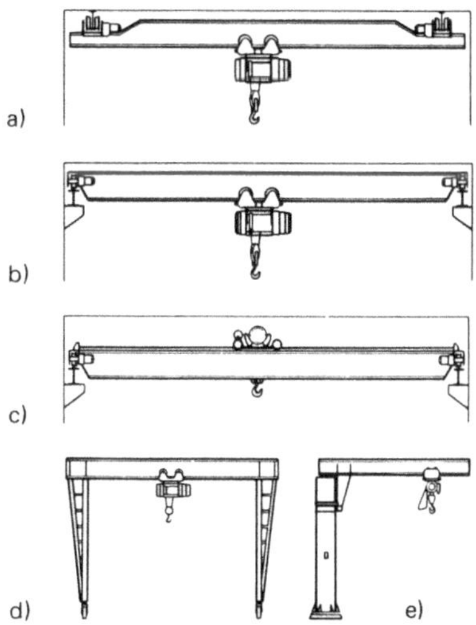

Bild 2.62
Verschiedene Kranarten
(a) bis e) siehe Kapitel 2)

▶ **Beispiel 2.5:** Stellen Sie aus der Gruppe der Serienhebezeuge in perspektivischer Darstellung dar:

a) Montagewinde mit Elektromotor
b) handbetriebene Schnecken-Wandwinde
c) handbetriebene Stirnrad-Wandwinde
d) Schraubenwinde mit Steckhebel und Ratsche
e) Zahnstangenwinde
f) Klappblock
g) Seilblock
h) kombiniertes Zieh- und Hubgerät mit Seil (Greifzug).

Lösung: siehe Bild 2.63.

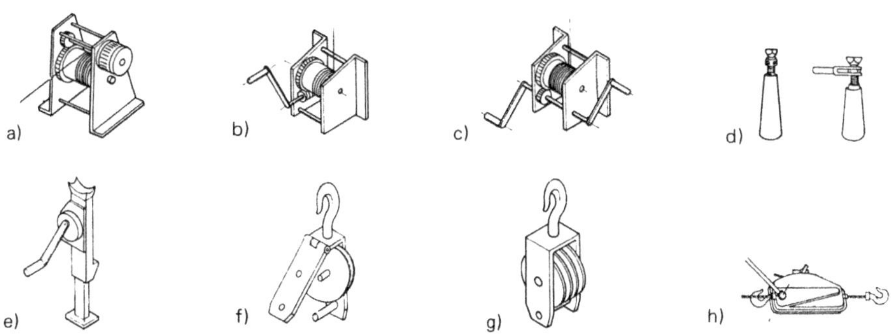

Bild 2.63. Diverse Serienhebezeuge (a) bis h) siehe Text)

▶ **Beispiel 2.6:** Für die in Bild 2.16 dargestellten Seil-Einschnürungsarten ist die Bezeichnungsart zu erklären und die Hubgeschwindigkeiten der Last v_h in Abhängigkeit von der auf die Trommel auflaufenden Seilgeschwindigkeit v_s anzugeben.

Lösung: es bedeutet

P 4/2 – 2
- – Anzahl der Lasthaken (nur bei mehreren Lasthaken)
- – Anzahl der angezogenen Seile
- – Anzahl der Seilstränge
- – Modell

Die Hubgeschwindigkeiten betragen bei:

$$1/1;\ 2/2-2 \quad \text{und} \quad 2/2:\ v_h = v_s$$

$$2/1 \quad \text{und} \quad 4/2:\ v_h = \frac{v_s}{2};\ 4/1:\ v_h = \frac{v_s}{4}$$

▶ **Beispiel 2.7:**

a) Skizzieren Sie das Steuerschema für den in Bild 2.10 angegebenen Vakuumheber.

Lösung: siehe Bild 2.64.

b) Welche Hubkraft F_h entwickelt ein Saugteller mit einem Durchmesser d = 100 mm bei einem Differenzdruck von p = 8 N/cm^2.

Lösung:

$$F_h = \frac{\pi d^2}{4} p = 78{,}5 \cdot 8 = 628 \text{ N}$$

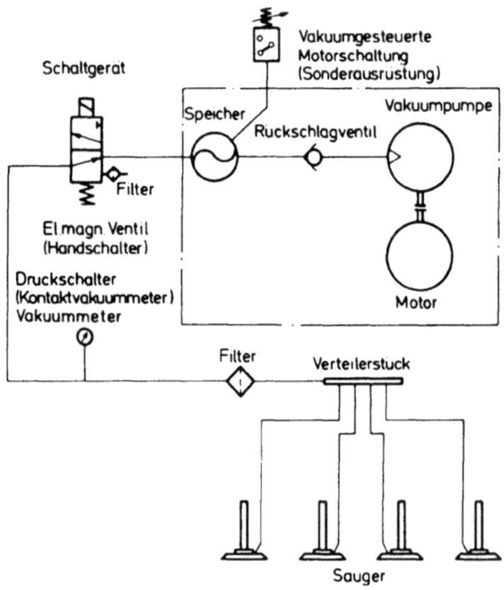

Bild 2.64. Steuerschema für Vakuumheber

▶ **Beispiel 2.8:** Ein Elektroseilzug soll nach Tafel 2.2 aus folgenden Daten ermittelt werden:

Traglast	5000 kg
Belastungsart	„mittel" nach Tafel 2.2
Hubgeschwindigkeit	12 m/min
Einscherung	2/1
mittlerer Hakenweg	4 m
Spielzahl/Stunde	20
Arbeitszeit/Tag	8 Stunden

Lösung: Die mittlere Laufzeit je Arbeitstag wird geschätzt oder wie folgt berechnet:

$$\text{Laufzeit/Tag} = \frac{2 \cdot \text{mittl. Hakenweg} \cdot \text{Spielzahl/Std.} \cdot \text{Arbeitszeit/Tag}}{60 \cdot \text{Hubgeschwindigkeit}} = \frac{2 \cdot 4 \cdot 20 \cdot 8}{60 \cdot 12} = 1{,}78 \text{ Stunden}$$

Für die Belastungsart „mittel" und eine mittlere Tageslaufzeit von 1,78 Stunden gibt die Tabelle die FEM-Gruppe *I*a sowie die Tr.-Gruppe *1* A_m an. Für die Traglast von 5000 kg und bei der Einscherung *2/1* weist Tafel 2.2 die Bauart P *625* aus.

Beispiel 2.9:

a) Skizzieren Sie für einen Brückenkran folgende Flursteuerarten

(a) Hängetaster fest am Elektrozug

(b) Hängetaster fest an der Kranbrücke

(c) Hängetaster verfahrbar an der Kranbrücke (mittels Flachkabel und Kabelwagen)

Lösung: siehe Bild 2.65a.

b) Zeigen Sie die Hauptstromabnahme bei einem Brückenkran auf für Schleppleitungen und als Sicherheitsschleifleitung in offener und geschlossener Ausführung.

Lösung: Tafel 2.5; siehe Bild 2.65b.

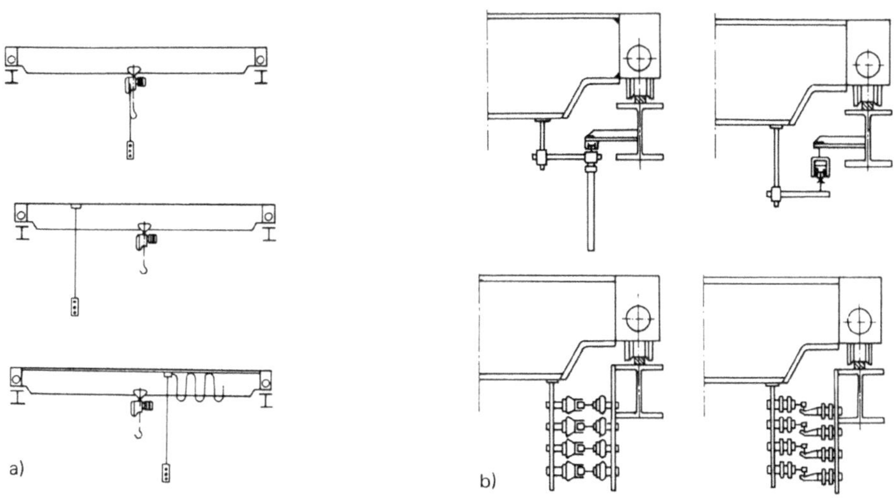

Bild 2.65. Flursteuerarten (a) und verschiedene Hauptstromabnahmen (b) beim Brückenkran

Beispiel 2.10: Die Speisentransporte in einer Universitätsklinik werden mit Hilfe von Einschienen-Elektrohängebahnen entsprechend dem Kurs in Bild 2.66 von der Küche zu den Pflegeabteilungen transportiert. Für den 215 m langen Transportweg wird der Stückgutstrom mit 10 Fahrwerkseinheiten (350 kg Nutzlast; Drehstrommotor 42 V, 50 Hz) bei einer Fahrgeschwindigkeit von 12 bis 60 m/min bewältigt. Es sollen dafür zwei Fahrprogramme aufgestellt werden (Anzahl der Weichen: 10).

Lösung: siehe Tafel 2.11.

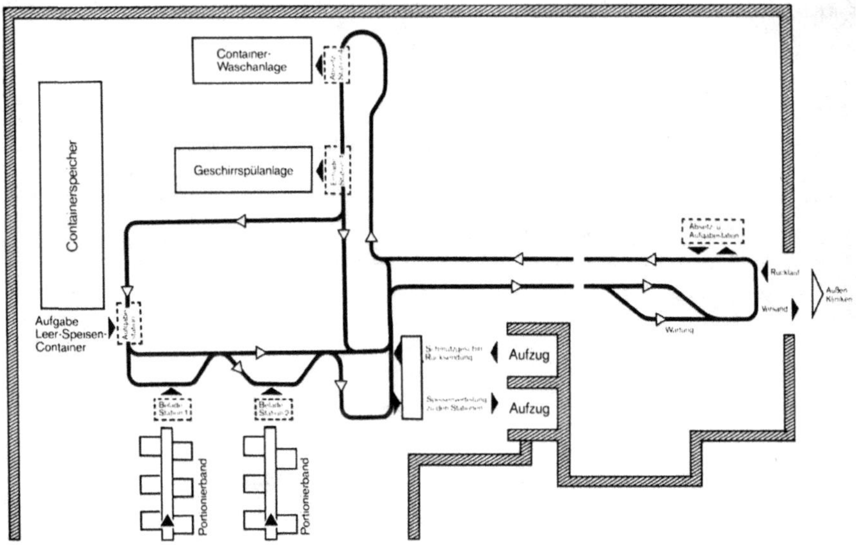

Bild 2.66. Rundkurs der Elektrohängebahn in einer Klinkküche

Tafel 2.11. Zusammenstellung der Fahrprogramme des Speisentransportes in einer Universitätsklinik

Zwei Fahrprogramme	
Programm 1.1:	A) Aufnahme der Leercontainer am Containerspeicher B) Transport zu den Beladestationen an Speisenportionierbändern C) Weitertransport und Absetzen am Aufzugsfußpunkt zu den Stationen
Programm 1.2:	A) + B) wie 1 C) Weitertransport und Absetzen bei Versandstelle für Außenkliniken
Programm 2.1:	A) Aufnahme der Container mit Schmutzgeschirr am Aufzugsfußpunkt B) Transport zur Geschirrspülanlage C) Weitertransport zur Containerwaschanlage D) Absetzen am Containerspeicher
Programm 2.2:	A) Aufnahme der Container mit Schmutzgeschirr an der Empfangsstelle von den Außenkliniken B)–D) wie 2

• Fragen

1. Wie teilt man die Lastaufnahmeeinrichtungen ein?
2. Welche Tragmittel gibt es?
3. Was für Aufgaben haben Unterflaschen?
4. Was versteht man unter Lastaufnahmemitteln? Nennen Sie einige.
5. Beschreiben Sie einen Lasthebemagneten.
6. Worin liegen die Vorteile des Vakuumhebers?
7. Worauf beruht die Tragfähigkeit der Klemmen?
8. Welche Greifer sind zu unterscheiden?
9. Beschreiben Sie die Arbeitsweise eines Zweischalengreifers.
10. Was versteht man unter Serienhebezeugen, und welche Typen kennt man?
11. Wie arbeiten Hebebühnen, und wie kann man sie einteilen?
12. Welche Laufkatzen gibt es, und welche Bestandteile hat die Zweischienenlaufkatze mit Windwerk?
13. Welches Greiferwindwerk wird heute bevorzugt gebaut?
14. Welche Vor- und Nachteile haben Krane?
15. Was verbirgt sich hinter der Einteilung der Krane in Hubklassen und Beanspruchungsgruppen?
16. In welcher DIN-Norm sind die Berechnungsgrundsätze für Stahltragwerke zusammengefaßt?
17. Welche Möglichkeiten der Stromzuführung werden im Kranbau benutzt?
18. Welche Steuerungen von Brückenkranen gibt es?
19. Welche Antriebsarten für Fahrwerke kennt man, und wie ist der Verschiebeläufer-Bremsmotor aufgebaut?
20. Wie arbeitet die elektrische Gleichlaufwelle?
21. Wie teilt die DIN 15 001 Blatt 1 und Teil 2 die Krane ein?
22. Welche Vorteile besitzen Hängebahnen?
23. Was ist unter der Direktverriegelung von Hängekranen zu verstehen?
24. Worin besteht der Unterschied zwischen Halb- und Vollportalkranen?
25. Welche Auslegersysteme bei Ausleger- und Drehkranen gibt es?
26. Wie funktioniert das Wippsystem mit Seileinschnürung?
27. Nach welchen Gesichtspunkten sind Drehkrane einzuteilen?
28. Aus welchen Momenten setzt sich das Drehwiderstandsmoment eines Drehkranes mit Kugeldrehkranz zusammen?
29. Wie groß muß die Antriebsleistung eines Drehwerkes für einen Drehkran im Freien sein?
30. Wo werden Mobilkrane eingesetzt, und welche Vorteile haben Sie?

3. Stetigförderer

3.1. Allgemeines

3.1.1. Definition, Vor- und Nachteile, Verwendung

Nach den Beschreibungen des stetigen Fördervorganges unter Kapitel 1.1.1 führen Stetigförderer bei horizontalem, vertikalem oder geneigtem, aber festem Förderweg Transportarbeiten im stetigen Ablauf durch. Für Massengutförderung (Kohle, Erz, Sand, ...) sind sie das rationellste Fördermittel bei relativ kleiner Antriebsleistung durch Vermeiden von Totzeiten und durch ein günstiges Totlastverhältnis (Formel 1.16). Es ist möglich, kleine Förderer tragbar oder fahrbar auszuführen und ortsfeste Anlagen auch über Flur anzubringen. Während des Transportes kann das Fördergut aufgegeben und abgenommen werden, und es sollte nach Möglichkeit einem Produktionsvorgang unterworfen werden, wie Erwärmen, Kühlen, Befeuchten, Sortieren, Montieren oder Mischen. Transport bedeutet keinen Wertzuwachs, sondern nur eine Verteuerung. Durch kontinuierliche oder veränderliche Geschwindigkeit bzw. durch Takten sind Stetigförderer mittels Steuereinrichtungen (Zielsteuerung) hervorragend zum automatischen Förderablauf im innerbetrieblichen Materialfluß geeignet und können bei Automatisierungsprozessen in Fertigung und Lager eingesetzt werden.

Ortsfeste Anlagen benötigen viel Bodenfläche, und für Durch- oder Übergänge bedarf es zu den an sich schon hohen Investitionskosten noch zusätzlichen Aufwandes. Nachteilig sind außerdem

- der festgelegte Förderweg
- Schwierigkeiten bei einer Fertigungsumstellung
- der engbegrenzte Anwendungsbereich bezogen auf Fördergut.

Die Stetigförderer werden für Stück- und/oder Schüttgut bei kleinsten und größten Massenströmen (Gurtförderer bis 20000 t/h) für kurze, mittlere und auch große Entfernungen (außerbetrieblicher Bereich) bei festgelegtem Förderweg angewendet. Bedienungspersonal ist zum Fördervorgang nicht erforderlich. Aufgrund dieser Verwendungsmöglichkeit sind die Einsatzgebiete der Stetigförderer in allen Industriezweigen gegeben. Durch die Verwendung von Baukastensystemen und durch Geschwindigkeitsänderung können Kapazitäts- oder Anlagenerweiterungen relativ einfach durchgeführt werden. So finden sich Stetigförderer zum An- und Abtransport von Material und Erzeugnissen bei der chemischen Industrie, im Bergbau, im Tagebau, in der metallverarbeitenden Industrie, in Kraftwerken, im Fertigungsablauf (Fließfertigung), im Lagerbereich, bei der Automobilmontage oder zum Verbinden von Produktionsprozessen.

3.1.2. Ein- und Unterteilung

Die Einteilung der Stetigförderer kann nach verschiedenen Gesichtspunkten durchgeführt werden. Einmal bietet sich der *konstruktive* Aufbau an nach der Art der Kraftübertragung

Tafel 3.1. Einteilung der Stetigförderer nach konstruktiven und funktionalen Gesichtspunkten

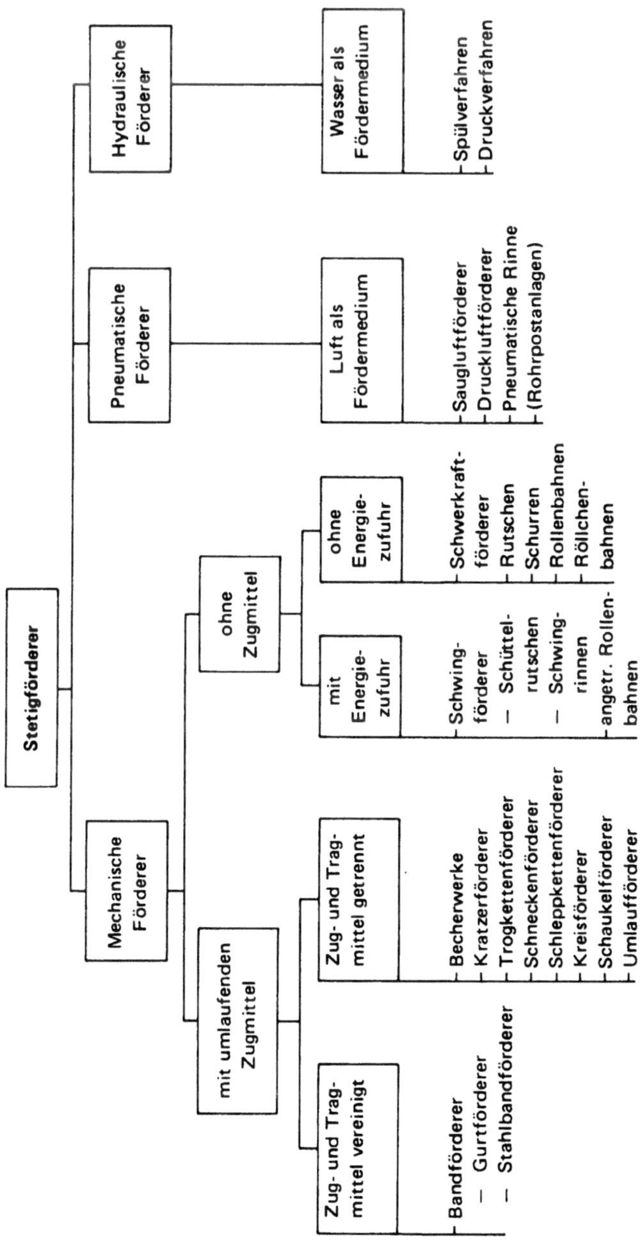

und des Funktionsprinzipes (Tafel 3.1), zum anderen kann die Einteilung nach der Art des Fördergutes (Kapitel 1.1.2) erfolgen in:

- Stetigförderer für Schüttgut
- Stetigförderer für Schütt- und Stückgut
- Stetigförderer für Stückgut.

Nach dieser in Tafel 3.2 gegebenen Einteilung (DIN 15 201) werden die Stetigförderer bezüglich Aufbau, Vor- und Nachteilen, Anwendung und Berechnung behandelt. (Gesichtspunkte zur wirtschaftlichen Transportplanung siehe Kapitel 1.1.4 und 1.1.5).

3.1.3. Dimensionierungsgrundlagen

Für eine Planungsdimensionierung von Stetigförderern sind notwendig:

- die Fördergutströme für Schütt- oder Stückgut (Volumen-, Massen- und Stückstrom), Kapitel 1.3.3
- die Beharrungs- und Beschleunigungsgrößen (Momente, Leistungen), s. Kapitel 1.3.4

Der Gesamtwiderstand berechnet sich aus dem Hub- und Reibungswiderstand. Wird der Massenstrom $\dot{m}$ auf die Höhe H gebracht, so ist der Hubwiderstand

$$F_{\mathrm{wh}} = \frac{\dot{m}\, g\, H}{3{,}6 \cdot v} \quad \text{in N} \tag{3.1}$$

F_{wh}	in N	Hubwiderstand
$\dot{m}$	in t/h	Massenstrom
g	in m/s^2	Erdbeschleunigung
H	in m	Hubhöhe
v	in m/s	Fördergeschwindigkeit

Beträgt die Höhendifferenz zwischen der Gutaufgabe und der Gutabgabe (waagerechte Förderung) null, so ist $F_{\mathrm{wh}} = 0$.

Tafel 3.2. Einteilung der Stetigförderer nach der Art des Fördergutes

Stetigförderer

- **Stetigförderer für Schüttgut**
  - Becherwerke
  - Kratzerförderer
  - Trogkettenförderer
  - Schneckenförderer
  - Schneckenrohrförderer
  - Schwingförderer
  - Pneumatische Förderer
- **Stetigförderer für Schütt- und Stückgut**
  - Bandförderer
  - Gliederförderer
  - Rutschen
- **Stetigförderer für Stückgut**
  - Schleppkettenförderer
  - Kreisförderer
  - Schaukelförderer
  - Umlaufförderer
  - Wandertische
  - Rollenbahnen

Für Dimensionierungszwecke ist es ausreichend, den Gesamtreibungswiderstand zu errechnen. Die dafür benötigte Gesamtreibungszahl f_{ges}, die vom Fördergut und von der Konstruktion des Fördermittels abhängt, ergibt sich zu

$$f_{ges} = \frac{F_R}{F_n} \tag{3.2}$$

f_{ges}		Gesamtreibungszahl
F_R	in N	Gesamtreibungskraft
F_n	in N	Gesamtnormalkraft

Der Gesamtreibungswiderstand ist:

$$F_{wR} = f_{ges} L \left(m_l g + \frac{\dot{m} g}{3{,}6 v} \right) \text{ in N} \tag{3.3}$$

F_{wR}	in N	Gesamtreibungswiderstand
f_{ges}		Gesamtreibungszahl
L	in m	Förderlänge
m_l	in kg/m	längenbezogenes Eigengewicht des Förderers
g	in m/s²	Erdbeschleunigung
$\dot{m}$	in t/h	Massenstrom
v	in m/s	Fördergeschwindigkeit

Das 1. Glied in der Klammer berücksichtigt die durch das Eigengewicht, das 2. Glied die durch den Massenstrom entstehende Reibung.

Die Gesamtwiderstandskraft eines Stetigförderers ist damit F_w und entspricht bei Stetigförderern mit einem Zugorgan (Gurt, Seil, Kette) der Umfangskraft F_u

$$F_w \mathrel{\hat{=}} F_u = f_{ges} L \left(m_l g + \frac{\dot{m} g}{3{,}6 v} \right) \pm \frac{\dot{m} g H}{3{,}6 v} \text{ in N} \tag{3.4}$$

Einheiten siehe Gleichungen 3.1 und 3.3. „+“ gilt für Aufwärts-, „–“ für Abwärtsförderung
Die Auslegung des Motors geschieht nach den Gleichungen 1.30 und folgenden (ED = 100 %).

3.2. Stetigförderer für Schütt- und Stückgut

3.2.1. Allgemeines

Die Gruppe der Stetigförderer für Schütt- und Stückgut unterteilt man in

- Bandförderer
- Gliederbandförderer
- Rutschen

Bandförderer werden für waagerechte oder geneigte Schütt- und Stückgutförderung verwendet, bei denen die Gurte zugleich Zug- und Tragorgan darstellen. Die Bandförderer lassen sich unterteilen in

- Gurtbandförderer (Gummi-, Textil- oder Drahtgurt)
- Stahlbandförderer.

Gliederbandförderer sind Fördermittel, die aus sich überdeckenden, einzelnen oder gelenkig miteinander verbundenen Platten bestehen. Sie werden durch endlose, zweisträngige Ketten angetrieben. Versieht man die Platten mit Seitenwänden, so entstehen Trogbandförderer. Sind Quer- und Seitenwände vorhanden, so spricht man von Kastenbandförderern.

Rutschen sind Schwerkraftförderer und werden in gerade und gekrümmte Einweg- und Mehrwegrutschen sowie in Wendelrutschen unterteilt.

3.2.2. Bandförderer

Der bei weitem bedeutendste Vertreter in der Gruppe der Bandförderer ist der *Gummigurtförderer,* der in tragbarer, fahrbarer und stationärer Ausführung hergestellt wird. Bei der Schüttgutförderung läuft der Gurt in gemuldeter Form, um eine Erhöhung des Füllquerschnittes zu erzielen. Bei dem Stückguttransport wird der Gurt in flacher Form meist schleifend über eine Unterlage geführt. Die Größe des Schüttgutmassenstromes ergibt sich in Abhängigkeit von der *Gurtbreite,* der *Muldung* und der *Fördergeschwindigkeit.* Der Gummigurtförderer ist zu finden beim Transport von Abraum, Steinen und Braunkohle, Erzen, Salzen, Sand, Kies, Zement, Getreide, Paketen, Kartons, Säcken, Schachteln, Behältern, Briefen, Werkstücken oder beim Hafenumschlag, in der Fließfertigung oder bei der Bunkerung von Schüttgut. Die Vorteile sind dabei

- einfache Bauart, hohe Fördergeschwindigkeit
- geringer Energiebedarf (vergleiche Tafel 3.15)
- wenige Antriebe bei langem Förderweg
- gleichmäßiger Materialfluß
- geeignet für kurze bis sehr lange Förderwege
- universell einsetzbar
- geringer Personalbedarf durch geringe Bedienung und Wartung
- geräuscharmer Lauf und schonender Transport
- Gefälle- und Steigungsmöglichkeit je nach Förderweg.

Nachteile sind

- zusätzliche Kosten für Hochlegen des Förderers bei Durchgängen und Übergängen
- Verschleiß des Gummigurtes je nach Fördergut
- teurer Gummigurt, Begrenzung durch Temperatur und bei schleißendem Fördergut
- festgelegter Förderweg, bei Schüttgut nur geradlinig
- große Trommeldurchmesser.

Bild 3.1 zeigt den *Grundaufbau* eines Gummigurtförderers. Der endlose Gummigurt *a* läuft über gemuldete Tragrollenstationen *b,* die auf dem Traggerüst *c* befestigt sind. Der Antrieb vom Motor über Kupplung, Bremse, Getriebe wirkt auf die Antriebstrommel *d.* Durch Reibschluß zwischen Gurt und Trommel erfolgt die Kraftübertragung nur dann, wenn die Spannvorrichtung *e* über die Umlenktrommel eine Vorspannkraft im Gurt erzeugt. Die Schüttgutaufgabe *f* geschieht mittels Rutschen, Trichter oder Schurren, der

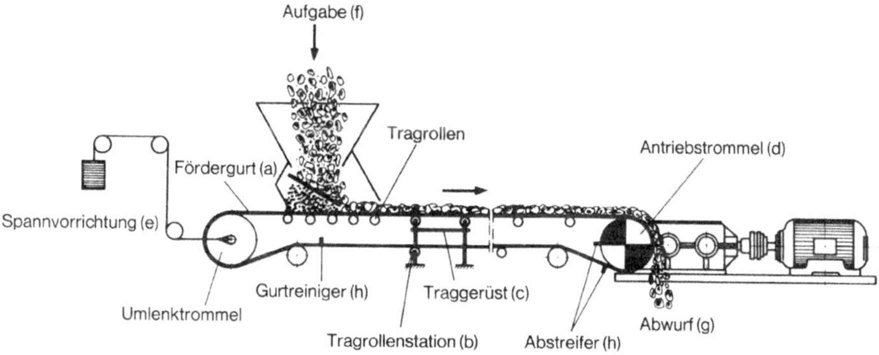

Bild 3.1. Grundaufbau eines Gummigurtförderers (a bis h siehe Text)

Abwurf des Gutes über Kopfabgabe *g*. Reinigungseinrichtungen *h* sorgen für einen sauberen Gurt, Führungseinrichtungen für einen geraden Lauf.

Der Gurt wird von der Aufgabe- bis zur Abgabestelle des Fördergutes als Obertrum, Lasttrum oder Obergurt bezeichnet, der rücklaufende Gurt als Untertrum, Leertrum oder Untergurt.

Der Gummigurt läuft mit Geschwindigkeiten bis 10 m/s (Kettenförderer bis 1,5 m/s) bei Gurtbreiten bis 3,6 m, überwindet Neigungen je nach Fördergut bis ± 20° und ist normalerweise bis 100 °C (180 °C) einsetzbar.

Ein 3,2 m breiter Gummigurt (Muldung 30°) transportiert bei einer Fördergeschwindigkeit von 8 m/s einen Volumenstrom von 34 000 m³/h, das entspricht bei Förderbraunkohle (ρ_s = 0,7 t/m³) ca. 1100 Güterwagen.

Die *Traggerüste* bestehen aus Längsträgern mit Pfosten (Abstand 2 bis 2,5 m) und Querverbänden und werden für trag- und fahrbare Gummigurtförderer aus Rund- oder Vierkantstahl hergestellt, für ortsfeste Anlagen aus Walzprofilen zu Segmenten zusammengeschweißt. Lange Anlagen entstehen durch Verschrauben von Segmenten. Die Traggerüste dienen zur Aufnahme der Tragrollen. Dabei sind starre Anordnung der innen gelagerten Tragrollen und bewegliche Ausführung mit Girlandentragrollen zu unterscheiden. Rückbare Förderer sind bei großen Erdbauprojekten wie Braunkohle- und Phosphatabbau eingesetzt. Sie lassen sich quer zur Förderrichtung unabhängig von ihrer Länge verschieben.

Tragrollen – oft in Tragrollenstationen (Muldenrollenstation) zusammengefaßt – tragen den Gummigurt. Der Abstand der Tragrollen beträgt im Obergurt 0,8 bis 1,5 m (und mehr), im Untergurt 1,6 bis 4,0 m (und mehr). Um die Antriebsleistung und das Anfahrmoment klein zu halten, müssen die Drehmasse und die Reibung der Tragrollen klein sein. Deshalb baut man Rillenkugellager mit niedriger Dichtreibung ein, die besonders gegen Staub und Feuchtigkeit zu schützen sind. Tragrollen werden heute in Serienfertigung hergestellt. Die Anordnung der Tragrollen bewirkt einen flachen oder gemuldeten Obergurt durch eine flache, 2-teilige oder 3-teilige Muldenrollenstation (DIN 22107, Bild 3.2 und 3.73). Ein 100 m langer Gummigurtförderer besitzt bei 3-teilig gemuldetem Obergurt (1 m Abstand

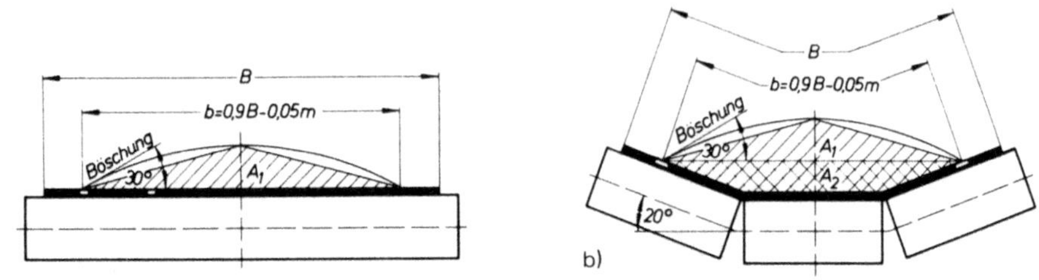

a) b)

Bild 3.2. Mögliche Tragrollenanordnungen für den Obergurt a) flach b) 3-teilig gemuldet

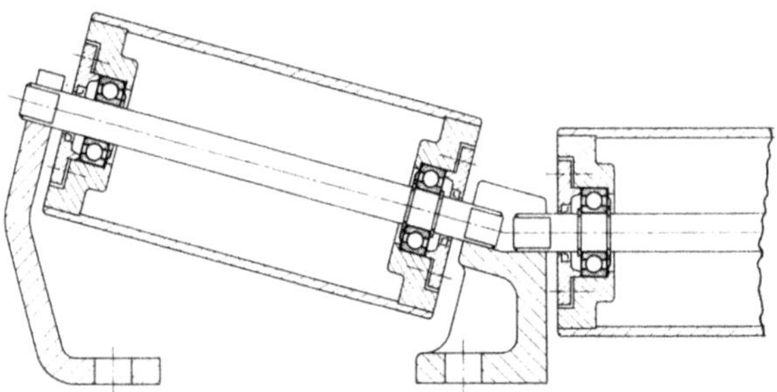

Tragrollenstation eines Förderbandes

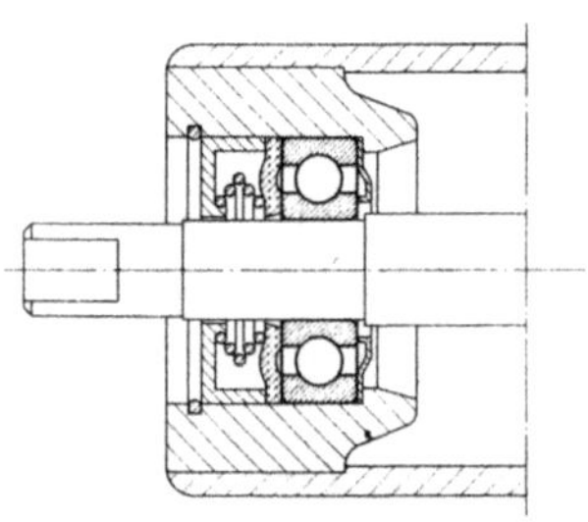

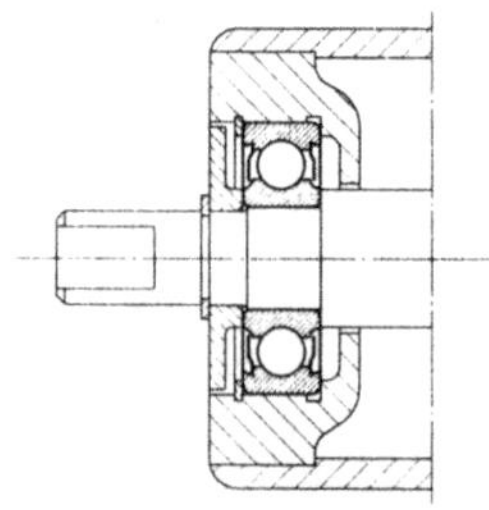

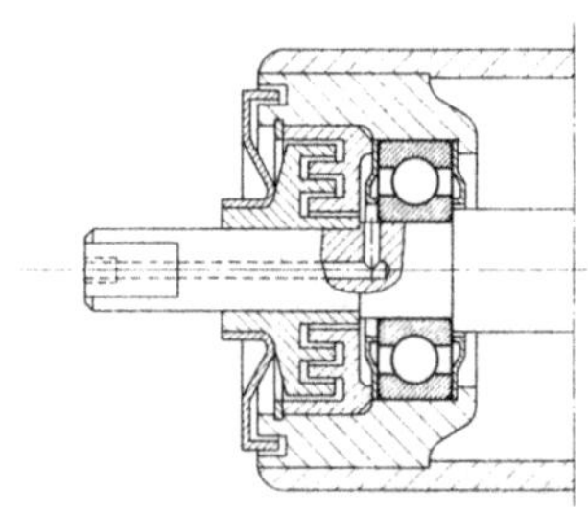

a) Tragrolle einer Sortieranlage

Tragrolle eines Bergbau-Förderbandes

Tragrolle einer Braunkohlengroßbandanlage

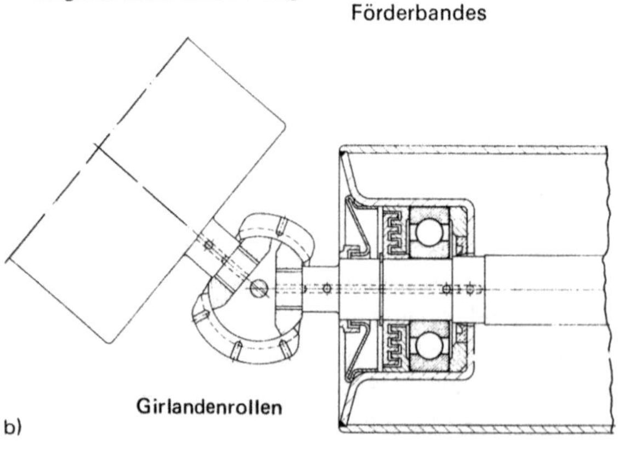

b)

Bild 3.3

Aufbau und Anordnung verschiedener Tragrollenausführungen

der Tragrollenstation) und bei flach geführtem Untergurt (2 m Abstand der geraden Tragrollenstation) insgesamt 700 Rillenkugellager!

Die Tragrollen mit feststehender Achse (Innenlagerung, Bild 3.3a) werden bevorzugt benutzt (im Gegensatz zur *Kappenlagerung*: Außenlagerung). Die angefasten Enden der innen gelagerten Tragrollen liegen in einfachen Schlitzen. Die gebräuchlichsten Tragrollendurchmesser sind 63,5; 88,9; 108; 133; 159 mm (DIN 15 207, ISO 1537). Verbindet man die Tragrollen durch Ketten-, Kreuz-, Ösen-, Seil- oder Hakengelenke, ergeben sich Tragrollengirlanden, welche der Ideallinie der Muldenkrümmung und damit dem besten Füllquerschnitt am nächsten kommen (Bild 3.3b).

Antriebstrommeln sind in den Durchmessern 200 bis 2000 mm genormt und in Stahlguß- oder Schweißkonstruktion hergestellt. Die Trommel ist 100 bis 200 mm länger als die Gummigurtbreite auszuführen. Die Größe der von der Trommel auf den Gummigurt zu übertragenden Kraft ist nach Gleichung 1.18 abhängig von einem möglichst großen Umschlingungswinkel, von einer hohen Reibzahl zwischen Trommel und Gurt (Tafel 3.3) und von der Vorspannkraft. Neben der zylindrischen Ausführung gibt es ballige Trommeln (gute Geradlaufeigenschaften durch Selbstzentrierung) und aus Stäben zusammengesetzte Trommeln (Reinigungseffekt). Je größer der Trommeldurchmesser ist, um so geringer ist die Beanspruchung des Gummigurtes.

Antriebe sind normalerweise an der Kopfseite (Gutabwurf) der Anlage, bei kleinen trag- oder fahrbaren Gurtförderern und bei Mehrtrommelantrieb am Schluß (Gutaufgabe) angeordnet. Es wird dann vom geschobenen Gurt gesprochen. Mögliche Anordnungen der Antriebe sind (Bild 3.4*a* bis *f*) bei *Eintrommel*-Antrieb

- mit Kopfantrieb und direktem Abwurf *a*
- mit Kopfantrieb und vorgebautem Abwurf *b*
- mit Schlußantrieb *c*,

bei *Mehrtrommel*-Antrieb

- mit Zweitrommelantrieb und vorgebautem Abwurf *d*
- mit Zweitrommel-Kopfantrieb *e*
- mit Kopf- und Schluß-(Heck-)Antrieb *f*.

Tafel 3.3. Reibungszahl zwischen Gurt und Trommel bei verschiedenen Betriebsbedingungen

Betriebsbedingungen \ Trommelbelag	Blanke Stahltrommel	Gummibelag mit Pfeilnuten	Keramikbelag
Trockener Betrieb	0,35–0,4	0,4–0,45	0,4–0,45
Sauberer Naßbetrieb	0,1	0,35	0,35–0,4
Lehm- oder tonverschmierter Naßbetrieb	0,05–0,1	0,25–0,3	0,35

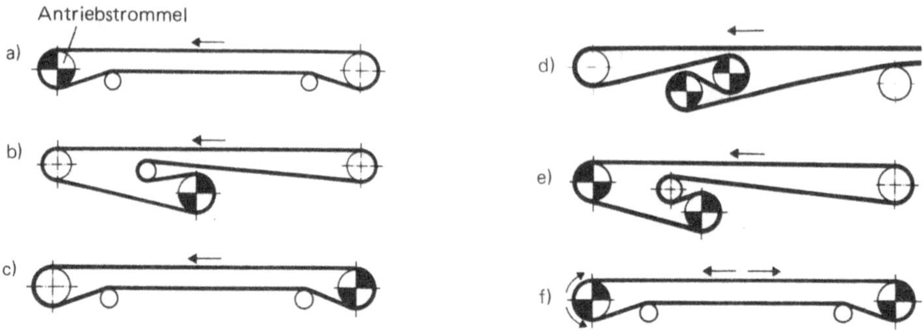

Bild 3.4
Anordnungsmöglichkeiten von Antrieben bei Gummigurtförderern
a) bis f) siehe Text

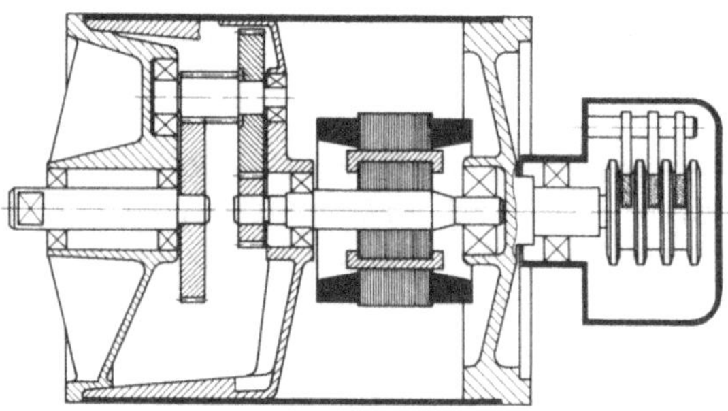

Der Eintrommel-Antrieb ist aufgebaut als

- *Trommelmotor* (VDI 2313, Bild 3.5). Er stellt eine Kompaktbauart dar und wird von 0,05 kW bis 140 kW Leistung gebaut
- *Getriebemotor* mit Antriebstrommel, Ablenktrommel, elastischer Kupplung, Getriebe Kurzschluß- oder Schleifringläufermotor, Bremse mit Bremslüfter und Rücklaufsperre
- *Zwillingsantrieb* (beidseitig).

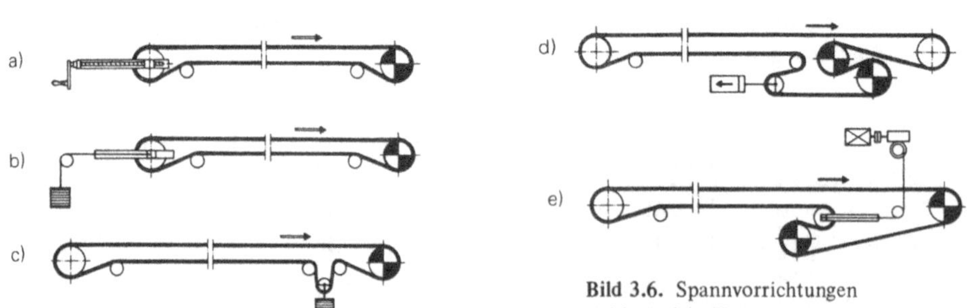

Bild 3.6. Spannvorrichtungen
a) bis e) siehe Text

Spannvorrichtungen sind erforderlich, da erst eine entsprechende Vorspannkraft (Kapitel 1.3.3) eine Kraftübertragung zwischen Gurt und Trommel ermöglicht. Die Umlenk- oder Spanntrommel ist in der Längsrichtung des Förderers beweglich gelagert und läßt sich durch die Spannvorrichtung verschieben. Es werden unterschieden (Bild 3.6a bis e)

- *starre* Spannanlagen mit Spannwinden oder Schrauben-Spindel *a* für kleinere Gummigurtförderer, wobei ein Nachspannen bei plastischer Gurtdehnung erforderlich wird
- *selbständige* Spannanlagen mit Gewichtsspannstation *b*, mit gewichtsbelasteter Spannschleife *c*, mit pneumatischen, hydraulischen *d*, elektrischen *e* oder elektro-hydraulischen Spannanlagen.

Da die Betriebsdehnungen der Gurte mit Textileinlagen ca. 1,5 %, bei Stahlseileinlagen aber nur 0,1 % in Längsrichtung betragen, sind die Spannwege entsprechend unterschiedlich auszulegen.

Führungseinrichtungen dienen dem Geradlauf des Gurtes. Dies wird erreicht durch

- *Sturzstellung* um 1° bis 3° der äußeren Tragrollen eines 3-teiligen Muldenrollensatzes in Förderrichtung
- selbsttätigen *Lenkrollensatz* in Abständen von ca. 40 m (Bild 3.7); der Gurt läuft beim Schieflauf an die Seitenrollen, erzeugt ein Moment, was ein Schrägstellen des um die Mittelachse drehbaren Lenkrollenstuhles (-satzes) bewirkt. Diese entstehende Sturzstellung erzeugt ein neues Ausrichten des Gurtes durch zur Gurtmitte hin gerichtete Seitenkräfte
- *ballige* Trommeln.

Das seitliche Ablaufen des Gurtes kann als Ursache haben

- einseitige Belastung durch das Fördergut
- ungenügende Reinigung der Trommeln und Tragrollen vom anhaftenden Fördergut
- unterschiedliche Spannungen im Gummigurt über die Gurtbreite im Zugträger
- Seitenkräfte, verursacht durch Regen, Wind, Schnee

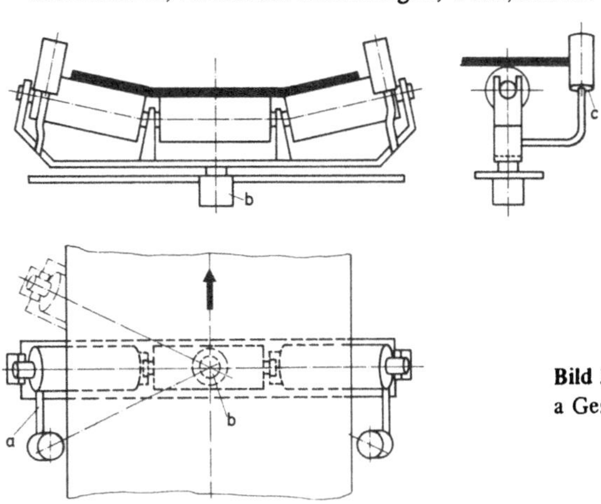

Bild 3.7. Lenkrollensatz
a Gestänge, b Drehpunkt, c Anlaufrolle

- Knickstellen in der Endlosverbindung
- schlecht ausgerichtete Tragkonstruktion.

Reinigungseinrichtungen dienen zum Entfernen von anhaftendem Gut, um besonders ein Verschmutzen der Tragrollen beim Untergurt, der gesamten Bandstrecke und der Antriebstrommel bei Mehrtrommelantrieb zu vermeiden. Reinigungseinrichtungen können sein: gewichtsbelastete Abstreifer, umlaufende Bürsten, Druckwasser, Stabtrommel und Gurtwendung bei langen Anlagen.

Den *Auf-* und *Abgabeeinrichtungen* ist besondere Aufmerksamkeit zu widmen. An der Aufgabestelle von Schüttgut aber auch von Stückgut muß der Gummigurt laufend die Fallenergie des Fördergutes vernichten und das Fördergut über Reibung auf Fördergeschwindigkeit bringen. Den geringsten Gurtverschleiß an der Aufgabenstelle erhält man

- bei kleinen Fallhöhen
- bei Aufgabe in Förderrichtung
- bei Aufgabe mit Fördergeschwindigkeit
- in Abhängigkeit vom Fördergut.

Je nach Größe dieser Faktoren wird ein günstig konstruierter Aufgabetrichter (Schurre) mit Fangrost und Polsterrollen (Bild 3.1) oder ein kleiner Beschleunigungsförderer benutzt. Der Abwurf geschieht in der Regel direkt über die Antriebstrommel, über einen vorgebauten oder verstellbaren Ausleger.

Fördergurte sind zugleich Zug- und Tragorgane. Der Zugträger besteht aus mehreren *Textileinlagen* für kleine bis mittlere Zugkräfte und aus *Stahlseil-Einlagen* bei hohen Zugbeanspruchungen. Zum Schutz vor physikalischen und chemischen Angriffen (Verschleiß, Aufschlagbeanspruchungen, Feuchtigkeit) wird der Zugträger allseitig mit einem elastischen Werkstoff wie Gummi oder PVC (nur bei Textileinlagen) umhüllt (Bild 3.8). Natur- und Kunstfasern aus Baumwolle B, Zellwolle Z, Reyon R, Polyamid P oder Polyester E stehen als Zugträger zur Verfügung. Aus der Gewebeherstellung bezeichnet man die Längsfaser als *Kette* und die Querfaser als *Schuß*. Bei einer Gewebekombination bedeutet der 1. Buchstabe die Kett- und der 2. Buchstabe die Schußrichtung. Die Bruchfestigkeit k_z des Zugträgers wird im Anschluß an die Gewebekurzbezeichnung angegeben, z.B. EP 160/65, d.h. dieses Gewebe hat pro Lage eine Bruchfestigkeit von 160 N/mm Breite in Längs- und 65 N/mm in Querrichtung.

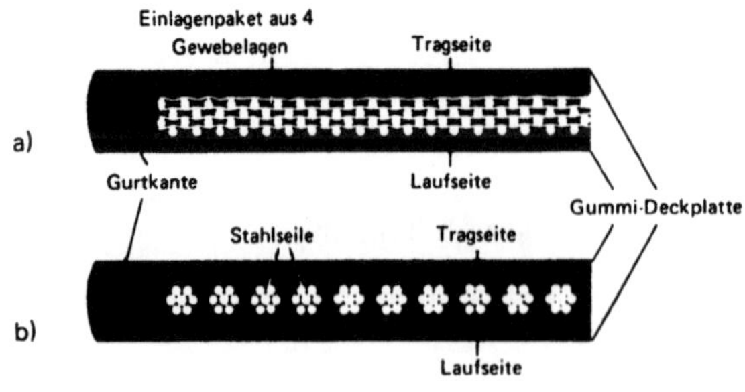

Bild 3.8. Gummigurtquerschnitt
a) mit Textileinlagen
b) mit Stahlseileinlagen

Während die Textilfördergurte in der Regel mehrlagig ausgebildet werden, ist der Stahlseilgurt nur einlagig.

Aufbau, Kennzeichnung und Berechnungswerte sowie Deckplattenqualitäten für Gummifördergurte mit Textil- oder Stahlseil-Einlagen sind den Tafeln 3.4 bis 3.6 zu entnehmen.

Tafel 3.4. Technische Daten von Gummigurten mit Textileinlagen

Gewebe	Gewebetype	Bruchfestigkeit k_z Kette N/mm	Schuß N/mm	Dicke des Gewebes im fertigen Gurt mm	Gurtgewicht ohne Deckplatten kg/m²
Baumwolle (B)	B 18	18	15	0,7	0,85
	B 35	35	20	1,0	1,15
Baumwolle-Zellwolle (BZ)	BZ 50	50	30	1,2	1,44
	BZ 80	80	45	1,65	1,97
Zellwolle (Z)	Z 90	90	40	1,3	1,58
Polyester (E)	E 100	100	40	1,0	1,70
Polyester-Zellwolle (EZ)	EZ 100	100	40	11	1,65
	EZ 125	125	50	1,15	1,85
Polyester Polyamid (EP)	EP 160	160	65	1,30	1,97
	EP 200	200	80	1,40	2,13
	EP 250	250	80	1,60	2,31
	EP 315	315	80	1,85	2,40
	EP 400	400	1000	2,15	2,98

Tafel 3.5. Technische Daten von Gummigurten mit Stahlseil-Einlagen

Gurttype	Bruchfestigkeit k_z je mm Gurtbreite in N/mm	Seildurchmesser max. in mm	Seil-Teilung in mm	Bruchkraft des Seiles F_B in N	Mindest-Deckplattendicke Tragseite in mm	Laufseite in mm	Gurtgewicht ohne Deckplatten in kg/m² [1]
St 1000[2]	1000	4,3	12	13250	4	4	9,5
St 1250	1250	4,3	10	13750	4	4	10,5
St 1600	1600	6,0	15	26500	5	5	14,0
St 2000	2000	6,0	12	26500	5	5	16,0
St 2500	2500	7,5	15	41250	6	6	20,0
St 3150	3150	8,5	15	52000	6	6	25,0
St 4000	4000	9,5	15	66000	7	7	30,0

[1]) Für je mm Deckplatte sind ca. 1,15 kg/m² zuzurechnen.

[2]) V-DIN 22131 Blatt 1

Tafel 3.6. Gummi-Deckplattenqualitäten

Deckplattenqualität	M	N	P	Q
Zugfestigkeit längs N/mm²	25	20	15	10
Bruchdehnung längs %	450	400	350	300
Abrieb mm³ max.	150	200	250	300

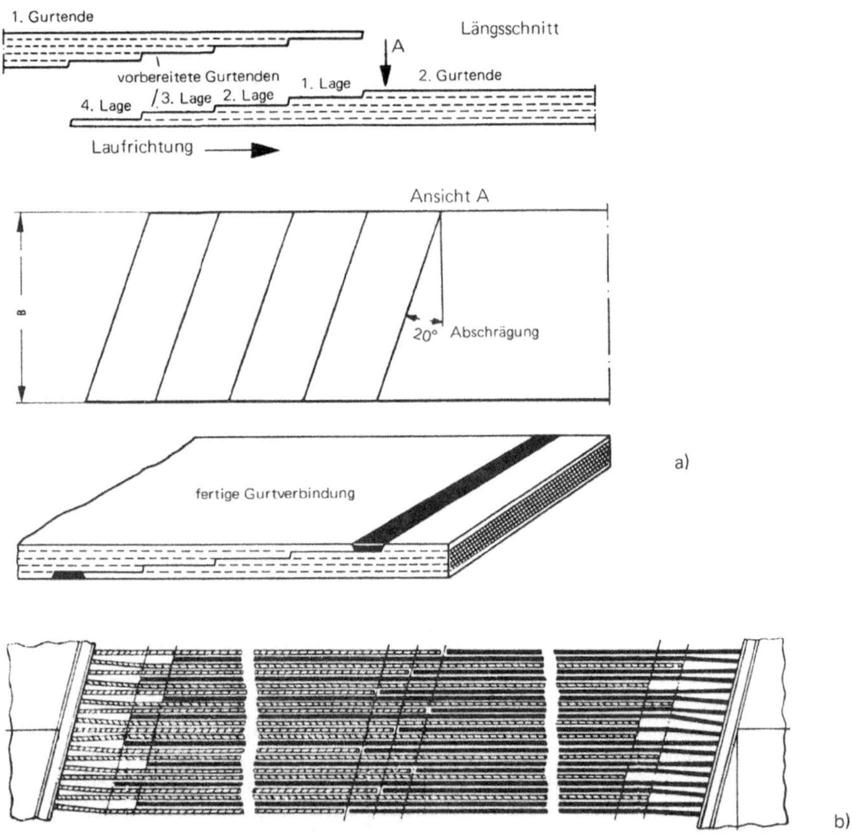

Bild 3.9. Verbindungsarten für Gummigurte
a) Schrägverbindung (Textileinlagen), vulkanisiert
b) zweistufige Verbindung (Stahlseil-Einlagen)

Der Fördergurt liegt endlos über den Trommeln der Förderanlage. Seine Endlosverbindung hat besondere Bedeutung für den Geradlauf des Gurtes. Heute werden Einzel-Gurtförderer mit 4000 m Achsabstand gebaut, dazu benötigt man 8000 m Gurt, die in Schüssen von ca. 100 m Länge zusammengesetzt sind (80 Verbindungsstellen!). Als Ausführungsarten von Verbindungsstellen von Gummigurten sind bekannt bei *Textileinlagen*

- mechanische Verbinder in starrer und gelenkiger Form (Haken-, Stab- oder Gelenkverbinder)
- kalt geklebte oder heiß vulkanisierte Verbindungen als Schrägverbindung (Bild 3.9a) oder als Zick-Zack-Verbindung (Überlappungsverbindungen)
- Fingerverbindung für ein- und zweilagige Gurte mit PVC-Beschichtung; man versteht darunter ein stumpfes Verbinden der Gurte, deren Enden lang eingeschnitten sind und dadurch „fingerartige" Spitzen bilden.

bei *Stahlseileinlagen*

- ein-, zwei- und dreistufige Verbindungen (Bild 3.9b; V-DIN 22131, Blatt 4).

Dem Abfall der Fördergurtfestigkeit in der Verbindungsstelle wird durch eine entsprechend große Sicherheitszahl Rechnung getragen.

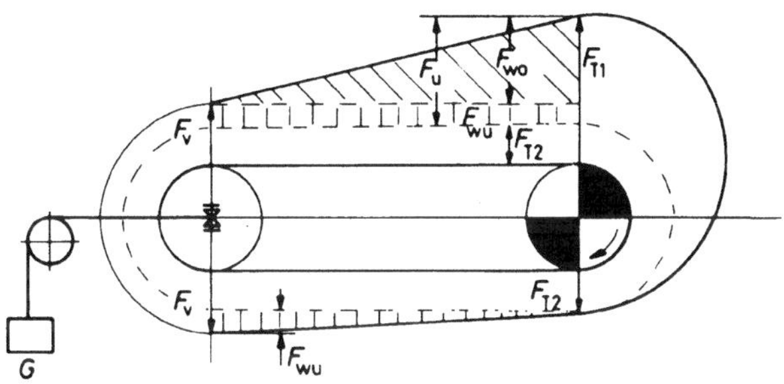

Bild 3.10
Gurtzugplan für horizontale Förderung bei Kopfantrieb

Trägt man die in einem endlosen Gummigurt wirkenden Kräfte senkrecht zu ihrer Richtung (Laufrichtung) auf, so entsteht der *Gurtzugplan*, dargestellt im Bild 3.10. Es gilt in Verbindung mit den Gleichungen 1.18 bis 1.22 des Kapitels 1.3.2 ($F_{S1} \mathrel{\hat{=}} F_{T1}$)

$$F_{T1} = e^{\mu\alpha} F_{T2} = F_{T2} + F_{wo} + F_{wu}$$

$$F_u = F_{T1} - F_{T2}$$

$$F_v = F_{T2} + F_{wu}$$

$$G = 2F_v$$

F_{wu}	in N	notwendige Kraft zur Überwindung der Bewegungswiderstände im Untergurt
F_{wo}	in N	notwendige Kraft zur Überwindung der Bewegungswiderstände im Obergurt
G	in N	Spanngewichtskraft
F_v	in N	Vorspannkraft, an der Umlenktrommel aufgebracht

Durch Gleichsetzen der auf den Gurt von außen wirkenden Kräfte und seiner inneren Kräfte erhält man unter Berücksichtigung einer entsprechenden Sicherheit und bei Vorwahl einer Gurtbreite die Einlagenzahl des Gurtes

$$F_{T1}\nu = z B k_z$$

$$z = \frac{F_{T1}\nu}{B k_z} \qquad (3.5)$$

Tafel 3.7. Sicherheitszahlen für Gummigurte

Einlagenzahl z	3 bis 5	6 bis 9	10 bis 14
Sicherheitszahl ν	11	12	13

F_{T1}	in N	maximale Gurtzugkraft
k_z	in N/mm	Bruchfestigkeit des Werkstoffes *je Einlage pro mm Breite*
z		Anzahl der Einlagen
ν		Sicherheitszahl (Tafel 3.7)
B	in mm	Gurtbreite (Normbreiten in DIN 22101)

Beim Stahlseilgurt beträgt $z = 1$. Die Zahl der Stahlseile errechnet sich zu

$$z_s = \frac{F_{T1} \cdot \nu}{F_B} \qquad (3.6)$$

z_s Anzahl der Stahlseile
F_B in N Bruchkraft eines Stahlseiles (Tafel 3.5)

Die hohe Sicherheitszahl berücksichtigt:

- Festigkeitsverlust in den Verbindungsstellen
- Festigkeitsverlust durch Alterung
- zusätzliche Beanspruchung durch Gurtbiegung
- verschieden starke Beanspruchung in den einzelnen Lagen
- Beschleunigungskräfte beim Anlauf
- nicht gleichmäßig über die Gurtbreite tragende Einlagen.

Normalerweise erhält ein Gurt bis 800 mm Breite mindestens 3 und über 800 mm 4 Einlagen. Mehr als 6 Einlagen sind zu vermeiden, da der Gurt zu biegesteif wird.

Die Bruchdehnung von Baumwolleinlagen liegt bei 15 %, von Kunstfasern bei 10 % und die von Stahlseilen bei 2 %. Der Trommeldurchmesser ist eine Funktion der Einlagenzahl, der Bruchdehnung der Einlagen, der Art der Endlosverbindung und deren Bruchfestigkeit sowie des zulässigen Flächendruckes zwischen Trommel und Gurt. Für Textil-Einlagen ist der Trommeldurchmesser nach DIN 22101 zu errechnen (Mindesttrommeldurchmesser bei Fingerverbindung einlagig: 40 mm; zweilagig: 60mm; bei Überlappungs-Schrägschnittverbindung einlagig: 60 mm; zweilagig 80 mm). Für Stahlseileinlagen ist D_{Tr} 800 bis 1400 mm zu wählen.

Berechnung. Der Förderstrom von Schüttgut ist abhängig:

- von der Fördergeschwindigkeit v in m/s
- von der Schüttdichte ρ_s in t/m^3 (Tafel 1.3, Kapitel 1.1.2)
- vom Neigungswinkel δ in ° des Gummigurtförderers

– vom Fördergutquerschnitt A in m^2, der wiederum eine Funktion von der Gummigurtbreite B in m, der Muldungsform des Gurtes und dem Fließverhalten des Schüttgutes ist.

Analog zur Kontinuitätsgleichung ergibt sich der Volumenstrom $\dot{V}$ laut Gleichung 1.23

$$\dot{V} = 3600\, A\, v\, k \text{ in m}^3/\text{h} \tag{3.7}$$

k – Minderungsfaktor in Abhängigkeit von der Neigung des Gummigurtförderers (Tafel 3.8) (andere Einheiten siehe Gleichung 1.23)

Der Volumenstrom $\dot{V}$ kann nach DIN 22101 für mittleres Fließverhalten, bei gleichmäßiger Beschickung, in Abhängigkeit von der Gummigurtbreite B in m und der Muldenform angegeben werden zu

flach (Bild 3.2a) $\dot{V} \approx 240\, v\,(0{,}9\, B - 0{,}05)^2$

gemuldet 20° (Bild 3.2b) $\dot{V} \approx 465\, v\,(0{,}9\, B - 0{,}05)^2$ in m^3/h (3.8)

gemuldet 30° $\dot{V} \approx 545\, v\,(0{,}9\, B - 0{,}05)^2$

Für diese Gleichungen ergibt sich bei einer Fördergutgeschwindigkeit von 1 m/s theoretisch ein Volumenstrom $\dot{V}$ in m^3/h, der in der Tafel 3.9 aufgeführt ist.
Der Massenstrom $\dot{m}$ errechnet sich nach der Gleichung 1.24

$$\dot{m} = \rho_s \dot{V} \text{ in t/h} \tag{3.9}$$

Tafel 3.8. Minderungsfaktor k

δ in °	4	10	14	16	18	20	21	22	23	24
k	0,99	0,95	0,91	0,89	0,85	0,81	0,78	0,76	0,73	0,71

Tafel 3.9. Volumenstrom in m^3/h bei v = 1 m/s
a) bei flachem Gurt, b) bei 20° gemuldetem Gummigurt

B in m	0,4	0,5	0,65	0,8	1,0	1,2	1,4	1,6	1,8	2,0
$\dot{V}$ in m^3/h	23	38	69	108	173	255	351	464	592	735

a)

B in m	0,4	0,5	0,65	0,8	1,0	1,2	1,4	1,6	1,8	2,0
$\dot{V}$ in m^3/h	42	70	126	197	318	467	645	850	1085	1350

b)

Bei vorgegebener Schüttgutart und Volumenstrom pro Zeiteinheit ergeben sich bei der Ermittlung der Abmessungen des Gummigurtförderers Variationsmöglichkeiten durch Änderung

- der Gummigurtbreite
- der Muldungsform
- der Fördergutgeschwindigkeit.

Es gibt verschiedene Berechnungsverfahren, um die Antriebsleistung zu ermitteln. Am genauesten ist die Erfassung der Einzelwiderstände in der gesamten Anlage. Dies ist aber ein sehr umständliches und zeitaufwendiges Verfahren. Gebräuchlich und hinreichend genau ist die Möglichkeit, die Antriebsleistung über die Umfangskraft nach Gleichung 3.4 zu bestimmen

$$F_u = f_{ges} L \left(m_l g + \frac{\dot{m} g}{3{,}6\, v} \right) \pm \frac{\dot{m} g H}{3{,}6\, v} \text{ in N} \tag{3.10}$$

F_u in N	Umfangskraft an der Antriebstrommel
$f_{ges} = f_N f_H$	Gesamtreibungszahl
f_N	Beiwert, dessen Größe von der Förderlänge abhängig ist; er berücksichtigt ***Nebenwiderstände***, wie Umlenkwiderstand des Gurtes an den Trommeln, Trommellagerungsreibung, Reibungswiderstand an der Gutaufgabestelle (Tafel 3.10)
L in m	Länge der Gummigurtförderanlage
f_H	Reibungszahl, berücksichtigt die ***Hauptwiderstände***, bestehend aus dem Walkwiderstand vom Gurt und Gut sowie der Tragrollenreibung $f_H = 0{,}017$ für gut verlegte Anlagen mit leichtlaufenden Tragrollen und für Fördergut mit geringer innerer Reibung $f_H = 0{,}020$ für normal ausgeführte Anlagen $f_H = 0{,}023$ bei ungünstigen Betriebsbedingungen, staubigem Betrieb, Fördergut mit großer innerer Reibung
$\dot{m}$ in t/h	Massenstrom
m_l in kg/m	längenbezogene Masse vom Gummigurt und den drehenden Rollenanteilen im Ober- und Unterteil(-trum) der Förderanlage $m_l = 2m_g + m_{ro} + m_{ru}$ m_g in kg/m Gewicht des Gurtes pro m m_{ro} in kg/m umlaufendes Rollengewicht beim Obergurt pro m m_{ru} in kg/m umlaufendes Rollengewicht beim Untergurt pro m
H in m	Hub- oder Senkhöhe der Fördergurtanlage

Das mit „±" bezeichnete Glied der Gleichung 3.10 stellt bei „+" die erforderliche Umfangskraft für die Hubhöhe, bei „–" für das Gefälle dar und ist bei horizontaler Förderung gleich Null.

Tafel 3.10. Beiwert f_N als Funktion der Förderlänge L

L in m	3	5	10	20	50	100	200	500	1000
f_N	9	6,6	4,5	3,2	2,2	1,8	1,45	1,2	1,1

Die Vollastbeharrungsleistung ergibt sich nach Gleichung 1.30 zu

$$P_V = \frac{F_u v}{1000\,\eta_{ges}} \quad \text{in kW}$$

Die Anlaufleistung P_{an} ergibt sich nach Gleichung 1.34

$$P_{an} = P_V + (1{,}1 \text{ bis } 1{,}2)\,P_g \quad \text{in kW} \qquad (3.11)$$

P_g in kW Beschleunigungsleistung für geradlinig zu beschleunigende Massen; der Faktor 1,1 bis 1,2 bedeutet einen 10 bis 20 %igen Zuschlag für die Beschleunigungsleistung der rotierenden Massen

$$P_g = \frac{L\left(m_l + \frac{\dot{m}}{3{,}6\,v}\right) v^2}{1000\,t_a \eta_{ges}} \quad \text{in kW} \qquad (3.12)$$

t_a in s Anlaufzeit der Anlage andere Einheiten siehe Gleichung 3.10

Die Motorleistung P eines Asynchronmotors ist dann (Gleichung 1.6)

$$P = \frac{P_{an}}{1{,}7 - 2{,}0} \quad \text{in kW} \qquad (3.13)$$

Aus den Motorlisten ist der nächsthöhere Motor zu wählen.

Um Fördergut möglichst steil fördern zu können, wurden *Steilfördergurte* entwickelt. Der sichere Transport von Schüttgut mit gemuldetem Gummigurt oder von Stückgut mit flachem Gurt versagt je nach Fördergut bei einem Steigungswinkel zwischen 10° bis 20°. Um aber auch größere Steigungen überwinden zu können, benutzt man für Schüttgut Gurte in Muldenform mit besonderer Stollenausbildung, wie Höckergurt, V-Mulden-Gurt oder einen flachen Gurt mit kalten aufgeklebten geraden oder schrägen T-Stollen meist in Verbindung mit beidseitig aufgeklebten oder vulkanisierten Wellenkanten. Dadurch entsteht ein Kastengurt (Bild 3.11). Die Rückführung und die Reinigung dieser Gurtkonstruktionen bereiten Schwierigkeiten. Für die Stückgut-Steilförderung werden die Deckplatten der Gummigurte (Tragseite) profiliert, um eine bessere Haftung (μ-Wert!) des Fördergutes auf dem Gurt zu erreichen, wie Fischgrät-, Querriffel-, Warzen- oder Noppengurt.

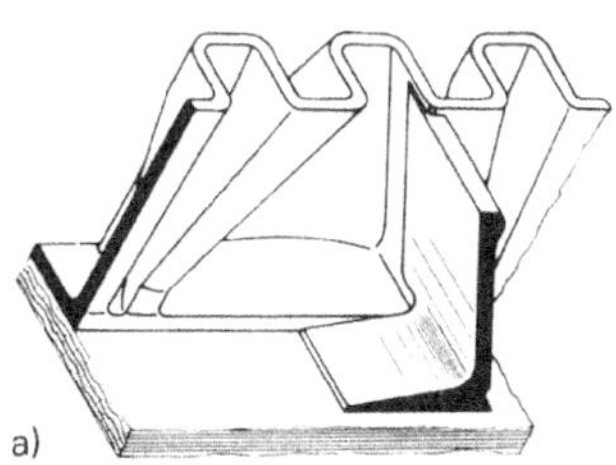
a)

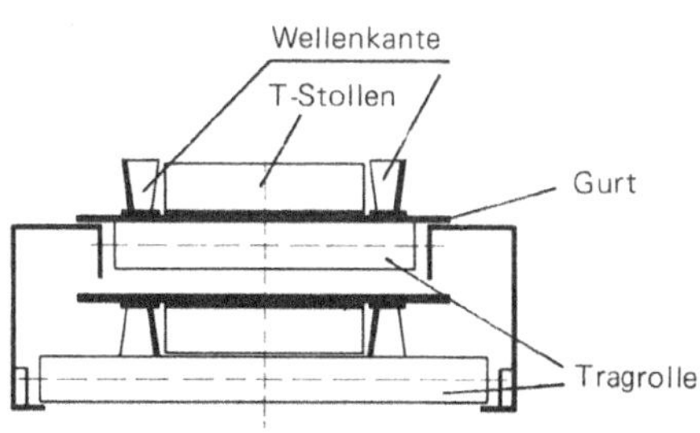

b)

Bild 3.11. Steilfördergurt
a) Kastengurt aus Stollen und Wellenkante
b) Querschnitt einer Kastengurtförderanlage

Ersetzt man die Tragrollen eines Gurtförderers durch eine Unterlage aus Blech, Holz oder Kunststoff (Gleitbahn) und benutzt man einen Fördergurt mit roher oder geringster Gummierung (bzw. PVC-Beschichtung) auf der Laufseite (μ-Wert!), so erhält man bei schleifend abgetragenem Gurt eine Förderanlage für Stückgut. Sie zeichnet sich besonders durch ruhigen durchhangslosen und erschütterungsfreien Lauf aus. Die Aufgabe des Fördergutes erfolgt manuell durch Aufsetzen oder automatisch durch Aufschieben. Die Abgabe bzw. Übergabe des Gutes erfolgt auf Tischen, Rutschen, Rollenbahnen, über Ausschleuseinrichtungen wie Abweisern, Pushern, Abstreifern oder Abschieben mit Druckluft (Kapitel 1.8.3).

Kleinförderer mit Gurten werden als Handhabungsgeräte in Montage- und Fertigungswerkstätten eingesetzt zum Verbinden von Montagestellen, zum Niveauausgleich, zur Beschikkung von Arbeitsplätzen, zur Pufferbildung und zur Vereinzelung, zum Verketten von Maschinen, zum Aussortieren und zum Transport von Kleinteilen. Diese Kleinförderer besitzen stufenlos regelbare Geschwindigkeiten, können getaktet werden und sind verfahrbar und höhenverstellbar konstruiert. Als Gurte sind mit Gummi oder PVC beschichtete bzw. unbeschichtete Textilgurte sowie Drahtgewebegurte in Einsatz, die sich in erster Linie nach dem zu transportierenden Fördergut richten.

Sonderausführungen von Gummigurtförderern, die im innerbetrieblichen Materialfluß eine wichtige Rolle spielen, sind für Schüttgut der Schleudergurtförderer und für Stückgut der Teleskop- und der Kurvengurtförderer.

Schleudergurtförderer (Bild 3.12a) bestehen aus einem kurzen endlosen Gummigurt, der mit hoher Geschwindigkeit (8 bis 25 m/s) umläuft. Das fein- bis mittelkörnige Schüttgut wird tangential über Kopf bis zu 22 m weit und bis zu 10 m hoch geschleudert (Massenströme bis 1000 t/h). Eingesetzt wird der Schleudergurtförderer bei großen Bunkern, auf Lagerplätzen oder zur Beschickung von Schiffsladeräumen (Bild 3.12b).

Teleskopgurtförderer sind Be- und Entladegeräte für LKWs, Waggons oder Schiffe bei Stückgut wie Säcke oder Kartons. Der dreh- und höhenverstellbare Gurtförderer am Ende der Verladeanlage läßt sich teleskopartig verlängern. Mit diesem Fördermittel werden durch kurze Wege der Stauer und geringer Manipulation hohe Umschlagleistungen erzielt (Bild 3.13).

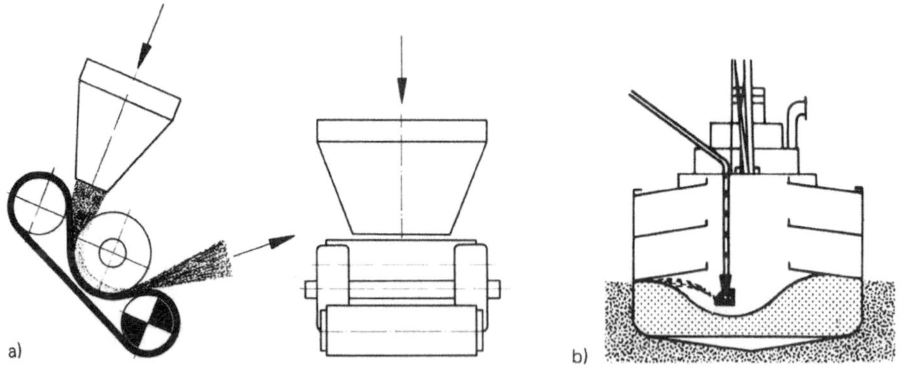

Bild 3.12. Schleudergurtförderer
a) Prinzipskizze b) Beschickung von Schiffsräumen

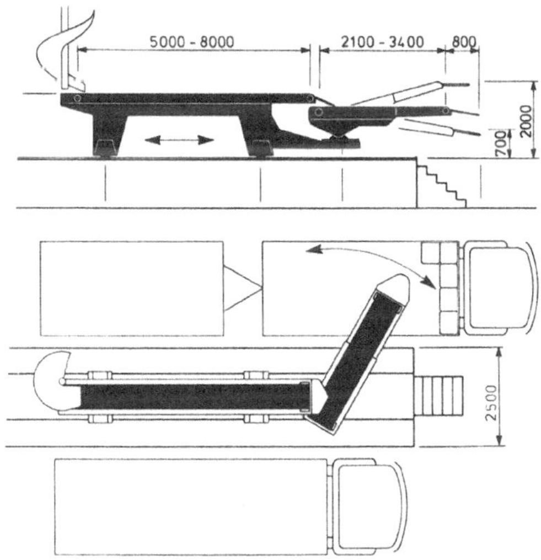

Bild 3.13
Teleskopgurtförderer eingesetzt in Sackverladeanlagen
Seitenbeladung eines LKWs über Wendelrutsche, Zubringergurtförderer und dreh- und höhenverstellbarem Teleskopgurtförderer

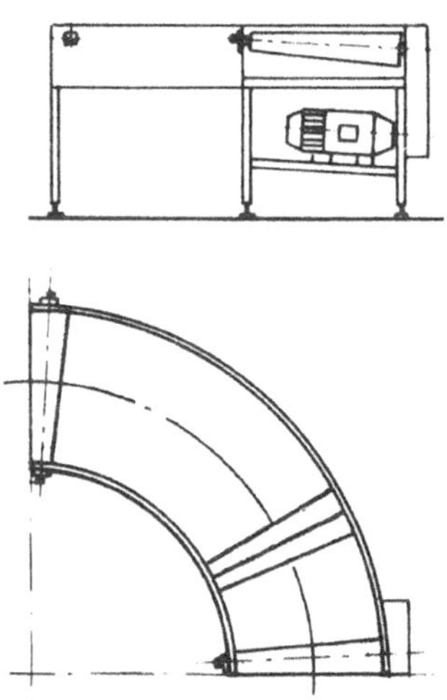

a)

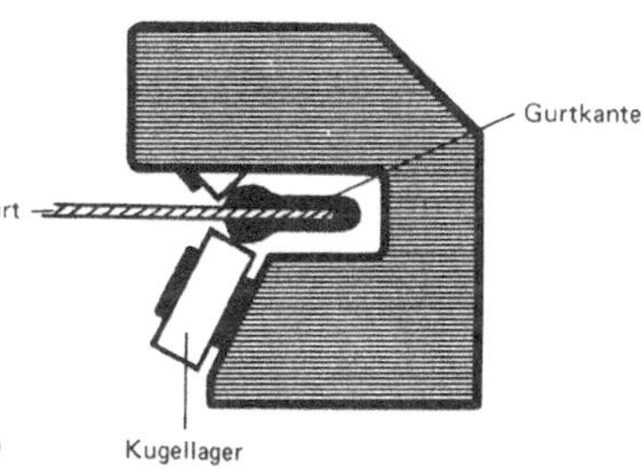

b)

Bild 3.14. Kurvengurtförderer
a) Prinzipskizze vom 90°-Kurvengurt
b) Außengurtkante mit Zugkraftübertragung auf Kugellager

Kurvengurtförderer bieten die Möglichkeit, Stückgut um Kurven zu führen (30° bis 180°), und werden besonders bei automatischen Systemen wie Gepäcktransport auf Großflughäfen eingesetzt. Der Gurt wird schleifend abgetragen und läuft über konische Trommeln. Beim Spannen des Gurtes entsteht eine zum Kurvenmittelpunkt hin gerichtete Kraft, die entweder über eine verstärkte Innenkante als Druckkraft von Stützrollen aufgenommen oder aber von der verstärkten Außenkante als Zugkraft auf Rollen oder Kugellagern übertragen wird. (Zwangsführung des Gurtes, Kurvengurtförderer Bild 3.14).

Drahtgurtförderer. Soll heißes oder sogar glühendes Stück- oder Schüttgut transportiert werden, soll Fördergut entwässert, getrocknet, gebacken oder gekühlt werden, so sind *Drahtgurtförderer* im Einsatz. Dabei gibt es die verschiedensten Macharten wie

- *Drahtgliedergurte:* aus Flachdraht mit S-Kanten und aus Runddraht in Weitspiralform mit verschweißten Kanten (Bild 3.15)
- *Drahtgeflechtgurte:* aus Rundspiraldraht und aus Flachspiraldraht (siehe Bild 3.75b)
- *Drahtgewebegurte* aus Stangen mit glatten oder gewellten Querstangen oder aus Draht (siehe Bild 3.75c, d).

Ob zur Trocknung von Gummifäden, Pappe, Furnier, Seife, Tabak oder Nahrungsmitteln, ob beim Transport von Maschinenteilen durch Farbspritzanlagen, bei Siebdruckmaschinen, in der Wellpappen-, Asbest- und bei der Gummiherstellung, ob beim Fördern durch Back-, Glasglüh-, Keramik-, Anlaß- oder Glühöfen, in Kühlhäusern, beim Fertigungsprozeß wie Glühen, Härten, Hartlöten, Einbrennen usw., überall sind die Drahtgurtförderer anzutreffen, die es auch als Kurvenförderer in allen Umlenkgraden gibt.

Stahlbandförderer sind Stetigförderer für Stück- und Schüttgut, die aus Antriebs- und Spanntrommel geringer Breite, aber großem Durchmesser bestehen und mit einem endlosen Stahlband aus kaltgewalztem Kohlenstoff- oder rostbeständigem Stahl versehen sind, das über Gleitbahnen oder gerade Tragrollen abgestützt wird. Die Dicke des Stahlbandes schwankt zwischen 0,4 bis 1,6 mm und ist abhängig von der Bandbreite (bis 4,0 m), Bandlänge (Achsabstand bis 300 m) und dem Fördergut. Die Endlosverbindung geschieht

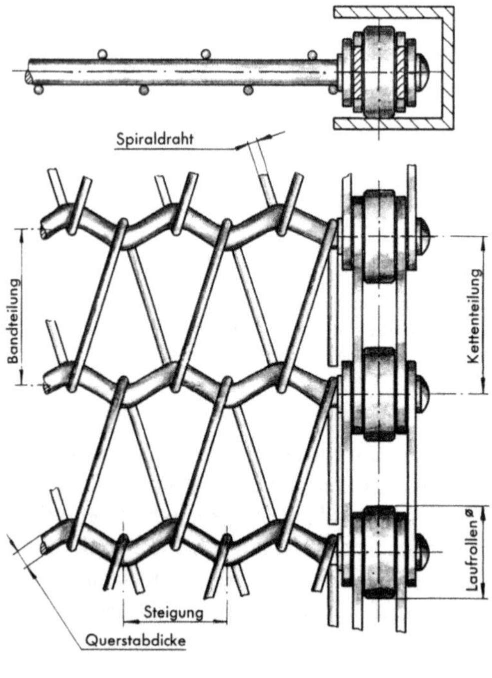

Bild 3.15
Runddrahtgliedergurt in Weitspiralausführung

durch kaltgeschlagene, versenkte Nieten. Sie besitzen hohe Festigkeit, eine harte und glatte Oberfläche, geringe Dehnung, Wärme-, Kälte- und Rostbeständigkeit. Die glatte Oberfläche gestattet eine leichte Reinigung, läßt nirgends Schmutz sich festsetzen und ist widerstandsfähig gegen Verschleiß und Abnutzung. Abstreifer können direkt auf das Stahlband einwirken, und an beliebiger Stelle der Förderstrecke ist mittels verschiedener Abstreifvorrichtungen eine Abgabe des Gutes möglich. Durch den ruhigen Lauf wird der Stahlbandförderer auch in der Fließfertigung eingesetzt. Weitere Einsatzgebiete liegen beim Transport von klebrigen Gütern, z.B. bei Lehm, bei Heißgut bis 550 °C, bei kontinuierlichen Ofen- und Trocknungsanlagen, besonders in der Nahrungsmittelherstellung wegen der guten Reinigungsmöglichkeit. Sonderausführungen sind gelochte Bänder für Trocknungs- und Entwässerungsanlagen, gummierte Bänder z.B. für Personentransport und magnetisierbare Bänder für automatische Sortiersysteme.

3.2.3. Gliederbandförderer

Reiht man Platten, Tröge oder Kästen als Aufbauten endlos aneinander und verbindet sie mit einer zweisträngigen Kette, die als Zugmittel dient, so entstehen, nach dem Tragmittel benannt, *Platten-, Trog-* oder *Kastenbandförderer.* Der Antrieb für die beiden Ketten geschieht formschlüssig mit Hilfe zweier starr auf einer Welle sitzender Kettenräder (Turasse).

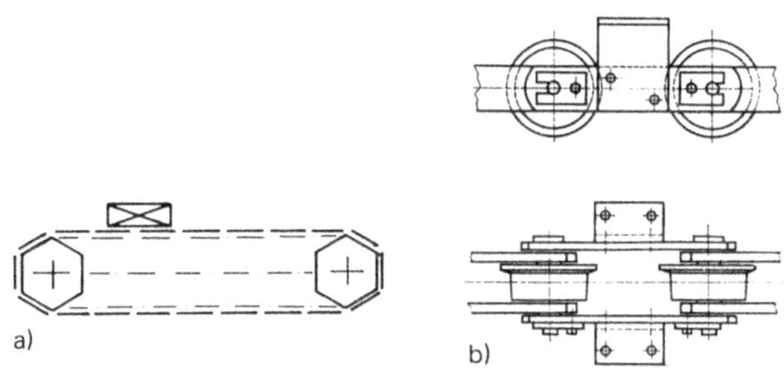

Bild 3.16. Gliederbandförderer
a) Prinzipskizze
b) Doppelbuchsenkette mit Bundrolle und Befestigungselement für Platten

Zum Förderer gehört eine Spanneinrichtung für die Kette, die entweder aus Federn oder aus Gewichten besteht. Als Kette werden u.a. benutzt: Stahlbolzenkette mit Befestigungselement für die Platten (DIN 654 Blatt 1), Laschenkette nach DIN 8175 oder Buchsenkette (DIN 8165 Blatt 1, Bild 3.16). Trog- und Kastenbandförderer sind meist für scharfkantiges (Schrott) –, verschleißendes (Koks, Schlacke) – und für heißes (Sinter) Schüttgut sowie für Massengut und schweres Einzelstückgut im Einsatz. Sie sind für Fördergutströme bis 1000 t/h, Förderlängen bis 400 m, Platten- oder Kastenbreiten von 0,2 bis 4,0 m und für Fördergeschwindigkeiten von 0,1 bis 1,0 m/s geeignet.

Berechnungsgrundlagen für Platten- und Kastenbänder finden sich in DIN 22 200, Normmaße in DIN 15 275.

3.2.4. Rutschen, Fallrohre

Für den geneigten oder senkrechten Abwärtstransport von Stück- und Schüttgütern werden *Rutschen, Schurren* oder *Rohre* (Bild 3.17) benutzt, welche eine gerade oder gekrümmte Form haben und in einfacher oder verzweigter Konstruktion gebaut werden. Die Rutsche

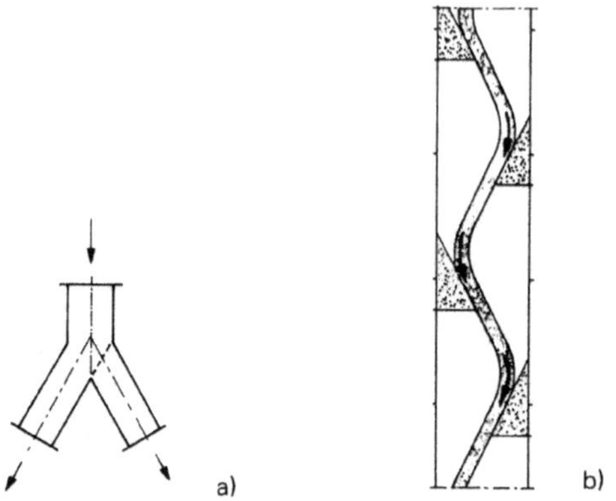

Bild 3.17. Rutschenformen
a) Fallrohr mit Weiche
b) Falltreppe mit verstellbaren Querstegen

beruht auf dem Prinzip der schiefen Ebene. Ist der Neigungswinkel größer als der Reibungswinkel zwischen Gut und Rutsche, gleitet das Fördergut mit Hilfe der Schwerkraft auf einer Förderbahn. Bei gleichbleibender Gleitreibungszahl μ_g wird das Gut beim Transport immer schneller. Die Endgeschwindigkeit v_e des Gutes beim Austritt aus der Rutsche errechnet sich aus der Energiebeziehung an der schiefen Ebene (Bild 3.18) zu

$$GH = \frac{m v_e^2}{2} + F_R L$$

mit

$$F_R = \mu_g G \cos\delta, \; L = \frac{H}{\sin\delta}$$

und

$$G = mg$$

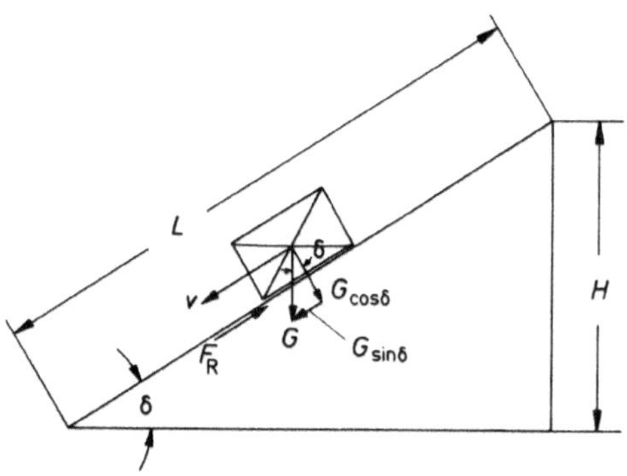

Bild 3.18. Kräfte an der schiefen Ebene bei Schwerkraftförderung

ergibt sich

$$v_e = \sqrt{2gH(1 - \mu_g \cot\delta)} \text{ in m/s} \tag{3.14}$$

v_e	in m/s	Fördergutgeschwindigkeit am Ende der Rutsche
g	in m/s²	Erdbeschleunigung
G	in N	Fördergutgewichtskraft
H	in m	Höhenunterschied
δ	in °	Neigungswinkel
μ_g		Gleitreibungszahl, die der mechanischen, chemischen und physikalischen Fördergut-eigenschafts-Änderung unterworfen ist.

Eine vorgegebene Endgeschwindigkeit ($v_e \approx 1{,}75$ m/s) kann bei einem vorhandenen Höhenunterschied H erreicht werden durch

- Veränderung von μ_g auf dem Transportweg
- Einbau von geschwindigkeitshemmenden Elementen
- Veränderung vom Neigungswinkel δ der Rutsche längs des Transportweges

Aus Gleichung 3.14 leitet sich der Neigungswinkel δ ab

$$\tan\delta = \frac{\mu_g}{1 - \frac{v_e^2}{2gH}} \tag{3.15}$$

Neigungswinkel für gerade Rutschen aus Stahlblech sind für verschiedene Schütt- und Stückgüter in Tafel 3.11 als Erfahrungswerte zu finden.

Tafel 3.11. Mindestneigungswinkel von Rutschen

Fördergut	Neigungswinkel α der Rutschen in °
Getreide	30 bis 35
Kohle	30 bis 40
Erz	≈ 45
Salz	≈ 50
staubförmige Güter	≈ 60
Postpakete	≈ 28

Wendelrutschen, das sind offene Rutschen, bei denen sich um eine Säule ein kreis-, ellipsen- oder rechteckiger Rutschenboden in Form einer Schraubenlinie windet, dienen zum Transport von Stückgut wie Paketen in tiefer gelegene Stockwerke oder Säcken zur kontinuierlichen Schiffsbeladung. Der Schwerpunkt des Gutes beschreibt eine Schraubenlinie. Schüttgüter wie Kohle, Erz, Salze werden in Fallrohren, in Teleskop-Fallrohren, in geschlossenen Wendelrutschen (Wendel im Rohr) oder in senkrecht stehenden Rinnen (Rechteckquerschnitt) abwärts gefördert. In diesen Rinnen sind versetzte und wechselseitig angeordnete Querstege (Bild 3.17b) in Treppenform vorhanden, um die Geschwindigkeit des Gutes abzubremsen und die kinetische Energie zu vernichten. Durch den Einbau von Klappen oder Weichen in die Fallrohre oder Wendelrutschen kann das Fördergut in verschiedene Richtungen gelenkt werden. Ein Beschicken der Rutsche oder des Rohres ist an beliebiger Stelle möglich. Oft werden diese Fördermittel auch als Puffer benutzt.

3.3. Stetigförderer für Stückgut

3.3.1. Allgemeines

Bei den Stetigförderern, die fast ausschließlich für den Stückguttransport eingesetzt werden, handelt es sich in erster Linie um *Kettenförderer*, d.h. das Zugmittel besteht aus einer endlosen Kette, das Tragmittel aus den unterschiedlichsten Gehängen oder aus Wagen, die durch Mitnehmer – an der Kette befestigt – geschoben oder gezogen werden. Zu dieser Stetigförderergruppe zählen die

- Schleppkettenförderer (Unterflurförderer)
- Tragkettenförderer
- Kreis- und Schleppkreisförderer
- Schaukelförderer
- Umlaufförderer
- Wandertische
- Rollenbahnen.

3.3.2. Schleppkettenförderer, Tragkettenförderer

Schleppkettenförderer dienen meist zum waagerechten oder leicht geneigten Transport von Stückgut und bestehen aus

- Ein- oder Zweistrangketten, die über oder üblicherweise unter Flur verlegt sind (Unterflurförderer, Bodenförderer)
- Gleit- oder Rollenbahnen, Wagen
- Mitnahmeeinrichtungen, die entweder an der Kette oder am Wagen angebracht sind (Prinzipskizzen Bild 3.19).

Beim Unterflurförderer (Bodenkreisförderer, Bild 3.20) geschieht der Wagentransport durch eine im Boden verlegte Schleppkette *a*, die in einem Schienenprofil *b* gleitet. Der Mitnehmer *c* am Wagen stellt die Kopplung zum Zugmittel „Kette" über den Mitnehmerzahn *d* her. Versehen mit einer Zielsteuerungseinrichtung *e* ist der Unterflurförderer einsetzbar zur Automatisierung des innerbetrieblichen Materialflusses und paßt sich den örtlichen Gegebenheiten und der Aufgabe gut an. Die Wagen können an jeder Stelle des Rund-

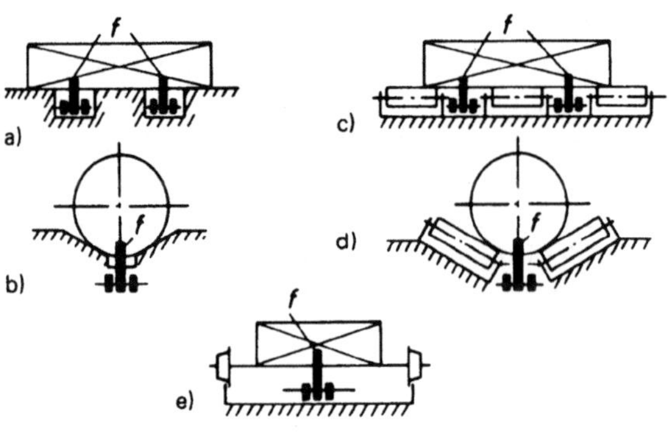

Bild 3.19

Prinzipskizze von Schleppkettenförderern mit
a) flacher } Gleitbahn
b) gemuldeter }
e) Rollwagen
c) flacher } Rollenbahn
d) gemuldeter }
f) Mitnehmer

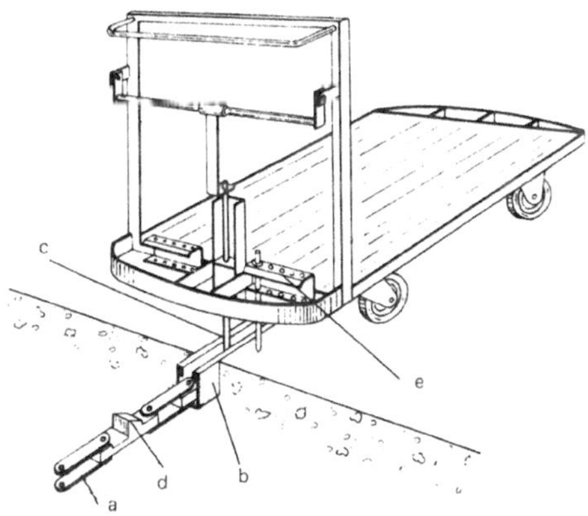

Bild 3.20
Unterflurförderer mit Wagen
a) bis e) siehe Text

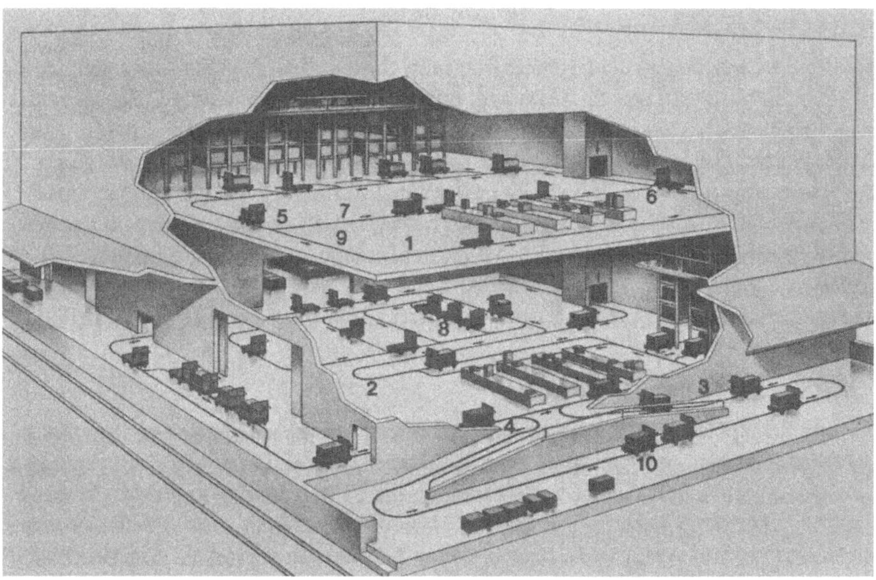

Bild 3.21. Streckenführung eines Unterflurförderers im innerbetrieblichen Materialfluß

1 Gerader Kompaktkanal
2 Horizontalbogen
3 Vertikalbogen steigend
4 Vertikalbogen fallend
5 Weiche ausschleusend
6 Weiche einschleusend
7 Transfer-Förderer
8 Stopper
9 Antrieb
10 Förderwagen mit Zielsteuerung

laufes ein- oder ausgerastet werden. Die Linienführung des Schleppkettenförderers ist beliebig, aber bildet insgesamt einen Rundlauf. Innerhalb einer Ebene können zwei getrennte Rundläufe durch Transferförderer verbunden werden.

Sind in Stockwerksbauten die Streckenführungen miteinander zu koppeln, so ist dies entweder über schiefe Ebene (Rampen) oder über Aufzüge möglich (Bild 3.21).

Zum Unterflurförderer gehören

- Reinigungskästen für den anfallenden Schmutz
- Umlenkungen in Form von Rollen- und Radumlenkungen
- Antriebsaggregate mit Spanneinrichtung und Überschleusrad
- Weichen, Stopper, Nebenspuren.

Vorteile sind: kein Raumbedarf über Flur, ebener Fußboden, automatisierbar, flexible Verlegung, geringe Wartung und geringer Personalbedarf.

Nachteile sind: relativ große Umlenkradien, Unfallgefahr durch Bodenschlitz, Verschmutzung des Kettenkanals, für einen *einzelnen* Transport muß das ganze System in Bewegung sein.

Anwendung erfolgt bei vollautomatischem Transport im Lager- und Versandbereich und zum Transport zwischen Fertigung und Lager, wenn ständig Fördergut zwischen Abteilungen anfällt. (Anwendung ähnlich wie beim fahrerlosen Schleppertransport, Kapitel 4.3.2).

Tragkettenförderer dienen dem Stückguttransport mit den vielfältigsten Anwendungen als Leicht- und Schwerlastträger für Brammen, Bunde, Bleche, Ringe, Platinen, Paletten, Kisten, Fässer, Papierrollen usw. Dabei hängt der richtige Einsatz von der richtigen Auswahl der gleichzeitig *lasttragenden* und *lastbewegenden* Förderkette ab, d.h. Fördergut und Verwendungszweck bestimmen die Kettenkonstruktion. Schwerlast-Tragkettenförderer werden meist rollend im Traggerüst abgetragen, so daß geringer Verschleiß und kleinerer Kraftbedarf die Folge ist. Für Tragkettenförderer mit geringer Belastung eignen sich Ketten mit gleitender Abtragung. Zunehmend wird diese Ausführung auch im Rahmen des mechanisierten und automatisierten Palettentransportes benutzt.

3.3.3. Kreis- und Schleppkreisförderer

Kreis- und Schleppkreisförderer (Bild 3.22, 3.23) sind mit die wichtigsten und universell einsetzbaren Stückgut-Stetigförderer des innerbetrieblichen Materialflusses. Als Zugmittel dient eine endlose, raumbewegliche Kette, an der die Laufwerke befestigt sind. Diese laufen auf den unterschiedlichsten Laufbahnen. Nach dem Fördergut ausgebildete Gehänge sind gelenkig (z.T. drehbar) an den lasttragenden Laufwerken angebracht. Die beliebige Linienführung der Laufbahn ist meist im Deckenbereich der Halle untergebracht und über Zugstäbe mittels Klemm- oder Schraubenverbindungen an der Decke befestigt (Bild 3.24), kann aber auch von C- oder T-Bodenstützen gehalten werden.

Die Laufbahnen der Laufwerke sind I-Profile (Bild 1.58a; 3.22), auf deren Unterflanschen die Räder laufen, oder es handelt sich um Sonderkonstruktionen, wie sie die Bilder 1.58b, c und d zeigen. Als Ketten sind außer der Rundstahlkette (Bild 1.58d) auch die Steckkette (Bild 1.49) im Einsatz. Durch abwechselnd um 90° versetzte Rollenpaare, durch Laschen miteinander verbunden, entstehen raumbewegliche Kardangelenkketten. Solche Kreuzgelenkketten sind seitlich im Kettenkanal (Bild 3.25) geführt und erfordern keine Umlenkeinrichtungen. Der Kettenkanal nimmt alle durch den Kettenzug entstehenden Kräfte auf. Sonst übernehmen horizontale und vertikale Umlenkeinrichtungen, wie Räder, Rollen-

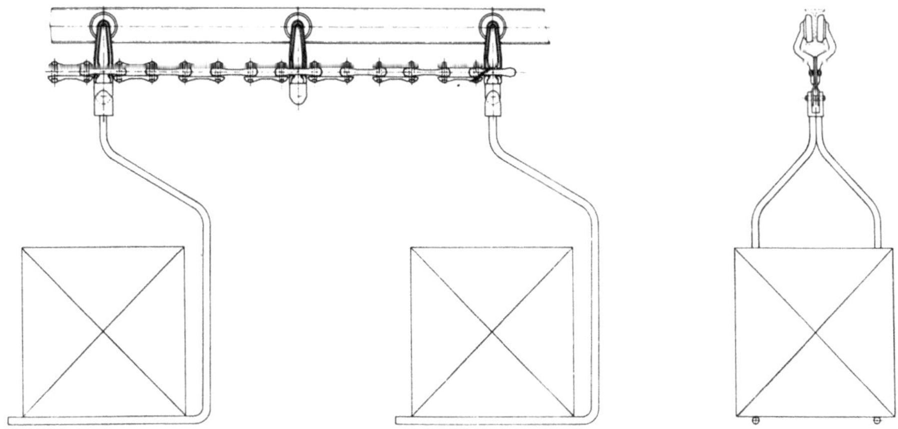

Bild 3.22. Kreisförderer mit Steckkette und I-Profil als Laufbahn

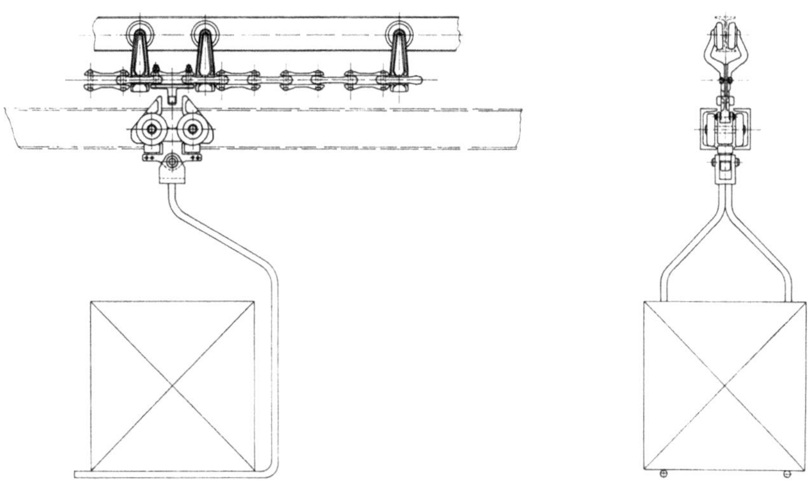

Bild 3.23. Schleppkreisförderer, Free-Strang-Laufbahn aus U-Profilen aufgebaut

batterien in Bogenform oder Gleitbogen, diese Aufgaben. Da der Kreisförderer den Raum über Wege, Fertigungseinrichtungen und Arbeitsplätze zum Transport ausnutzt, sind Sicherheitsvorrichtungen wie Schutznetze erforderlich.

Die Kette benötigt eine Antriebs- und Spannstation. Als Antriebsarten kennt man einmal den *Eckantrieb*, der formschlüssig über ein Kettenrad oder kraftschlüssig über ein Reibrad geschieht, zum anderen wird der *Streckenantrieb* (Schleppkettenantrieb) benutzt, der die

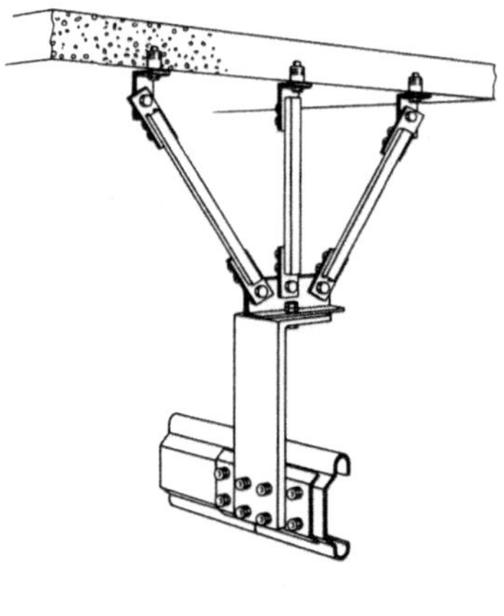

Bild 3.24
Deckenaufhängung einer Sonderlaufbahn (Stahlblech zum Wulstprofil gekantet)

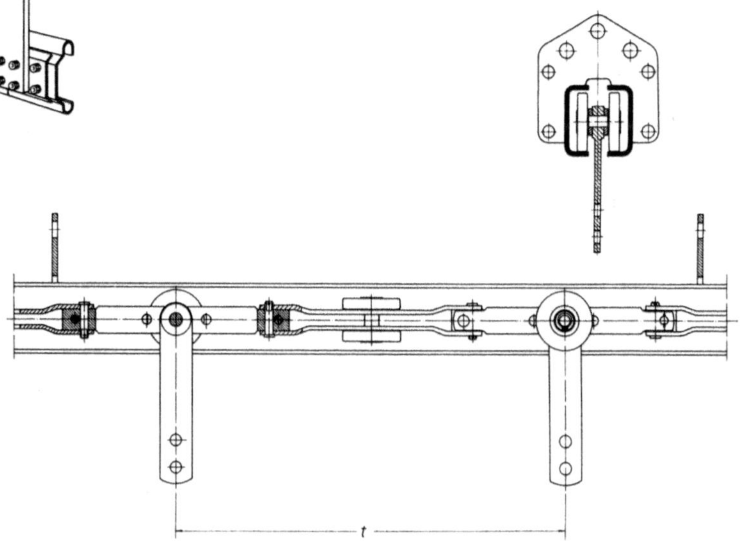

Bild 3.25. Kreisförderer mit Kardangelenkkette im Kettenkanal

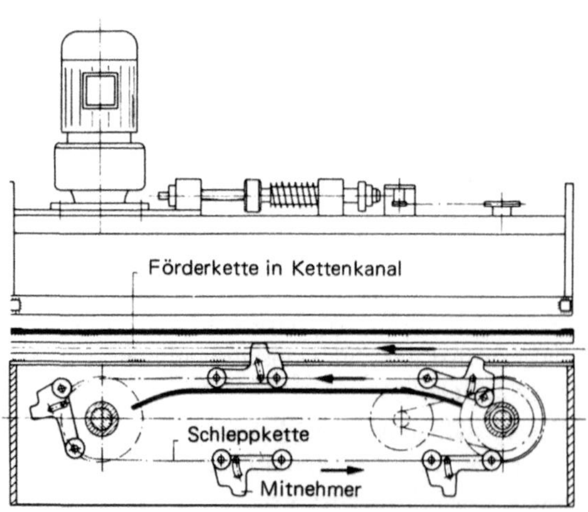

Bild 3.26
Schleppkettenantrieb über Mitnehmer

Kraftübertragung an einem geraden Teilstück formschlüssig durchführt. Dabei greift eine kurze endlose Treibkette über Mitnehmer (Bild 3.26) in die Lastkette ein. Der oft regelbare Antrieb wird am günstigsten im Anschluß an große Widerstände angebracht, also nach Steigungen oder nach Gutabgaben. Wird der Kettenzug zu hoch, so teilt man die Antriebsleistung auf zwei oder mehrere Motoren auf. Die Spanneinrichtung besteht aus Gewichts- oder Federspannvorrichtungen.

Durch Zielsteuerungs- und Codiereinrichtungen und durch selbsttätige Auf- und Abgabestationen ist der Kreisförderer besonders für den automatisierten Transport im innerbetrieblichen Materialfluß geeignet. Daher finden sich diese Förderer im besonderem Maße bei der Großserienfertigung in Automobilwerken, Kühlschrank-, Waschmaschinen- und Fernsehproduktionen, Lackierereien, Versandhäusern, Schlachtereien, in der Zigarettenindustrie oder in Nahrungsmittelwerken, bei Tauchprozessen, in Kühl- und Trocknungsräumen, als fließendes Lager oder als Puffer für den Fertigungs- und Montageprozeß, um nur einige Einsatzgebiete aufzuzählen.

Die Vorteile liegen in

- dreidimensionaler Linienführung
- der Automatisierbarkeit der Anlage
- schonendem Transport des Fördergutes
- wartungsarmer Anlage
- geringem Energieverbrauch
- Überbrückung von Höhenunterschieden und großen Entfernungen
- Einsparung an Bodenfläche
- vielfacher Verwendungsmöglichkeit
- geräuscharmem Lauf
- guter Anpassung an den innerbetrieblichen Materialfluß
- geringem Verschleiß von Schiene und Kette.

Der Massenstrom errechnet sich nach Gleichung 1.26

$$\dot{m} = 3{,}6\ m\,\frac{v}{a} \text{ in t/h} \tag{3.16}$$

$\dot{m}$	in t/h	Massenstrom
m	in kg	Masse des Fördergutes je Gehänge
v	in m/s	Kettengeschwindigkeit $\hat{=}$ Fördergeschwindigkeit
a	in m	Gehängeabstand

Die transportierte Stückzahl pro Stunde entspricht dem Stückstrom m_{st} nach Gleichung 1.27 zu

$$m_{st} = 3600\,\frac{v}{a}\,z \text{ in Stücke/h} \tag{3.17}$$

z Anzahl der Stücke je Gehänge; andere Einheiten siehe Gleichung 3.16

Als Richtwerte für Geschwindigkeiten von Kreisförderern bei der Auf- und Abgabe des Fördergutes gelten

- von Hand $v_{max} \leqq 12$ m/min $\triangleq$ 0,20 m/s
- automatisch $v_{max} \leqq 18$ m/min $\triangleq$ 0,30 m/s

Zubringergeschwindigkeiten bei Schleppkettenförderern betragen $v_{max} \leqq 24$ m/min $\triangleq$ 0,40 m/s.

Die Antriebsleistung und die Kettenzugkraft können aus den Einzelwiderständen wie Fahrwiderstand, Widerstand der Umlenkung, der Rollenkurven, der Vertikalbögen und des Steigungswiderstandes ermittelt werden. Einmotorige Antriebe treiben Kreisförderer bis ca. 500 m, mehrmotorige bis 2000 m Förderlänge.

Der Hauptnachteil des Kreisförderers ist der zwangsläufige Transport. Der *Schleppkreisförderer* – auch *Power- and Free-Förderer* genannt – besitzt diesen Nachteil nicht mehr und zeigt die Freizügigkeit der Elektro-Hängebahn (Kapitel 2.5).

Ob für eine gegebene Transportaufgabe eine Elektro-Einschienen-Hängebahn oder ein Power- and Free-Förderer einzusetzen ist, hängt ab von der Länge der Förderstrecke, der Anzahl der Gehänge und der Gehängefolge pro Zeiteinheit (Bild 3.27).

Der Schleppkreisförderer (Bild 3.22a) ist aufgebaut aus zwei getrennten Schienensträngen:

- Im oberen Teil bewegt sich die mit Mitnehmern versehene, endlose und ständig umlaufende Kette mit dazugehörenden Laufwerken (Power-Strang, Zugmittel)
- Im unteren Schienenstrang sind die Lastlaufwerke untergebracht (Free-Strang).

Das Lastlaufwerk wird über steuerbare Nocken mit den Mitnehmern der Kette gekoppelt und kann so an beliebige Stellen transportiert und dort durch Ausschleuseinrichtungen von der Kette getrennt werden. Drehscheiben, Weichen, Transferketten, Hub- und Senkstationen gewährleisten ein Stauen, Lagern, Ordnen, Sortieren, Ausreihen der Gehänge oder Überwechseln in andere Fördersysteme, so daß dieser Schleppkreisförderer in noch größerem Maße sich durch Zielsteuerung zur Programmgestaltung eignet. Wichtige Einrichtung am Lastlaufwerk ist bei Pufferung ein selbsttätiges Ausklinken aus dem Power-Strang.

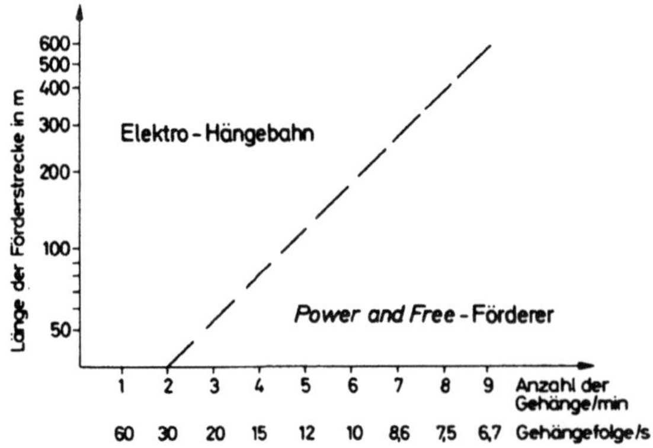

Bild 3.27
Einsatzbereich von Hängebahnen und und Schleppkreisförderern

3.3.4. Rollen- und Kugelbahnen

Setzt man in Flach- oder Winkelrahmen Tragrollen in kleinen Abständen hintereinander und versieht diese mit höhenverstellbaren Böcken, so entstehen *Rollenbahnen,* die *angetrieben* oder *nicht angetrieben* sein können. In beiden Fällen sind weiter zu unterscheiden, ob die Förderer schweres oder leichtes Stückgut transportieren. Haben die Rollen eine geringe Breite, spricht man von *Scheibenrollen* oder *Röllchen.* Werden mehrere dieser Röllchen auf einer Achse nebeneinander und mehrere Achsen hintereinander angeordnet, ergeben sich Scheibenrollen- oder Röllchenbahnen.

Die angetriebenen Rollenbahnen (waagerechte Förderung) für *leichtes* Stückgut besitzen je nach Einsatzort und Belastung einfach konstruierte Rollen aus Stahl oder Kunststoff, die mit den Wangen durch Gewindeachsen oder einfaches Einlegen einer runden Achse mit Schlüsselflächen verbunden sind. Die Rollenteilung richtet sich nach der kleinsten Länge des Stückgutes, das einen ebenen Boden besitzen oder auf Latten bzw. Platten (Förderhilfsmittel) liegen muß. Die tragende Fläche soll dem 2,5-fachen der Rollenteilung entsprechen. Die Tragrolle ist ca. 100 mm breiter zu wählen als die des Stückgutes und ist für eine Belastung von 70 % des maximalen Stückgutgewichtes auszulegen. DIN 15 291 gibt Anhaltswerte über die Abhängigkeit von Durchmesser, Breite und zugehöriger Rollenteilung.

Als Antrieb der Tragrollen werden verwendet:

- reibschlüssige Kraftübertragung mittels *Gummigurt* (Bild 3.28a) oder *Keilriemen* (Bild 3.28b), die unter den Rollen entgegen der Förderrichtung laufen
- formschlüssige Kraftübertragung mit Hilfe von *Ketten* (Bild 3.28c) und den dazugehörenden Tragrollen (Bild 3.29)

Die Rollenförderer sind relativ einfach den betrieblichen Bedingungen anzupassen (Baukastensystem) durch

- *Rollenbahnkurven:* Durch den zunehmenden Radius nach außen muß auch die Fördergeschwindigkeit des Gutes radial erhöht werden. Dies geschieht entweder durch konische Tragrollen oder durch unterteilte zylindrische Tragrollen mit geringem Gleiten des Fördergutes (30° bis 180°, Bild 3.76)

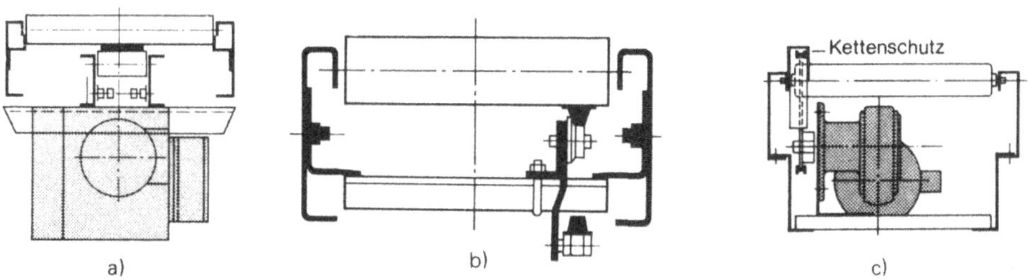

Bild 3.28. Antriebsformen der Rollenbahnen (Schnittdarstellung)
a) mittels Gummigurt b) mittels Keilriemen c) mittels Kette

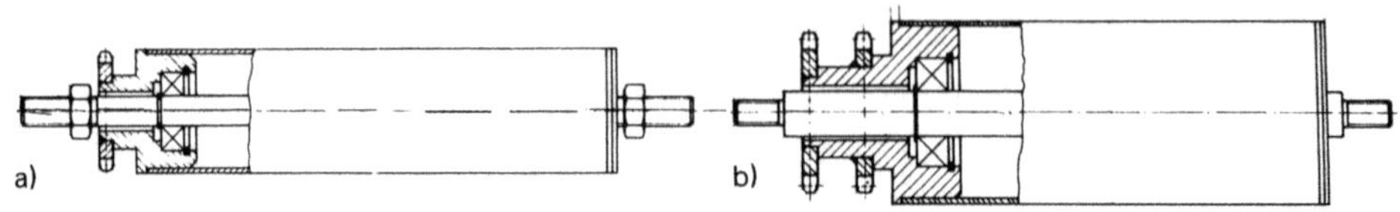

Bild 3.29. Tragrollen a) mit einem Kettenrad b) mit Doppelkettenrad

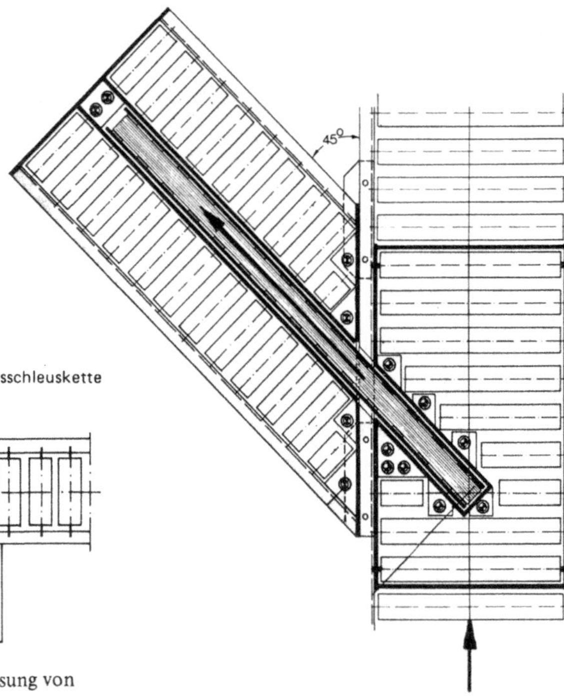

Bild 3.30
Gurttransfer, Ausschleusung von Stückgütern im Winkel von 45°

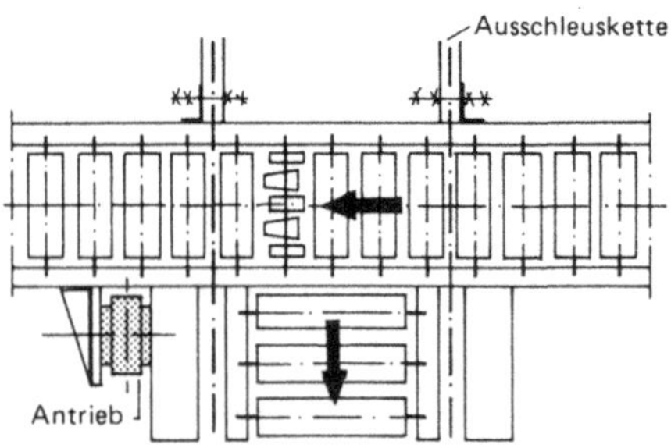

Bild 3.31. Kettentransfer, Ausschleusung von Stückgütern im Winkel von 90°

– *Ausschleuseinrichtung:* Kapitel 1.8.3 Gurttransfer (Bild 3.30). Ein angetriebener schmaler Gurt ragt im Winkel von 45° bis in die Mitte des Hauptförderers und liegt in Ruhestellung ca. 2 mm unterhalb der Rollenoberkante. Der Ausschleusvorgang wird erreicht durch Anheben des Gurtes ca. 5 mm über die Rollenoberkante. Das Fördergut wird dann zwangsläufig mitgenommen. Verschiedene Anordnungen sind möglich. Die Förderleistung ist eine Funktion der Geschwindigkeiten des Hauptförderers und der Ausschleusstrecke sowie der Fördergutlänge und ist aus Tafel 3.12 ersichtlich.
Eine weitere Ausschleuseinrichtung – im Winkel von 90° – ist der *Kettentransfer* (Bild 3.31). Zwei quer zum Rollenförderer umlaufende Ausschleusketten sind mit Mitnehmern ausgerüstet, die das Fördergut erfassen und es rechtwinklig vom Förderer abschieben.

Tafel 3.12. Förderleistung des Gurttransfers

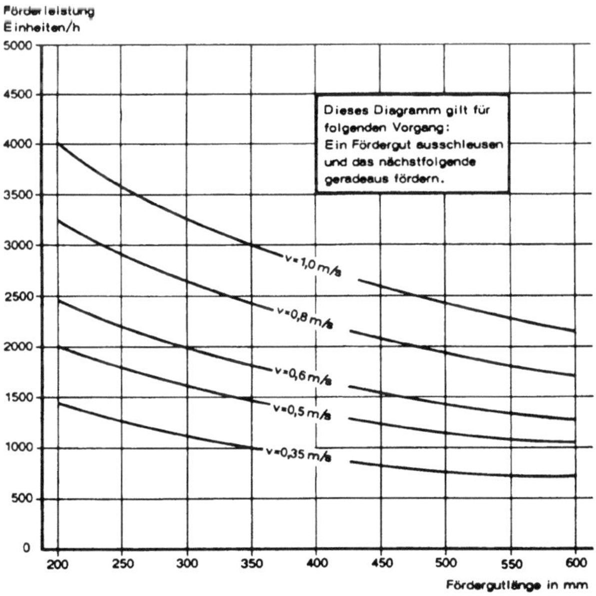

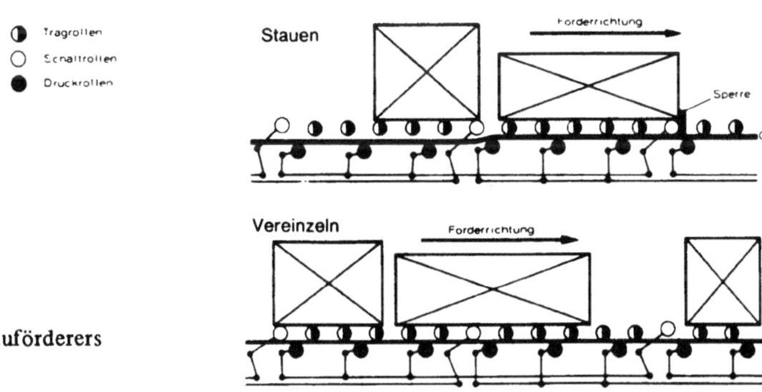

Bild 3.32
Arbeitsweise des Stauförderers

Über die Rollenbahn ermöglicht ein einschwenkbarer *Abweiser* eine Ausschleusung der Fördergüter um 90° unter Beibehaltung der Längsbewegung. Unterstützt und beschleunigt wird dieser Vorgang durch einen umlaufenden Gurt im Abweiser.

– *Stauförderer* fördern über waagerechte Strecken Stückgüter, ermöglichen druckloses oder druckarmes Stauen und erreichen eine Vereinzelung der Fördergüter. Daher wird dieser Stückgutförderer eingesetzt in Lagern, bei Zwischenpufferung, vor Verzweigungen und vor Unstetigförderern, vor Palettierautomaten oder Fertigungsmaschinen und bei Zusammentragstrecken. Die Arbeitsweise demonstriert Bild 3.32. Wird ein Behälter, Karton, Kasten oder Paket durch eine Sperre z.B. blockiert, so wirkt die Gewichtskraft

des Fördergutes auf eine Schaltrolle oder -lineal, die über ein Gestängesystem den Reibschluß zwischen Gurt und Tragrolle des nachfolgenden Stauplatzes abschalten.
Es gibt noch weitere Möglichkeiten, druckarme Staurollenförderer zu konstruieren. Ein Beispiel ist die durch Kettentrieb angetriebene Stauförderrolle mit Rutschkupplung (siehe Bild 3.74, Staudruck und Mitnahmekraft einstellbar). Kleinststaurollenbahnen für Kleinteile wie Dosen, Päckchen oder Schachteln bestehen aus kugelgelagerten Rollen (Durchmesser: 20 mm; Arbeitsbreiten bis 400 mm; Förderlängen 1 bis 6 m; Fördergeschwindigkeit ca. 0,15 m/s; Werkstoff: Stahl, Aluminium, Kunststoff), die an zwei umlaufenden Ketten mit geringer Teilung (Rollenabstand 25 mm) eingehängt sind. Die Stauförderer arbeiten wie umlaufende Kettenförderer und tragen das Fördergut wie einen Gurt ab. Kommt es zu Stauungen, dann rollen sich die Rollen unter dem Transportgut ab. Nur für waagerechten Transport geeignet.

– Weitere Einrichtungen bei Rollenförderern sind *hochklappbare Rollenbahnen* für Durchgänge, *Zweiwegesperren* bei Einmündungen, *Weichen* und Abzweigungen.

Schwerlastrollenbahnen werden für den Palettentransport in den verschiedenen Formen entsprechend ihrer Funktion und Aufgabe hergestellt und gestatten in Verbindung mit einem Steuerungssystem den Aufbau eines automatischen Transportsystems im innerbetrieblichen Materialfluß. Die für gerade Förderwege, Winkeländerungen, Kreuzungen, Verzweigungen und Höhenunterschiede benötigten Bauelemente sind in Bild 3.33 wiedergegeben. Zur eindeutigen Führung der Paletten erhält jede zweite oder dritte Tragrolle in der Mitte konische Führungsringe. Die Geschwindigkeiten der angetriebenen Rollenbahnen liegen von 0,35 über 0,5–0,6–0,8 bis 1,0 m/s.

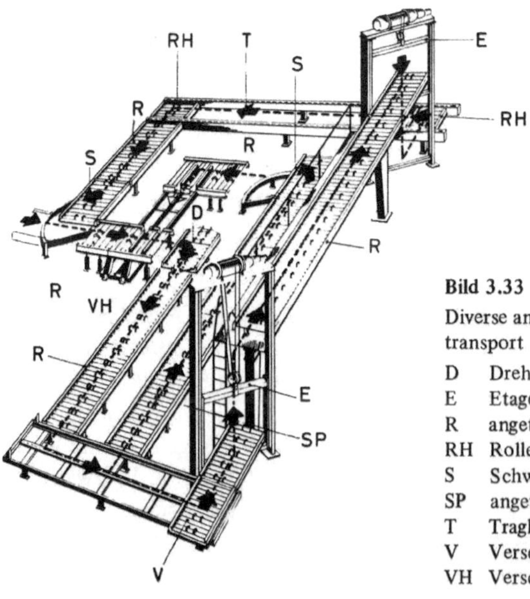

Bild 3.33
Diverse angetriebene Rollenbahnen für den Palettentransport

D Drehtisch
E Etagenförderer
R angetriebene Rollenbahn
RH Rollenhubtisch
S Schwenktisch
SP angetriebene Speicher-Rollenbahn
T Tragkettenförderer
V Verschiebewagen
VH Verschiebehubwagen

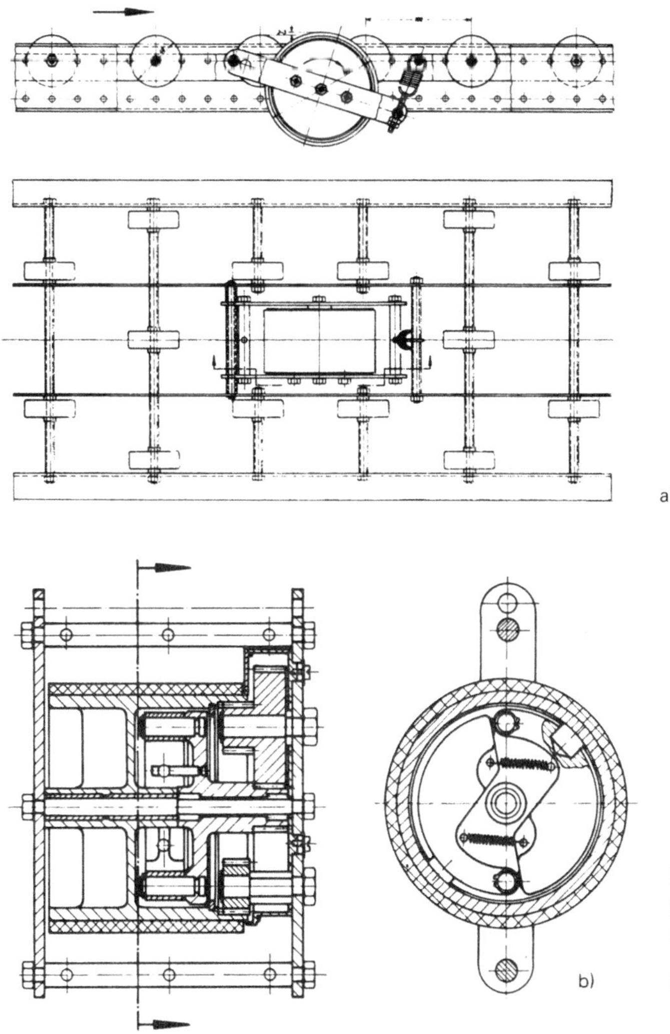

Bild 3.34
Fliehkraftbremse
a) in Röllchenbahn eingebaut
b) konstruktiver Aufbau

Bei nicht angetriebenen Rollen- oder Röllchenbahnen erfolgt der Transport des Fördergutes in waagerechter Lage durch äußere Kräfte (z.B. durch Verschieben mit *Hand*) oder im leicht geneigten (2° bis 5°) Zustand der Bahn durch die *Schwerkraft*. Da sich bei längeren Schwerkraftanlagen laufend die Geschwindigkeit des Gutes erhöht (Kapitel 3.2.4), müssen Bremsen in Form von Neigungsänderung, Fliehkraft-, Strömungs- oder Wirbelstrombremsen vorgesehen werden (Durchlaufregale, Kapitel 5.2.3). Die Fliehkraftbremse in der Röllchenbahn Bild 3.34a wird durch den innenverzahnten Rollenkörper über ein Planetengetriebe angetrieben (Bild 3.34b). Je nach Geschwindigkeit des Fördergutes werden die zwei mit Federn versehenen Fliehkraftgewichte mehr oder weniger stark gegen die Innenwand des Rollenkörpers gedrückt und verursachen dabei die Bremsung des Fördergutes. Die Bremsrolle liegt für diese direkte Abbremsung ca. 1 bis 3 mm über den Rollen oder Röllchen der Förderbahn.

Die Röllchen (Bild 3.35a) können auch in Röllchenleisten zu einer Bahn zusammengestellt werden. Außerdem benutzt man einseitig gelagerte Röllchen mit und ohne Spurkranz, z.B. zum Aufbau eines Durchlaufregals für Kästen oder Kartons mit geringem Gewicht (Bild 3.35b und 3.36).

Um ein Verteilen, Sortieren oder Zusammenführen von Stückgut über Rollen- oder Röllchenbahnen zu erreichen, sind im Einsatz:

- *Verschiebebahnen* (siehe Bild 3.76)
- *Weichen,* als Rollenbahn- (Bild 3.37) oder Röllchenbahnweiche
- *Allseitenrollen* (Bild 3.38) zum Abschieben des Gutes mit Hand oder druckluftbetätigter Ausstoßvorrichtung (Pusher ≙ Querschieber). In den normalen Rollen sind 2 mal versetzt – quer zur Förderrichtung umlaufende – Tönnchenrollen angebracht

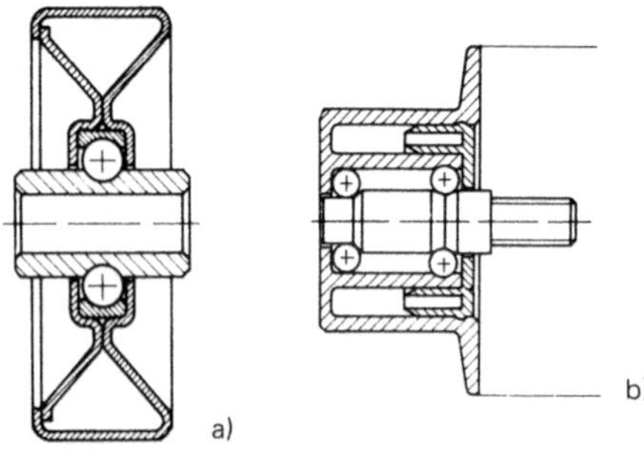

Bild 3.35. a) Röllchenkonstruktion
b) einseitige gelagertes Röllchen mit Spurkranz

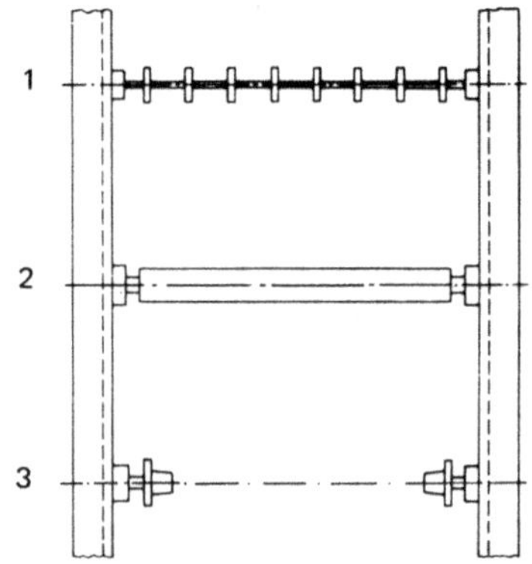

Bild 3.36. Durchlaufregelkonstruktion mit
1 Röllchenbahn
2 Rollenbahn
3 Spurkranzrollen

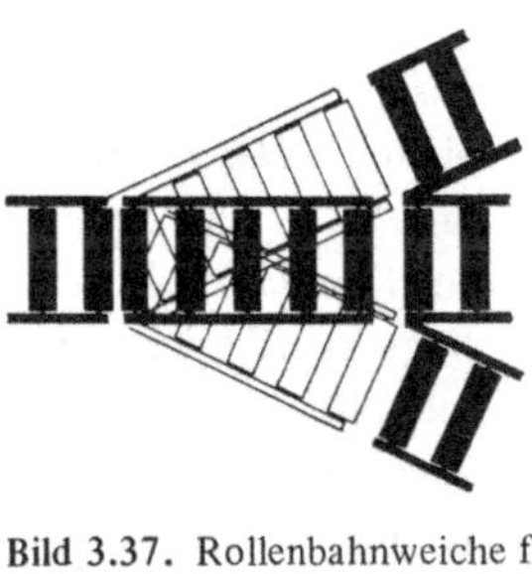

Bild 3.37. Rollenbahnweiche für drei Richtungen

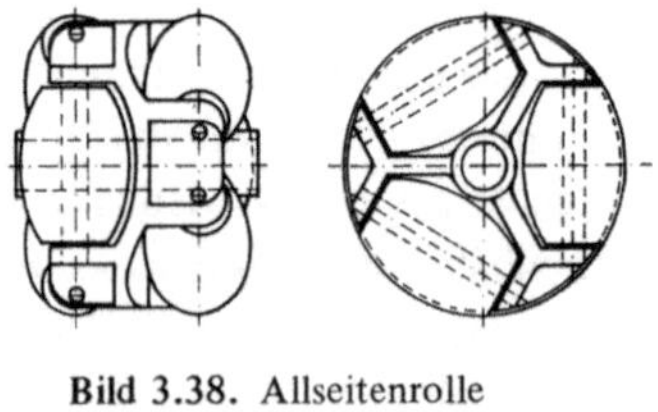

Bild 3.38. Allseitenrolle

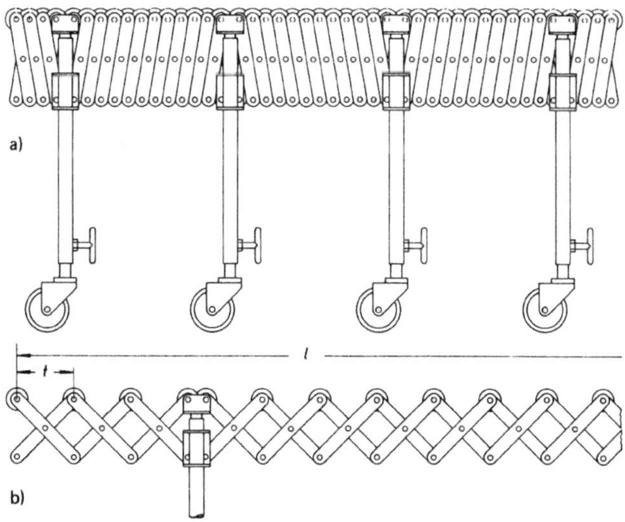

Bild 3.39
Scherenröllchenbahn
a) zusammengeschoben
b) auseinandergezogen

- *Kugelrollenbahnen* und *Kugeltische* erleichtern das Verschieben von Stückgut auf waagerechter Ebene durch Kugeln, die sich in Töpfen auf kleine Kugeln abstützen
- *Scherenrollenbahnen* (Bild 3.39), bei denen die Länge l und Röllchenteilung t stufenlos verstellbar sind, durch Teleskoprohr die Höhe geändert werden kann und jede beliebige Kurvenform erreicht wird
- diverses Zubehör für die unterschiedlichsten Aufgaben in einem System wie handbetätigte oder motorbetriebene *Sperren, Durchgangsstücke, Umlenkeinrichtungen, Zähleinrichtungen* und dergleichen. Aufbau eines Rollenbahnsystems für Kästen siehe Bild 3.76.

Die nicht angetriebenen Rollen- und Röllchenbahnen haben wie alle Schwerkraftförderer die Vorteile:

- einfache Montage
- Flexibilität bei Umbau und Erweiterung
- gute Anpassungsfähigkeit an Aufgaben
- geringe Wartung, geringer Verschleiß
- keine Energiekosten, geringe Investitionskosten
- geringes Gewicht
- Kombinationsmöglichkeit mit anderen Förderern

3.3.5. Schaukel- und Umlaufförderer, Wandertische

Die bisher beschriebenen Stetigförderer für Stückgut sind in vielen Varianten auf dem Markt, wobei es sich in erster Linie um Spezialförderer handelt, die immer für ein bestimmtes Fördergut entwickelt wurden.

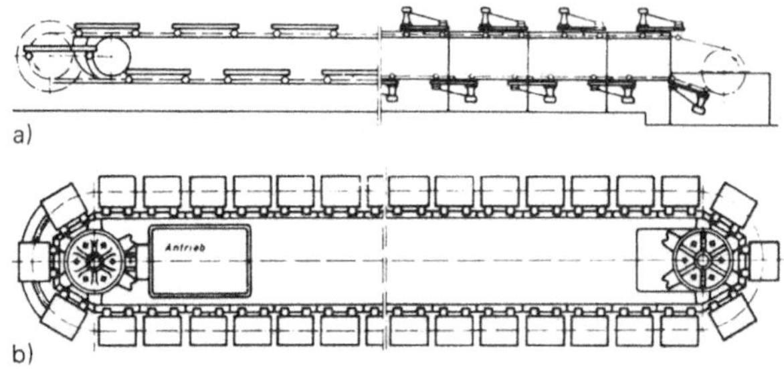

Bild 3.40
Prinzipdarstellung Wandertisch
a) vertikal umlaufend, links mit absenkbaren, rechts mit kippenden Tischen
b) horizontal umlaufend

Schaukelförderer bestehen aus parallellaufenden endlosen Zweistrangketten, zwischen denen an Verbindungsachsen freihängende Schaukeln oder Schalen befestigt sind. Die Schaukeln weisen je nach Transportgut unterschiedliche Formen auf. Aufgrund der Schwerkraft und der drehbaren Aufhängung stellen sich die Schaukeln auch bei senkrechtem Transport immer waagerecht (Hauptabmessungen DIN 15 282).

Umlaufförderer – auch *Paternosterförderer* genannt – sind nur für den senkrechten Transport eingesetzt und besitzen zwei versetzt angeordnete Kettenstränge, damit die Tragorgane sowohl geführt und pendelfrei laufen als auch beim oberen und unteren Umlauf in der senkrechten Lage bleiben.

Wandertische werden in zwei konstruktive Ausführungen unterteilt: horizontal (Bild 3.40b) und vertikal umlaufende Wandertische. Die in der Fließfertigung und bei der Montage eingesetzten Stückgutförderer arbeiten stetig oder im Takt und sind in Tischkonstruktionen meist eingebaut. Die horizontal umlaufenden Wandertische werden durch mittige oder seitliche Ketten angetrieben und sind mit einzelnen an der Kette befestigten Tischen oder Wagen verbunden. Andere Wandertische besitzen schuppenartig übereinanderliegende oder aneinanderstoßende Elemente, die um Spann- und Antriebsstationen laufen. Tische und Wagen werden in der Regel in Fahrbahnschienen geführt. Die vertikal umlaufenden Wandertische stellen eine Kompaktbauweise dar und werden entweder mit kippenden oder absenkbaren Tischen hergestellt (DIN 15 282, Bild 3.40a).

3.4. Stetigförderer für Schüttgut

3.4.1. Allgemeines

Durch die kontinuierliche Arbeitsweise der Stetigförderer ist es möglich, große Fördergutströme zu bewältigen. Speziell für den Transport von Schüttgut in waagerechter, schräger und senkrechter Richtung wurden Fördermittel nach verschiedenen Arbeitsprinzipien entwickelt, die sich ein- und unterteilen lassen in:

- *Becherwerke:* Kettenbecherwerk, Gurtbecherwerk, Pendelbecherwerk
- *Kratzer-* und *Trogkettenförderer*
- *Förderer mit Schnecken:* Schneckenförderer, Schneckenrohrförderer
- *Schwingförderer:* Schüttelrutschen, Schwingrinnen
- *Förderer mit Luft:* pneumatische Förderer, pneumatische Rinnen, Rohrpostanlagen, Lufttische

3.4.2. Becherwerke

Ein *Kettenbecherwerk* hat als Zugorgan eine oder zwei umlaufende endlose Ketten, ein *Gurtbecherwerk* einen Gurt. An Kette oder Gurt sind in regelmäßigen Abständen Becher als Tragorgane befestigt. Entsprechend dem Zugmittel geschieht der Antrieb und die Umlenkung über Rollen, Kettenräder oder Trommeln. Die Becherwerke (Elevatoren) dienen zum senkrechten Transport der verschiedenen pulverförmigen, körnigen oder kleinstückigen Schüttgüter, wie Getreide, Mehl, Sand, Zement, Kies, Klinker, Chemikalien, Kohle oder Ruß. Das Einsatzgebiet liegt in Lebensmittelbetrieben, Mühlen, in der chemischen Industrie, in Baustoffbetrieben, Gießereien und Kokereien. Große Förderhöhen von 40 m, in Ausnahmefällen bis 80 m, und geringer Grundflächenbedarf sind die Hauptvorteile der Becherwerke. In den letzten Jahren ist die Kette als Zugmittel weitgehend durch den Gummigurt mit Gewebe- oder Stahlseileinlagen ersetzt worden.

Die Vorteile des Gurtbecherwerkes gegenüber dem Kettenbecherwerk sind

- größere Fördergeschwindigkeit (Kette: 0,3 bis 1,2 m/s, Gurt: 1,0 bis 3,5 m/s)
- ruhiger, geräuschloser Lauf
- Staubunempfindlichkeit
- geringer Verschleiß
- kleinere Bewegungswiderstände.

Nachteile sind im Schieflauf des Gurtes, in der Befestigung der Becher und in dem Sauberhalten der Trommeln zu sehen.

Gurtbecherwerke: Der konstruktive Aufbau eines Gurtbecherwerkes ist dem Bild 3.41 zu entnehmen. Die Kraftübertragung erfolgt wie beim Gurtförderer über Reibschluß zwischen Gurt und Antriebstrommel. Die Becherformen (flach, flachrund oder mitteltief, mit ebener,

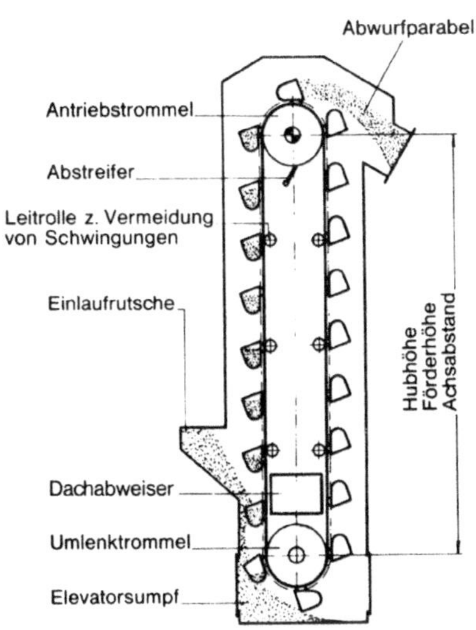

Bild 3.41
Konstruktiver Aufbau eines Gurtbecherwerkes

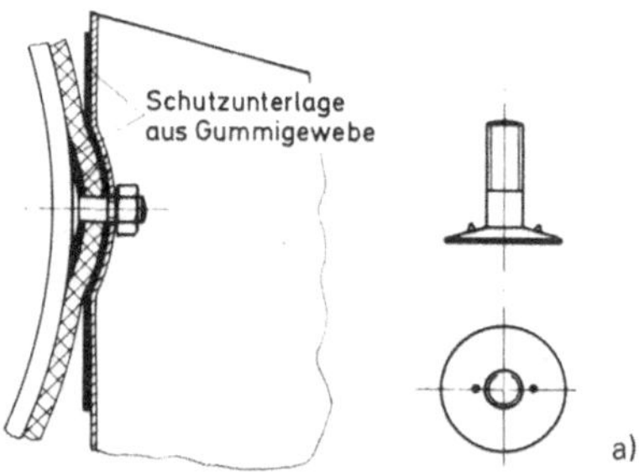

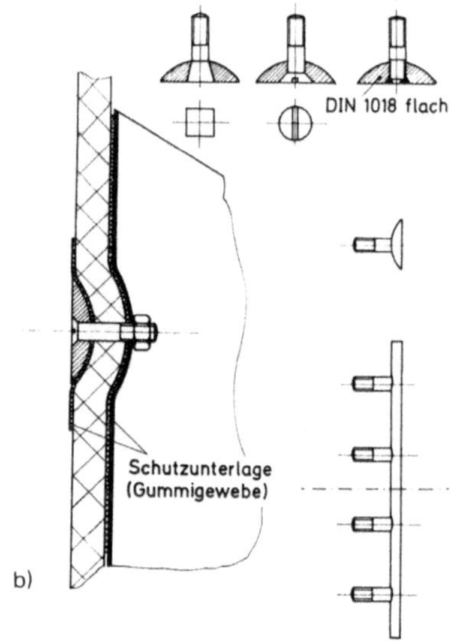

Bild 3.42. Becherbefestigungen an Gurten mit a) Tellerschrauben b) Schraubleisten

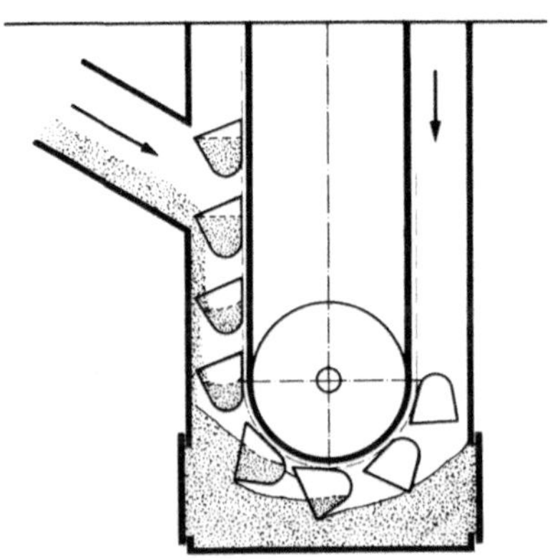

Bild 3.43. Befüllung der Becher mittels Schöpfvorgang

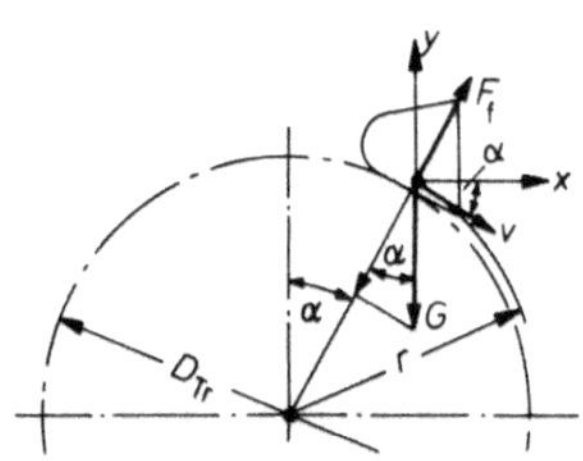

Bild 3.44. Bestimmung des Ablösewinkels bei der Becherentleerung

profilierter oder runder Rückwand) sind in DIN 15 230 genormt. Als Werkstoff wird Stahlblech, Stahlguß oder Kunststoff verwendet. Die Befestigung der Becherrückwand mit dem Gurt geschieht nach DIN 15 236 Blatt 1, wobei je nach Einlage zu unterscheiden ist. Die gebräuchlichste Becherbefestigung am Gurt sind Tellerschrauben (DIN 15 237, Bild 3.42a) oder Schraubenleisten (Bild 3.42b). Da beim Umlenken der Becher um die Trommel Fördergut zwischen Gurt und Becherrückwand gelangen kann, wird eine Schutzunterlage aus Gummigewebe oder Vollgummi zwischengelegt. Um die Schwächung des Gurtes durch die Lochung für die Verschraubung aufzuheben und die Umlenkung des Bechers um die

Trommeln zu verbessern, wurden elastische Aufhängungen in Form von Gummihalterungen entwickelt.

Die Becherstränge sind in einem geschlossenen Gehäuse untergebracht, das aus dem *Fuß* (Spannstation), dem *Schacht* (Sektionen) und dem *Kopf* (Antriebsstation) besteht. Man unterscheidet das Kastenschlot, bei dem beide Stränge in einem gemeinsamen Schacht untergebracht sind, und das Doppelschlot (Trennung des auf- und absteigenden Stranges).

Besondere Beachtung benötigt die Gutaufgabe. Für leichtes Schüttgut und bei geringer Geschwindigkeit ist die Aufnahme des Fördergutes durch den Schöpfvorgang bei erhöhtem Energiebedarf möglich (Bild 3.43) oder durch direktes Einschütten des Fördergutes in die Becher, wobei mittels Förderschnecke das in den Sumpf fallende Gut abgezogen wird. Die Entleerung der Becher (Gutabgabe) wird durch Schwerkraft (meist Kettenbecherwerk) oder durch Fliehkraft (meist Gurtbecherwerk) erreicht (Tafel 3.13, z.B. Bild 3.45).

Tafel 3.13. Entleerungsmöglichkeiten bei Becherwerken

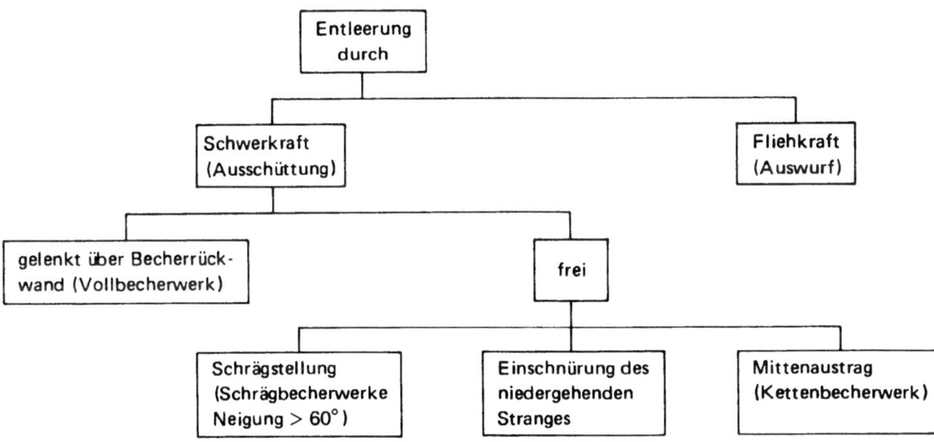

Bei der Berechnung des Ablösewinkels α (Gut hebt vom Becher ab) wird der Grenzfall betrachtet, bei dem sich die Fliehkraft F_f und die Schwerkraftkomponente $G\cos\alpha$ in radialer Richtung aufheben (Bild 3.44). Es gilt

$$F_f - G\cos\alpha = 0$$

$$\cos\alpha = \frac{F_f}{G} = \frac{m r \omega^2}{m g} = \frac{v^2}{r g} = 0{,}00112\, n^2 r \qquad (3.18)$$

v in m/s — Fördergeschwindigkeit
r in m — Radius $\approx D_{Tr} : 2$
g in m/s^2 — Erdbeschleunigung
n in 1/min — Drehzahl der Trommel

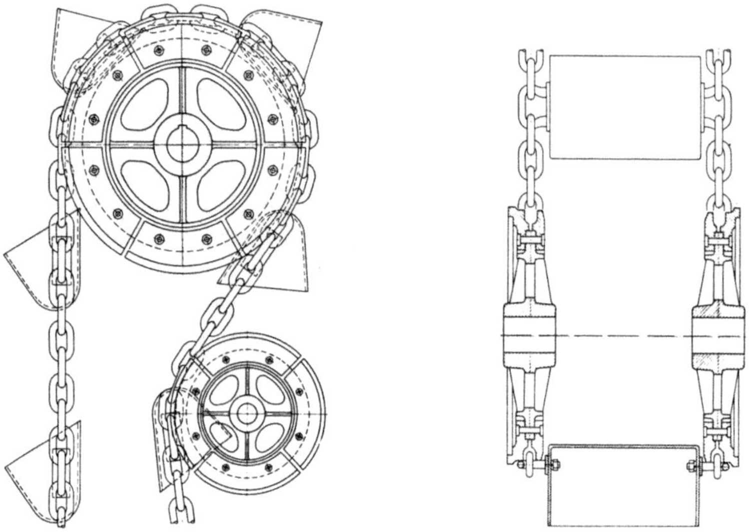

Bild 3.45. Kettenbecherwerk, Schwerkraftentleerung durch Einschnürung

Ist α erreicht, bewegt sich das Fördergut unter Vernachlässigung der inneren Reibung und der Luftreibung auf einer Wurfkurve. Die Bahngleichung errechnet sich mit den Wegkomponenten in x- und y-Richtung

$$x = v\,t\cos\alpha$$

$$y = -\,v\,t\cos\alpha - 0{,}5\,g\,t^2$$

$$y = -\tan\alpha\,x - \frac{g}{2v^2\cos^2\alpha}\,x^2 \qquad (3.19)$$

Der Massenstrom $\dot{m}$ in t/h ist eine Funktion des Fördergutes (Eigenschaften, Korngröße, Schüttdichte ρ_s in t/m^3) des Becherinhaltes V_B in m^3, der Fördergeschwindigkeit v in m/s, des Füllungsgrades φ und des Becherabstandes (Becherteilung) a in m gemäß Gleichung 1.25

$$\dot{m} = 3600\,V_B\varphi\rho_s\,\frac{v}{a}\ \text{in t/h} \qquad (3.20)$$

Werte für φ, ρ_s und v in Tafel 1.3, für V_B je nach gewähltem Becher aus DIN-Norm.

Für die Berechnung des Gurtes und der Übertragungskräfte zwischen Trommel und Gurt sind die Gleichungen des Kapitels 1.3.2 maßgebend. Die erforderliche Umfangskraft F_u setzt sich zusammen aus dem Hubwiderstand F_{wh}, der *Schöpfkraft*, der *Aufgabekraft* und der Kraft zur Biegung des Bechergurtes beim Lauf um die Antriebs- und Umlenktrommel. Die Trommellagerreibung und die Widerstände der Führungsrollen können vernachlässigt werden. Den größten Anteil hat der Hubwiderstand. Er ergibt sich mit der Hubhöhe H in m nach Gleichung 3.1

$$F_{wh} = \frac{\dot{m} g H}{3{,}6\, v} \text{ in N} \tag{3.21}$$

(Einheiten siehe Gleichung 3.1).

Die anderen aufgeführten Größen sind schwierig zu bestimmen, so hängt z.B. die zum Schöpfen erforderliche Kraft von

- der Auftreffgeschwindigkeit des Bechers auf das ruhende Gut
- der Reibung des Bechers im Gut
- den Beschleunigungskräften des geschöpften Gutes ab.

Diese Größen werden experimentell bestimmt und durch Zuschläge berücksichtigt.

Die Umfangskraft F_u im Zugmittel (Kette oder Gurt) entspricht dem Gesamtwiderstand F_w und ist analog der Gleichung 3.4 zu errechnen, wobei noch ein Betrag für den Schöpfwiderstand F_{ws} hinzuzufügen ist (f_{ges} liegt zwischen 0,04 bis 0,07).

Die Vollastbeharrungsleistung P_v des Becherwerkes ermittelt sich

$$P_v = P_h + P_z \text{ in kW} \tag{3.22}$$

P_h in kW Hubleistung
P_z in kW zusätzlicher Leistungsbedarf aus Aufgabe-, Schöpf- und Umlenkwiderständen.

Kettenbecherwerke: Die Becher der Kettenbecherwerke nach DIN 15 236 sind an der Becherrückwand oder seitlich mit der Kette verbunden (Bild 3.45). Der Leistungsbedarf läßt sich wie für Gurtbecherwerke bestimmen, kann aber auch den Gleichungen der DIN 22 200 entnommen werden. Die Kettenräder der Kettensternwelle (Antriebswelle) sind kleiner als entsprechende Trommeln der Gurtelevatoren. Führungsprobleme der Ketten treten gegenüber dem Schieflaufen des Gurtes kaum auf. Anwendung besonders bei großen Massenströmen von nassem oder schlammartigem Gut. Die Becherwerke sind mit Rücklaufsperren zu versehen.

Pendelbecherwerke: Als Pendelbecherwerke sind Kettenförderer für Schüttgüter aller Art bei waagerechtem und senkrechtem Transport (beliebige Linienführung) zu verstehen, wobei das Schüttgut mit pendelnd aufgehängten Bechern (Becherinhalt 0,03 bis 0,5 m^3, Bild 3.46) bei Geschwindigkeiten zwischen 0,15 bis 0,5 m/s befördert wird. Die Becher, die über Laufrollen in Führungen laufen, sind zwischen zwei endlosen Ketten in gleichen Abständen als Zugorgan angebracht. Die Aufgabe des Fördergutes muß an vorbestimmter Stelle definiert z.B. über Fülltrommel oder Zellenrad in dosierter Form durchgeführt werden. Die Gutabgabe erfolgt durch Kippen der Becher; dabei fahren Hebel oder ausrückbare Kurvenbahnen gegen Nocken oder Rollen, die an der Becherstirnseite vorhanden sind (Spurweiten und Bechergrößenzuordnung DIN 15 256). Anwendung: in Kraftwerken als Bekohlungsanlage; zum Schüttguttransport in der chemischen und verfahrenstechnischen Industrie; in der Landwirtschaft zum Getreidetransport.

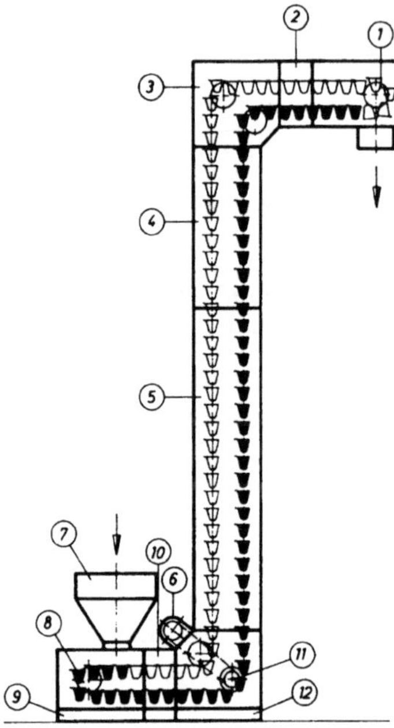

Bild 3.46. Pendelbecherwerk
1 Umkehrstation mit Spannvorrichtung
2 horizontales Zwischenstück
3 Umlenkstation
4 vertikales Paßstück
5 vertikales Normzwischenstück
6 Antrieb
7 Einlauftrichter
8 Umlenkstation
9 Staubsammelkasten
10 Zwischenstück
11 Umlenkstation
12 Grundtragegerüst

3.4.3. Kratzer- und Trogkettenförderer

Die Anwendung des *Kratzerförderers*, der für waagerechte und leicht geneigte Förderung mittels Kratzer (an Ein- oder Zweistrangketten befestigte Mitnehmer) eingesetzt wird, liegt oft unter Tage wegen seiner gedrungenen Bauweise. Die Kratzer schieben in der Förderrinne aus Stahl das Fördergut vor sich her. Die Kratzer werden bei langen Anlagen durch mitlaufende Rollen abgestützt, der rücklaufende Strang kann über oder unter dem Förderstrang liegen. Den Vorteilen wie billige Herstellung, vielfältige Einsatzmöglichkeiten und einfache Auf- und Abgabe des Fördergutes stehen die Nachteile gegenüber wie:

- hoher Energiebedarf
- großer Verschleiß
- Wertminderung des Fördergutes durch Zerstörung und Quetschung
- hohe Wartungskosten durch Verschmutzung der Kette
- geringe Fördergeschwindigkeit (0,3 bis 0,9 m/s).

Bei Förderlängen bis 100 m unter Tage wird eine Kohlenförderung je nach Konstruktionsgröße von 80 bis 300 t/h erreicht.

Für den Transport von staubförmigem und kleinkörnigem Gut benutzt man gekapselte Kratzerförderer mit Gummi-Förderketten (Stahlseileinlagen) und Mitnehmern aus Kunststoff. Da die Förderkette gelenklos ist, erzielt man eine korrosionsfreie Bauart (Bild 3.47).

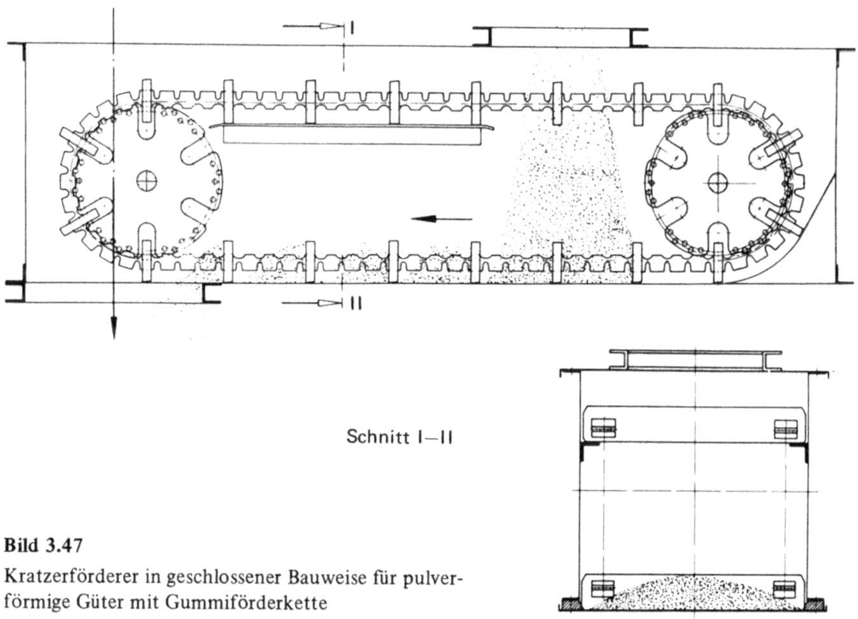

Bild 3.47
Kratzerförderer in geschlossener Bauweise für pulverförmige Güter mit Gummiförderkette

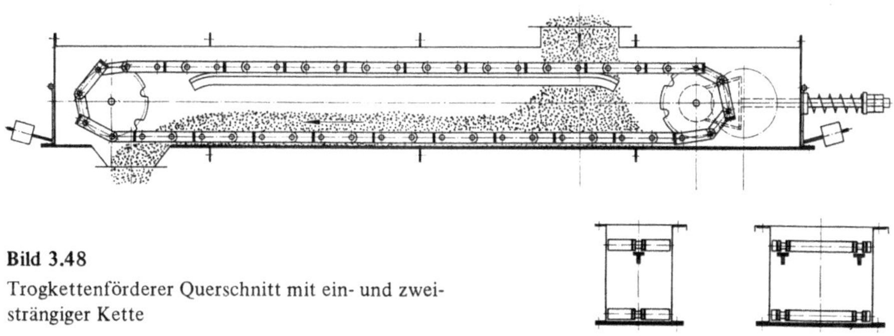

Bild 3.48
Trogkettenförderer Querschnitt mit ein- und zweisträngiger Kette

Für den Spänetransport in der mechanischen Bearbeitungswerkstatt sind *Schubstangenförderer* im Einsatz. Hydraulisch angetriebene Schubstangen (Hub ca. 1,5 m; Fördergeschwindigkeit ca. 10 m/min) werden über Gleitschuhe in Blechkanälen gleitend abgetragen und besitzen pfeilartige in Förderrichtung geöffnete Mitnehmer (kraft- und formschlüssige Mitnahme). Bei der Rückwärtsbewegung der Schubstange bleiben die ungebrochenen Drehspäne (mindestens 10 cm lang) an Wandhaken hängen. Je voller der Kanal, desto besser ist der Fördereffekt. Einsatz auch zur Stallentmistung mit schließbaren Mitnehmern in Rückwärtshub.

Der entscheidende Unterschied des *Trogkettenförderers* (Bild 3.48) zum Kratzerförderer besteht im Mitnehmen nicht einer Teilmenge, sondern einer ganzen *Schicht*, obwohl die ein- oder zweisträngige Kette nur schmale Mitnehmer hat. Das Prinzip ist darin zu sehen, daß der innere Reibungswiderstand im Gut und an den Mitnehmern größer ist als der Widerstand zwischen Gut und den glatten Trogwänden. Der Trogkettenförderer hat einen geschlossenen Trog, in dem die endlose Kette läuft, so daß staub- und pulverförmiges, körniges und kleinstückiges Gut in überwiegend trockenem, nicht klebendem Zustand transportiert werden kann, wie Getreide, Mehl, Zucker, Zement oder Chemikalien. Als Beschickungs- und Abzugsförderer für Silos kann der Trogkettenförderer auch eingesetzt werden. Waagerechte, geneigte, waagerechte und geneigte Linienführungen sind möglich.

Die Form und die Abmessungen der Kette (Laschen-, Block-, Gabelkette) sind in der DIN 15 263 festgelegt. Als Mitnehmer sind flache Querstege und Formquerstege (Bild 3.49) im Einsatz. Zu diesen genormten Ketten gehören Antriebs- und Umlenkkettensterne (DIN 15 266/68). Der Antrieb erfolgt vom Getriebemotor über Kettenstern auf die Kette, die durch Schraubenspindel oder Druckfedern gespannt wird. Förderlängen bis 60 m.

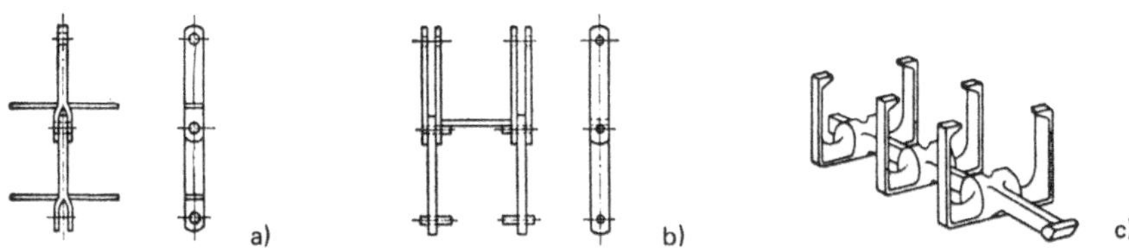

Bild 3.49. Ketten- und Mitnehmerformen
a) Einstrang-Gabelkette b) Zweistrang-Blockkette c) Kette für Senkrechtförderung

Der Fördergutstrom (bis 160 m^3/h bei Trogbreiten bis 560 mm) ist abhängig von der Trogbreite, der möglichen Schichthöhe und der Fördergeschwindigkeit, die sich nach der Beschaffenheit des Gutes richtet.

Die Vorteile des Trogkettenförderers sind

- Auf- und Abgabe des Fördergutes an beliebiger Stelle
- schonender Guttransport, keine Durchwirbelung
- keine Staubentwicklung durch geschlossene Bauweise
- Förderguttemperaturen bis zu 500 °C
- geringer Platzbedarf
- ununterbrochener Fördergutstrom.

Als Nachteile sind zu nennen

- geringe Geschwindigkeit (0,1 bis 0,3 m/s)
- Wartung der Kettenstränge
- festgelegter Förderweg, Änderungen schwierig
- Verschleiß von Trogboden und Kette
- begrenzte Schüttgüter.

Vertikalförderung wird beim Trogkettenförderer (*Redlerförderer*, Bild 3.50) durch eine Materialsäule erreicht über

- Abstützen im separat aufwärtslaufenden Förderstrang
- Formquerstege (Form ist abhängig vom Fördergut)
- große innere Reibung des Gutes und geringerer äußerer Reibung (Reibung zwischen Trogwand und Gut)
- waagerechte Gutaufgabe.

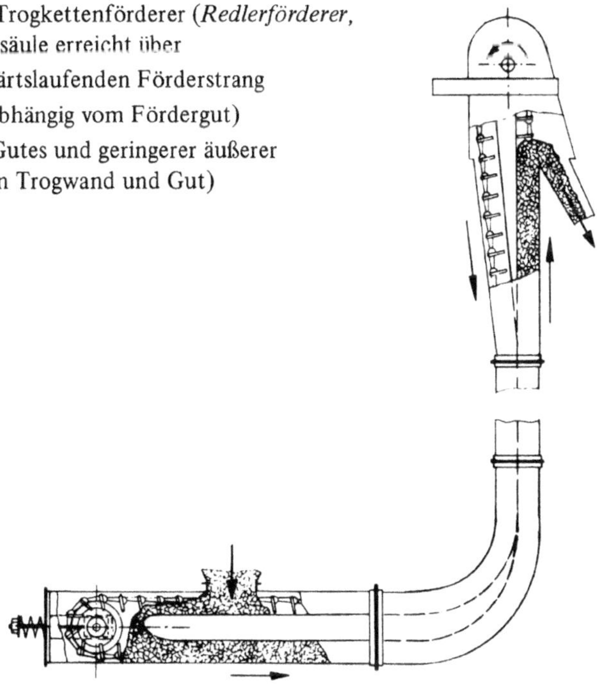

Bild 3.50
Trogkettenförderer für senkrechten Transport (Redlerförderer)

Der Massenstrom kann nur durch Erhöhen oder Vermindern der Kettengeschwindigkeit geändert werden. Bei dem Transport tritt eine gewisse Verdichtung des Gutes ein. Der Redlerförderer ist nur durch Schieber im unteren Teil vollständig zu entleeren. Förderhöhen sind möglich bis 30 m.

Der Volumenstrom $\dot{V}$ ermittelt sich nach Gleichung 1.23

$$\dot{V} = 3600\, c_1\, c_2\, v A \quad \text{in m}^3/\text{h} \tag{3.23}$$

c_1 Minderungsfaktor für Zurückbleiben des Gutes gegenüber der Kettenbewegung für fein- bis grobkörniges Gut ist bei Linienführung:
- waagerecht, leicht geneigt $c_1 = 0{,}6$ bis $0{,}9$
- senkrecht $c_1 = 0{,}5$ bis $0{,}7$

c_2 Minderungsfaktor für Förderquerschnittverlust durch Kette $\approx 0{,}95$ (oft vernachlässigbar wegen Verdichtung)

v in m/s Kettengeschwindigkeit

A in m^2 Fördergutquerschnitt

Der Massenstrom $\dot{m}$ errechnet sich nach Gleichung 1.24.

Bei der Antriebsleistungsberechnung (Gleichung 1.30) ist für $f_{ges} \approx 0{,}2$ bis $0{,}5$ für über Rollen abgestützte Mitnehmer und $f_{ges} \approx 0{,}5$ bis $1{,}0$ für schleifende Mitnehmer in Gleichung 3.4 einzusetzen.

3.4.4. Förderer mit Schnecken

Für waagerechten und leicht geneigten, in Sonderfällen auch senkrechten Transport von Schüttgut können Förderer mit Schnecken eingesetzt werden, die sich einteilen lassen in

- Schneckenförderer
- Schneckenrohrförderer.

Die sehr einfach aufgebauten Schneckenförderer bestehen aus dem Trog mit Abdeckung als Tragorgan, der Schneckenwelle in verschiedenen Ausführungsformen als Schubmittel, dem Antrieb und dem Fördergutein- und -auslauf.

Die sich drehende Schnecke schiebt das Fördergut vor sich her, ohne daß sich bei waagerechter Förderung das Gut mitdreht. Die Reibung des Gutes an den Trogwänden, die Schwerkraft und die Form der Schnecke (Vollschnecke) verhindern eine mögliche Drehbewegung. Die Fortbewegung des Gutes läßt sich vergleichen mit der geradlinigen Bewegung einer gegen Drehen gesicherten Wandermutter auf einer sich drehenden Schraubenspindel. Der Transport findet im geschlossenen Trog (bis 50 m Förderlänge) statt, der je nach Fördergut staub-, gas- oder geruchsdicht ausgebildet sein kann.

Um die Anzahl der mit dem Schneckenförderer zu transportierenden Güter, die staubförmig, körnig, kleinstückig, halbfeucht, faserig oder breiig sind, erweitern zu können, werden heizbare oder kühlbare Tröge benutzt. Für grobstückige, leicht zu zerkleinernde, stark schleißende sowie klebrige, backende oder anhaftende Güter ist dieser Förderer nicht geeignet. Je nach Ausbildung der Schnecke sind auch Arbeitsgänge mit dem Fördervorgang zu verbinden wie Mischen, Rühren, Erwärmen, Kühlen, Waschen, Sieben. Der Schneckenförderer ist besonders bei kurzen Entfernungen als Zubringer oder Zwischenförderer einzusetzen.

Die Vorteile sind zu sehen in

- einfacher Konstruktion
- leichter Wartung
- kleinem Förderquerschnitt
- geringem Raumbedarf
- Aufgabe und Abgabe an beliebiger Stelle
- Förderung im geschlossenen Trog (staubfrei)
- guter Einbaumöglichkeit in automatischen Fertigungseinrichtungen
- geringer Störanfälligkeit
- Mischeffekt bei Band- und Rührschnecke.

Nachteile sind

- relativ hoher Energieverbrauch (Tafel 3.14)
- Gefahr des Festklemmens von Gut (Verstopfungsgefahr)
- Wertminderung des Gutes durch Zerkleinerung oder Zerreibung
- Verschleiß von Schnecke und Trog.

Tafel 3.14

Leistungsvergleich für eine kontinuierliche stündliche Förderung von 40 t Zement mittels Gummigurtförderer, Schneckenförderer und pneumatischer Förderrinne in Abhängigkeit von der Förderanlage

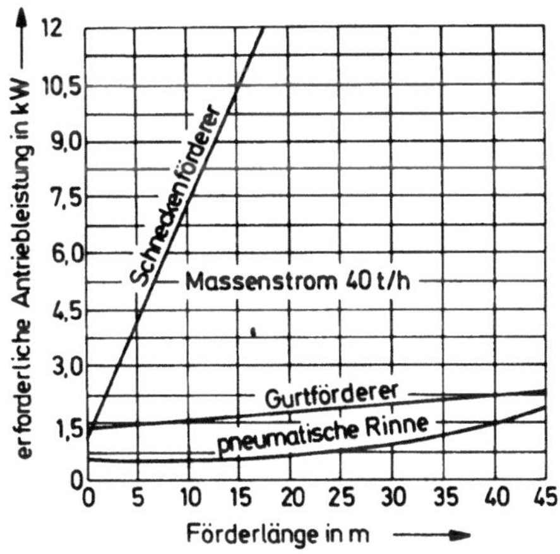

Das wichtigste Bauteil beim Schneckenförderer ist die Förderschnecke, die konstruiert ist als

- Vollschnecke. Gelochte und längs des Radius aufgeschnittene Blechronden werden zu einem Schneckengang schraubenförmig gepreßt und mit der Rohrwelle verschweißt (Bild 3.51a)
- Bandschnecke. Wendel aus Flachstahl ist mit Stegen an einer Rohrwelle verschweißt (Bild 3.51b)
- Rührschnecke. Mit Schaufeln oder Rührflügeln (Paddel) – oft verstellbar – versehene Rohrwelle, die eine unterbrochene Schraubenfläche darstellt (Bild 3.51c).

Die Förderrichtung hängt von der Gewindeart (rechts- oder linksgängig) und der Drehrichtung ab. Ordnet man auf einer Welle Rechts- und Linksgewinde an, bieten sich verschiedene Kombinationsmöglichkeiten von Gutaufgabe, Verteilung und Gutabgabe, z.B. Bild 3.51d.

Die Schneckenwelle ist radial und entgegen der Förderrichtung axial zu lagern. Zwischenlager werden alle 2,5 bis 3 m erforderlich, diese Stellen werden gleichzeitig zu Wellenverbindungen benutzt.

Der Wirkungsgrad des Schneckenförderers ist eine Funktion des Steigungswinkels der Schnecke:

- großer Steigungswinkel bedeutet kleiner Wirkungsgrad
- kleiner Steigungswinkel bedingt Mehrgängigkeit mit ebenfalls geringerem Wirkungsgrad.

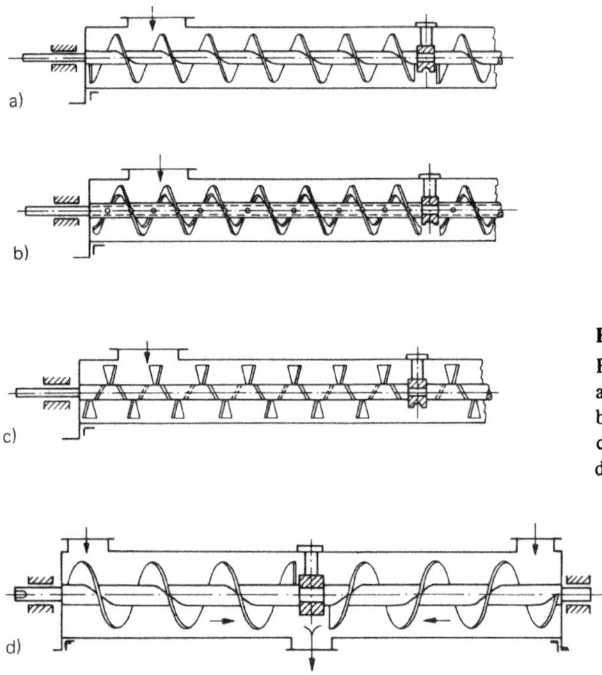

Bild 3.51
Förderschnecken
a) Vollschnecke
b) Bandschnecke
c) Rührschnecke (Paddelschnecke)
d) Schnecke mit Rechts- und Linksgewinde auf einer Welle

Tafel 3.15. Füllungsgrad und Gesamtverlustzahl bei Schneckenförderung

Fördergut	Eigenschaft	Füllungsgrad φ	Gesamtverlustzahl f_{ges}
Sand, Asche, Koks	schwer und schleißend	0,125	4,4
grobes Salz, Sägemehl, Zement	leicht und schwach schleißend	0,3	3,1
Mehl, Bohnen, Getreide	leicht und nicht schleißend	0,4 bis 0,5	1,8

Bei kleinen und mittleren Schnecken ist die Steigung $s \approx 0{,}9\,D$ und für große Schnecken $s \approx (0{,}5$ bis $0{,}8)\,D$ (D Schneckendurchmesser).

Der Füllungsgrad φ, der das Verhältnis des tatsächlichen zum theoretischen Fördervolumen darstellt, ist eine Funktion vom Durchmesser, Steigung und Länge der Schnecke, der Lager- und Kupplungszahl sowie des Fördergutes (Tafel 3.15).

Der Fördertrog erhält in Abhängigkeit vom Fördergut ein Spiel von 5 bis 10 mm zur Förderschnecke. Zur Vermeidung von Verstopfungen wird entweder die Schneckenwelle exzentrisch im Trog gelagert oder der Trog nach oben hin verbreitert. Ein langer Förderer setzt sich aus Schüssen von 3 bis 6 m Länge zusammen.

Abmessungen des Schneckenförderers und die in Abhängigkeit von dem Schneckendurchmesser (D = 100 bis 1250 mm) möglichen Drehzahlen (n = 140 bis 16 1/min) sind in DIN 15 261 festgelegt.

Der Massenstrom $\dot{m}$ ermittelt sich bei der Vollschnecke nach Gleichung 1.23 und 1.24

$$\dot{m} = 60\,\frac{\pi D^2}{4}\,s\,\varphi\,n\,k\,\rho_s \text{ in t/h} \tag{3.24}$$

D	in m	Schneckendurchmesser
s	in m	Schneckensteigung
φ		Füllungsgrad (Tafel 3.14)
n	in 1/min	Drehzahl der Schnecke
k		Minderungsfaktor für geneigte Förderung (bei $5° \approx 0{,}9$; $10° \approx 0{,}8$; $15° \approx 0{,}7$; $25° \approx 0{,}5$)
ρ_s	in t/m³	Schüttdichte (Tafel 1.3)

Die Fördergeschwindigkeit v liegt zwischen 0,2 bis 0,4 m/s und errechnet sich zu

$$v = \frac{s\,n}{60} \text{ in m/s} \tag{3.25}$$

Der Antrieb geschieht über Getriebemotoren. Die tatsächliche Leistung läßt sich schwer erfassen, weil sich die einzelnen Reibungswerte nicht exakt ermitteln lassen. Man greift auf Erfahrungswerte zurück und arbeitet mit der Gesamtverlustzahl f_{ges}. Die Vollastbeharrungsleistung P_v mit $\dot{m}$ aus Gleichung 3.24 ergibt

$$P_v = \frac{\dot{m}\,g}{3600}\,(L\,f_{ges} \pm H)\,\frac{1}{\eta_{ges}} \text{ in kW} \tag{3.26}$$

L	in m	Förderlänge der Schnecke
f_{ges}		Gesamtverlustzahl (Tafel 3.15)
H	in m	Förderhöhe („+“ steigende, „–“ fallende Förderung)
η_{ges}		Triebwerkwirkungsgrad
$\dot{m}$	in t/h	Massenstrom

Außer den Trogschneckenförderern sind verschiedene Sonderkonstruktionen im Einsatz:

- *Rohr*-Schneckenförderer: für kurze Entfernungen ohne Mittellager; Füllungsgrad $\varphi = 1$; Steigung der Schnecke wird nach Förderguteinlauf etwas vergrößert, um Verstopfungen zu vermeiden,
- *Preß*-Schneckenförderer: für leicht fließende Güter, um z.B. bei Druckdifferenzen ein „Durchschießen“ des Fördergutes zu verhindern; das Schneckenrohr ist mit unterschiedlicher Steigung ausgebildet.
- *Misch*-Schneckenförderer: mit Paddelschnecke ausgerüstet, deren Paddel in ihrer Schrägstellung verstellbar sein können.

- *Sieb*-Schneckenförderer: zum Absieben von Fremdkörpern oder grobstückigem Fördergutanteil; Schnecke läuft in einem Siebkasten, die Schneckenflügel sind mit einer Siebbespannung umgeben.
- *Senkrecht*-Schneckenförderer: geeignet für frei fließendes Fördergut; senkrecht stehende Schnecke läuft mit großer Drehzahl (biegekritische Drehzahl nachprüfen). Der Fördereffekt tritt ein, wenn infolge der Fliehkraft die Reibkraft des Fördergutes an den Rohrwänden größer ist als die Reibkraft zwischen Gut und Schneckenflügel. Das Fördergut wird entweder über einen Trichtereinlauf (Bild 3.52) oder mittels einer Zuführschnecke aufgegeben. Im unteren Bereich des Schneckenförderers ist die Schnecke doppelgängig und konisch ausgebildet.

Bei den *biegsamen* Förderschnecken handelt es sich um eine biegsame Drahtspirale bis 100 mm Durchmesser, die sich in einem flexiblen Schlauch dreht. Die Drahtspirale ragt an einem Ende des Schlauches um ca. 10 cm heraus und wird ins Fördergut wie Zucker, Getreide, Kunststoffgranulat getaucht. Diese biegsame Förderschnecke ist für körnige Produkte auch zur Senkrechtförderung bei Massenströmen bis 18 t/h und kurzen Förderlängen (bis 20 m) geeignet.

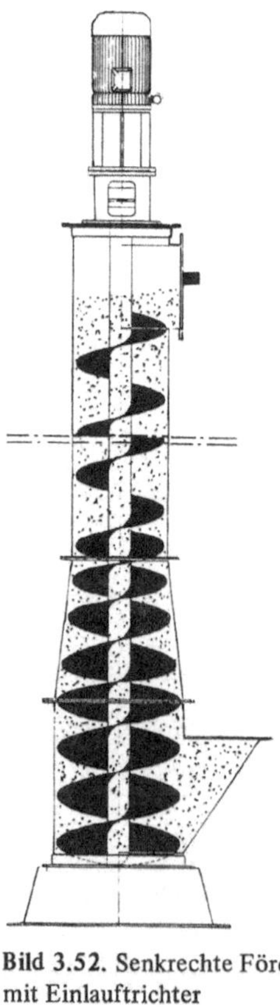

Bild 3.52. Senkrechte Förderschnecke mit Einlauftrichter

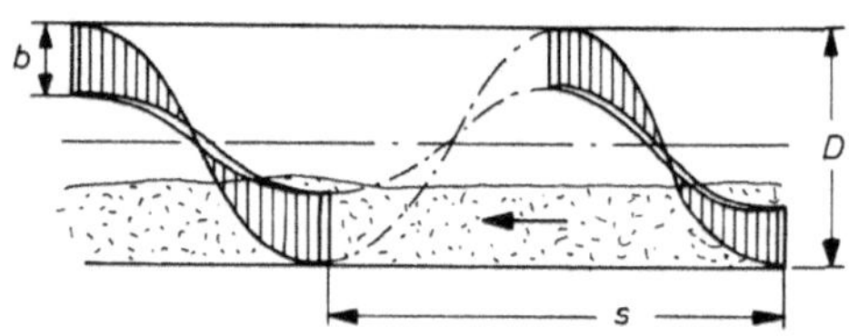

Bild 3.53. Schneckenrohrförderer
b Breite der fest eingeschweißten Blechspirale,
D Rohrdurchmesser,
s Steigung der Spirale

Bild 3.54. Transportbetonmischer mit zweigängiger Schnecke

Schweißt man in einem Rohr in der Form eines Schraubenganges eine Wendel aus Flachstahl ein und dreht das auf Rollen außen gelagerte Rohr, dann erhält man einen *Schneckenrohrförderer* (Bild 3.53) für waagerechte und leicht geneigte Förderung. Da sich innerhalb des Rohres kein Lager befindet, der Antrieb über den Umfang des Rohres mittels Zahnkranz erfolgt, ist der Schneckenrohrförderer besonders zum Transport von heißem Gut zu gebrauchen. Bei der Gutförderung muß die Drehzahl wegen der Zentrifugalkraft klein sein, da sonst das Gut umläuft (keine Förderung). Es muß die Bedingung erfüllt bleiben

$$\omega^2 r < g$$

daraus folgt

$$\omega^2 r = \left(\frac{2\pi n}{60}\right)^2 \frac{D}{2} < g$$

$$n_{\text{kritisch}} = \frac{42{,}3}{\sqrt{D}} \text{ in } 1/\text{min} \tag{3.27}$$

Aufgrund der niedrigen Drehzahlen und der kleinen Steigung ($s = 0{,}5\,D$) liegt die Fördergeschwindigkeit zwischen $v = 0{,}07$ bis 0,15 m/s. Da die radiale Windungshöhe b der Wendel gering ist ($b = 0{,}3\,D$), liegt durch kleine Werte von s und v der Massenstrom $\dot{m}$ maximal bei 50 t/h. Berechnungen nach Gleichung 3.24 mit $\varphi = 0{,}25$ (maximaler Durchmesser des Schneckenrohrförderers $D = 0{,}8$ m; maximale Förderlänge L bis 50 m).

Der Schneckenrohrförderer hat die Vorteile, heißes, schleißendes und kleinstückiges Gut zu transportieren, eine gute Durchmischung zu erreichen und bietet die Möglichkeit, mit kaltem oder warmem Luftstrom das Fördergut zu belüften, zu erwärmen, zu kühlen oder zu trocknen. Das Fördergut wird nicht verunreinigt durch Schmiermittel (kein Lager), und eine Zerkleinerung des Gutes durch die Schnecke unterbleibt.

Nachteile sind: Gutauf- und Gutabgabe nur an einer Seite, Staubbildung an den Rohrenden, Verschleiß in Abhängigkeit vom Gut, lautes Geräusch bei stückigem Gut und Zerkleinerung von Gütern, die zum Zerbröckeln neigen.

Die Anwendung dieses Prinzips findet sich außer in den Drehöfen der Zementindustrie im Transportbetonmischer (Bild 3.54), in dessen birnenförmigen Behälter eine zweigängige Schnecke eingeschweißt ist, die je nach Drehrichtung des Behälters als Misch- oder als Transportschnecke arbeitet.

3.4.5. Schwingförderer

Mittels Schwingungen ist es auf zwei Arten möglich, einen Transport von Fördergut in waagerechter, geneigter und in senkrechter Linienführung zu erreichen. Einmal benutzt man unsymmetrisch hin- und hergehende Bewegungen eines Rinnenbodens, um das Gut mit einer größeren Impulssumme in Förderrichtung als in Gegenrichtung zu versehen, und macht sich zusätzlich den Unterschied zwischen Haft- und Gleitreibzahl zunutze: *Schüttelrutschen.*

Die andere Möglichkeit bietet sich in der *Schwingrinne*, wo der Rinnenboden schräg nach oben bewegt wird. Um ein Abheben des Gutes vom Rinnenboden zu erzielen, muß die Vertikalbeschleunigung größer als die Erdbeschleunigung sein. Das Gut führt dann eine Wurfbewegung aus. Wird dieser Vorgang periodisch wiederholt, ergibt sich eine Förderung.

Schwingförderer können zum Transport von nicht klebenden oder backenden Schüttgütern eingesetzt werden und lassen bei staubförmigen Gut nur geringe Schichthöhen zu. Während des Fördervorganges können Arbeitsgänge ausgeführt werden wie Sieben, Waschen, Entwässern, Befeuchten, Kühlen oder Erwärmen. Besondere Einsatzgebiete stellen der Bunkeraustrag, die Dosierung und Zuteilung für Verarbeitungsmaschinen und die Klassifizierung von Gut durch Sieben dar.

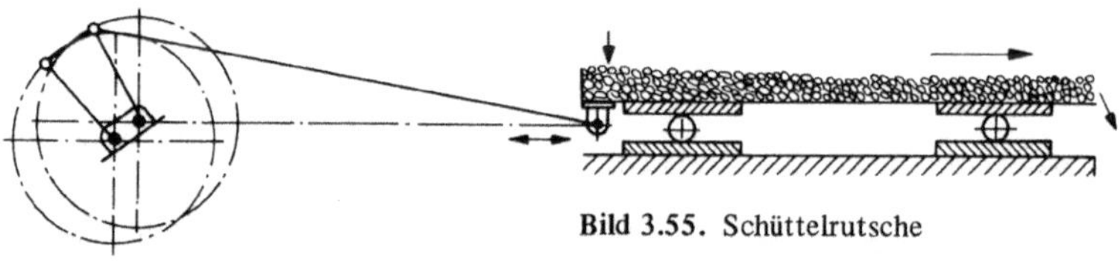

Bild 3.55. Schüttelrutsche

Bei der *Schüttelrutsche* (Bild 3.55) besteht Reibschluß zwischen Rinne und Gut: Sie arbeitet nach dem *Beschleunigungsverfahren*. Die mit Fördergut beladene und auf Rollen gelagerte Rinne bewegt sich in horizontaler Richtung langsam hin und schnell zurück. Aufgrund der Massenträgheit rutscht das Gut bei der Rückwärtsbewegung so lange in Förderrichtung weiter, bis durch die Reibung zwischen Gut und Rinne die kinetische Energie verbraucht ist. Um eine Mitnahme des Gutes beim Hingang auf der Rinne zu erhalten, darf die Beschleunigung der Rinne nicht größer als $a \leq \mu_r g$ sein, dies folgt aus der Entwicklung der Gleichung 1.44. Die Schüttelrutschen arbeiten mit großen Amplituden (Hub = 300 bis 120 mm) und kleinen Frequenzen von 50 bis 100 Doppelhübe /min. Erforderlich ist eine ungleichförmige hin- und hergehende Bewegung, die durch Kurbelgetriebe,

$$\text{Schubstangenverhältnis } \lambda = \frac{r_{\text{(Kurbelradius)}}}{l_{\text{(Schubstange)}}} = 0{,}2 \text{ bis } 0{,}5,$$

durch Kurvenscheiben- oder Ellipsenradgetriebe erreicht werden. Stranglängen von Schüttelrutschen werden aus Schüssen bis 3 m Länge zusammengesetzt. Massenströme sind bis 200 t/h möglich. Der Volumenstrom $\dot{V}$ bestimmt sich nach Gleichung 1.23

$$\dot{V} = 3600\, A\, v_m \quad \text{in m}^3\text{/h} \tag{3.28}$$

A in m^2 Fördergutquerschnitt
v_m in m/s mittlere Fördergeschwindigkeit (0,1 bis 0,3 m/s)

$$v_m = \frac{s_u\, n}{60} \quad \text{in m/s} \tag{3.29}$$

s_u in m Weg, den das Gut bei einem Hin- und Rückgang der Rutsche zurücklegt
n in 1/min Drehzahl des Kurbeltriebes (Rutschenfrequenz)

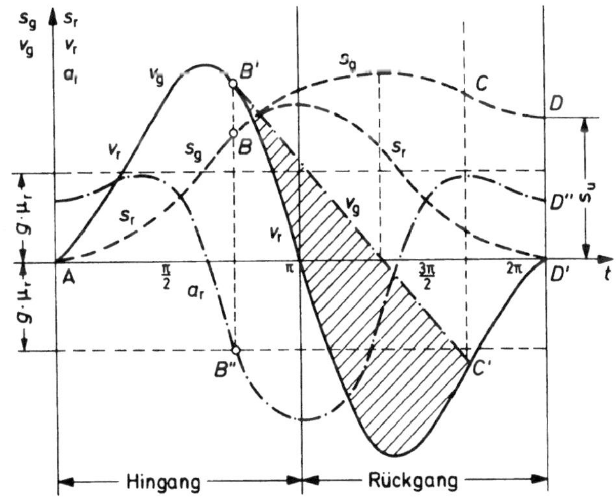

Bild 3.56
Weg-, Geschwindigkeits- und Beschleunigungskurven in Abhängigkeit von der Zeit für eine Schüttelrutsche mit Gut

Die Vollastbeharrungsleistung ($\hat{=}$ Antriebsleistung) ergibt sich nach Gleichung 1.30

$$P_v = \frac{F v_m}{1000 \cdot \eta} \text{ in kW} \tag{3.30}$$

F	in N	Erregerkraft (Rinnenkraft) $F = m_N a_r$; m_N in kg entspricht der Nutzmasse (Gut- und Totmasse), a_r = Rutschenbeschleunigung in m/s²
v_m	in m/s	mittlere Fördergeschwindigkeit
η		Triebwerkwirkungsgrad

Nach Gleichung 3.4 über die Gesamtreibungszahl f_{ges} ist die Vollastbeharrungsleistung

$$P_v = \frac{\dot{m} g L}{3600} \cdot (f_{ges} \pm \sin \alpha) \text{ in kW} \tag{3.31}$$

$\dot{m}$	in t/h	Massenstrom
g	in m/s²	Erdbeschleunigung
L	in m	Förderlänge
f_{ges}		Gesamtreibungszahl $f_{ges} \approx 1{,}0$ bis 1,5
α	in °	Steigungs- oder Neigungswinkel
+, –		Auf- (+) oder Abwärtsförderung (–)

Um $\dot{V}$ zu errechnen, muß s_u bestimmt werden. Trägt man in einem Koordinatensystem auf der horizontalen Achse die Zeit t und auf der vertikalen Achse Weg s, Geschwindigkeit v und Beschleunigung a vom Gut (Index g) und von der Rutsche (Index r) auf, so ermittelt sich s_u laut Bild 3.56. Bei gegebenem Hub, Geschwindigkeits- und Beschleunigungsverlauf des Kurbeltriebes und der Haftreibungszahl μ_r beginnt bei verzögerter Bewegung im Hingang nach Überschreiten von $\mu_r g$ im Punkt B das Gut auf der Rutsche vorwärts zu gleiten und führt eine geradlinig verzögerte Bewegung aus bis zum Punkt C

(Übergang Haft- in Gleitreibung). Da in diesem Punkt Rinne und Gut gleiche Geschwindigkeit haben, wird von hier aus die Bewegung wieder gemeinsam durchgeführt. Zwischen B und C ergibt sich der Weg des Gutes relativ zu der Rutsche, dessen Größe der Betrag von s_u für einen Hin- und Rückgang ist. Diese Größe wird auch durch die schraffierte Fläche dargestellt (Integration).

Wegen der hohen Antriebsleistung zur Bewegung der Massen, wegen des großen Verschleißes des Rutschenbodens und der Fundamentbeanspruchung durch die großen Amplituden sowie der Arbeitsgeräusche wird die Schüttelrutsche immer mehr durch die Schwingrinne verdrängt.

Die *Schwingrinnen* arbeiten nach dem *Wurfverfahren* (Mikrowurf). Die Rinne bewegt sich in der Vorwärtsphase nach oben und beim Rücklauf nach unten. Das Gut wird also beim ersten Teil einer Schwingbewegung von der Schwingrinne in Förderrichtung „geworfen", so daß kleine Hüpfbewegungen entstehen. Im Gegensatz zur Schüttelrutsche geschieht der Fördervorgang mit kleinen Amplituden und großen Frequenzen bei annähernd sinusförmigem Geschwindigkeitsverlauf, was einen gleichartigen Beschleunigungsverlauf für den Hin- und Rückgang voraussetzt. Entscheidend ist die Vertikalkomponente der Beschleunigung, die größer sein muß als die Erdbeschleunigung (Gleichung 3.36). Der Reibschluß des Gutes mit der Rinne ist nur kurzzeitig, so daß von einer „sichtbaren" gleitenden Förderung gesprochen werden kann. Die Schwingförderer bestehen aus offener (Trog) oder geschlossener (Rohr) Rinne, die je nach Antrieb durch schrägstehende Blattfedern (Lenkern) oder Druckfedern an festen oder federnden Gegenrahmen abgestützt oder an Zugfedern aufgehängt ist (Bild 3.57). Der Rinnenboden wird für grobstückiges Fördergut aus Steifigkeitsgründen zweckmäßig in gewölbter oder geknickter Form hergestellt; die Rinne selbst kann je nach Gut mit Gummi, Kunststoff oder Spezialstahl ausgekleidet werden.

Bild 3.58 demonstriert die Rinnen- und Gutbewegung bei sinusförmigem Schwingungsverlauf

Rinnenweg:

$$s_r = r(1 - \cos\alpha) \quad \text{mit} \quad \alpha = \omega t \quad \text{und} \quad \omega = 2\pi f$$

wird

$$s_r = r(1 - \cos(2\pi f t)) \text{ in m} \tag{3.32}$$

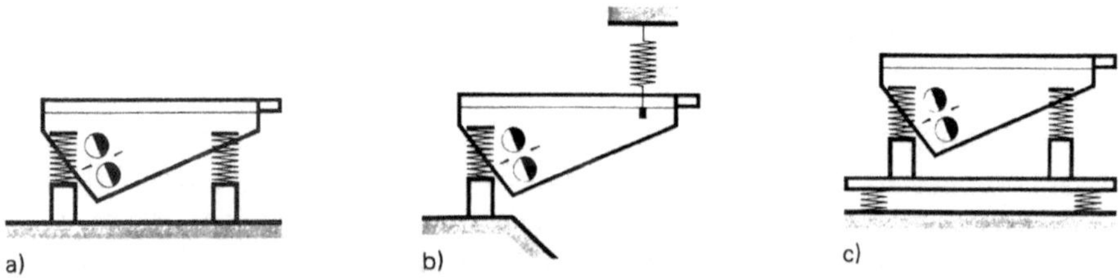

Bild 3.57. Schwingrinne mit Wuchtmassenantrieb
a) auf Druckfedern abgestützt b) an Seilen und Federn aufgehängt c) mit Gegenschwingrahmen versehen

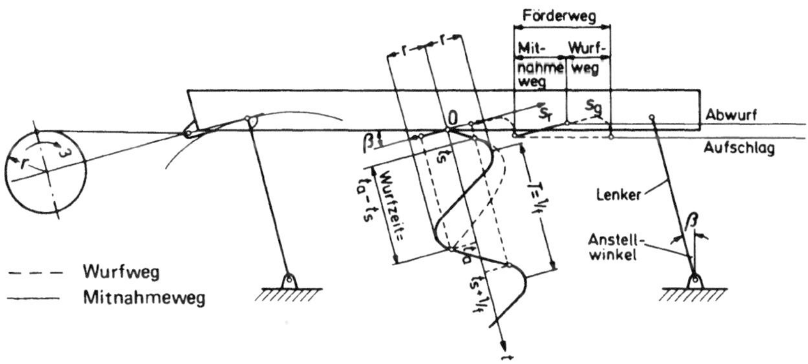

Bild 3.58. Prinzipdarstellung der Gutbewegung bei Schwingrinnen

T	in s	Schwingungsdauer	s_g	in m	Gutweg
f	in Hz	Frequenz	v_r	in m/s	Rinnengeschwindigkeit
r	in m	Amplitude	v	in m/s	Gutgeschwindigkeit
t	in s	Zeit	α	in°	Drehwinkel
t_s	in s	Ablösezeitpunkt	β	in°	Anstellwinkel (20° bis 40°) Winkel der Rinnenschwingungsrichtung gegen den Rinnenboden
t_a	in s	Aufschlagszeitpunkt			
0 bis t_s	in s	Haftzeit			
$t_a - t_s$	in s	Wurfzeit	γ	in°	Rinnenneigung, Winkel des Rinnenbodens gegen die Horizontale
s_r	in m	Rinnenweg			

Rinnengeschwindigkeit:

$$\dot{s}_r = v_r = 2\pi f r \sin(2\pi f t) \quad \text{in m/s} \tag{3.33}$$

Rinnenbeschleunigung:

$$\ddot{s}_r = a_r = 4\pi^2 f^2 r \cos(2\pi f t) \quad \text{in m/s}^2 \tag{3.34}$$

Die Vertikalkomponente der Rinnenbeschleunigung ist ausschlaggebend für den Fördervorgang

$$y_r = \ddot{s}_r \sin\beta, \quad \text{deren maximale Größe sich bei} \quad \cos(2\pi f t) = 1 \quad \text{ergibt:}$$

$$y_{r\max} = 4\pi^2 f^2 r \sin\beta \tag{3.35}$$

Bildet man das Verhälnis von maximaler Vertikalbeschleunigung zur Erdbeschleunigung, erhält man den Wurfkennwert Γ

$$\Gamma = \frac{4\pi^2 f^2 r \sin\beta}{g} \tag{3.36}$$

es bedeutet

$\Gamma \leqq 1$ keine Wurfbewegung → Schüttelrutsche

$\Gamma > 1$ Wurfbewegung → Schwingrinne

Die theoretische Fördergeschwindigkeit v ist abhängig von

- der Rinnenfrequenz f in 1/s
- der Amplitude r in m
- dem Anstellwinkel β in °
- der Rinnenneigung α in °

und ermittelt sich aus

- der mittleren horizontalen Rinnengeschwindigkeit während der Mitnahme des Gutes zwischen 0 und t_s (Haftzeit)
- der horizontalen Gutgeschwindigkeit während der Wurfzeit t_s und t_a (siehe Bild 3.58)

$$v = \frac{g\,n^2 \cot\beta}{2f} \text{ in m/s} \tag{3.37}$$

v in m/s Fördergeschwindigkeit

$n = \frac{t_a - t_s}{T}$ Zeitkennwert n.

Die Gleichung 3.37 gilt für $0 < n < 1$ und $1 < \Gamma < 3{,}3$ für die maximale Wurfzeit $t_a - t_s$. Wird der Zeitkennwert $n = 1$, bedeutet dies, daß eine oder mehrere Rinnenbewegungen vom Fördergut übersprungen werden.

Die Maschinenkennziffer K, die ein Maß für die Beanspruchung der Rinnenteile darstellt (Begrenzung durch die auftretenden Massenkräfte), wird zur Bestimmung der Fördergeschwindigkeit benutzt und stellt das Verhältnis von größter Erregerkraft F_{max} bei leerer Rinne zur Rinnengeschwindigkeit dar. K ist abhängig von der Frequenz f und der Amplitude r.

$$K = \frac{F_{max}}{G_r} = \frac{a_{rmax}}{g} = \frac{4\pi^2 f^2 r}{g}$$

G_r in N Rinnengewichtskraft

Die Gewichtskraft des Fördergutes wird durch Erhöhung von G_r um 20 % berücksichtigt. $K < 5$ für normal beanspruchte Schwingrinnen; $K = 5$ bis 10: Grenzwert (hoch dynamisch beanspruchte Schwingrinnen). Die wirkliche Fördergeschwindigkeit wird noch beeinflußt durch die Förderguteigenschaften und die zu fördernde Schichthöhe.

Der Massenstrom $\dot{m}$ in t/h ist bei horizontaler Förderung

$$\dot{m} = 3600\, A\, v\, \rho_s \text{ in t/h} \tag{3.39}$$

A in m^2 Fördergutquerschnitt
ρ_s in t/m^3 Schüttdichte
v in m/s Fördergeschwindigkeit

Fördergutströme bei Bunkerabzug bis 2000 t/h und bei Zuförderung bis 1000 t/h (Breite bis 2500 mm) sind möglich. Die Anwendung der Schwingförderer liegt beim Transport von fein- bis grobstückigen (Stückgröße bis 1000 mm), von schleißenden und chemisch aggressiven sowie heißen Gütern in Hüttenwerken zum Abzug von Schüttgut aus Bunkern, in der Steine- und Erde-Industrie für Schotter, Sand, Kies und Kalkstein, um Gurtförderer oder Öfen zu beschicken, in der chemischen Industrie als Zuteiler und Verdichter, in Gießereien bei der Formsandaufbereitung und zum Trennen des Altsandes von Gußteilen.

Die Vorteile der Schwingrinne sind:

- geringer Verschleiß, da keine unmittelbare Berührung zu den mechanischen Teilen beim Transport vorhanden ist
- schonender Förderguttransport
- einfache Wartung, lange Lebensdauer
- geringe Lärmbelästigung, vor allem bei ausgekleideten Rinnen
- betriebssicher, auch unter extremen Bedingungen wie Hitze und Staub
- geringerer Energiebedarf als bei Schüttelrutschen
- gute Regelbarkeit des Förderstromes durch Veränderung von Amplitude, Schwingungszahl und/oder Wurfwinkel, besonders beim Vibrator.

Nachteilig wirken sich die stärkeren Schwingungen aus, der Energiebedarf ist größer als beim Gurtförderer, und für Schwingisolierung zur Umgebung ist zu sorgen.

Die Antriebsaggregate sind das wichtigste Unterscheidungsmerkmal bei den Schwingrinnen. Man teilt sie ein in Schwingrinnen mit

- Schubkurbelantrieb (Zwangslaufantrieb)
- Unwuchtantrieb (Wuchtmassenantrieb)
- elektromagnetischen Antrieb (Vibrator)

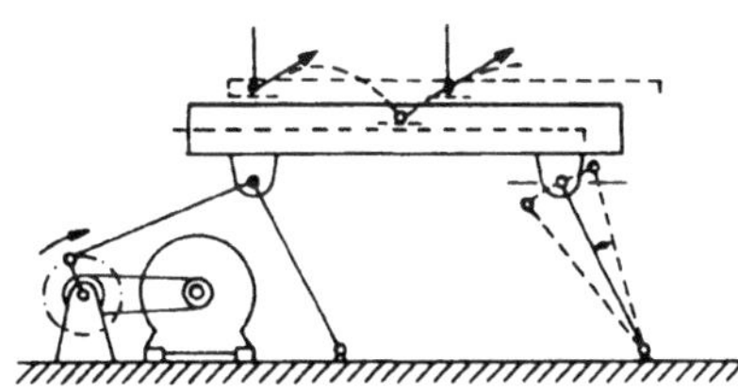

Bild 3.59
Schwingrinne mit Schubkurbelantrieb

Schwingrinnen mit Schubkurbelantrieb (Bild 3.59) werden meist zur Förderung über größere Entfernungen eingesetzt bei mittleren bis großen Fördergutströmen (bis 200 m³/h). Die Fördergeschwindigkeit geht von 0,3 bis 0,7 m/s.

Schwingrinnen mit Unwuchtantrieb (Bild 3.57): Bei den *Unwuchtmotoren* (Bild 3.60) handelt es sich um Asynchronmotoren, auf deren Wellenenden Unwuchtsegmente aufgesetzt sind. Eine Vergrößerung oder Verkleinerung der Unwucht bedeutet eine Änderung der Fliehkraftgröße und erfolgt einmal durch einzelne oder mehrere bzw. anders geformte Scheibensegmente, zum anderen durch Ausfüllen der Bohrungen.

Zwei Antriebsausführungen sind möglich: Einbau von ein oder zwei Unwuchtmotoren. Benutzt man einen einzelnen Unwuchtmotor zur Schwingungserzeugung, muß er über ein drehelastisches Gelenk an die Rinne angeschlossen werden, da sonst nur eine kreis-

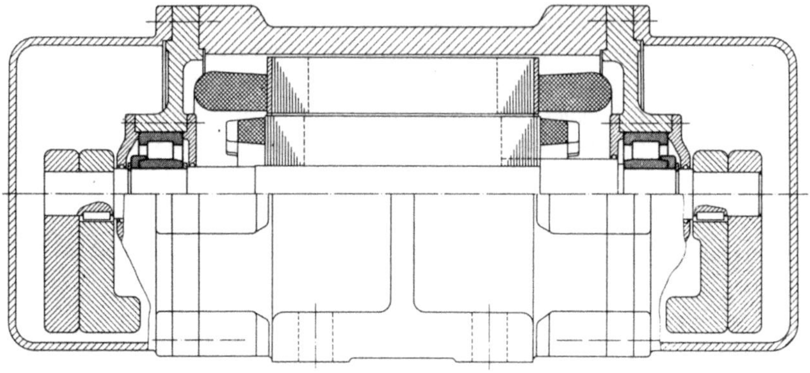

Bild 3.60. Unwuchtmotor

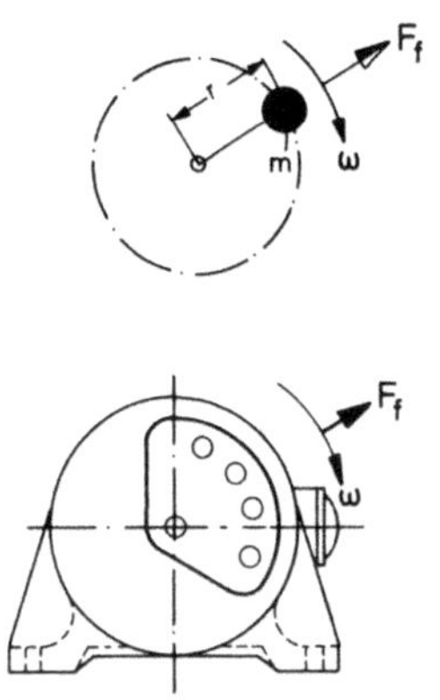

Bild 3.61. Kreiserreger

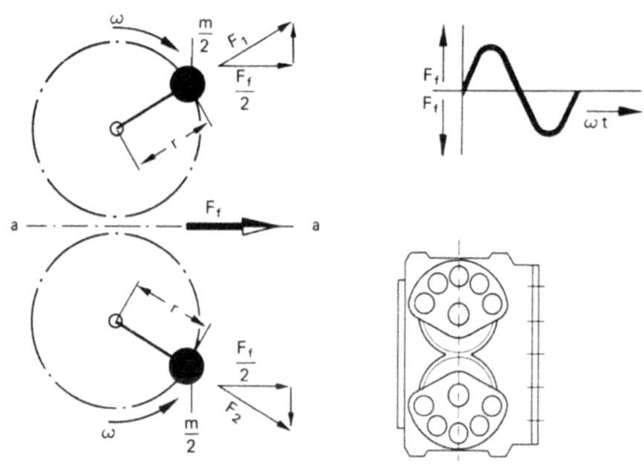

Bild 3.62. Richterreger
Unwuchtstellung für resultierende Fliehkraft = σ

förmige Schwingung entsteht. Denn bei einem ***Kreiserreger*** (ein Unwuchtmotor) läuft die durch die Unwucht erzeugte Fliehkraft F_f mit der Drehzahl des Motors um (Bild 3.61).

In der Regel ordnet man zwei synchron gegenläufige Unwuchtmotoren als Antrieb an (Bild 3.62) und erhält eine gerichtete Fliehkraft F_f, die längs der Linie *a–a* wirkt: ***Richterreger.***

Man erreicht das gleiche Ergebnis durch einen Antriebsmotor und zwei mit Unwuchtmassen ausgerüsteten Wellen, die über ein Zahnradgetriebe angetrieben werden. Aus Bild 3.62 erkennt man, daß sich die Komponenten der Fliehkräfte F_1 und F_2 zu der resultierenden Fliehkraft F_f addieren. Die ***senkrecht*** auf *a–a* stehenden Komponenten heben sich gegenseitig auf unter der Voraussetzung zweier gleich großer, um 180° versetzter, gegenläufiger Unwuchtmassen.

Die Amplituden liegen bei 5 bis 0,5 mm, die Frequenzen bei 15 bis 30 Hz und die Fördergeschwindigkeiten bei 0,05 bis 0,4 m/s.

Um die dynamischen Fundamentbelastungen durch den Schwingungserreger möglichst klein zu halten und den Einfluß der Rinnenbelastung durch das Fördergut auf den Fördergutstrom auszuschalten, wurde der *Resonanzwuchtförderer* entwickelt. Er besteht aus der Förderrinne (-rohr) und einem Gegenrahmen, die durch Federn miteinander verbunden sind (Bild 3.57c). Dieses *Zweimassen-Schwingsystem* aus der Nutzmasse m_N, der Gegenmasse m_G und den Federn c arbeitet in der Nähe seiner Eigenfrequenz ω_E (Resonanzbereich; Bild 3.63). Das Verhältnis von Betriebsfrequenz ω zur Eigenfrequenz ω_E nennt man *Verstimmungsverhältnis.* Es läßt sich so einstellen, daß der Schwingungsausschlag der Nutzmasse r_N bei Belastung durch das Fördergut nicht absinkt und damit auch der Fördergutstrom nicht reduziert wird. Wie aus Bild 3.63 zu ersehen ist, verändern sich bei dieser Abstimmung je nach Dämpfung D die Ausschläge des Grundrahmens r_G und gehen dabei gegen Null.

Elektromagnetvibrator (Bild 3.64): Ein Schwingförderer mit einem *elektromotorischen* Antrieb versehen, benutzt die Kraft eines mit Wechselstrom gespeisten Magneten zur Schwingungserregung. Der prinzipielle Aufbau geht aus Bild 3.64 hervor. Die Rinne (mit Schüttgut) und der Anker eines Elektromagneten sind fest miteinander verbunden (Nutzmasse ≙ Arbeitsseite) und bilden mit der Freimasse und dem Spulenkörper (Gegenmasse, gekoppelt über vorgespannte Druckfedern: Speicherfedern) ein Zweimassen-Schwingsystem, welches im Bereich der Resonanz arbeitet. Eine angelegte Wechsel-

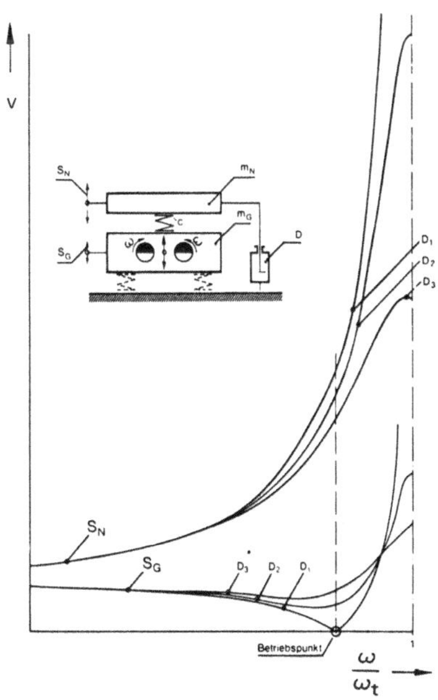

Bild 3.63
Amplitudenverlauf von Zweimassen-Schwingsystemen in Abhängigkeit vom Verstimmungsverhältnis

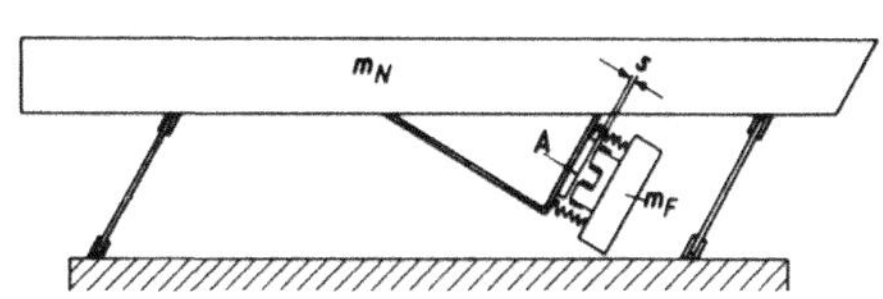

Bild 3.64. Schwingrinne mit elektromagnetischem Antrieb
m_N Nutzmasse, m_F Freimasse, A Anker, s Luftspalt

spannung mit 50 Hz führt zu einer Rinnenfrequenz von 100 Hz, die nur für kleine Rinnen brauchbar ist. Mittels Einweg-Gleichrichter schwingt die Rinne mit 50 Hz. Der Vibrator läßt sich durch Spannungsregelung in seiner Amplitude gut ändern, so daß hierdurch die Fördergeschwindigkeit steuerbar ist (Dosierung). Die Amplituden betragen 0,05 bis 1 mm, die Fördergeschwindigkeiten 0,01 bis 0,15 m/s, und die Frequenz liegt zwischen 50 und 100 Hz.

Aufgrund der Lärmschutzgesetze geht die Entwicklung von Schwingrinnen mit großer Leistung zum Unwuchtmotorantrieb.

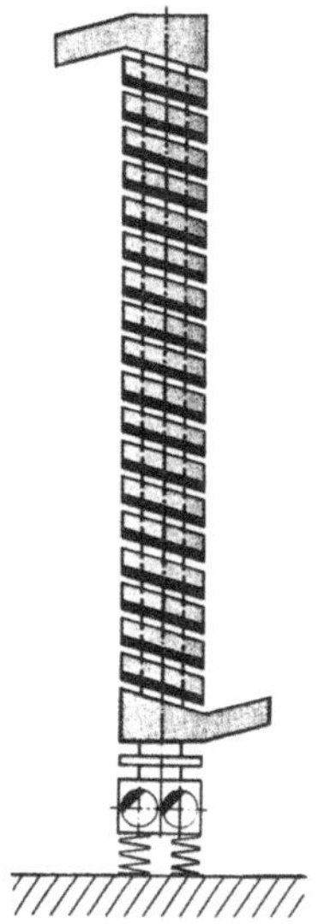

Bild 3.65
Wendelschwingrinne

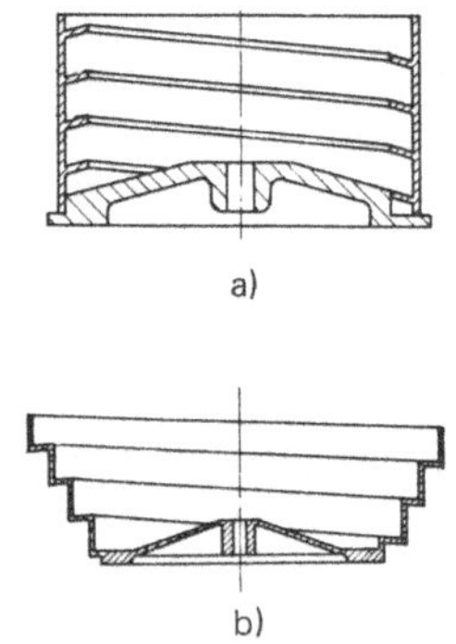

Bild 3.66. Teileförderer (Sortiertopf)
a) zylindrisch
b) stufenförmig

Zur Senkrechtförderung werden *Wendelschwingrinnen* (Bild 3.65) eingesetzt, die aus einer um ein Rohr schraubenförmig gelegten Rinne aufgebaut sind. Am Fuß sind die Unwuchtantriebe angebracht. Ist die Drehrichtung beider Unwuchtmotoren gleich, erzielt man Torsionsschwingungen (Drehschwingungen: vorwärts-aufwärtsdrehend; rückwärts-abwärtsdrehend). Je nach Rinnenbreite (50 bis 400 mm) erreicht man Förderhöhen bis zu 10 m. Außendurchmesser 200 bis 1600 mm; Massenströme bis 30 t/h. Besonderes Anwendungsgebiet: Kühlen von Schüttgut während des Transportes (heißer Sand).

An Arbeits- oder Verpackungsmaschinen, bei Magazinen oder an Montageplätzen benutzt man *Teileförderer,* die geschüttete ungerichtete Kleinteile wie Bolzen, Schrauben, Scheiben usw. sortieren, vereinzeln, ordnen, zuführen oder ausrichten. Der Teileförderer besitzt einen Topf (Bild 3.66), der durch einen Elektrovibrator Drehschwingungen (ähnlich der Wendelschwingrinne) erzeugt und die Kleinteile über besonders geformte Rinnen, Abweiser bzw. Schikanen in gerichteter Form der Maschine zuführt. Die Rinnen sind schraubenförmig an der Innenwandung des Topfes angebracht. Die Teileförderer werden in der Fließfertigung eingesetzt, übernehmen Speicherfunktionen und bilden ein Rationalisierungsgerät für die Handhabungstechnik.

3.4.6. Förderer mit Luft

Bei diesen Stetigförderern wird ein Luftstrom (Trägergas) in Rohrleitungen als Energieträger benutzt und folgende Fördermittel unterschieden:

- pneumatische Förderer (Saug- und Druckluftförderanlagen)
- pneumatische Förderrinnen
- Lufttische, Luftkissen
- Rohrpostanlagen.

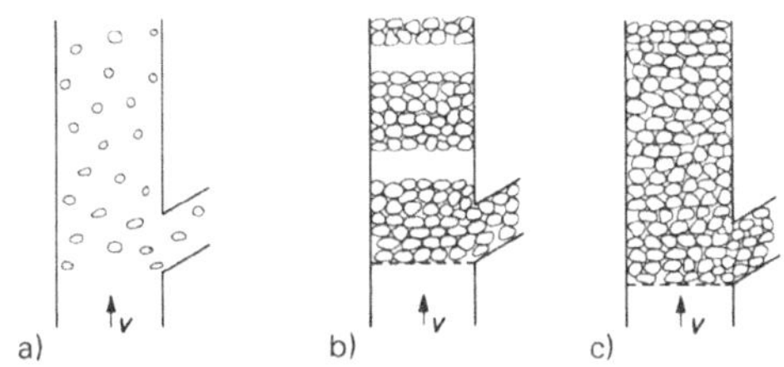

Bild 3.67
Strömungsformen bei pneumatischer Förderung
a) Flugförderung
b) Pfropfenförderung
c) Schubförderung

Einteilungsmöglichkeiten sind gegeben nach der Art der Materialaufgabe (Saug- oder Druckluftförderung), nach dem Betriebsdruck (Nieder-, Mittel- oder Hochdruckanlagen) und nach dem Förderprinzip (Flug- oder Fließförderung). Die Gutkonzentration ist entscheidend für das Förderprinzip. Ist die Luftgeschwindigkeit größer als die Schwebegeschwindigkeit, liegt Dünnstromförderung vor (Bild 3.67a), auch Flugförderung genannt (Geschwindigkeiten zwischen 10 bis 40 m/s). Unter Schwebegeschwindigkeit ist die Luftgeschwindigkeit zu verstehen, bei der die Teilchen im senkrechten Luftstrom gerade in Schwebe gehalten werden. Die Schwebegeschwindigkeit ist abhängig von der Form, der Größe und der Dichte der Teilchen. Die Rohrleitung ist bei der Flugförderung nur lose mit Gut gefüllt. Angewendet wird diese Art für pulverförmiges und kleinstückiges, nicht backendes Schüttgut.

Bei der Dickstromförderung liegt die Gutkonzentration sehr hoch, dagegen die Geschwindigkeit niedrig (0,5 bis 5 m/s). Man unterteilt in die Pfropfenförderung (Bild 3.67b) und die Schubförderung (Bild 3.67c). Im letzten Fall wird ein geschlossener Materialstrom langsam durch die Rohrleitung gedrückt (mit wenig Luft, hohem Druck; geringem Verschleiß; Transport von naßem Gut möglich). Bei der Pfropfenförderung wird der geschlossene Materialstrom durch Einblasen von Luft längs des Förderweges in einzelne Pfropfen unterteilt.

Die Linienführung der Rohre kann der Umgebung bestens angepaßt und bequem verlegt werden. Der Raumbedarf ist gering, und meist wird der Totraum unterhalb der Hallendecke dazu benutzt. Weitere Vorteile sind zu sehen in ruhigem Arbeiten, restloser Entleerung der Anlage, keinem Fördergutverlust, Durchlüftung und Kühlung des Gutes auf dem Förderweg, staubfreies Arbeiten, kein Bedienungspersonal und die Möglichkeit der automatischen Steuerung. Nachteilig sind besonders der hohe Leistungsbedarf, der starke Verschleiß bei schleißendem Gut, große Rohrkrümmungen.

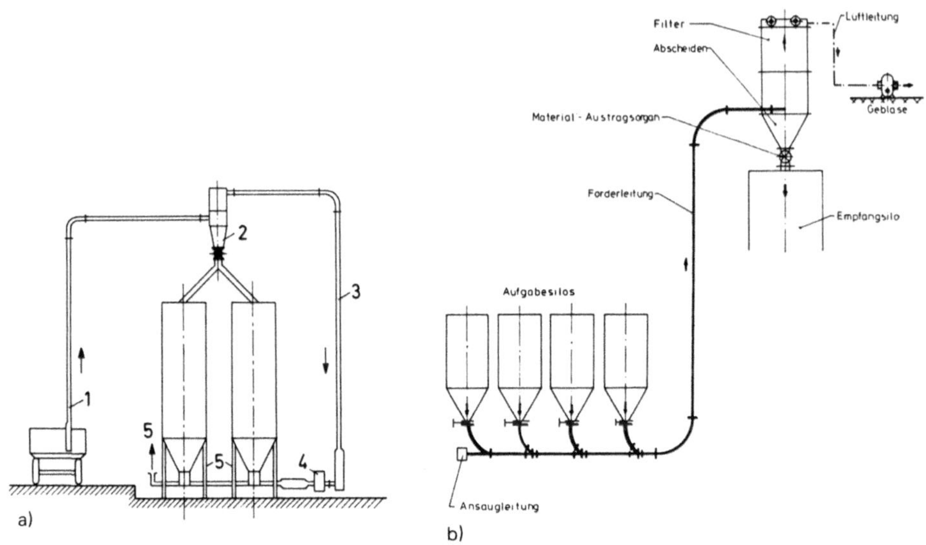

Bild 3.68. Saugluftförderanlagen

a) Entleerung von Schüttgut aus Lkw in Silo und Förderung zum Verbraucher (Druckluftförderanlage)
   1 Saugleitung und Saugrüssel (absaugen vom Lkw)
   2 Saugzyklon mit Zellenradschleuse, Filter, Hosenrohr mit Klappe
   3 Reinluftleitung
   4 Gebläsestation
   5 Silobatterie mit Durchblaseschleuse und Förderleitung

b) Entnahme aus mehreren Silos

Da bei den *Saugförderanlagen* (Bild 3.68) der Unterdruckerzeuger am Ende der Anlage liegt, kann *von mehreren* Aufnahmestellen gleichzeitig *zu einer* Sammelstelle gefördert werden. Das Problem dieses Verfahrens besteht in der Trennung des Fördergutes von der Luft und in der Austragung des Gutes aus dem Abscheider (Zyklon) in den atmosphärischen Bereich. Die Saugförderanlagen arbeiten mit einem Unterdruck bis 0,6 bar, der meist von Drehkolbengebläsen erzeugt wird. Vorteilhaft sind diese Anlagen einzusetzen bis 150 m Entfernung, Fördergutströmen bis 100 t/h, Förderhöhen bis 30 m und einer Korngröße bis 15 mm. Die Förderleitungen (Durchmesser 50 bis 250 mm) bestehen in Abhängigkeit vom Fördergut aus Stahl, Glas oder Kunststoff.

Die Aufnahme des Gutes wird mittels Saugdüse (-heber, -rüssel) durchgeführt, wobei der atmosphärische Druck das Fördergut in den Saugrüssel drückt. Das Fördergut wird dann durch den Luftstrom weiter transportiert. Bei größeren Anlagen (Fördergutströme bis 400 t/h) wird mittels rotierender Zuteilerscheiben das Material der Düse zugeführt (z.B. Entladung von Zement aus Schiffen), die über flexible Zwischenleitungen an wippbaren Kranauslegern hängt.

Das Prinzip des Abscheiders besteht in einer wesentlichen Verringerung der Luftgeschwindigkeit durch Vergrößerung der Querschnittsfläche, so daß die Gutteilchen durch

Flieh- und Schwerkraftwirkung (Zyklonwirkung: Luftstrom wird tangential in den Abscheider eingeführt, Vernichtung der Gutenergie durch Reibungsarbeit an der Zyklonenwand) sich aussondern konnen und nach unten fallen. Nachgeschaltete Staubabscheider (Filter) haben die Aufgabe, keinen Staub in den Unterdruckerzeuger gelangen zu lassen. Über Behälterschleusen oder Zellradschleusen gelangt das Gut zu seinem Bestimmungsort.

Die *Druckförderanlagen* (Bild 3.69) werden in Niederdruck-, Mitteldruck- und Hochdruckförderung unterteilt. Bei diesen Förderern liegt das Problem in der Einschleusung des Fördergutes in einem Druckraum. Da der Druckerzeuger vor der Förderstrecke geschaltet

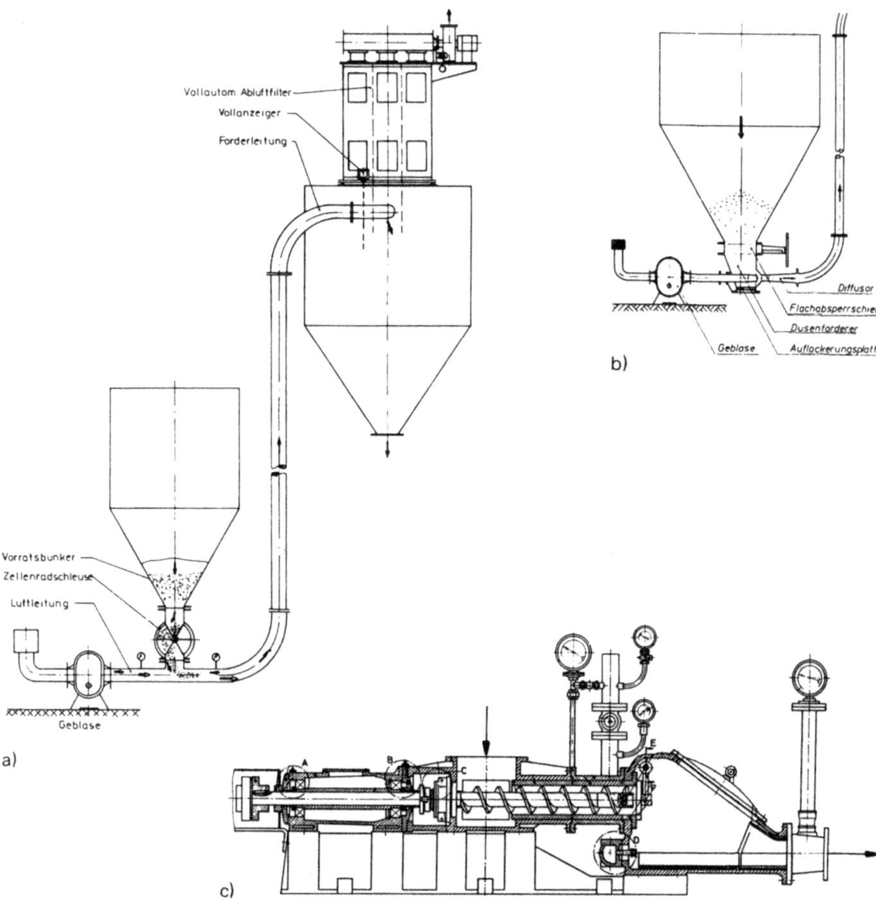

Bild 3.69. Druckluftförderanlagen mit verschiedenen Einschleusmöglichkeiten

a) mittels Zellrad-Zuteilung
b) mittels Injektorwirkung (Düse und Diffusor)
c) mittels Förderschnecke

ist, können Druckförderanlagen nur *von einer* Aufgabenstelle *nach mehreren* Abgabestellen (Bunker, Silo) Fördergut transportieren. Da die Trennung von Gut und Luft bei atmosphärischen Verhältnissen geschieht, treten in diesem Teil der Anlage geringe Schwierigkeiten auf.

Die *Niederdruckförderung* geht bis auf ca. 0,1 bar bei Entfernungen bis 100 m und ist für leichtes Fördergut, z.B. Heu, anwendbar. Als Lufterzeuger dient ein Ventilator.

Drehkolbengebläse erzeugen für *Mitteldruckförderung* (Druckbereich 0,2 bis 0,6 bar) die Druckluft. Als Einschleusorgane für das Fördergut dienen Zellradschleusen (Bild 3.69a) oder Düsen mit Diffusor (Injektorprinzip, Bild 3.69b). Die Förderlängen gehen bis 200 m.

Bei *Hochdruckförderung* (0,6 bis 2,5 bar, in Sonderfällen bis 6 bar) wird die Druckluft mit Rotationskompressoren, Drehkolbengebläsen, Schraubenverdichtern oder Kolbenkompressoren erzeugt. Große Förderhöhen (bis 100 m) und große Förderlängen (bis 2000 m) sind damit zu erreichen. Das Einschleusen des Gutes in die Druckrohrleitung kann kontinuierlich über Hochdruck-Schneckenpumpen oder diskontinuierlich über Schneckenpumpen (Bild 3.69c) oder über Druckgefäße geschehen. Wegen des hohen Druckgefälles, das Abdichtungsprobleme mit sich bringt, ist die Leistungsfähigkeit dieser Anlagen groß.

Sehr häufig kombiniert man Saug- und Druckluftförderanlagen, um die Vorteile der beiden Systeme (gleichzeitige Aufnahme von mehreren Stellen und Abgabe an verschiedenen Stellen) zu bekommen und mit einem Antriebsorgan den Luftbedarf zu decken (Bild 3.68a).

Bei der Berechnung von pneumatischen Anlagen muß von den gegebenen Größen, wie dem Massenstrom, den Eigenschaften des Fördergutes, der Rohrleitungslänge und der festgelegten Linienführung ausgegangen werden. Zu berechnen und zu wählen sind die Schwebegeschwindigkeit, das Mischungsverhältnis von Luft und Gut, die reduzierte Förderlänge, der Rohrleitungsdurchmesser, der Luftdruck in der Rohrleitung, der Trägerluftdurchsatz und der Leistungsbedarf des Antriebes.

Die pneumatische Förderrinne (Bild 3.70) ist aus einem Fördertrog (Rechteckquerschnitt) aufgebaut, der durch einen porösen Zwischenboden aus Textil-, Kunststoff- oder Asbestgewebe getrennt ist. Im unteren Teil wird durch einen Ventilator Luft eingeblasen, die durch den porösen Boden in den Oberkasten gelangt. Gibt man nun in den oberen Teil grießiges, pulver- oder staubförmiges Gut auf und versieht die Förderrinne mit einem Gefälle, erzielt man einen Transport des Gutes durch den Auflockerungs- und fluidi-

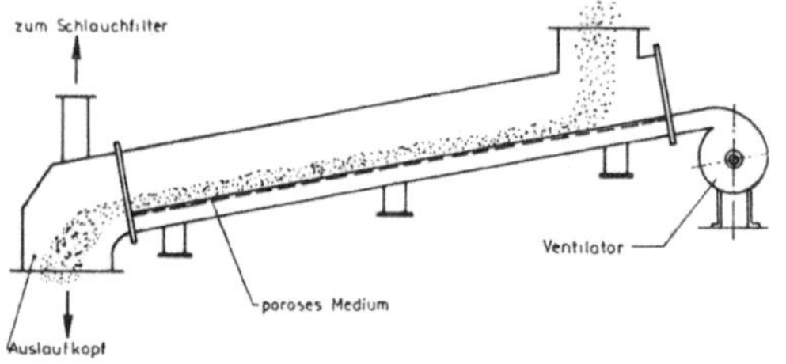

Bild 3.70
Pneumatische Förderrinne

sierenden Effekt der Luft. Die Größe der Rinnenneigung (3° bis 15°) und die erforderliche Luftmenge sind in erster Linie abhängig von

- dem zu transportierenden Material
- dem Überdruck im Luftkasten
- der Auswahl und dem Abstand der Luftzuführungsstutzen
- dem Widerstand des Zwischenbodens beim Luftdurchgang.

Die Förderlängen betragen bis zu 60 m, die Massenströme bei aufgelockerten Massengütern wie Zement, Tonerde, Phosphat oder Aluminiumoxyd bis zu 1800 t/h (normal 120 bis 200 t/h). Die Rinnenbreiten sind dabei bis 1000 mm (normal 300 bis 500 mm), und der Luftdruck beträgt 20 bis 50 mbar. Die pneumatischen Rinnen sind zur Entstaubung an Unterdruck-Filteranlagen angeschlossen.

Dieser geschlossenen Bauweise stehen für flachbödige Silokonstruktionen offene pneumatische Förderrinnen zur Austragung des Fördergutes aus Siloanlagen gegenüber.

Die Vorteile der pneumatischen Förderrinnen lassen sich zusammenfassen in

- wirtschaftlicher Transport loser Massengüter
- kein Fördergutverlust und keine Verschmutzung der Räume
- geringer Energiebedarf (vergleiche Tafel 3.14)
- geringer Verschleiß, Wartung und Reparatur
- kleine Bauabmessungen und einfache Montage.

Luftkissenprinzip

Mit diesem Prinzip lassen sich nichtstaubende Schüttgüter, wie Kunststoffgranulat, Getreide, besonders aber Stückgüter unterschiedlichster Formen (rund, eckig) mit glatten Boden wie Schachteln, Kartonagen, Flaschen, Dosen usw., im offenen Fördergutstrom transportieren. Niederdruck-Ventilatoren – meist regelbar in der Luftmenge – fördern Luft in einen Luftkanal, dessen Oberseite aus einem Abdeckblech mit Schlitzdüsen und Führungsrahmen versehen ist und die Förderbahn darstellt. Diese Schlitzdüsen – die Form ist abhängig vom Fördergut – sorgen für eine gerichtete Strömung und bilden so einen Luftteppich, der das Fördergut leicht anhebt und es berührungsarm über die Förderfläche bewegt. Vorteile der Luftkissenförderung sind wartungsarmer Betrieb, Unfallsicherheit, keine bewegten Anlagenteile (außer gekapseltem Ventilator), keine Stoßstellen an Übergängen, Gutaufgabe und Gutabgabe an beliebiger Stelle, Anpassungsfähigkeit an gestellter Aufgabe durch Baukastensystem mit diversen Bauelementen wie Kurven, Steigungen, Abzweigungen, gleichmäßiger Fördergutstrom, einfache Reinigung des Transportweges (Lebensmitteltransport), Förderung mit gleichzeitiger Trocknung und Kühlung möglich, vollautomatischer Transport in schonender Form.

3.5. Normen, Richtlinien, Vorschriften

Für *Stetigförderer* gelten folgende **DIN-Normen:**

DIN E	15 201	2. 74	Stetigförderer; Benennungen, Bildbeispiele, Bildzeichen
	15 201	1. 55	Stetigförderer; Benennungen, Sinnbilder
	15 207	9. 71	Stetigförderer; Tragrollen für Gurtförderer; Hauptmaße
	15 220	4. 75	Stetigförderer; Bandförderer; Sicherheitstechnische Anforderungen, Schutzeinrichtungen für Auflaufstellen
	15 230	1. 52	Stetige Förderer; Becherwerke; Becher; Übersicht
	15 231	6. 51	Stetige Förderer; Becherwerke; Flache Becher aus Blech
	15 232	6. 51	Stetige Förderer; Becherwerke; Flachrunde Becher aus Blech
	15 233	5. 51	Stetige Förderer; Becherwerke; Mitteltiefe Becher aus Blech
	15 234	6. 51	Stetige Förderer; Becherwerke; Tiefe Becher aus Blech mit ebener Rückwand
	15 235	6. 51	Stetige Förderer; Becherwerke; Tiefe Becher aus Blech mit gekrümmter Rückwand
	15 236 Bl. 1	7. 52	Stetige Förderer; Becherwerke; Becherbefestigung an Gurten
	15 236 Bl. 3	7. 52	Stetige Förderer; Becherwerke; Becherbefestigung an Stahlbolzenketten
	15 236 Bl. 4	7. 52	Stetige Förderer; Becherwerke; Becherbefestigung an Rundgliederketten
	15 236 Bl. 5	7. 52	Stetige Förderer; Becherwerke; Becherbefestigung an Buchsenketten DIN 8165
	15 237	4. 54	Stetigförderer; Tellerschrauben und Tellerscheiben zur Befestigung von Bauteilen an Gurten
	15 241	2. 52	Stetige Förderer; Becherwerke; Flache Becher, gegossen
	15 242	2. 52	Stetige Förderer; Becherwerke; Flachrunde Becher, gegossen
	15 243	5. 52	Stetige Förderer; Mitteltiefe Becher, gegossen
	15 244	2. 52	Stetige Förderer; Becherwerke; Tiefe Becher, gegossen mit ebener Rückwand
	15 245	2. 52	Stetige Förderer; Becherwerke; Tiefe Becher, gegossen mit gekrümmter Rückwand
	15 251	10. 52	Stetige Förderer; Becherwerke; Schwere Bauart mit Rundgliederketten
	15 256	6. 51	Stetige Förderer; Pendelbecherwerke mit Buchsenketten für Schüttgüter aller Art
	15 261	2. 52	Stetige Förderer; Schneckenförderer für Schüttgüter
	15 263	7. 52	Stetige Förderer; Trogkettenförderer für Schüttgüter; Laschenkette, Blockkette, Gabelkette
	15 264	7. 52	Stetige Förderer; Trogkettenförderer für Schüttgüter; Antriebgehäuse, Welle; Anschlußmaße
	15 265	7. 52	Stetige Förderer; Trogkettenförderer für Schüttgüter; Troganschlüsse, Rutschenanschlüsse
	15 266	7. 52	Stetige Förderer; Trogkettenförderer für Schüttgüter; Sechskant-Kettensterne zur Laschenkette
	15 267	7. 52	Stetige Förderer; Trogkettenförderer für Schüttgüter; Sechskant-Kettensterne zur Blockkette
	15 268	7. 52	Stetige Förderer; Trogkettenförderer für Schüttgüter; Sechskant-Kettensterne zur Gabelkette
	15 269	7. 52	Stetige Förderer; Trogkettenförderer für nasse und backende Schüttgüter Sechskant-Kettensterne zur Zweistrang-Gabelkette mit Füllstück
	15 275	11. 51	Stetige Förderer; Platten-, Trog- und Kastenbänder für Schüttgüter, Plattenbänder für Stückgüter

DIN	12 281	6. 51	Stetige Förderer; Kreisförderer
	15 282	1. 52	Stetige Förderer; Schaukelförderer für Stückgüter; Hauptabmessungen
	15 285	10. 52	Stetige Förderer; Wandertische für Stückgüter
	15 291	11. 51	Stetige Förderer; Rollenbahnen; Tragrollen
E	22 101	2.74	Gurtförderer; Berechnungsgrundlagen
	20 902	9.44	Feststehende Rutschen; Profile
	20 905	6. 42	Druckluft-Rutschenmotoren
	22 102	9. 70	Fördergurte mit Textileinlagen
	22 103	11. 75	Schwer entflammbare Fördergurte; Anforderungen, Prüfung
	22 104	12. 69	Antistatische Fördergurte mit Textileinlagen; Anforderungen, Prüfung
	22 107	12. 71	Stetigförderer; Tragrollenanordnungen für Gurtförderer; Hauptmaße
E	22 112 Bl. 1	4. 73	Gurtförderer für den Kohlenbergbau unter Tage; Tragrollen; Formen und Abmessungen
E	22 112 Bl. 2	8. 73	Gurtförderer für den Kohlenbergbau unter Tage; Tragrollen; Anforderungen
E	22 118	6. 75	Verlöschende Fördergurte mit Textileinlagen; Brandtechnische Anforderungen, Prüfung
V	22 131 Bl. 1	2. 65	Fördergurte mit Stahlseil-Einlagen; Maße und Kennzeichnung
V	22 131 Bl. 2	2. 65	Fördergurte mit Stahlseil-Einlagen; Güteanforderungen
V	22 131 Bl. 3	2. 65	Fördergurte mit Stahlseil-Einlagen; Prüfung
V	22 131 Bl. 4	2. 65	Fördergurte mit Stahlseil-Einlagen; Gurtverbindungen
	22 200	3. 38	Gliederförderer; Berechnungsgrundlagen
	22 210 Bl. 2	12. 49	Gliederförderer mit Laschenkette; Einzelteile zu den Doppelgliedern; Bolzen, Bundringe, Haltestücke

An **ISO-Normen** für Stetigförderer sind vorhanden:

ISO	251	1970	Breiten und Längen von Fördergurten
	252	1975	Fördergurte; Mindestanforderungen an die Lagenhaftung und Prüfverfahren
	282	1975	Fördergurte; Probenahmen
	284	1975	Fördergurte; elektrische Leitfähigkeit, Spezifikation und Prüfverfahren
/R	340	1963	Flammwidrigkeit von Fördergurten, Gütewerte und Versuchsmethoden
	432	1975	Fördergurte mit Textileinlagen; Konstruktionsmerkmale
	433	1965	Kennzeichnung der Fördergurte
	505	1975	Fördergurte; Weiterreißfestigkeit der Karkasse, Prüfverfahren
	583	1975	Fördergurte; Toleranzen und Gesamtdicke und Dicke der Deckplatten
	703	1975	Fördergurte; Muldungsfähigkeit, Gütewerte und Prüfverfahren
	1535	1975	Stetigförderer für Schüttgut; Gemuldete Gurtförderer (außer tragbaren Förderern); Gurte
	1536	1975	Stetigförderer für Schüttgut; Gemuldete Gurtförderer (außer tragbaren Förderern); Trommeln
	1537	1975	Stetigförderer für Schüttgut; Gemuldete Gurtförderer (außer tragbaren Förderern); Tragrollen
	3263	1974	Stetigförderer für Schüttgut; Becherwerke, Sicherheitsregeln
	3264	1974	Stetigförderer für Schüttgut; Schneckenaufgeber und Schneckenförderer, Sicherheitsregeln
	3276	1975	Stetigförderer für Stückgut; Gurtförderer (Textil, Gummi, Plastik usw.), Stahlbandförderer, Drahtgurtförderer, Sicherheitsregeln
	3277	1974	Stetigförderer für Stückgut; Schaukelförderer, Umlaufförderer, Sicherheitsregeln
	3278	1974	Stetigförderer für Stückgut; Taschenumlaufförderer, Sicherheitsregeln
	3279	1974	Stetigförderer für Stückgut; hydraulische Förderer, Sicherheitsregeln

ISO	3281	1974	Stetigförderer für Stückgut; Wendenrollenbahnen, Wendelrutschen, Rutschen und Schurren
	3283	1974	Stetigförderer; Übergabestellen, Sicherheitsregeln
	3284	1974	Stetigförderer für Stückgut; Abmessungen von Biegungen, die bei pneumatischer Förderung anzuwenden sind
	3288	1974	Stetigförderer für Stückgut; Schwerkraftförderer mit Rollen und Scheibenbahnen und mit aufklappbaren Rollenbahnen, Sicherheitsregeln

Die folgenden **VDI-Richtlinien** sind zu beachten bei Stetigförderern:

VDI	2311	Röllchenbahnen
	2312	Rollenbahnen
	2313	Trommelmotoren
	2314	Umlaufförderer
	2315	Schaukelförderer
	2316	Handschrapper (Kraftschaukel) mit elektromagnetischer Steuerung
	2317	Schleuderbandförderer
	2318	Fahrbare Gurtförderer
	2319	Angetriebene Rollenbahnen
	2320	Trogkettenförderer
	2321	Stahlbandförderer
	2322	Ortsfeste Bandförderer für Schüttgut und Stückgut
	2323	Fördergurte
	2324	Senkrechtbecherwerke
	2325	Rohrpostanlagen
	2326	Bandförderer für Stückgut
	2328	Hochkantförderanlagen
	2328	Kreisförderer
	2329	Pneumatische Förderanlagen
	2330	Schneckenförderer
	2331	Schneckenrohrförderer
	2332	Schleppkettenförderer
	2333	Schwingförderer
	2334	Power- and Free-Förderer (Schleppkreisförderer)
	2335	Kratzerförderer
	2336	Fallrohre, Rutschen, Wendelrutschen
	2337	Drahtgurtförderer
	2338	Gliederbandförderer
	2339	Steuerungssysteme: Zielsteuerung für Stückgut auf Stetigförderern
	2340	Verteileinrichtung, Zielsteuerung für Stückgut auf Stetigförderern
	2341	Auswahl der Tragrolle für Gurtförderer
	2379	Projektbogen Stetigförderer für Schüttgut
	2380	Empfehlungen für bauliche Planungen im Förder- und Lagerwesen: Stetigförderer
	2481	Kostenblatt für Stetigförderer
	3563	Stetigförderer von Kleinbehältern und Paletten
	3565	Klassifizierung von Stückgut für Stetigförderung
	3598	Tragkettenförderer
	3599	Etagenförderer
	3671	Technische Gewährleistungen für pneumatische Förderanlagen

3.6. Beispiele, Fragen

▶ **Beispiel 3.1:** Aufteilung der Antriebsleistung eines Gurtförderers bei Zweitrommelantrieb.

Bei einem Gummigurtförderer mit vorgebautem Abwurf und Zweitrommelantrieb (Bild 3.4d) soll die Aufteilung der Motorleistung auf die beiden Antriebsmotore ermittelt werden.

Bei der Lösung der Aufgabe ist von folgenden Annahmen auszugehen

Index 1; 2 für Trommel 1; 2

$D_{Tr1} = D_{Tr2}$ Trommeldurchmesser

$\mu_1 = \mu_2$ durch Gurtreinigung gleiche Reibungszahl

$\alpha_1 = \alpha_2$ Umschlingungswinkel

$e^{\mu \frac{\alpha}{2}} = 2$ Praxiswert: entspricht $\frac{\alpha}{2} = \pi$; $\mu = 0{,}22$

Lösung: Nach Bild 3.71 gilt für den Gesamtantrieb

$$\frac{F_{T1}}{F_{T2}} = e^{\mu\alpha}$$ Gesamtumschlingungswinkel $\alpha = \alpha 1 + \alpha 2$

$$F_{u\,ges} = F_{T1} - F_{T2} = F_{u1} + F_{u2}$$

Auf Trommel 1 bezogen erhält man

$$F_{T1} = F_{Tz}\, e^{\mu_1\alpha_1} = 2\,F_{Tz}$$

$$F_{u1} = F_{T1} - F_{Tz}$$

entsprechend Trommel 2

$$F_{Tz} = F_{T2}\, e^{\mu_2\alpha_2} = 2\,F_{T2}$$

$$F_{u2} = F_{Tz} - F_{T2}$$

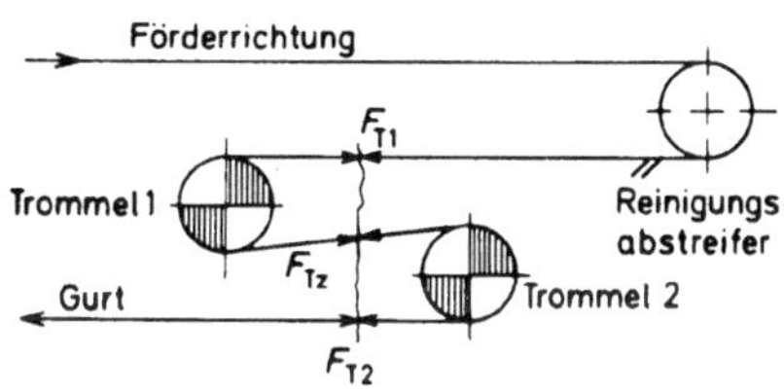

Bild 3.71. Darstellung zur Ermittlung der Leistungsaufteilung bei Zweitrommelantrieb

Die Umfangskräfte verhalten sich wie die Leistungen

$$\frac{F_{u1}}{F_{u2}} = \frac{F_{Tz}}{\frac{1}{2}F_{Tz}} = 2 \mathrel{\hat{=}} \frac{P_1}{P_2}$$

Danach verhält sich die Aufteilung der Leistungen wie 2 : 1.

▶ **Beispiel 3.2:** Bestimmung der übertragbaren Gurtzugkraft F_{T1}.

Im Wareneingangslager wird ein Stahlseilfördergurt ohne Bezeichnung mit einer Breite von 1200 mm gefunden. Welche Gurtzugkraft kann er übertragen?

Lösung: Man mißt ein vom Gummi befreites Stahlseil und die Seilteilung. Es ergibt sich Seildurchmesser: 4,3 mm und Seilteilung: 10 mm. Zu diesen Werten gehört nach Tafel 3.5 die Gurttype St 1250. Bei einer angenommenen Sicherheitszahl $\nu = 10$ errechnet sich nach Gleichung 3.5 die übertragbare Gurtzugkraft F_{T1}

$$F_{T1} = \frac{z\,B\,k_z}{\nu} = \frac{1200 \cdot 1250}{10} = 150 \text{ kN}$$

(beim Stahlseilgurt ist $z = 1$)

Beispiel 3.3: Auslegung eines Gurtes.

Sand und Kies (Körnung 0 bis 30 mm; Schüttdichte $\rho_s = 2{,}0\ t/m^3$; Schüttwinkel $\beta_B = 20°$) sollen über eine Höhendifferenz von 8 m gefördert werden. Der geforderte Volumenstrom beträgt 180 m^3/h, die Gurtgeschwindigkeit ist 1,68 m/s.

Lösung: Die Lösung dieser Aufgabe erfolgt durch

- Wahl einer Anlagenkonstruktion
- Wahl einer Gurtkonstruktion
- Nachrechnung des geforderten Volumenstromes
- Bestimmung der Anzahl der Gewebeeinlagen
- Festlegung des Trommeldurchmessers.

Anlagenkonstruktion: Um waagerechte Auf- und Abgabe des Fördergutes zu erhalten, wird als Anlagenform ein S-Förderer mit $\alpha = 45°$ Steigungswinkel nach Bild 3.72a gewählt.

Gurtkonstruktion: Da es sich um Steilförderung handelt, wird ein Kastengurt (Bild 3.72a und 3.11) gewählt mit den Abmessungen Gurtbreite $B = 800$ mm; freie Randzonen für Umlenkrollen je 100 mm; beidseitig aufgeklebte Wellenkante je 50 mm; Nutzbreite $B_n = 500$ mm; Stollenhöhe 140 mm; Stollenabstand 250 mm (also 4 „Kästen" pro m).

Überprüfung des Volumenstromes: Entweder bestimmt man durch Versuche einen mittleren Wert des transportierten Volumens pro m (Volumeninhalt in 4 Kästen) oder man ermittelt über den Schüttwinkel β_B und den geometrischen Abmessungen von Nutzbreite, Stollenhöhe und Stollenabstand das theoretische Transportvolumen pro Kasten und damit auch pro m (Bild 3.72b).

Aus Versuchen wird ein Volumen von 0,038 m^3/m ermittelt.

Die Nachrechnung gestatten die Gleichungen 3.7 und 3.9, danach errechnet sich ein Transportvolumen pro m von

$$V = \frac{\dot{V}}{v} = \frac{180}{3600 \cdot 1{,}68} = 0{,}03\ m^3/m$$

Der Vergleich aus den Versuchen und der Rechnung ergibt eine ausreichende Konstruktion.

Einlagenzahl des Gurtes: Unter Zugrundelegung der gegebenen Geschwindigkeit, des Massenstromes, der Förderlänge und der Förderhöhe können nach Gleichung 3.10 die Umfangskraft F_u und über Gleichung 1.19 mit Bild 1.24 die maximale Gurtzugkraft F_{T1} bestimmt werden, die 18 kN beträgt. Nach Gleichung 3.5 ermittelt sich mit der gewählten Gewebetype *BZ 80* aus Tafel 3.4 die Einlagenzahl zu

$$z = \frac{F_{T1}\,\nu}{B\,k_z} = \frac{18\,000 \cdot 10}{800 \cdot 80} = 2{,}8$$

Es wird ein Gurt mit 3 Einlagen *BZ 80* gewählt.

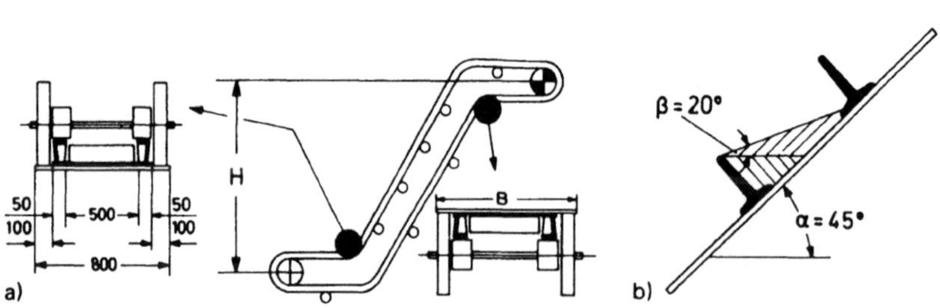

Bild 3.72. a) S-Förderer mit Ablenkstationen und Gurtaufbau b) Schnitt durch den beladenen Kastengurt mit Schüttwinkel β

Trommeldurchmesser: Der Mindest-Trommeldurchmesser kann nicht nur über die Umfangskraft F_u nach DIN 22 101 berechnet werden, sondern muß in Abhängigkeit von der Wellenkantenhöhe festgelegt sein. Nach Tafel 3.16 muß bei einer Wellenkantenhöhe von 160 mm und einer normalen Werkstoffqualität ein Mindest-Trommeldurchmesser von 400 mm vorhanden sein.

Tafel 3.16. Mindest-Trommeldurchmesser in Abhängigkeit von der Wellenkantenhöhe

Höhe der Wellenkante in mm	Mindest-Trommeldurchmesser in mm		
	Qualität: schwarz: normal	Qualität: schwarz: öl- u. fettbest. flammwidrig hitzbeständig	Qualität: weiß: öl- und fettbeständig
60	160	200	250
80	200	250	320
100	250	315	400
120	315	400	500
160	400	500	630
200	630	800	1000
300	800	1000	1250

▶ **Beispiel 3.4:** Leistungsbestimmung.

Mit welcher Gleichung läßt sich die Vollastbeharrungsleistung der verschiedenen Stetigförderer berechnen?

Lösung: siehe Gleichungen 1.30 und 3.4.

$$P_v = \frac{F_u v}{1000\,\eta_{ges}} = \frac{\dot{m} g}{3600\,\eta_{ges}} (L f_{ges} \pm H) \text{ in kW.}$$

▶ **Beispiel 3.5:** Skizzieren Sie eine 3-teilig gemuldete Tragrollenstation mit Gummigurt in zwei Ansichten.

Lösung: siehe Bild 3.73

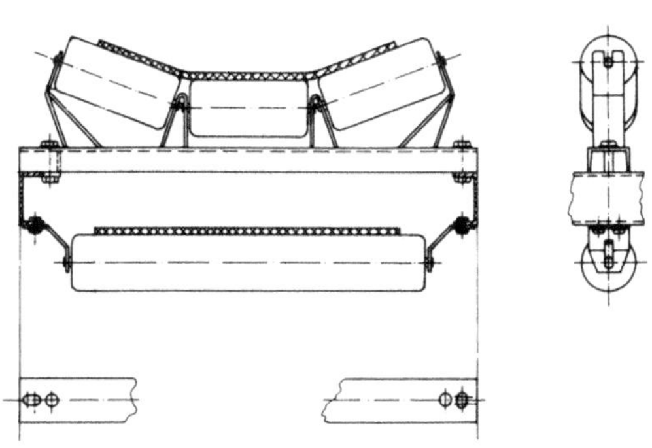

Bild 3.73. 3-teilige Tragrollenstation

▶ **Beispiel 3.6:** Skizzieren und beschreiben Sie eine Stauförderrolle, die als Rutschkupplung ausgebildet ist und bei der sowohl der Staudruck als auch die Mitnahmekraft einstellbar sein sollen. Die aus Stahl oder Kunststoff bestehende Rolle ist durch einen Kettentrieb von Rolle zu Rolle anzutreiben.

Lösung: siehe Bild 3.74

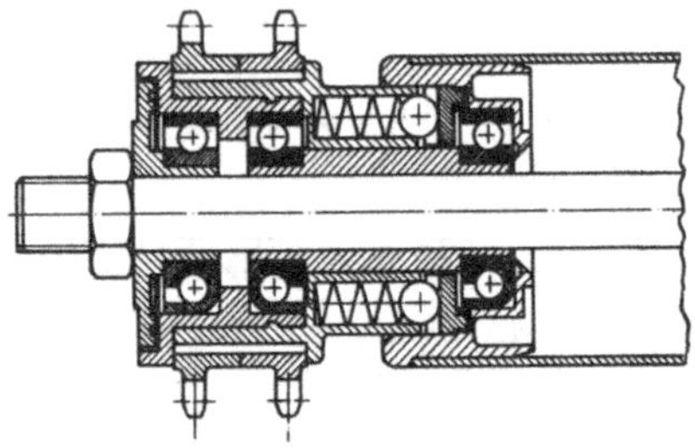

Bild 3.74. Stauförderrolle mit Rutschkupplung

▶ **Beispiel 3.7:** Zeigen Sie über Skizzen den konstruktiven Unterschied zwischen den Drahtglieder-, Drahtgeflecht- und Drahtgewebegurten auf.

Lösung: Drahtgliedergurt: Bild 3.15 und 3.75a
Drahtgeflechtgurt: Bild 3.75b
Draht-(Stangen-)gewebegurt: Bild 3.75c–d.

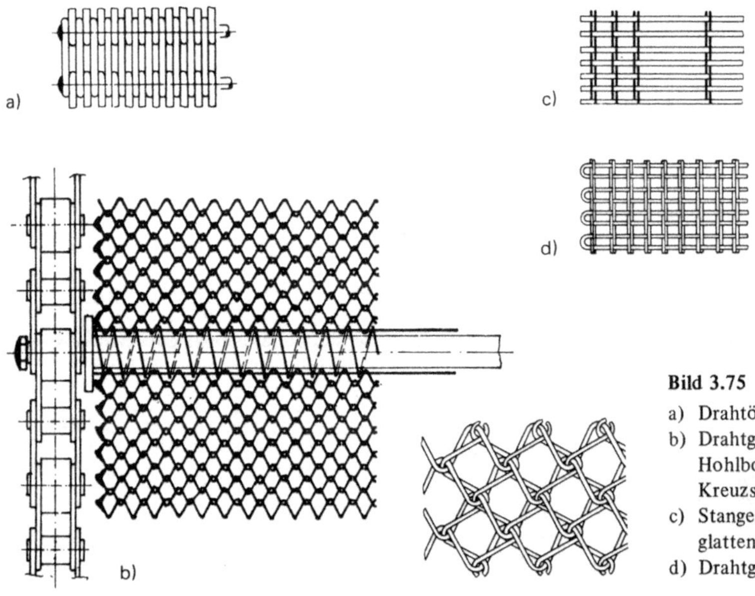

Bild 3.75
a) Drahtösengliedergurt
b) Drahtgeflechtgurt mit Hohlbolzenkette aus Kreuzspiralgeflecht
c) Stangengewebegurt mit glatten Querstangen
d) Drahtgewebegurt

▶ **Beispiel 3.8:** Skizzieren Sie einen innerbetrieblichen Materialfluß für Kästen oder Kartons mit glattem Boden.

Lösung: Es werden angetriebene Rollenbahnen (Baukastensystem) gewählt mit Rollenbahnkurven, Transfereinrichtungen, Staurollenbahnen, Dreh- und Verschiebebahnen: Bild 3.76 (für Paletten: siehe Bild 3.33).

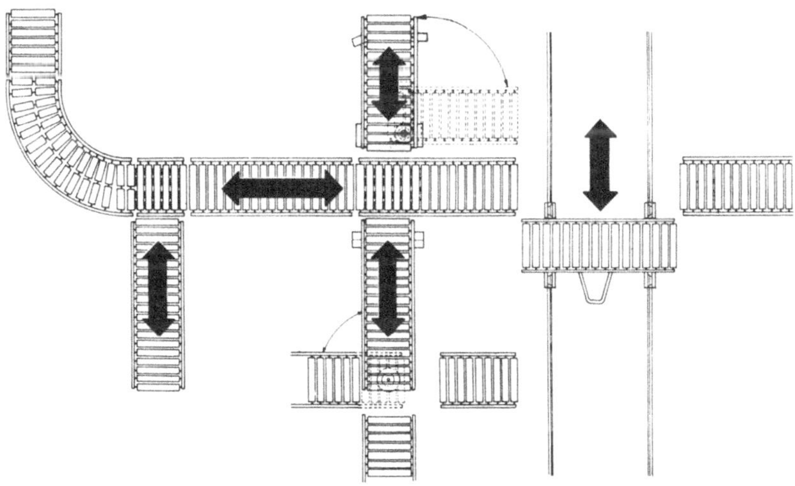

Bild 3.76. Rollenbahnaufbau aus Baukastenelementen für den innerbetrieblichen Materialfluß

• Fragen

1. Welche Ein- und Unterteilungsmöglichkeiten für Stetigförderer gibt es?
2. Welche Vorteile besitzen Gummigurtförderer, und wo werden sie eingesetzt?
3. Skizzieren Sie Ein- und Zweitrommel-Antriebsausführungen bei Gummigurtförderern.
4. Wozu sind Spannvorrichtungen am Gurtförderer erforderlich?
5. Welche Ursachen kann ein seitliches Ablaufen des Gurtes haben, und wie kann man dem begegnen?
6. Wie ist ein Gummigurt aufgebaut und welche Gleichung ist maßgebend für die Einlagenzahl?
7. Wie errechnet sich der Massenstrom $\dot{m}$ bei einem Gummigurtförderer?
8. Wodurch ist eine Steilförderung von Stück- und Schüttgut zu erreichen?
9. Was stellt ein Schleuder-, Teleskop- und Kurvengurtförderer dar, und wo werden sie eingesetzt?
10. Wie ist die Endgeschwindigkeit des Fördergutes bei Rutschen zu beeinflussen?
11. Wie ist der Aufbau eines Unterflurförderersystems, und wann ist es im innerbetrieblichen Materialfluß einsetzbar?
12. Skizzieren Sie Schienenstränge für Kreis- und Schleppkreisförderer und beschreiben Sie den prinzipiellen Unterschied beider Fördermittel.
13. Welche Vorteile besitzen Rollen- und Röllchenbahnen, und welche Zusatz- und Sondereinrichtungen ergeben ein automatisierbares Fördersystem?
14. Zählen Sie die Stetigförderer für Schüttgut auf.
15. Worin bestehen die Unterschiede zwischen einem Ketten- und einem Gurtbecherwerk?
16. Geben Sie eine Gegenüberstellung der Vor- und Nachteile des Trogkettenförderers.
17. Wie errechnet sich der Massenstrom $\dot{m}$ eines Becherwerkes?
18. Welche Bedingungen müssen erfüllt sein für einen Senkrechttransport von Schüttgut mittels Trogkettenförderer, und wodurch ist die Förderhöhe begrenzt?
19. Welchen Aufbau hat ein Schneckenförderer, welche Größen müssen zur Berechnung des Massenstromes $\dot{m}$ bekannt sein, und wie ermittelt sich die Vollastbeharrungsleistung P_V?
20. Nennen Sie verschiedene Konstruktionsformen von Schneckenförderern.

21. Nach welchem Förderprinzip arbeitet der Schneckenrohrförderer, und wodurch ist die Drehzahl begrenzt?
22. Welcher Unterschied im Arbeitsverfahren besteht zwischen Schüttelrutsche und Schwingrinne?
23. Erklären Sie an Hand eines Diagrammes die Ermittlung des zurückgelegten Gutweges auf der Schüttelrutsche bei einem Hin- und Rückgang.
24. Was beinhaltet der Wurfkennwert bei den Schwingförderern?
25. Wie werden Schwingrinnen unterteilt, und wie arbeitet der Unwuchtmotor?
26. Wie ist der Unwuchtmotor als Kreis- und als Richterreger aufgebaut?
27. Wo werden Schwingrinnen hauptsächlich eingesetzt?
28. Beschreiben Sie mit allen Einzelheiten eine Saug- und eine Druckluftförderanlage.
29. Wo liegt der Unterschied bei Saug- und Druckluftförderung?
30. Welche Einschleusmöglichkeiten für Fördergut gibt es bei Druckluftförderern?
31. Skizzieren Sie die Strömungsformen bei Saug- und Druckluftförderung.
32. Wie arbeitet die pneumatische Rinne, und welche Vorteile hat sie?
33. Was versteht man unter einem Tragkettenförderer, und wo liegt sein Anwendungsgebiet?
34. Erklären Sie das Luftkissenprinzip, und zeigen Sie seine Anwendung in der Fördertechnik zum Schütt- und Stückguttransport.

4. Flurfördermittel

4.1. Allgemeines

4.1.1. Definition und Einteilung

Als *Flurfördermittel (Flurförderzeuge, Flurförderer)* bezeichnet man gleisgebundene und gleislose Fördermittel für den unstetigen Horizontal- aber auch Vertikaltransport. Die Bedeutung der schienengebundenen Flurförderer (Lokomotive, Waggon, Lore) geht zugunsten der freizügig und stetig arbeitenden Förderer in allen Transportbereichen zurück. Im folgenden werden nur die gleislosen Flurförderer behandelt, die sich in nichtangetriebene (Karren, Wagen, Roller) und in angetriebene Flurförderzeuge (Schlepper, Wagen, Stapler, Lader, Kranwagen) unterteilen lassen. DIN 15 140 unterteilt die angetriebenen Flurförderer (Bild 4.1) und legt die Benennung durch drei Buchstaben fest, welche die Art des Fahrantriebes, der Lenkung und der Bauform kennzeichnen.

4.1.2. Anwendung

Flurförderer werden bei nicht stetigen, innerbetrieblichen und unregelmäßig anfallenden Transport- und Hubaufgaben von Stückgut eingesetzt. Gabelhubwagen bewerkstelligen den Palettentransport zwischen den Arbeitsplätzen, Schlepper ziehen mit Paketen beladene Anhänger im Bahn- und Postbereich, Elektrokarren verbinden Fertigungsabteilungen mit Zwischenlägern, Gabelstapler manipulieren Behälter oder Paletten in Regale. Überall dort ist der Einsatz von Flurförderern gegeben, wo sich die Förderwege laufend ändern, kleine

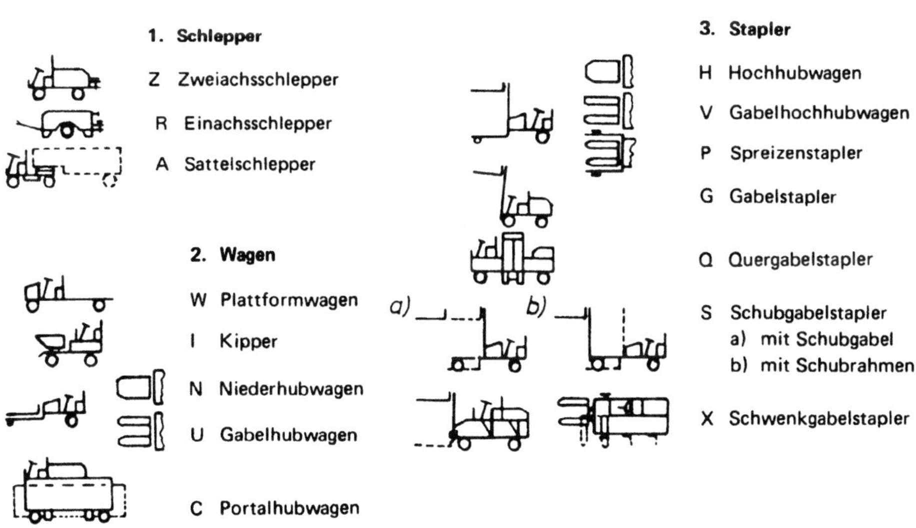

Bild 4.1. Einteilung und Bauformen der Flurfördermittel

oder mittlere Entfernungen zu überwinden sind, Trag- und Zuglasten bis 20 t und mehr bewegt werden müssen und besonders, wo Ladeeinheiten (Paletten, Behälter) zu transportieren und zu manipulieren sind.

4.1.3. Vor- und Nachteile

Vorteile:

- Freizügiger Einsatz in allen Betriebsbereichen
- Weder ortsfest, noch an Schienen gebunden
- Große Beweglichkeit und Wendigkeit (Drehen auf der Stelle)
- Vielseitige Verwendbarkeit des gleichen Gerätes
- Fahren in schmalen Gängen und kleinen Kurven
- Keine Störung durch festverlegte Gleise (verminderte Unfallgefahr)
- Verhältnismäßig niedrige Betriebskosten bei großen Hubhöhen, Tragfähigkeiten und Zugkräften
- Bei Verwendung von Ladeeinheiten Ersparnis an Umladevorgängen
- Geringe Anlagekosten
- Leichtes Anpassen an Betriebsumstellungen
- Durch Stapler gute Ausnutzung hoher Räume
- Durch zusätzliche Anbaugeräte (Stapler) ergeben sich fahrbare Arbeitsmaschinen.

Nachteile:

- Beschränkte Ladefähigkeit
- Größerer Fahrwiderstand der Räder verglichen mit Schienenfahrzeugen
- Ungeeignet zur stetigen Förderung
- Aufzüge mit hoher Tragkraft und großen Abmessungen bei Stockwerksbauten erforderlich
- Einsatz ist abhängig von der Bodenbeschaffenheit und -belastbarkeit
- Jedes Fahrzeug muß eigens ausgebildetes Personal haben.

4.1.4. Auswahlkriterien

Generell gelten auch die im Kapitel 1.1.4 geschilderten Gesichtspunkte zur Auswahl eines Fördermittels bei einer Transportaufgabe, speziell wählt man aber einen Flurförderer so aus, daß

- große und gleichartige Fördergüter durch ein Spezialgerät bewältigt werden
- bei unterschiedlichem Fördergut der größte Teil des Gutes mit dem Flurförderer erfaßt wird
- bei geringem Durchsatz unterschiedlicher Güter ein universelles Flurförderzeug eingesetzt wird.

Die Auswahl muß nach den Transportkriterien *schnell, schonend, unfallfrei* und *wirtschaftlich* getroffen werden. Weitere Kriterien sind:

- die Art des Fahrantriebes (Kapitel 1.2): *B* Benzin, *D* Diesel, *E* Batterie-Elektroantrieb, *T* Treibgas
- die Art der Lenkung: *S* Fahrer-Standlenkung, *F* Fahrer-Sitzlenkung, *G* Lenkung durch gehende Personen
- die Anzahl der Räder: Dreirad- oder Vierradbauweise
- die Art der Bereifung (Kapitel 1.6)
- die vorhandene Fahrbahn (Kapitel 1.6)

Lenkung: Die Wahl des Fahrwerk-Lenksystems ist nach den vorgegebenen Einsatzbedingungen zu treffen, denn das gewählte System hat Einfluß auf die Wendigkeit, den Wegeradius, die Ladeflächenhöhe und auf die Tragfähigkeit. Zu unterscheiden sind *Drehschemel-* und *Achsschenkellenkung*. Bei der Lenkung von nichtangetriebenen Flurförderern (Wagen) sind für die Auswahl maßgebend: Art, Abmessungen und Gewicht des Transportgutes; Ladehöhe; Beschaffenheit der Fahrbahn; Kurvenradien für das Einzelfahrzeug oder für den Anhängerbetrieb.

Die *Allrad-Achsschenkellenkung* (Bild 4.2a) ist kippsicher und spurlaufend, hat kleinen Wenderadius, niedrige Ladehöhe und umsteckbare Deichsel. Anwendung in engen Hallen bis 15 t Tragfähigkeit.

Die Drehschemellenkung wird in Einachs-, Zweiachs- und Allradlenkung ausgeführt. Die *Einachs-Drehschemellenkung* (Bild 4.2b) ist sehr wendig beim Einzelfahrzeug (durchlenkbar), aber nicht spurlaufend, hat große Ladehöhe, und bei vollem Lenkeinschlag besteht Kippgefahr. Anwendung beim Einzelanhänger bis 15 t Tragfähigkeit. Die *Zweiachs-Drehschemellenkung* (Bild 4.2c) ist kippsicher (Lenkeinschlagbegrenzung) und spurlaufend, hat aber großen Wenderadius, große Ladehöhe und umsteckbare Deichsel. Anwendung bis 15 t Tragfähigkeit. Die *Allrad-Drehschemellenkung* (Bild 4.2d) zeichnet sich durch niedrige Ladehöhe, kleinen Wenderadius und umsteckbare Deichsel aus. Sie ist spurlaufend und kippsicher. Anwendung bis 30 t Tragfähigkeit bei engen Platzverhältnissen.

Bei der Lenkung von angetriebenen Flurfördermitteln kann sowohl die Drehschemellenkung als auch die Achsschenkellenkung angewendet werden. Bei einem Flurförderer mit Drehschemellenkung ist trotz des längeren Radstandes (Achsabstand) durch den möglichen 90° Lenkeinschlag ein kleinerer Wenderadius und damit eine kleinere Arbeitsgangbreite bei gleicher Tragfähigkeit gegenüber der Achsschenkellenkung möglich. Der Wende-

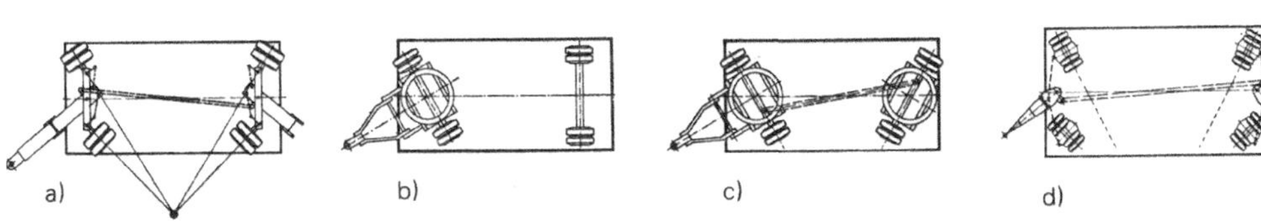

Bild 4.2. Lenkungsarten für Anhänger

a) Vierrad-Achsschenkel-Lenkung, b) Einachs-Drehschemel-Lenkung, c) Zweiachs-Drehschemel-Lenkung, d) Allrad-Drehschemel-Lenkung

radius bei Achsschenkellenkung ist um so größer, je größer der Radstand ist. Aus Bild 4.2a sind die unterschiedlichen Winkel der Einzelräder auf einer Achse bei Lenkeinschlag zu erkennen. Dies bedeutet: schiebende Räder und damit Verschleiß (besonders bei Rückwärtsfahrt); daher Begrenzung des Lenkeinschlages auf < 80°.

Drei- und Vierradbauweise: Die Vor- und Nachteile von Drei- und Vierradbauweise bei den angetriebenen Flurförderern (Schlepper, Stapler) sind der Tafel 4.1 zu entnehmen.

Tafel 4.1. Gegenüberstellung Drei- und Vierradbauweise

Kriterium	Dreirad-Bauweise	Vierrad-Bauweise
Vorteile	kurzer Radstand sehr wendig Antrieb einfach geringer Wendekreis geringe Arbeitsgangbreite statisch bestimmtes System wirtschaftlich mit Hinterradantrieb	geringerer Bodendruck Einsatz im Außenbetrieb mit schlechten Bodenverhältnissen größere Standfestigkeit
Nachteile	geringere Standfestigkeit bei Lenkradantrieb Entlastung des Antriebrades durch Aufnahme des Fördergutes (Stapler); Folge: Durchdrehen des Antriebsrades	größerer Wendekreis größere Arbeitsgangsbreite statisch unbestimmtes System (außer bei Pendelachse) größerer Radstand

Entscheidung für Einsatz von Dreirad- oder Vierrad-Bauweise im Hallen- oder Außenbetrieb in Abhängigkeit von Bereifungs- und Antriebsart sowie von Zustand der Fahrbahn treffen.

Bereifung: Für Reifen von Flurförderzeugen wie Gabelstapler, Schlepper, Wagen, Anhänger oder Mobilkrane, die im innerbetrieblichen Transport bei metallverarbeitenden Werkstätten, Ziegeleien, Betonsteinwerken, Glashütten, Brauereien, Flaschenabfüllbetrieben oder der glasverarbeitenden Industrie eingesetzt und dabei besonders stark den äußeren Verletzungsgefahren ausgesetzt sind, werden Luftreifen mit Stahlcord-Schutzeinlage (Bild 1.56a), besser aber Vollgummireifen (Bild 1.56b und c) verwendet. Bei der Montage und Demontage der Vollgummireifen ist zu beachten, daß Elastik-Reifen ab 15″ Felgendurchmesser und 5″ Breite sowie Vollgummireifen mit zylindrischer Fußausführung (Bild 1.56b) mittels hydraulischer Presse auf die Felge gedrückt werden müssen (Bild 4.3). Alle anderen Elastik-Reifenabmessungen benötigen nur die normale Felgenausführung wie für Luftbereifung (Bild 1.56c). Bei Vollgummireifen mit *konischem* Fuß und *zweigeteilter* Felge (Bild 1.56b) können die Reifen ohne Presse schnell von Hand montiert werden. Dies bedeutet kurze Ausfallzeiten und keine Lagerhaltung kompletter Räder. Vor- und Nachteile sowie Anwendung von Vollgummi- oder Luftbereifung sind der Tafel 4.2 zu entnehmen; siehe auch Kapitel 1.6.1.

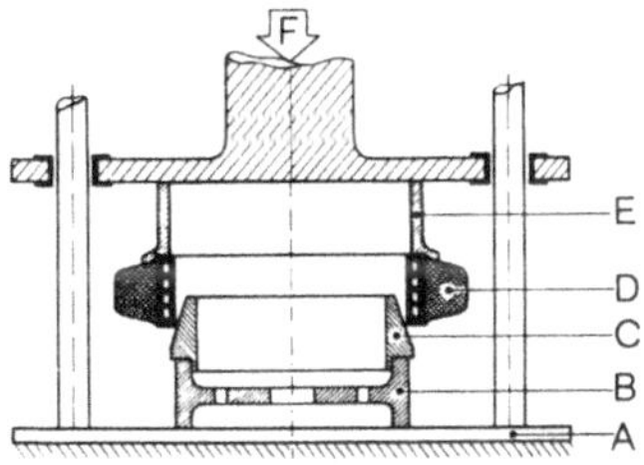

Bild 4.3
Aufpressen von Vollgummi-Reifen auf zylindrischem Fuß mittels hydraulischer Presse
A Preßtisch
B Radkörper
C Weitungsring
D Reifen
E Preßring

Tafel 4.2. Gegenüberstellung Vollgummi- und Luftbereifung

Kriterium	Vollgummi-Bereifung	Luft-Bereifung
Vorteile	geringerer Rollwiderstand positive Beeinflussung der Fahrzeugkonstruktion durch kleine Reifenabmessungen Standsicherheit immer vorhanden (pannensicher) keine Wartung lange Lebensdauer	höhere Geschwindigkeiten einfache Montage gute Stoßdämpfung geringerer Bodendruck (eventuell Zwillingsanordnung) erschütterungsarm profilierter Reifen
Nachteile	geringere Geschwindigkeit schwierige Montage (zum Teil Presse erforderlich) schlechte Stoßdämpfung fester Boden mit ebener Oberfläche erforderlich keine Profilierung	Verletzung des Reifens oder Luftverlust mindert Betriebssicherheit Wartung erforderlich (Luftdruckprüfung) höherer Rollwiderstand
Anwendung	Hallenbereich bei Innen- und Außeneinsatz sind Elastik-Reifen zu bevorzugen (siehe Kapitel 1.6.1)	Hallenbereich, besonders Außeneinsatz wegen geringen Bodendruckes: also bei befestigten Boden auch mit Unebenheiten

4.1.5. Fahrwiderstand

Der Fahrwiderstand F_{wf} eines Flurfördermittels setzt sich zusammen aus dem

- Rollwiderstand F_{wr}
- Beschleunigungswiderstand F_{wa}
- Steigungswiderstand F_{wst}
- Luftwiderstand: vernachlässigbar

$$F_{wf} = F_{wr} + F_{wa} + F_{wst} \quad \text{in N} \tag{4.1}$$

Der Rollwiderstand ist abhängig von der Radlagerung, der Fahrbahnbeschaffenheit und der Art der Bereifung. Um eine Vereinfachung der Rollwiderstandsberechnung zu ermöglichen, geht man vom Einheitsrollwiderstand w_r aus. Der Rollwiderstand F_{wr} ergibt sich (Gleichung 1.60) zu

$$F_{wr} = m g w_r \quad \text{in N} \tag{4.2}$$

m in kg	gesamte Fahrzeugmasse (Eigengewicht + Last)
g in m/s²	Erdbeschleunigung
w_r in $^0/_{00}$	Einheitsrollwiderstand
w_r = 12 bis 14 $^0/_{00}$	bei guter Fahrbahn und Vollgummibereifung
w_r = 14 bis 16 $^0/_{00}$	bei guter Fahrbahn und Luftbereifung (Hochdruckreifen)
w_r = 20 bis 25 $^0/_{00}$	bei festen Wegen und Luftbereifung (Niederdruckreifen)

Der Beschleunigungswiderstand F_{wa} umfaßt die geradlinig zu beschleunigenden Fahrzeug- und Lastmassen F_{wag} und die zu beschleunigenden Drehmassen F_{war} von Antriebsmotor, Getriebe, Kupplung, Räder usw. bezogen auf den Treibradhalbmesser (Drehmassenbeschleunigung ist meist vernachlässigbar).

$$F_{wa} = F_{wag} + F_{war} \quad \text{in N} \tag{4.3}$$

$$F_{wag} = m a \quad \text{in N} \tag{4.4}$$

$$F_{war} = J_{red} \frac{a}{r^2} \quad \text{in N} \tag{4.5}$$

m	in kg	gesamte Fahrzeugmasse
a	in m/s²	Fahrzeugbeschleunigung (a = 0,1 bis 0,5 m/s²)
J_{red}	in kgm²	Massenträgheitsmoment, auf Treibradachse reduziert
r	in m	Treibradradius

Der Steigungswiderstand F_{wst} von Flurfördermitteln kann entweder über den Hangabtrieb oder über den Einheitssteigungswiderstand w_{st} oder bei Angabe der Steigung p in % über die Steigung selbst errechnet werden.

$$F_{wst} = m g \sin\alpha = m g w_{st} = m g p \quad \text{in N} \tag{4.6}$$

m, g		siehe Gleichung 4.2
α	in °	Steigungswinkel: nach Gleichung 1.15 ist $\sin\alpha = \frac{p \text{ in } \%}{100}$
p	in %	Steigung
w_{st}	in $^0/_{00}$	Einheitssteigungswiderstand

Elektroschlepper und -stapler befahren Rampen mit Last bis 15 %iger Steigung (Beispiel 4.1; 4.2).

Für das Gesamtgewicht m = 2750 kg eines Fahrzeuges (Ladung und Eigengewicht) ergibt sich ein Fahrwiderstand bei Vernachlässigung des Beschleunigungswiderstandes mit Vollgummibereifung (w_r = 15 $^0/_{00}$)

– bei waagerechter Fahrbahn:

$$F_{wf} = F_{wr} = 2750 \cdot 9{,}81 \cdot 0{,}015 = 404{,}7 \text{ N}$$

– bei einer Fahrbahn mit 5 % Steigung ($\hat{=}\ \alpha = 2{,}87°$)

$$F_{wf} = F_{wr} + F_{wst} = 404{,}7 + (2750 \cdot 9{,}81 \cdot 0{,}05) = 1754 \text{ N}.$$

Für die Berechnung der Fahrmotorleistung muß zwischen dem batterieelektrischen und dem verbrennungsmotorischen Antrieb unterschieden werden. Da der Elektromotor kurzfristig überlastbar ist, wird normalerweise der Motor nach dem Rollwiderstand F_{wr} ausgelegt, der nicht überlastbare Dieselmotor aber nach dem Gesamtfahrwiderstand F_{wf}.

$$P = \frac{F_{wr}\, v}{1000\ \eta_{ges}} \text{ in kW} \qquad (4.7)$$

P	in kW	Fahrmotorleistung
F_{wr} bzw. F_{wf}	in N	Roll- bzw. Fahrwiderstand
v	in m/s	Fahrgeschwindigkeit
η_{ges}		Triebwerkwirkungsgrad

Fahrantriebe und deren Verhalten: Kapitel 1.2.

Stapler werden nach der Vollastbeharrungsleistung ausgelegt, jedoch ist die Hubleistung P_h nachzuprüfen

$$P_h = \frac{F_h\, v_h}{1000\ \eta_{ges}} \text{ in kW} \qquad (4.8)$$

F_h	in N	Hubkraft
v_h	in m/s	Hubgeschwindigkeit

Bei Schleppern ist die Zugkraftübertragung vom Rad auf die Fahrbahn (Durchrutschen der Räder) zu überprüfen: Gleichung 1.17; Tafel 1.18; siehe auch Tafel 4.5).

4.2. Handförderzeuge

Beträgt der Förderweg nicht mehr als 25 m, enthält er keine Steigungen und wird der Transport nur gelegentlich durchgeführt, lohnt sich der Handbetrieb. Die Handförderzeuge werden eingeteilt in *Karren, Wagen, Handwagen, Anhänger* und *Roller* (DIN 4902).

Wichtigstes Handförderzeug der Karren ist die *Stechkarre* zum Be- und Entladen von Sackgütern und Kästen. Eine Abwandlung der Stechkarre ist die treppenrollende oder mit Gleitkufen versehene Karre zum Transport über Treppen.

In keinem Betrieb fehlt heute der *Handgabelhubwagen* (DIN 15 137) für den Paletten- oder Behältertransport. Der Hub beträgt ca. 100 mm, im vollbelasteten Zustand ist der Rollwiderstand ca. 150 N; Eigengewicht 100 kg; Tragfähigkeit bis 2000 kg; Heben und Senken der Deichsel bewirkt Pumpen der Hydraulik (Bild 4.4).

Wälzroller benutzt man zum rollenden Transport z.B. von Werkzeugmaschinen bei Umgruppierungen. Viereckroller dienen Möbelspediteuren und werden für den Transport von ballenförmigen Gütern (Gewebeballen) eingesetzt.

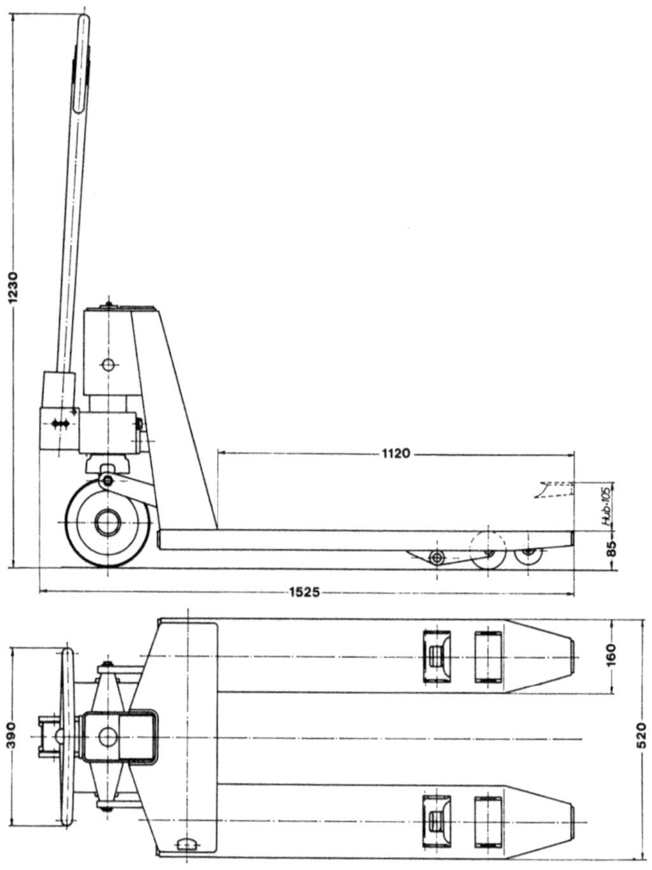

Bild 4.4. Handgabelhubwagen (Tragfähigkeit 2 t)

4.3. Schlepper

4.3.1. Zweiachsschlepper

Die *Zweiachsschlepper* gewinnen für den innerbetrieblichen Materialfluß an Bedeutung. Das Typenblatt für Wagen und Schlepper VDI 2197 beschreibt diese Flurförderzeuge nach ihren Ausführungsmerkmalen wie Abmessungen, Leistung, Gewicht, Fahrwerk und Antrieb. Die wichtigste Größe ist die Anhängelast. Schleppzug-Transporte eignen sich besonders im innerbetrieblichen Transport für laufend anfallende Horizontalförderung.

Elektro-Schlepper werden bis 15 t Anhängelast (Bild 4.5), Diesel-Schlepper bis 75 t Anhängelast gebaut. Einsatz der Diesel-Schlepper fast ausschließlich im Freien.

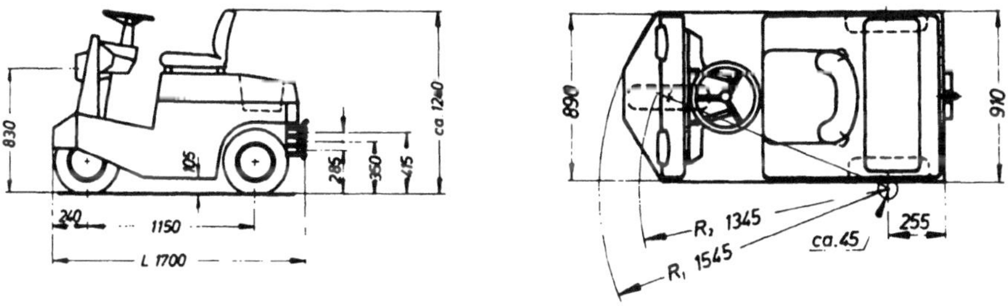

Bild 4.5
Elektro-Schlepper für 4-t-Anhängelast in Dreiradbauweise

4.3.2. Fahrerloser Schlepper

Bei gleichbleibendem Förderweg und ständig anfallendem Fördergut läßt sich der Transport mit induktiv gesteuerten, batteriebetriebenen fahrerlosen Schleppern (auch mit Plattform- und Gabelniederhubwagen, Kapitel 4.4) automatisieren.

Nach einem festgelegten Fahrkurs wird ein isolierter Leitdraht in eine im Boden eingefräste Fuge in geschlossenen Schleifen verlegt. Die Fuge wird anschließend z.B. mit Kunstharzmasse vergossen. In Hallen ist der Fahrkurs wartungs- und unfallfrei und betriebssicher, im Freien muß er im Winter eisfrei gehalten werden. Die Betriebsspannung beträgt 42 V. Ein Frequenzgenerator liefert einen Wechselstrom bestimmter Frequenz, der im Leitdraht ein konzentrisches, elektromagnetisches Wechselfeld hervorruft. Durch zwei Suchspulen im Tastkopf des Fahrzeuges wird durch das elektromagnetische Wechselfeld eine Spannung induziert, die abhängig ist vom Abstand der Spulen zum Leitdraht. Bei Kurvenfahrt werden in den Spulen unterschiedliche Spannungen entstehen, die beim Richtungsvergleich als Lenkinformation benutzt werden und über einen Verstärker als Steuerimpulse an den Lenkmotor gegeben werden (Bild 4.6a). Diese induktive Steuerung kann auch für enge Kurven benutzt werden, da die Lenkreaktion auf Fahrkursänderungen schnell reagiert. Für einen einfachen geschlossenen Fahrkurs, der durch manuelle oder automatische Steuerung verschiedene Strecken zu- oder abschalten kann, wird nur ein Frequenzgenerator benötigt. Ist der Transport von Fördergütern im innerbetrieblichen Materialfluß nur durch ein kompliziertes Fahrkurssystem zu bewerkstelligen und sind die Voraussetzungen für einen fahrerlosen Schlepperbetrieb gegeben, so arbeitet man sinnvoll mit mehreren Rundkursen, die mit unterschiedlichen Steuerfrequenzen betrieben werden (Bild 4.6b).

Durch Magnetschalter oder über Kontaktleisten wird das Öffnen und Schließen von Türen oder Schleusen erreicht, und bei Kreuzungen wird durch Ampelanlagen der Verkehr geregelt. Im Stockwerksbau können Rampen – oft als Wendel ausgebildet – bis zu 10 % Steigung den Transport zu den einzelnen Etagen herstellen. Fahrerlose Schlepper müssen besondere Sicherheitsvorrichtungen besitzen, um im Werksverkehr eingesetzt werden zu können. Ein Blechbügel – 100 bis 300 mm hoch, kurz über der Fahrbahn angebracht – ist vor dem Fahrzeug über dessen ganze Breite vorhanden und schaltet bei Berührung mit einem Hindernis den Fahrmotor aus. Um jederzeit stoppen zu können, ist eine Notstoptaste vorge-

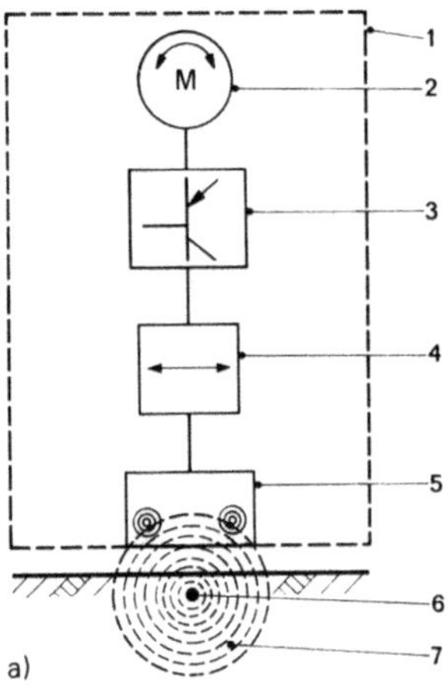

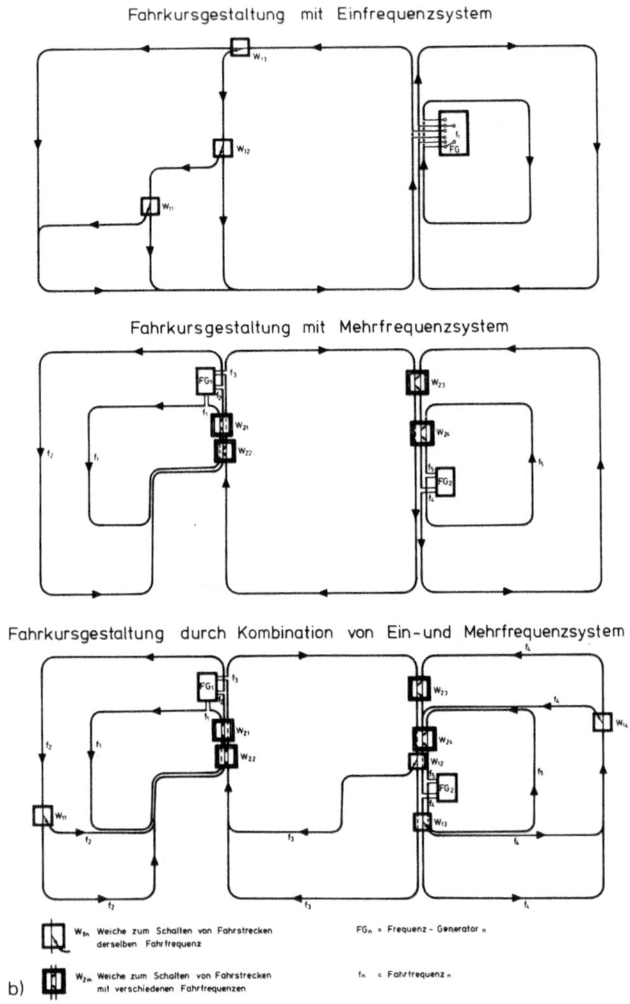

Bild 4.6
a) Prinzip der induktiven Steuerung
1 Fahrzeug
2 Lenkmotor
3 Verstärker
4 Richtungsvergleich
5 Tastkopf mit Suchspulen
6 Leitdraht im Boden
7 Magnetfeld
b) Verschiedene Fahrkursgestaltungen für induktiv gesteuerten Schleppertransport im Ein- und Mehrfrequenzsystem

sehen. Da die batteriebetriebenen Schlepper geräuscharm sind, müssen sie bei Fahrt ein akustisches und ein optisches Signal geben. Die Fahrgeschwindigkeit beträgt 4,5 km/h, in der Kurve 3,0 km/h.

Sind mehrere Schlepper im Einsatz, muß durch ein Blocksicherungssystem ein Auffahren vermieden, ein Zusammenstoß an Kreuzungen oder Einmündungen verhindert werden. Bei diesem System wird die Fahrstrecke in Blockabschnitte eingeteilt und nur freie Fahrt gegeben, wenn der vorgeschaltete Block nicht besetzt ist. Die Länge der Blockabschnitte richtet sich nach der Schleppzuglänge, dem Sicherheitsabstand, dem Transportaufkommen und der Streckenführung.

Für den Transport von Rollbehältern ist ein *Unterfahrschlepper* entwickelt worden, der den Rollbehälter unterfährt, entweder durch eine Hubeinrichtung oder durch einen Mitnehmerbolzen eine Mitnahme des Behälters erreicht und im automatisierten Materialfluß eingesetzt werden kann. Besonderer Vorteil ist die Mitfahrt im Aufzug für den Vertikaltransport in Stockwerksbauten.

4.4. Wagen

Die Gruppe der Wagen teilt man ein in Wagen

- ohne Hubeinrichtungen (Plattformwagen, Kipper)
- mit Hubeinrichtungen (Plattform- und Gabelhubwagen, Portalhubwagen) mit einem Niedrighub bis maximal 200 mm (600 mm bei Portalhubwagen).

Sie können mit den unterschiedlichsten Lenk- und Antriebssystemen ausgestattet werden und sind meist in Vierradbauweise konstruiert.

Bei Batteriebetrieb sind die Wagen für stufenloses Anfahren und optimale Batterienutzung mit der Impulssteuerung (Kapitel 1.2.6) ausgerüstet. Meist Einzelradaufhängung, bedingt gute Fahr- und Lenkeigenschaften. Bei Fahrersitzausführung wird der Schwingsitz verwendet, und beim Fahren im Freien ist der Aufbau einer Fahrerschutzkabine möglich. Auf- und Anbauten ergeben Kastenwagen, Muldenkipper und Sprengwagen. Anhängekupplungen ermöglichen leichten Schleppbetrieb.

4.4.1. Plattformwagen

Für Lasten zwischen 500 kg und 6300 kg sind Elektrowagen mit Fahrersitz oder Fahrerstand im Einsatz, bei denen zwei oder vier Räder gelenkt werden.

Die Kurzbezeichnung Elektrokarren EK 2002 V 625 DIN 43 551 besagt: Es handelt sich um einen Elektrokarren (EK) der Lastklasse 2002 (Tragfähigkeit 2000 kg und Zweiradlenkung) mit Vollgummireifen (V) und einer Plattformhöhe von 625 mm.

Die Batterie ist zwischen den Achsen unter der Plattform angeordnet, welche den Reihenschluß-Motor antreibt (technische Daten Tafel 4.3). Für den Außenbetrieb werden mit Diesel-(Otto-)Motor ausgestattete Wagen eingesetzt (siehe Beispiel 4.7, Bild 4.18).

4.4.2. Plattformhub- und Gabelhubwagen

Besonders zum Transport von Einheitsladungen wie Großbehälter oder Paletten werden innerhalb einer Abteilung Plattformhub- und Gabelhubwagen mit Elektroantrieb eingesetzt.

Eine Hubeinrichtung gestattet das selbsttätige Auf- und Absetzen der Last, indem die Last von den Gabeln (z.B. Paletten) oder von der Hubplattform (z.B. Behälter) unterfahren und anschließend durch eine manuell oder motorisch angetriebene hydraulische Hubeinrichtung so weit angehoben wird, daß ein Transportieren möglich ist.

Der Elektroroller (Deichsel-Gabelhubwagen) wird als deichselgeführtes Gerät bei kurzen Wegen und engen Raumverhältnissen eingesetzt. Der Fahrantrieb erzeugt eine Geschwindigkeit von 4 bis 6 km/h (Bild 4.7).

Portalhubwagen → Kapitel 5.3.3.

Tafel 4.3. Technische Daten von Elektro-Plattformwagen

Tragfähigkeit in kg	Ladefläche Breite × Länge in mm	Eigengewicht in kg	Antriebsleistung in kW	Geschwindigkeit in km/h
600	750 × 1400	600	1,0	bis 12
1000	910 × 1700	700	1,5	9 bis 12
2000	1150 × 2200	1345	2,90	10 bis 14
3000	1450 × 2900	1700	2 × 1,5	11 bis 15

weitere technische Daten sind:

- Anhängenutzlast; Achslast vorn und hinten
- Baulänge, Baubreite, Bodenfreiheit, Gesamtbauhöhe, Spurbreite, Radstand, Wenderadius innen und außen, Gangbreite für 90° Schwenk
- Reihenschlußmotor (meist direkt auf Differential-Hinterachse wirkend); Steigungsvermögen bei unterschiedlicher Belastung
- Batterie mit dazugehörendem Ladegerät
- Bereifung (meist Luftbereifung auf Stahlfelge)
- Schaltung: Widerstands- oder Impulssteuerung, für kleine und mittlere Lasten – meist als Kollektorschalter zum stufenlosen Beschleunigen über Pedal betätigt (einfache Wirkungsweise)
- Bremse
- Aufbaumöglichkeit, überdachtes Führerhaus.

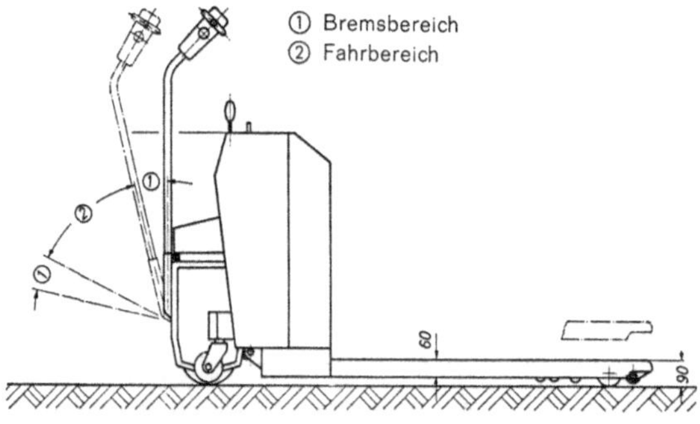

Bild 4.7
Elektro-Deichsel-Gabel-Hubwagen (Tragfähigkeit 2 t)

4.5. Gabelstapler

4.5.1. Einsatzgebiet

Das bedeutendste Fördermittel der Gruppe *Stapler* ist der *Gabelstapler*, der in nachhaltiger Weise die Manipulations- und Lagertechnik beeinflußt hat. Der Zwang zur Bildung von Lagereinheiten und die Nutzbarmachung der Hallenhöhe für das Lagern von Gütern gewährleisten einen wirtschaftlichen Einsatz dieses Flurförderzeuges. Der Gabelstapler kann gleichzeitig Transport- und Stapelarbeiten durchführen. Zusatzgeräte bewältigen die unterschiedlichsten Sonderaufgaben. Ob ein Gabelstapler für eine Transportaufgabe eingesetzt werden kann, hängt von folgenden Bedingungen ab:

- Tragfähigkeit, Zustand und Länge der Wege und Straßen
- Tragfähigkeit der Geschoßdecken
- Abmessungen und Tragfähigkeit des Aufzuges bei Geschoßbau
- Stapelhöhe und Gewicht der Last
- maximale Steigung
- Verwendung von Anbaugeräten
- Maße von Türen, Gangbreiten und Wegeradien
- Verhältnis Transportarbeit zu Hubarbeit
- Verhältnis Vorwärts- zu Rückwärtsfahrt (Manipulieren).

4.5.2. Aufbau und Standsicherheit

Gabelstapler (Bild 4.8) besitzen einen eigenen Fahrantrieb, der bei kleinen Lasten und guter Fahrbahn aus einem elektromotorischem Antrieb, sonst aus einem verbrennungsmotorischen Antrieb aufgebaut ist. Die Lenkung kann als Fahrersitz-, Stand- oder Gehlenkung ausgebildet sein. Bei der Fahrersitzlenkung sind der Frontsitz und der Seiten-

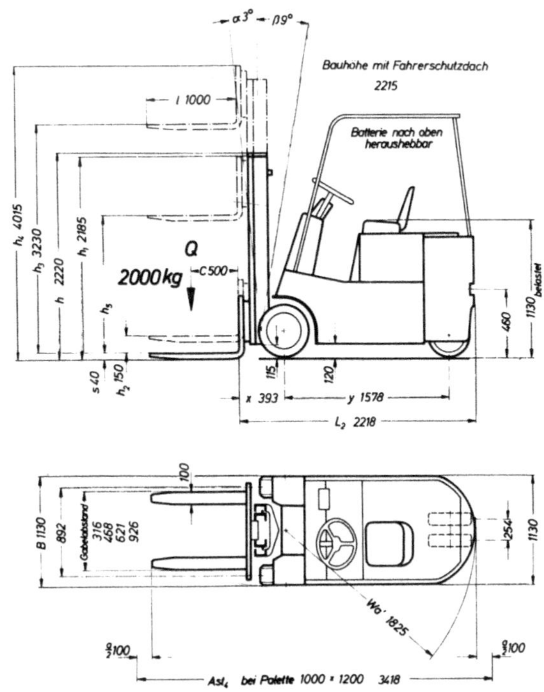

Bild 4.8
Elektro-Gabelstapler mit Vollgummibereifung (Tragfähigkeit 2 t)

sitz zu unterscheiden. Die Dreiradbauweise ist wendig und wird bei Lasten bis zu 1,6 t, die Vierradbauweise von 0,8 bis 32 t und mehr benutzt. Die Trag- und Hubvorrichtung ist als Einfach- oder Teleskop-Hubgerüst konstruiert und wird hydraulisch betätigt. Dieses Hubgerüst sitzt beim Gabelstapler vor den Vorderrädern, so daß ein Gegengewicht (z.B. Batterie) anzubringen ist. Eine Anhängerkupplung ermöglicht gelegentlichen Einsatz als Schlepper. Tragkraft und Hubhöhe sind die bestimmenden Kennzeichen eines Gabelstaplers (Tafel 4.4). Am verbreitesten sind Stapler bis 1,5 t Tragfähigkeit, da Paletten mit Ladung bis 1 t den größten Transportumfang haben.

Gabelstapler müssen den Standsicherheitsbestimmungen nach DIN 15 138 Blatt 2, FEM entsprechen. Für die Standsicherheitsprüfung bei Stand- und Sitzgabelstapler mit neigbarem Hubzylinder bis 10 t sind je zwei Versuche für die Längs- und Querrichtung zu absolvieren. Diese Versuche sollen die Sicherheit beim Stapeln und beim Fahren auf statische Art nachweisen. Die Kippsicherheit ergibt sich aus der Bedingung laut Bild 4.9 zu

$$\nu = \frac{G\,b}{G_l\,a} \geqq 1{,}4$$

oder mit der Auflagekraft F

$$\nu = \frac{F\,c}{G_l\,a} \geqq 1{,}4 \qquad (4.9)$$

ν		Kippsicherheit
G	in N	Gewichtskraft des Eigengewichtes des Staplers
G_l	in N	Gewichtskraft der Last
a, b	in m	Schwerpunktabstände zum Kippunkt
c	in m	Achsabstand

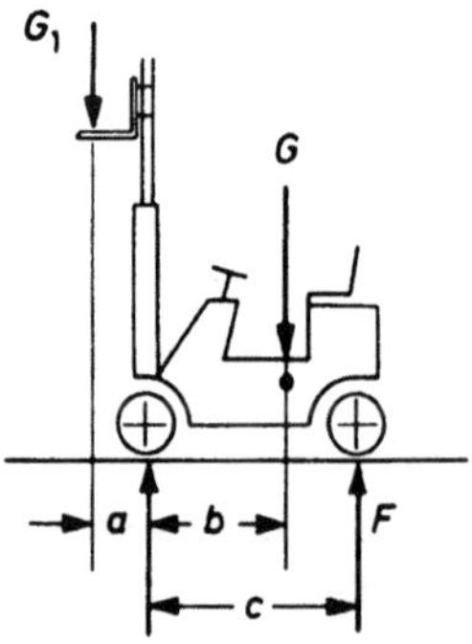

Bild 4.9. Berechnungsskizze zur Kippsicherheit beim Gabelstapler

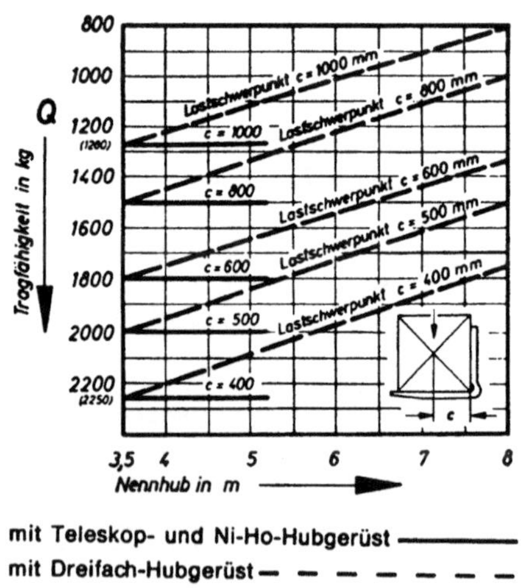

Bild 4.10. Tragfähigkeiten (Lastdiagramm) für Gabelstapler in Bild 4.8

Hieraus erkennt man, daß Frontstapler mit längerer Bauweise (größerem Radstand z.B. durch Drehschemellenkung) weniger Gegengewicht benötigen. Dies hat eine günstigere Konstruktion z.B. mit kleineren oder mit einfacheren Reifen zur Folge. Außerdem ergibt sich, daß die Hinterachse schlecht für den Antrieb zu gebrauchen ist, da sich mit größer werdender Last die Auflagekraft F verringert.

Für den in Bild 4.8 angegebenen Gabelstapler (Q = 2 t; Vollgummibereifung) ergeben sich in Abhängigkeit vom Lastschwerpunkt c und vom Nennhub je nach Hubgerüstkonstruktion unterschiedliche Tragfähigkeiten (Bild 4.10). Die Tragfähigkeitsangabe eines Gabelstaplers bezieht sich auf einen Lastschwerpunkt von c = 500 mm vom Gabelrücken aus gemessen.

4.5.3. Hubgerüst und Anbaugeräte

Die hydraulisch angetriebene Hubvorrichtung zur Vertikalbewegung der Lasten besteht aus einem aus U-Profilen aufgebauten Rahmen, an dem der rollengeführte Gabelträger befestigt ist. Um die Lastaufnahme und Lastabgabe zu erleichtern, ist ein Kippen des Hubgerüstes durch den hydraulisch arbeitenden (doppeltwirkenden) Neigzylinder um 3° nach vorn und um 8° bis 10° nach hinten möglich, das ein Abrutschen der Last während der Fahrt verhindern soll. Der Drehpunkt des Hubgerüstes liegt meist in der Höhe der Radachse. Die Ausführung des Gabelträgers zur Aufnahme der Gabelzinken und der Anbaugeräte ist in DIN 15 135, Blatt 1 und 2, festgelegt. Die Gabeln – 1000, 1250 und 1500 mm lang – lassen sich am Gabelträger verschieben. Der Gabelträger wird meist hydraulisch gehoben und gesenkt, wobei die Enden einer Lastkette am Gabelträger und Fahrzeugrahmen befestigt sind und über eine mit der Hubzylinderstange verbundenen Rolle laufen. Größere Höhen werden durch Teleskophubgerüste erreicht, aufgebaut aus ineinandergeschachtelten U-Stahlprofilen. Zu unterscheiden sind Standard-Hubgerüste (einfach – zweifach – dreifach) und Sonderkonstruktionen mit erhöhtem Freihub als zweifach und dreifach Niedrig-Hoch-Hubgerüst (Bild 4.11). Unter Freihub ist zu verstehen, daß der Gabelträger zunächst bis zur Bauhöhe angehoben wird und sich dann mit dem Teleskophub mitbewegt. Aus Tafel 4.4 gehen die wichtigsten Daten des Hubgerüstes (-mastes) hervor wie:

- Bauhöhe des Hubmastes: wichtige Größe für Tore, Durchgänge, Einfahrvorgänge beim Be- und Entladen von Containern oder Wagen
- Hubhöhe, Freihubhöhe, Tragfähigkeit, Hubgeschwindigkeit der Last.

Am Einfach-Hubmast sind am deutlichsten die Hub- und Geschwindigkeitsverhältnisse zu erkennen (Bild 4.12a). Der über Rollen im feststehenden Außenmast geführte Gabelträger (Hubschlitten) bewegt sich mit doppelter Geschwindigkeit gegenüber der Ausfahrgeschwindigkeit des Hubkolbens im Hubmast nach oben, da die Lastkette sowohl am Gabelträger als auch am Außenmast befestigt ist.

Beim Teleskopmast (zweifach) sind Innenmast und Hubkolben miteinander verbunden (Bild 4.12b). Feststehender – nur neigbarer – Außenmast und Hubzylinder sind am Fahrzeugrahmen befestigt. Beim Ausfahren des Kolbens bewegt sich der im Außenmast rollengeführte Innenmast mit gleicher Geschwindigkeit; der im Innenmast rollengeführte Gabelträger aber über die Lastkette mit doppelter Geschwindigkeit nach oben.

Tafel 4.4. Technische Daten eines Gabelstaplers bezogen auf Bild 4.8 (Typenblatt)

<table>
<tr><td></td><td>1</td><td>Hersteller</td><td>(Kurzbezeichnung)</td><td></td><td colspan="2">SE Fahrzeugwerke GmbH</td></tr>
<tr><td>Kennzeichen</td><td>2</td><td>Typ</td><td>Typenzeichen des Herstellers</td><td></td><td colspan="2">EFG 2/1444</td></tr>
<tr><td></td><td>3</td><td>Tragfähigkeit</td><td>Q Hublast</td><td>t</td><td colspan="2">2,0</td></tr>
<tr><td></td><td>4</td><td>bei Lastschwerpunkt</td><td>c Abstand</td><td>mm</td><td colspan="2">500</td></tr>
<tr><td></td><td>5</td><td>Fahrantrieb</td><td>Elektro (Batterie), Diesel, Otto, Treibgas</td><td></td><td colspan="2">Elektro (Batterie)</td></tr>
<tr><td></td><td>6</td><td>Lenkungsart</td><td>Hand-, Geh-, Stand-, (Fahrer) Sitz-Lenkung</td><td></td><td colspan="2">Sitz-Lenkung</td></tr>
<tr><td></td><td>7</td><td>Bereifung</td><td>V = Vollgummi, L = Luft vorn | hinten</td><td></td><td>V</td><td>V</td></tr>
<tr><td></td><td>8</td><td>Räder (x = angetrieben)</td><td>Anzahl vorn | hinten</td><td></td><td>2x</td><td>2</td></tr>
<tr><td>Abmessungen</td><td>9</td><td></td><td>h_5 Hub Einfach-Hubgerüst</td><td>mm</td><td colspan="2">–</td></tr>
<tr><td></td><td>10</td><td></td><td>h_3 Hub Teleskop-Hubgerüst</td><td>mm</td><td colspan="2">3200</td></tr>
<tr><td></td><td>11</td><td>Hub</td><td>h_2 Normalfreihub Teleskop-Hubgerüst</td><td>mm</td><td colspan="2">200</td></tr>
<tr><td></td><td>12</td><td></td><td>h_5 Sonderfreihub Ni-Ho-Hubgerüst</td><td>mm</td><td colspan="2">1480</td></tr>
<tr><td></td><td>13</td><td>Gabel</td><td>Länge (l) x Breite x Dicke (s)</td><td>mm</td><td colspan="2">1000 x 100 x 40</td></tr>
<tr><td></td><td>14</td><td>Neigung</td><td>des Hubgerüstes nach vorn α | nach hinten β</td><td>∢°</td><td>3</td><td>9</td></tr>
<tr><td></td><td>15</td><td></td><td>L_2 Länge einschl. Gabelrücken</td><td>mm</td><td colspan="2">2206</td></tr>
<tr><td></td><td>16</td><td>Maße über alles</td><td>B Breite</td><td>mm</td><td colspan="2">1130</td></tr>
<tr><td></td><td>17</td><td></td><td>h_1 Höhe, Hubgerüst eingefahren</td><td>mm</td><td colspan="2">2200</td></tr>
<tr><td></td><td>18</td><td></td><td>h_4 Höhe, Hubgerüst ausgefahren</td><td>mm</td><td colspan="2">3940</td></tr>
<tr><td></td><td>19</td><td>Wenderadius</td><td>Wa bzw. Wa'</td><td>mm</td><td colspan="2">1825</td></tr>
<tr><td></td><td>20</td><td>Lastabstand</td><td>x von Mitte Vorderachse</td><td>mm</td><td colspan="2">381</td></tr>
<tr><td></td><td>21</td><td>Arbeitsgangbreite</td><td>Ast_3 bei Paletten 800 x 1200 | 1000 x 1200</td><td>mm</td><td colspan="2">–</td></tr>
<tr><td></td><td>22</td><td></td><td>Ast_4 bei Paletten 800 x 1200 | 1000 x 1200</td><td>mm</td><td>3206</td><td>3406</td></tr>
<tr><td>Leistungen</td><td>23</td><td>Standsicherheit</td><td>nach DIN 15 138</td><td>ja | nein</td><td colspan="2">ja</td></tr>
<tr><td></td><td>24</td><td></td><td>Fahren mit | ohne Hublast</td><td>km/h</td><td>13</td><td>15</td></tr>
<tr><td></td><td>25</td><td>Geschwindigkeiten</td><td>Heben mit | ohne Hublast</td><td>m/s</td><td>0,25</td><td>0,38</td></tr>
<tr><td></td><td>26</td><td></td><td>Senken mit | ohne Hublast</td><td>m/s</td><td>0,60</td><td>0,45</td></tr>
<tr><td></td><td>27</td><td>Zugkraft</td><td>am Zughaken mit | ohne Hublast</td><td>N</td><td>2280</td><td>2620</td></tr>
<tr><td></td><td></td><td>max. Zugkraft</td><td>5-min-Zugkraft bei Elektro-Fahrzeugen</td><td>N</td><td>8780</td><td>9120</td></tr>
<tr><td></td><td>28</td><td>Steigvermögen</td><td>mit | ohne Hublast</td><td>%</td><td colspan="2">siehe unten</td></tr>
<tr><td></td><td>29</td><td>max. Steigvermögen</td><td>mit | ohne Hublast</td><td>%</td><td colspan="2"></td></tr>
<tr><td>Gewichte</td><td>30</td><td>Eigengewicht</td><td>mit Teleskop-Hubgerüst (Bauhöhe 2500 mm)</td><td>kg</td><td colspan="2">4317</td></tr>
<tr><td></td><td>31</td><td>Achslast</td><td>ohne Hublast vorn | hinten</td><td>kg</td><td>2557</td><td>1760</td></tr>
<tr><td></td><td></td><td></td><td>mit Hublast vorn | hinten</td><td>kg</td><td>5707</td><td>610</td></tr>
<tr><td>Fahrwerk</td><td>32</td><td></td><td>Anzahl vorn | hinten</td><td>Stck.</td><td>2</td><td>2</td></tr>
<tr><td></td><td>33</td><td></td><td>Abmessungen vorn</td><td>" bzw. mm</td><td colspan="2">21 x 9 x 13 K</td></tr>
<tr><td></td><td>34</td><td>Reifen</td><td>Abmessungen hinten</td><td>" bzw. mm</td><td colspan="2">16 x 5 x 10½ K</td></tr>
<tr><td></td><td>33</td><td></td><td></td><td></td><td colspan="2"></td></tr>
<tr><td></td><td>34</td><td></td><td></td><td></td><td colspan="2"></td></tr>
<tr><td></td><td>35</td><td>Radstand</td><td>y</td><td>mm</td><td colspan="2">1578</td></tr>
<tr><td></td><td>36</td><td>Spurweite</td><td>Mitte Reifen vorn | hinten</td><td>mm</td><td>892</td><td>254</td></tr>
<tr><td></td><td>37</td><td>Bodenfreiheit</td><td>mit Hublast an tiefster Stelle</td><td>mm</td><td colspan="2">115</td></tr>
<tr><td></td><td>38</td><td></td><td>mit Hublast Mitte Radstand</td><td>mm</td><td colspan="2">120</td></tr>
<tr><td></td><td>39</td><td>Bremsen</td><td>Betriebs- (Fuß), Feststellbremse (Hand)</td><td></td><td>Fuß</td><td>Hand</td></tr>
<tr><td></td><td>40</td><td></td><td>mechanisch, hydraulisch</td><td></td><td>hydraulisch</td><td>mechanisch</td></tr>
<tr><td>Antrieb</td><td>41</td><td></td><td>Art</td><td></td><td colspan="2">Blei</td></tr>
<tr><td></td><td>42</td><td>Batterie</td><td>Volt | Amperestd. (Kapazität bei 5 stünd. Entladung)</td><td>V / Ah</td><td>80</td><td>480</td></tr>
<tr><td></td><td>43</td><td></td><td>Gewicht</td><td>kg</td><td colspan="2">1700</td></tr>
<tr><td></td><td></td><td></td><td>weitere Ausrüstungsmöglichkeiten m. Batterie</td><td>Ah</td><td colspan="2">400</td></tr>
<tr><td></td><td>44</td><td>El-Motoren</td><td>Fahrmotor Stundenleistung</td><td>kW</td><td colspan="2">2 x 4,8 = 9,6</td></tr>
<tr><td></td><td>45</td><td></td><td>Hubmotor Leistung in kW bei % ED</td><td></td><td colspan="2">8 kW AB 20 % ED</td></tr>
<tr><td></td><td>46</td><td></td><td>Hersteller | Typ</td><td></td><td colspan="2">–</td></tr>
<tr><td></td><td>47</td><td></td><td>Leistung nach DIN 70020</td><td>kW</td><td colspan="2">–</td></tr>
<tr><td></td><td>48</td><td>Verbrennungsmotor</td><td>Drehzahl nach DIN 6270</td><td>n/min</td><td colspan="2">–</td></tr>
<tr><td></td><td></td><td></td><td>max. Drehmoment | Drehzahl</td><td>mkg | n/min</td><td colspan="2"></td></tr>
<tr><td></td><td>49</td><td></td><td>Takt | Zylinderzahl | Hubraum (cm³)</td><td></td><td colspan="2">–</td></tr>
<tr><td></td><td>50</td><td></td><td>Kraftstoffverbrauch</td><td>l/h</td><td colspan="2">–</td></tr>
<tr><td></td><td>51</td><td>Kupplung</td><td>Art</td><td></td><td colspan="2">–</td></tr>
<tr><td></td><td>52</td><td>Schaltung</td><td>Art des Schalters</td><td></td><td colspan="2">elektronische Impulssteuerung</td></tr>
<tr><td></td><td>53</td><td></td><td>Gangzahl bzw. Schaltstufen vor- | rückwärts</td><td></td><td colspan="2">stufenlos</td></tr>
<tr><td></td><td>54</td><td>Getriebe</td><td>Art</td><td></td><td colspan="2">Stirnradgetriebe</td></tr>
<tr><td></td><td>55</td><td>Arbeitsdruck für Anbaugeräte</td><td>atü | Gabelträger</td><td>FEM</td><td>140</td><td>II B</td></tr>
</table>

Tafel 4.4 (Fortsetzung)

Hubgerüstausführungen

Hubgerüstart		Teleskop	Ni-Ho	Dreifach
Nennhubhöhe	h_3 mm	2400/3200/4200/5200	2500/3300/4250/5200	3500/4250/5300/7700
Bauhöhe	h_1 mm	1800/2200/2700/3200	1800/2200/2700/3200	1800/2050/2400/3200
Größte Höhe	h_4 mm	3140/3940/4940/5940	3240/4040/4990/5940	4265/5015/6965/8465
Freihub	h_2/h_5 mm	200	1080/1480/1980/2480	1080/1330/1680/2480
Breite B	mm	1130	1130	1280
Neigwinkel	α/β °	3; 9; 2,5; 9,5; 2; 10	3; 9; 2,5; 9,5; 2; 10	2,5; 9,5; 2; 10; 1,5; 10,5
Lastabstand x	mm	381		471
Länge L_2	mm	2206		2296
Arbeitsgangbreite Ast_4 Palette 800 × 1200/1000 × 1200	mm	3206/3406		3296/3496

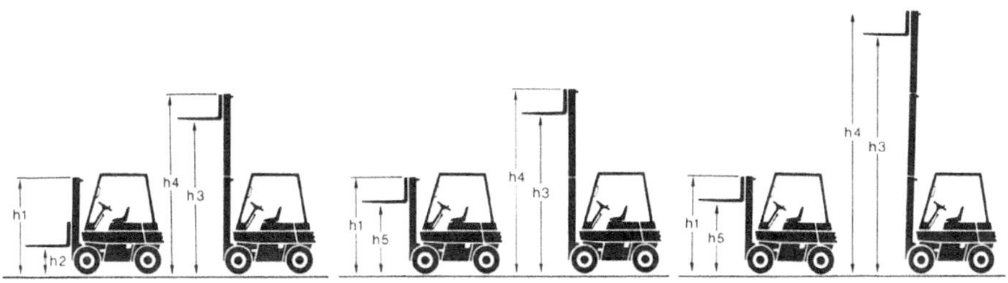

a) b) c)

Bild 4.11. Hubgerüstarten (h_1 bis h_5 siehe Tafel 4.4)

a) **Zweifach-Hubgerüst mit Normalfreihub**
Für die meisten Gabelstapler-Einsätze ist diese Hubgerüst-Ausführung richtig. Bei der gewählten Hubhöhe h_1 kann der Gabelträger bis zur Freihubhöhe h_2 angehoben werden, bevor der Innenmast aus dem Außenmast herausfährt. Erst dann verändert sich zwangsläufig die Bauhöhe. Normalfreihub: 400 mm.

b) **Zweifach-Hubgerüst mit Sonderfreihub (Duplex-Gerüst)**
Mit diesem Hubgerüst wird bei gewählter Bauhöhe h_1 eine große Freihubhöhe – Sonderfreihub h_5 erreicht. Die Vorteile dieser Ausführung liegen darin, daß auch in sehr niedrigen Räumen (Keller, Waggons, Schiffe) die volle Stapelhöhe ausgenutzt werden kann. Die Bauhöhe h_1 verändert sich, sobald der Gabelträger über die Freihubhöhe ausgefahren ist.

c) **Dreifach-Hubgerüst (Triplex-Gerust)**
Bei der gewählten Bauhöhe h_1 wird beim Triplex-Gerüst eine wesentlich größere Hubhöhe h_3 erreicht. Dieser Vorteil wird hier durch drei ineinander gesteckte Hubgerüstteile erreicht.
Ein Triplex-Gerüst fährt durch niedrigste Türen und stapelt trotzdem in größte Höhen. Das bedeutet beste Raumausnutzung auch bei niedrigen Toreinfahrten.

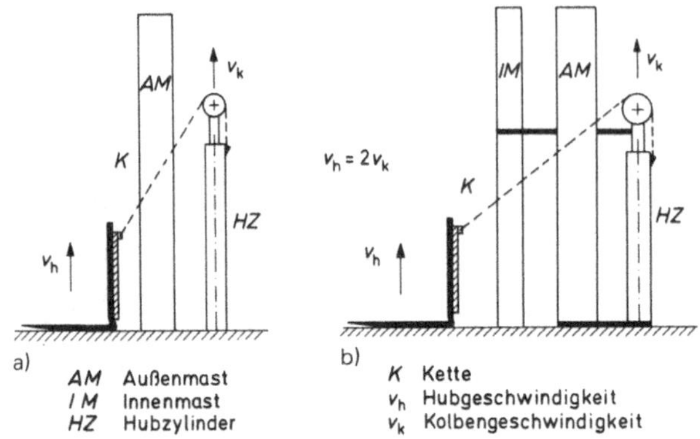

Bild 4.12. Hubgerüst
a) Einfachmast
b) Teleskopmast

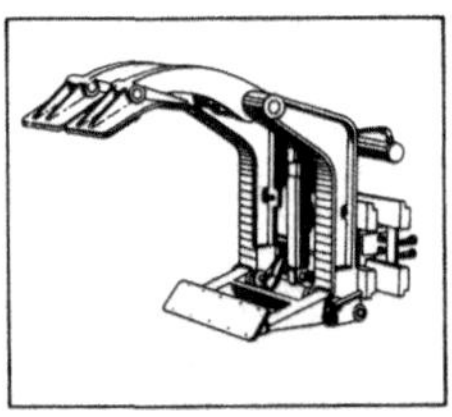
Hydraulische Rollenklammer

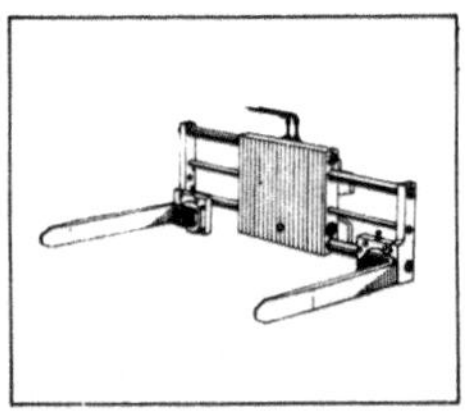
Hydraulische Klammer mit drehbaren Zinken

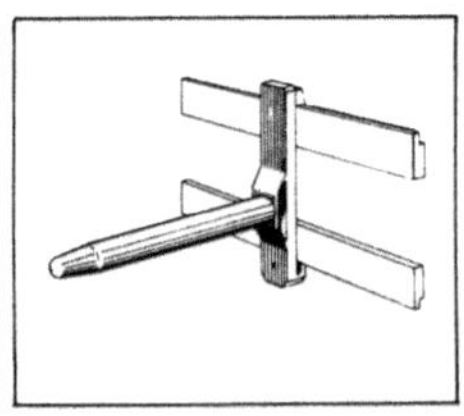
Tragdorn

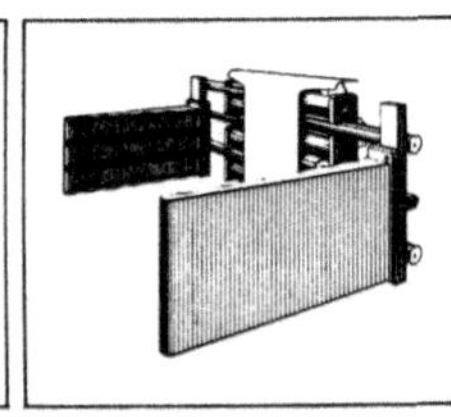
Hydraulische Ballenklammer

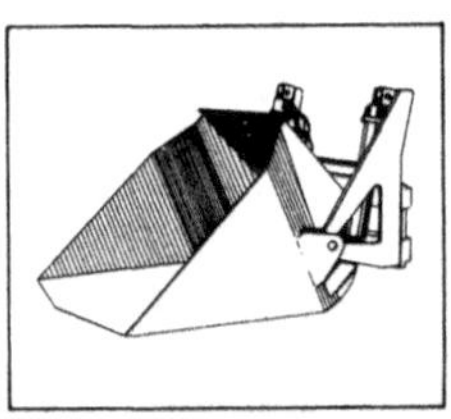
Hydraulische Schaufel

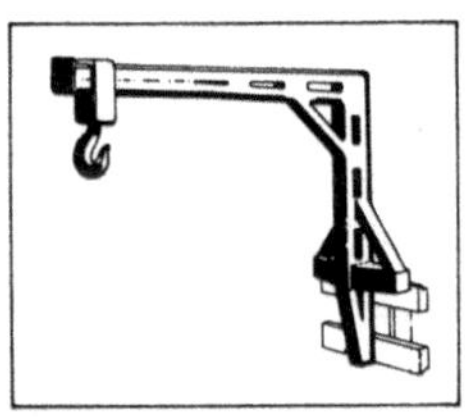
Kranarm

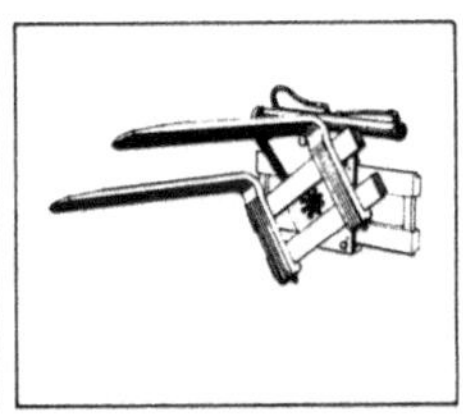
Hydraulisches Drehgerät

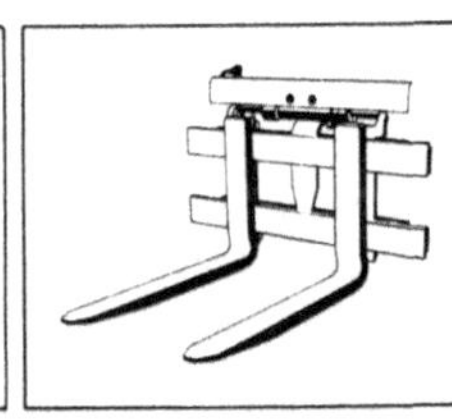
Hydraulischer Seitenschieber

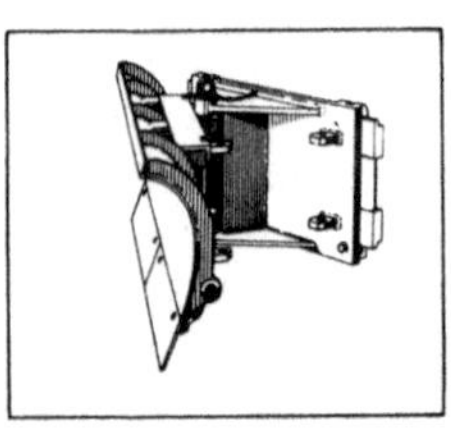
Schneepflug

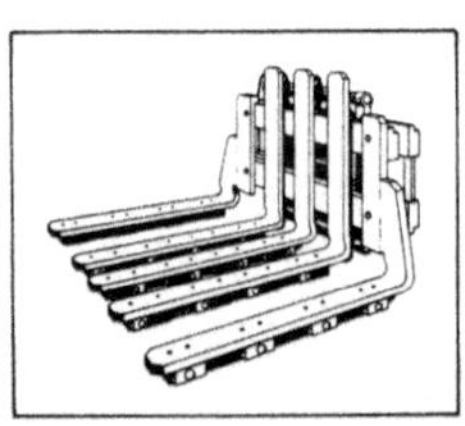
Hydraulische Steinklemmgabel

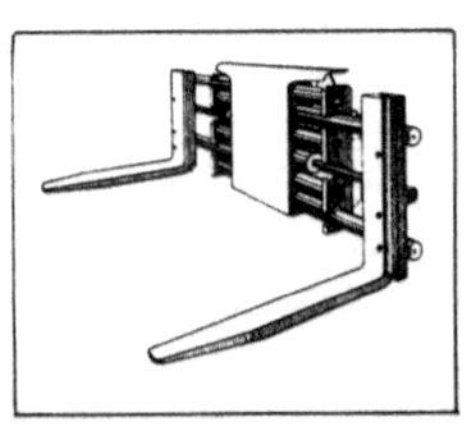
Hydraulische Gabelklammer

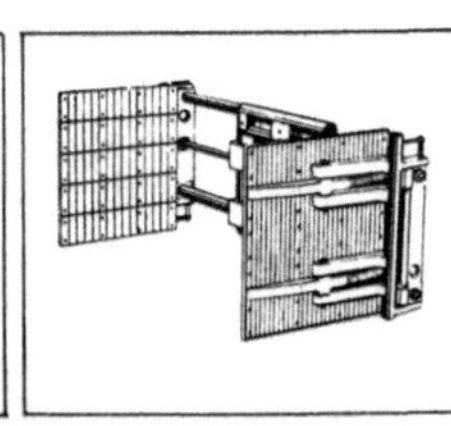
Hydraulische Kartonklammer

Eine Vielzahl von *Anbaugeräten* (Bild 4.13) erweitert den Aufgabenbereich des Gabelstaplers beträchtlich. Die meist hydraulisch betätigten Zusatzgeräte werden mit dem Hubschlitten über Schwalbenschwanzführungen verbunden.

4.5.4. Antrieb

Der Fahrantrieb eines Gabelstaplers kann elektrisch über Batterie oder mit Verbrennungsmotor durchgeführt werden (Kapitel 1.2). Voraussetzung für batterie-elektrischen Antrieb sind: gute Fahrbahnoberfläche, kleine bis mittlere Leistungen und Inneneinsatz; für Verbrennungsmotorenantrieb: mittlere bis große Leistungen und Außeneinsatz. Bei Gabelstaplern bis 4,0 t Tragfähigkeit wird der Elektroantrieb, ab 1,6 t Tragfähigkeit der verbrennungsmotorische Antrieb eingesetzt.

Gabelstapler in Dreirad-Bauweise werden mit Vorder- oder Hinterradantrieb gebaut. Der Einmotoren-Hinterradantrieb mit Drehschemellenkung stellt eine einfache Konstruktion mit geringem Schaltungsaufwand dar.

Beim Zweimotoren-Vorderradantrieb müssen die Motoren entsprechend der Kurvenfahrt gesteuert werden, und zwar wird ab ca. 30° bis 70° Lenkeinschlag der kurveninnere Motor abgeschaltet und ab 70° wird er auf Rückwärtsfahrt eingeschaltet. Dies bedeutet einen erheblichen Schaltungsaufwand.

Gabelstapler in Vierrad-Bauweise werden nur mit Vorderradantrieb versehen, und zwar entweder mit zwei Motoren, die unabhängig voneinander auf die Vorderräder arbeiten, oder mit nur einem Motor, der über ein Differentialgetriebe die Vorderräder antreibt.

Hubzylinder, Neigzylinder und *Arbeitszylinder* für Zusatzgeräte werden durch Hydraulik bewegt, d.h. vom Elektro- oder Verbrennungsmotor wird die Leistung an eine Hydropumpe (meist Zahnradpumpe) abgegeben, die die Hydraulikflüssigkeit (Öl) über Steuerventile zum jeweiligen Arbeitszylinder bringt (Bild 4.14, vergleiche Kapitel 1.2.7, Bild 1.18).

Die Hydraulikanlage besitzt beim Elektrostapler einen eigenen Antriebsmotor, der die Hub-, Neig- und Zusatzbewegungen durchführt. Beim Dieselantrieb ist die Hydropumpe direkt mit dem Dieselmotor gekoppelt und läuft ständig mit (Kurzschließung des Druckölkreislaufes bei Nichtbenutzung der Hydraulik). Aus dieser Konstruktionsanordnung und bei den meist überdimensionierten Dieselantrieben ergeben sich gegenüber dem batterie-elektrischen Antrieb große Hublasten mit hohen Hubgeschwindigkeiten. Die Senkgeschwindigkeit wird über ein verstellbares Ventil aufgrund der wirkenden Gewichtskräfte von Last, Gabeln, Gabelträger und Teilen des Hubrahmens gesteuert und begrenzt.

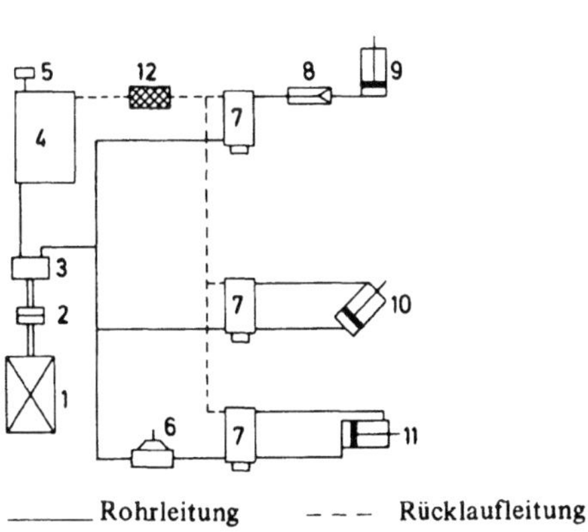

Bild 4.14

Hydraulikanlage für Gabelstapler (schematisch)

1 Antriebsmotor
2 Kupplung
3 Hydraulikpumpe
4 Ölbehälter
5 Luftfilter
6 Druckminderungsventil
7 Steuerorgan
8 Senkbremse
9 Hubzylinder
10 Neigzylinder
11 Arbeitszylinder für Anbaugerät
12 Rücklaufölfilter

4.5.5. Arbeitsgangbreite, Flächenbelastung

Arbeitsgangbreite: Um Ladeeinheiten aus dem Regal oder vom Boden aufnehmen oder absetzen zu können, sind im Regelfall Fahrtrichtungsänderungen um 90° notwendig. Die erforderliche Arbeitsgangbreite *Ast* setzt sich aus folgenden Maßen in m (VDI 2198) zusammen (Bild 4.15)

Arbeitsgangbreite für *Dreirad*-Gabelstapler Ast_3:

$$Ast_3 = W_a + x + b + a \tag{4.10}$$

Arbeitsgangbreite für *Vierrad*-Gabelstapler Ast_4:

$$Ast_4 = W'_a + x + b + a \tag{4.11}$$

W_a bzw. W'_a	in m	äußerer Wenderadius
x	in m	Abstand von Mitte Vorderachse bis zum Gabelrücken
b	in m	Lastbreite in Fahrtrichtung
a	in m	Sicherheitsabstand 200 mm

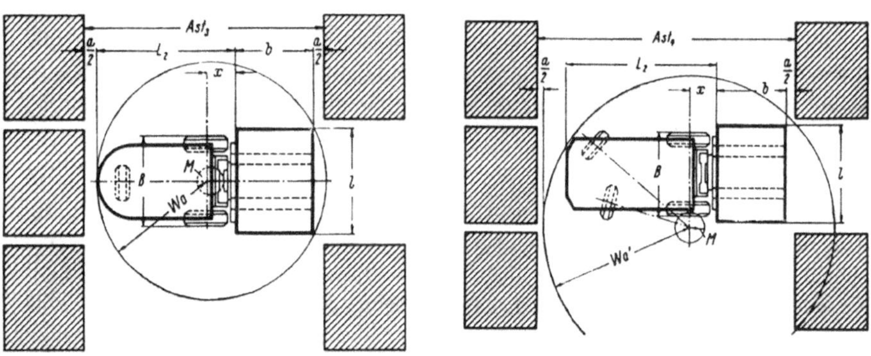

Bild 4.15. Berechnungsskizze für Arbeitsgangbreite

Anmerkung: Diese Formeln gelten für Frontstapler; für Schubrahmenstapler (Kapitel 4.5.6) z.B. muß die genaue Arbeitsgangbreite den Prospekten entnommen werden, denn auch die umgewandelte Gleichung 4.10 für die Arbeitsgangbreite $Ast_3 = W_a - x + b + a$ ist bei Queraufnahme der Palette (b = 800 mm oder kleiner) nur bedingt anwendbar.

Die Arbeitsgangbreite ist also abhängig von:

- der Bauart des Gabelstaplers (Drei- oder Vierradbauart)
- dem Gabelstaplertyp (Front- oder Schubrahmenstapler z.B.)
- der Art des Förderhilfsmittels (Palette, Behälter)
- der Lage des Förderhilfsmittels auf den Gabeln (längs oder quer)

Flächenbelastung: Werden Stapler in Stockwerksbauten oder auf überkellerten Ebenen eingesetzt, ist die Deckentragfähigkeit des Gebäudes mit der Flächenbelastung des Staplers zu vergleichen.

$$p = \frac{(m + Q) \cdot 9{,}81 \cdot \xi}{L\,B} \text{ in N/m}^2 \tag{4.12}$$

p	in N/m^2	Flächenbelastung des Staplers
m	in kg	Eigenlast
Q	in kg	Nutzlast
ξ		Stoßfaktor (nach DIN 1055 Blatt 3 für Stapler = 1,4)
L	in m	äußere Fahrzeuglänge einschließlich der Last auf den Gabeln
B	in m	äußere Fahrzeugbreite einschließlich der Last auf den Gabeln

4.5.6. Bauarten

Außer den beschriebenen Gabelstaplern gibt es eine Anzahl Ausführungsvarianten, die je nach Bauart Vorzüge in einer geringeren Arbeitsgangbreite, in einer hohen Wendigkeit, in dem Transport von speziellen Gütern wie Langgut oder Container oder in einer größeren Standsicherheit beim Fahren und Stapeln besitzen.

Quergabelstapler (Bild 5.13), *Vierweg-Stapler* (Bild 5.14) und *Portalstapler* (Bild 5.15) sind im Kapitel 5.3.3 beschrieben.

Schubgabelstapler besitzen einen starren Mast, arbeiten mit einer hydraulisch betätigten Teleskopschubgabel und bieten besondere Vorteile bei der Stapelung und bei der LKW- bzw. Waggon- Be- und Entladung von Paletten oder Behältern.

Können Paletten umfahren werden (Freiraum erforderlich zwischen den Paletten ca. 200 mm, Längsaufnahme, Platz zwischen den Holmen ca. 900 mm), dann wird der Gabelausschub voll wirksam und die Stapelung der 2. Reihe möglich (Bild 4.16a). Das gleiche ist der Fall beim Unterfahren von Behältern, von LKW-Pritschen, Rampen oder Montagebändern (Bild 4.16b und c links), so daß die Palette oder der Behälter mitten auf die Ladefläche abgesetzt werden kann. Vorteilhaft ist die geringe Arbeitsgangbreite, die größere Standsicherheit beim Transport (Schwerpunkt liegt innerhalb der Radbasis), die gleichmäßigere Lastverteilung auf die Räder, das niedrige Eigengewicht, die hohe Arbeitsgeschwindigkeit und bei der Be- und Entladung nur die Bewegung der relativ leichten Gabel. Nachteilig sind die geringere Tragfähigkeit, der feststehende Mast und bei Queraufnahme der Palette das um ca. 350 mm höhere unterste Regalfach (siehe Schubrahmenstapler).

Schubrahmenstapler (Schubmast- oder Schiebemaststapler; DIN 15 133, Blatt 2) sind mit einem längsverfahrbaren und teilweise auch neigbaren Hubmast ausgerüstet (Bild 4.16c rechts). Bei der Lastaufnahme oder Lastabgabe wird das Hubgerüst im U-Rahmen (Holm) über Rollen hydraulisch nach vorne geschoben. Dann befindet sich der Gabelrücken vor den Laufrädern, und die Gabeln haben sich durch diese Schubbewegung des Mastes unter Palette oder Behälter geschoben. Handelt es sich dabei um eine *Längsaufnahme* der Palette aus dem untersten Regalfach (Bodenlagerung), wird nach geringem Anheben der Last um ca. 50 mm die Palette (Behälter) zwischen den Fahrholmen zurückgezogen.

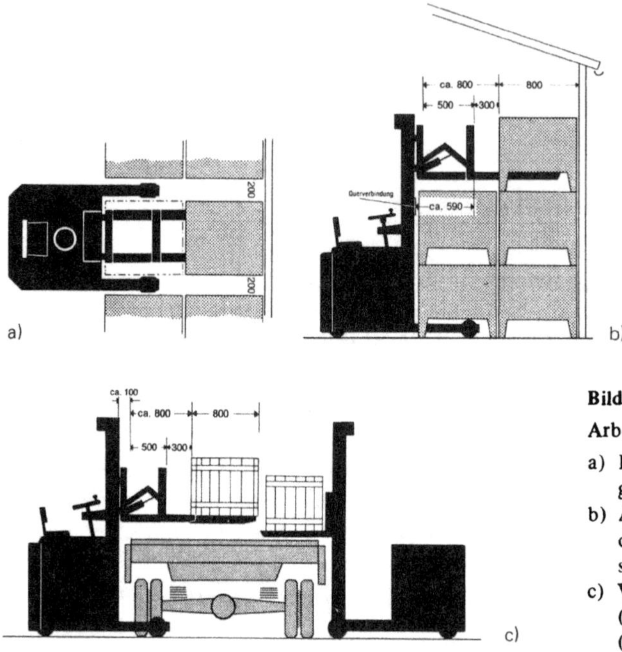

Bild 4.16
Arbeitsweise des Schubgabelstaplers
a) Einlagerungsvorgang bei ausgeschobener Schubgabel
b) Aufnehmen eines Behälters in der zweiten Reihe bei Blockstapelung
c) Vergleich Schubrahmenstapler (rechts) und Schubgabelstapler (links) beim Beladen eines LKWs

Dies ist möglich, da die lichte Fahrgestellweite (Abstand zwischen den Holmen) ca. 900 mm beträgt. Bei der *Queraufnahme* der Palette aus dem untersten Regalfach muß die Ladung erst um ca. 350 mm angehoben werden, um über die Holme bzw. Fahrräder des Schubrahmenstaplers gezogen werden zu können. Hieraus resultiert, daß die lichte Höhe des untersten Regalfaches – Hallenboden erste Regalquertraverse – eine Gesamthöhe, gleich Palettenhöhe plus Ladungshöhe plus 350 mm Holmhöhe plus 100 mm Manipulierhöhe, haben muß.

Beim Transportvorgang mit zurückgezogenem Hubmast verkürzt sich die Gesamtlänge Fördermittel und Last, was geringere Arbeitsgangbreite ermöglicht. Der Schwerpunkt der Ladung liegt jetzt innerhalb der Radbasis. Dies bedeutet eine bessere Verteilung der Last auf die Räder, eine erhöhte Sicherheit beim Transportvorgang und ein geringeres Gegengewicht (Lagerungsgrundflächenvergleich Beispiel 5.2). Bei neigbarem Mast besitzt der Schubmaststapler eine leichtere Lastaufnahme und sicheren Transportvorgang. Nachteilig ist das höhere Eigengewicht und das Bewegen des kompletten Hubgerüstes beim Auf- und Abnehmen der Last.

Der *Spreizenstapler*, der einen feststehenden Mast hat, kann vom Boden nur Ladeeinheiten aufnehmen, die zwischen die vorgezogenen Spreizenfüße passen oder wenn die Güter auf entsprechenden Vorrichtungen lagern. Bei Boden- oder Regallagerung muß für die Spreizenfüße ein entsprechend großer Raum vorhanden sein, um den Ein- und Auslagerungsvorgang durchführen zu können (Lagerraumverlust). Vorteilhaft ist bei diesem Staplertyp das Verhältnis von Nutz- zur Eigenlast, das Fehlen von Gegengewichten und die geringe Arbeitsgangbreite.

4.6. Normen, Richtlinien

Zum weiteren Studium der Flurfördermittel werden die folgenden Normen und Richtlinien empfohlen:

DIN-Normen

DIN	4902	11. 72	Flurförderzeuge; Handfahrzeuge und Anhänger; Laufzeug, Symbole, Benennungen, Erklärungen
	8454	6. 62	Flurförderzeuge; Deichseln für Anhänger; Hauptmaße
	8457	6. 67	Flurförderzeuge; Plattformen für Handwagen und Anhänger; Hauptmaße
	15 131 Bl. 1	9. 61	Flurförderzeuge; Hand-Hubwagen; Tragkräfte, Hauptmaße
	15 131 Bl. 2	9. 61	Flurförderzeuge; Hochhubwagen; Tragkräfte, Hauptmaße
	15 133 Bl. 1	6. 69	Flurförderzeuge; Stapler; Hauptkennwerte von Gabelstaplern
	15 133 Bl. 2	6. 69	Flurförderzeuge; Stapler; Hauptkennwerte von Schubgabelstaplern und Schubrahmenstaplern
	15 135 Bl. 1	2. 69	Flurförderzeuge; Gabelstapler; Gabelträger, Anbaugeräte, Anschlußmaße für DIN-Gabelträger
	15 135 Bl. 2	2. 69	Flurförderzeuge; Gabelstapler; Gabelträger; Anbaugeräte, Anschlußmaße der Hydraulikverschraubung
	15 136	10. 57	Flurförderzeuge; Anbaugeräte für Stapler und Lader; Benennungen
	15 137	7. 55	Flurfördermittel; Gabelhubwagen; Tragkräfte, Hauptmaße
	15 138 Bl. 1	7. 63	Flurförderzeuge; Standsicherheit; Einführung, Allgemeine Grundsätze
	15 138 Bl. 2	7. 63	Flurförderzeuge; Standsicherheit für Stand- und Sitz-Gabelstapler mit neigbarem Hubgerüst
	15 140	12. 57	Flurförderzeuge; Kurzzeichen, Benennungen
	15 170	7. 62	Flurförderzeuge; Anhängekupplungen
	15 173	7. 75	Flurförderzeuge; Gabelstapler, Gabelträger und Anbaugeräte; Anschlußmaße für ISO-Gabelträger
E	15 174	12. 74	Flurförderzeuge; Gabelzinken für Stapler mit ISO-Gabelträger; Hauptmaße
E	15 175	12. 74	Flurförderzeuge; Gabelzinken für Stapler; Technische Lieferbedingungen
	43 542	11. 70	Scheinwerfer für gleislose Batteriefahrzeuge; Haupt- und Anbaumaße
	43 551	4. 52	Gleislose Batteriefahrzeuge; Elektrokarren; Plattformhöhen und Baubreiten
	43 555	1. 49	Gleislose Batteriefahrzeuge; Schaltbewegungen für Elektrokarren

ISO-Normen

ISO	2163	1975	Förderzeuge; Räder und Rollen, Zusammenstellung von Begriffen
/DIS	2328	1971	Flurförderzeuge; Gabelstapler; Anschlußmaße für Gabelzinken mit Gabelhaken und Gabelträger
	2331	1974	Gabelstapler; Gabelzinken mit Gabelhaken, Begriffe
	3184	1974	Schubstapler und Spreizenstapler; Standsicherheitsversuche

VDI-Richtlinien

VDI	2196	Bereifung von Flurförderzeugen
	2197	Typenblatt für Wagen (Karren) und Schlepper
	2198	Typenblatt für Gabelstapler
	2199	Empfehlungen für bauliche Planungen im Förder- und Lagerwesen: Einsatz für Flurförderzeuge
	2379	Anlagekarte für Flurförderer
	2391	Zeitrichtwerte für Arbeitsspiele und Grundbewegungen von Flurförderzeugen
	2392	Abnahme, Überwachung und Überprüfung von Flurförderzeugen
	2396	Vorbeugende Wartung und Instandhaltung von Flurförderzeugen
	2398	Zulassung von Gabelstaplern zum öffentlichen Straßenverkehr
	2399	Anforderungen an Fahrer von Flurförderzeugen

Fortsetzung VDI-Richtlinien

2400 Übersichtsblatt Gabelstapler
2401 Übersichtsblatt Schlepper
2402 Übersichtsblatt Wagen
2403 Übersichtsblatt Gabelhubwagen und Gabelhochhubwagen
2404 Übersichtsblatt Hubwagen und Hochhubwagen
2405 Übersichtsblatt Portalhubwagen
2406 Lenksysteme und Fahrwerksanordnungen für Flurförderzeug-Anhänger
2407 Quergabelstapler
2408 Hinweis für die Errichtung einer Reparaturwerkstatt für Flurförderzeuge
2412 Vierweggabelstapler
2486 Beschaffung von Flurförderzeugen (Projektboden)
2497 Betriebshaltung (wirtschaftlich) von Flurförderzeugen
2695 Betriebs- und Investitionskosten für Flurförderzeuge
3301 Kostenblatt für Flurförderzeuge
3308 Tagesbericht für Flurförderzeuge
3309 Monatsbericht für Flurförderzeuge
3310 Jahresbericht für Flurförderzeuge
3313 Fahrerausweis für Flurförderzeuge
3315 Anstrich, Kennzeichnung von Gefahrenstellen
3316 Empfehlungen für die konstruktive Ausbildung von Schutzdächern am Gabelstapler
3317 Auswechselbare Aufbauten für Plattformwagen und -anhänger
3318 Verhalten beim Befahren von Lastenaufzügen mit Gabelstaplern und sonstigen Flurförderzeugen
3562 Fahrerlose Flurförderzeuge, Übersichtsblatt
3566 Inspektionsplan für Flurförderzeuge
Bl. 1 mit elektromotorischem Antrieb
Bl. 2 mit verbrennungsmotorischem Antrieb
3567 Anhänger bis 5 t Tragfähigkeit (Flurförderzeuge)
3568 Maßnahmen und Einrichtungen zur Instandhaltung von Flurförderzeugen
3578 Anbaugeräte Gabelstapler
3597 Schubstapler (Typenblatt)

Sicherheitsvorschriften für Gabelstapler siehe Beispiel 4.4, Tafel 4.7.

4.7. Beispiele, Fragen

▶ **Beispiel 4.1:** Der in Bild 4.5 dargestellte Elektroschlepper mit 4 t Anhängelast hat das in Tafel 4.5 wiedergegebene Leistungsdiagramm. Das eingetragene Beispiel zeigt, daß der Schlepper mit 2 t Anhängelast bei einer Fahrgeschwindigkeit von 5 km/h und bei einer Steigung von 6 % eine stündliche Fahrstrecke von 900 m zurücklegen kann. Ist die Fahrstrecke aber nur 90 m lang, so kann sie unter den angegebenen Bedingungen 10 mal stündlich befahren werden.

▶ **Beispiel 4.2:** Ermittlung der Betriebskosten eines 1-t-Elektrogabelstaplers.

Lösung: Um einen Kostenvergleich von Flurförderern untereinander oder mit anderen Fördermitteln durchführen zu können, benötigt man alle anfallenden festen und beweglichen Kosten. Die Betriebskosten eines 1-t-Elektrogabelstaplers in Dreirad- oder Vierradbauweise ermitteln sich aus den in der Tafel 4.6 zusammengestellten Kosten. Bei den angegebenen Werten wurde von 1920 Arbeitsstunden pro Jahr ausgegangen. Der Beanspruchungsgrad (Einsatzklasse) ist abhängig von der täglichen Nutzungsdauer, der Ausnutzung der Leistung, dem Zustand des Förderweges und den Umweltbedingungen und

Tafel 4.5. Leistungsdiagramm für Elektro-Schlepper mit 4 t Anhängelast bezogen auf Bild 4.5

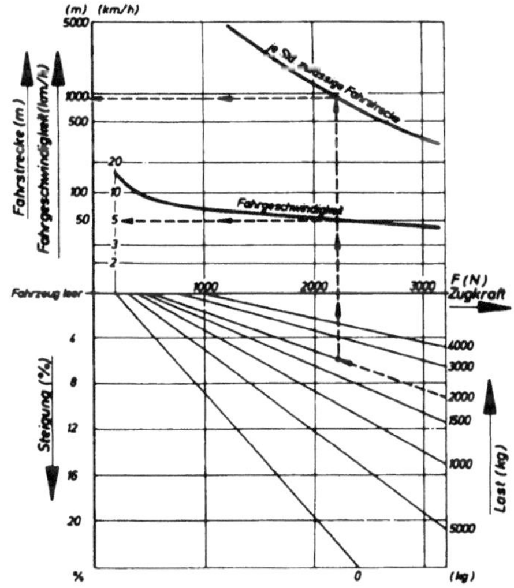

Tafel 4.6. Zusammensetzung der Betriebskosten eines Elektro-Gabelstaplers für 1 t Tragfähigkeit

Elektro-Gabelstapler (E) – Tragfähigkeit 1 t						
Traglast, Antriebsart	Einheit	Dreirad-Bauweise			Vierrad-Bauweise		
mittlerer Fahrzeugpreis	DM	18 020,–			24 870,–		
Batterie/Motor mitt. Preis	DM	5 760,–			6 340,–		
Anlagewert	DM	23 780,–			31 210,–		
Lebensdauer	Jahre	10			10		
Abschreibung (linear)	DM/a	1 802,–			2 487,–		
Zinsen*)	DM/a	1 189,–			1 561,–		
Feste Kosten/Jahr	DM/a	2 991,–			4 048,–		
Feste Kosten/Stunde	DM/h	1,56			2,11		
Einsatzklasse	–	I	II	III	I	II	III
Löhne f. Wartung u. Reparatur	DM/h	0,46	0,66	0,86	0,46	0,66	0,86
Ersatzteilkosten	DM/h	0,35	0,40	0,50	0,35	0,40	0,50
Batteriekosten	DM/h	0,45	0,50	0,55	0,45	0,50	0,55
Ladekosten	DM/h	0,25	0,30	0,35	0,35	0,40	0,45
Schmiermittel	DM/h	0,03	0,04	0,06	0,03	0,04	0,06
Bewegliche Kosten/Stunde	DM/h	1,54	1,90	2,32	1,64	2,00	2,42
Summe feste und bewegliche Kosten/Stunde	DM/h	3,10	3,46	3,88	3,75	4,11	4,53

*) Zinsen 10 % v. halben Anlagewert

wird in drei Stufen unterteilt. Die angegebenen Preise beziehen sich auf Ende des Jahres 1973. Die Betriebskosten eines 1-t-Elektrogabelstaplers in Dreiradbauweise betragen bei einem Beanspruchungsgrad I 3,10 DM pro Stunde. Die anteiligen Fahrerlöhne sind zu diesen Kosten noch hinzuzuaddieren.

▶ **Beispiel 4.3:** Ermittlung der Steigleistung eines Gabelstaplers mit und ohne Last.
Für den in Bild 4.8 dargestellten Elektrogabelstapler sind die in einer Stunde maximal erreichbaren Wegstrecken bei verschiedenen Steigungen sowohl ohne als auch mit Last zu ermitteln.

Lösung: Aus Bild 4.17 wird entnommen, daß z. B. der Stapler mit einer Last von 2000 kg eine 15 %ige Steigung, die 10 m lang ist, in einer Stunde 43mal befahren kann. (Annahme: trockene Rauhbetonfahrbahn mit Reibungsbeiwert $\mu = 0{,}75$).

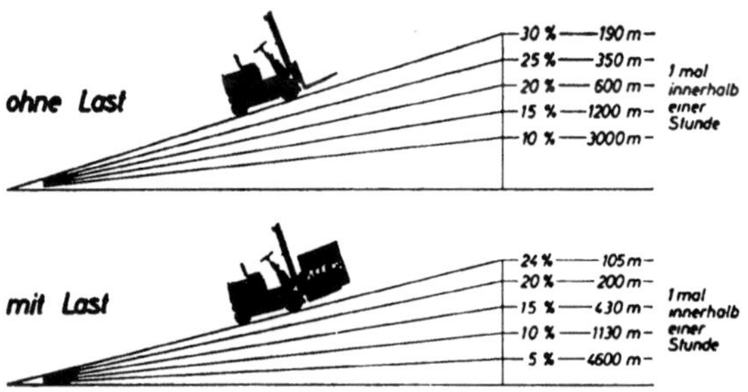

Bild 4.17
Steigleistung des Gabelstaplers in Bild 4.8

▶ **Beispiel 4.4:** Welche gültigen und zu erwartenden Sicherheitsvorschriften sind bei der Konstruktion eines Gabelstaplers mit einer Tragfähigkeit von 1 bis 1,5 t zu berücksichtigen?

Lösung: Tafel 4.7.

Tafel 4.7. Sicherheitsvorschriften für Gabelstapler

Unfallverhütungs-Vorschrift VBG 1:	Allgemeine Vorschriften
Unfallverhütungs-Vorschrift VBG 4:	Elektrische Anlagen und Betriebsmittel
Unfallverhütungs-Vorschrift VBG 6:	Triebwerke
Unfallverhütungs-Vorschrift 7a VBG 7a:	Arbeitsmaschinen, Allgemeines
Unfallverhütungs-Vorschrift VBG 12:	Flurförderzeuge
Richtlinien für die bestimmungs- und ordnungsgemäße Verwendung von Flurförderzeugen	
DIN 15 138 Blatt 1: Standsicherheit, Einführung, Allgemeine Grundsätze	
DIN 15 138 Blatt 2: Standsicherheit für Stand- und Sitz-Gabelstapler mit neigbarem Hubgerüst	
VDE 0117 bzw. DIN 57 117	
FEM-Sicherheitsempfehlung	

Sicherheitsvorschriften sind für Sichtverhältnisse, Lenksperre, Quetsch- und Scherstellen, Betätigungskräfte sowie für Betätigungsrichtung und Anordnung von Bedienteilen als Normenvorschläge bereits vorhanden.

▶ **Beispiel 4.5:** Einfaches Planungsbeispiel.

Auf einem festgelegten Betriebsweg von 1000 m Länge sind 300 Paletten bzw. Gitterboxbehälter in 8 h an 15 Haltestellen auf- bzw. abzugeben. Unter Berücksichtigung der betrieblichen Randbedingungen soll ein automatisch arbeitendes Transportsystem ausgesucht werden. Welche Fördermittel sind möglich, und wie viele Transporteinheiten können in einer Schicht transportiert werden?

Lösung: Als Transportsysteme bieten sich an

1. Unterflurförderer
2. Schleppkreisförderer
3. Stapler und Schlepper
4. fahrerlose Schlepper

Da ein kontinuierliches Transportsystem bei vorgegebenem Fahrkurs gesucht wird, das flexibel und betriebssicher ist und Kapazitätserhöhungen einfach und kostengünstig durchführen läßt, scheiden über betriebliche Randbedingungen (Grobentscheidung) aus:

Förderer 1: zu unflexibel

Förderer 2: zu großer konstruktiver Aufwand (Decke nicht belastbar)

Förderer 3: zu personalintensiv

Für den Förderer 4 wird die Anzahl der in 8 Stunden zu befördernden Einheiten überschlägig berechnet. Als Anhänger für die Schlepper zum Palettentransport werden ankoppelbare Gabelhubwagen eingesetzt.

Fahrkurs	1000 m
Durchschnittsgeschwindigkeit	3,8 km/h = 63,3 m/min
Anzahl der Halte pro Umlauf	4 (durchschnittliche Halte)
Verweilzeit je Halt	0,5 min

$$\text{reine Fahrzeit } t_f = \frac{1000}{63{,}3} = 15{,}8 \text{ min} \quad \text{(für einen Rundkurs)}$$

$$\text{Summe Haltezeit } t_h = 0{,}5 \cdot 4 = 2{,}0 \text{ min} \quad \text{(bei einem Rundkurs)}$$

Zeit für einen Schlepperumlauf	$t_u = 17{,}8$ min
Anzahl der Schlepper	$n_s = 6$
Anzahl der Anhänger pro Schlepper (Gabelhubwagen)	$n_a = 2$
Betriebsstunden pro Tag	$t_h = 8$ h

Die theoretische Mindestzahl der Transporteinheiten pro 8 Stunden ist dann

$$q = n_s n_a t_h \frac{1}{t_u} = 6 \cdot 2 \cdot 60 \cdot 8 \frac{1}{17{,}8} = 323{,}5$$

$q >$ geforderte Zahl von 300

▶ **Beispiel 4.6:** Wirtschaftlichkeitsvergleich Gabelstapler-Schleppzug.

Es soll ein Wirtschaftlichkeitsvergleich von Gabelstapler und Schleppzug in Abhängigkeit von Einfach- und Doppelspiel sowie von der Länge der Fahrstrecke gegeben werden.

Lösung: Tafel 4.8

Tafel 4.8. Wirtschaftlichkeitsvergleich Gabelstapler-Schleppzug

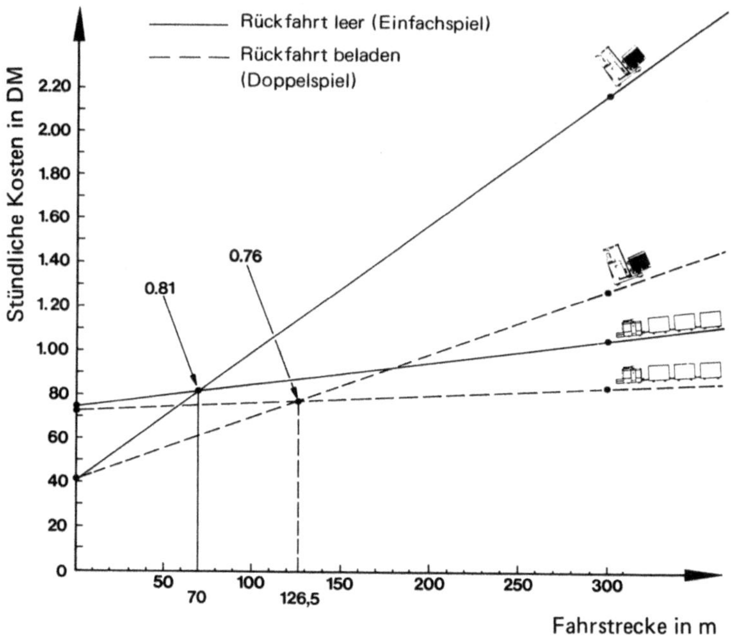

▶ **Beispiel 4.7:** Geben Sie für einen Elektrokarren, der eine Tragfähigkeit von 600 kg und eine Anhängelast von 1000 kg besitzt, alle zur Transportplanung und Transportmittelauswahl erforderlichen Daten an.

Lösung: In Tafel 4.3 sind die erforderlichen Daten zusammengestellt. Bild 4.18 vermittelt die Abmessungen, den Radstand, die Kurvenradien, die Achslasten und die Luftbereifung. Der Elektrokarren ist mit einem 1000 W bzw. 1800 W Hauptstrommotor in Verbindung mit einer 24 Volt bei 165 bis 210 Ah Batterie ausgerüstet. Die Fahrgeschwindigkeit beträgt 12 bzw. 19 km/h. Der Kollektorschalter (keine Elektronik, nur Kohlenaustausch erforderlich) wird über das Fußpedal bedient und ermöglicht stufenlose Beschleunigung. Der Wagen hat eine hydraulische Fußbremse und eine Handbremse im Fahrtrichtungsschalter integriert, so daß der Fahrtrichtungswechsel nur im Stillstand geschaltet werden kann. Das Steigvermögen beträgt ohne Last bis 15 %, mit Last bis 10 % und mit Anhängelast bis 7 %.

● **Fragen**

1. Welche Vorteile haben gleislose Flurförderzeuge?
2. Welche Gesichtspunkte muß man bei der Auswahl von Flurförderzeugen beachten?
3. Erklären Sie Vor- und Nachteile sowie das Einsatzgebiet für Voll- und Luftbereifung.
4. Geben Sie eine detaillierte Zusammenfassung der Betriebskosten pro Stunde für einen Elektrogabelstapler an.

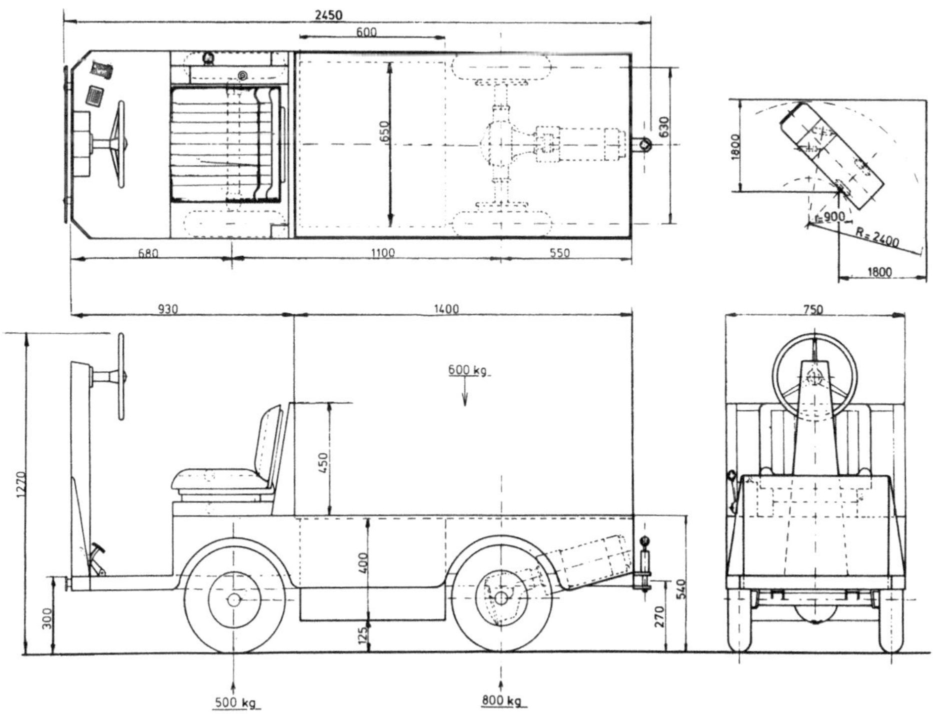

Bild 4.18. Elektrokarren für eine Tragfähigkeit von 600 kg

5. In welche drei Gruppen gliedert man die angetriebenen Flurförderer, und wie werden sie unterteilt?
6. Skizzieren und beschreiben Sie das Prinzip des fahrerlosen Schleppertransportes.
7. Was versteht man unter dem Blocksicherungssystem?
8. Worin ist die Bedeutung des Gabelstaplers zu sehen?
9. Wie ist ein zweifaches Hubgerüst aufgebaut, welche Bewegungen kann es durchführen?
10. Was versteht man unter einem vergrößerten Freihub?
11. Skizzieren Sie einen Hydraulikschaltplan für einen Gabelstapler.
12. Welche Bedingungen müssen für den Einsatz eines Gabelstaplers im Betrieb geprüft werden?
13. Wovon ist die Arbeitsgangbreite eines Blocklagers abhängig?
14. Nennen Sie Anbaugeräte für Gabelstapler.
15. Beschreiben Sie die Arbeitsweise eines Schubrahmenstaplers.
16. Welche Vor- und Nachteile besitzt der Spreizenstapler?
17. Vergleichen Sie den Schubgabelstapler und den Schubrahmenstapler bezüglich Gemeinsamkeiten, und arbeiten Sie die Unterschiede heraus.

5. Lagertechnik

5.1. Allgemeines

5.1.1. Lagerhaltung und Definition

Betrachtet man in einem Produktionsbetrieb den Vorgang „Lagern eines Fördergutes“, so muß man unterscheiden zwischen *ungewollter* Lagerung (Aufenthalt) und *gewollter* Lagerung (Kapitel 6.1.1). Wenn aber Güter aus welchem Grund auch immer lagern, dann ist dadurch Kapital gebunden, was betriebswirtschaftlich gesehen, Kosten bedeutet. Es müßte also versucht werden, Lagerungen zu vermeiden, d.h. man beschafft das benötigte Material erst bei Bedarf und spart Kapitalbindungs- und Lagerkosten. Nachteile entstehen erst bei verzögerter Anlieferung durch Störung des Produktionsablaufes. Diese Art der Lagerhaltung läßt sich nur bei langanhaltendem, gleichbleibendem Produktionsprogramm und guter Organisation durchführen (verbrauchssynchrone Materialanlieferung: VW-Werk). Allerdings sind hier Vorräte für 1 bis 2 Arbeitstage wegen verzögerter Anlieferung durch Witterung, LKW-Unfall usw. erforderlich.

Das heute vorwiegend benutzte Prinzip der *Vorratshaltung* macht den Betrieb unabhängig von Schwankungen des Beschaffungsmarktes. Ein Fertigwarenlager ist notwendig, wenn aus wirtschaftlichen Gründen auf Lager gefertigt wird oder wenn der Verbraucher die Produkte unregelmäßig abnimmt. Die Vorratshaltung bedingt Kapitalbindungs- und Lagerkosten, Organisations- und Dispositionsprobleme. Sie vermeidet in erster Linie Störungen des Produktionsablaufes, gestattet exakte Terminplanung und ist flexibel bei Produktionsschwankungen.

Definiert man das Lager allgemein als einen *nicht vermeidbaren Puffer* für ankommende und abgehende Güter, sowohl von der Beschaffungs- und Absatzseite her wie auch von der Produktionsseite (Zwischenlager), so erkennt man die Bedeutung des Lagers im innerbetrieblichen Funktionsablauf. Außer den genannten Funktionen des Lagers (Vorratshaltung, Warenpufferung) steht bei der Lagerung von Schüttgut oft die Dosierung und Zuteilung an und bei der Lagerung von Stückgütern das Kommissionieren (Zusammenstellen von Warensendungen). Läger müssen oft Sonderaufgaben erfüllen wie die Kühlfunktion (Gefrierwaren; Kühlwaren: Wurst, Schokolade), die Reifefunktion (Getränke: Bier, Wein, Cognac), die Wärme- und Trockenfunktion (Gewebeballen bei der Gurtherstellung).

Allein schon aus dieser Aufzählung ist zu ersehen, daß Lagertechnik ohne die Kenntnis der Materialfluß- und Fördertechnik nicht zu bewältigen ist. Der Materialwirtschaft fällt dabei die entscheidende Aufgabe zu, die optimalen Lagermengen zu errechnen, wobei u.a. der Zeitfaktor und die Art der Güteran- und -ablieferung (stetig, unstetig) eine große Rolle spielen. Die Materialflußkette beschreibt diesen Vorgang (Bild 5.1).

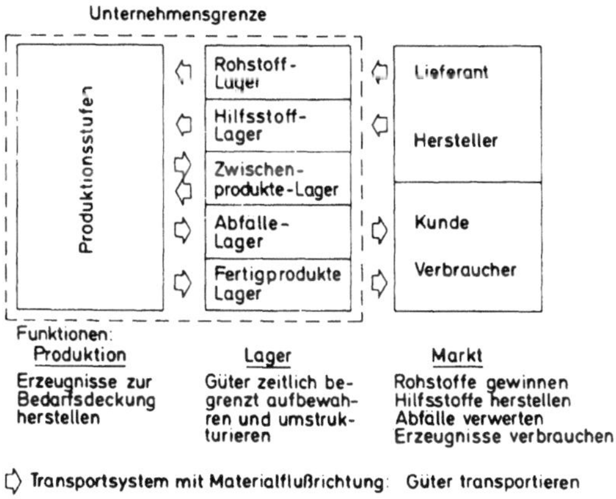

Bild 5.1. Materialflußkette

5.1.2. Lagerstruktur und Lagerordnung

Ob ein Unternehmen eine *zentrale* oder eine *dezentrale* Lagerung anwendet, hängt von einer Reihe Faktoren ab:

- Entwicklung des Unternehmens (geplant, gewachsen)
- Unternehmensgröße (flächenmäßige Ausbreitung)
- Produktionsablauf (Auftrags- oder Losgrößenfertigung).

Die Vorteile beider Lagerordnungen sind in Tafel 5.1 gegenübergestellt.

Lagerorganisation: siehe auch Kapitel 5.4.

Die Organisation des inneren Aufbaues eines Lagers kann nach verschiedenen Kriterien durchgeführt werden. Es wird zwischen *fester* Lagerplatzordnung (ca. 60 % Lagerfachausnutzung) und *kaotischer* Lagerplatzordnung (ca. 80 % Lagerfachausnutzung) unterschie-

Tafel 5.1. Vorteile zentraler und dezentraler Lagerung

Vorteile bei	
zentraler Lagerung	**dezentraler** Lagerung
konzentrierte Lagerung keine Mehrfachlagerung weniger Kapitalbindungskosten gute Übersichtlichkeit bessere Bestandsüberwachung erhöhter Flächen-, Raum- und Höhennutzungsgrad geringerer Dispositionsaufwand eher zu mechanisieren und automatisieren bessere Ausnutzung von Lagergeräten	verringerte Transportkosten schnellere Belieferung kurze Wege geringere Materialflußkosten Lagertechnik besser den Bedürfnissen angepaßt

Tafel 5.2a. Bestimmungsmöglichkeit für den Lagerplatz eines Artikels

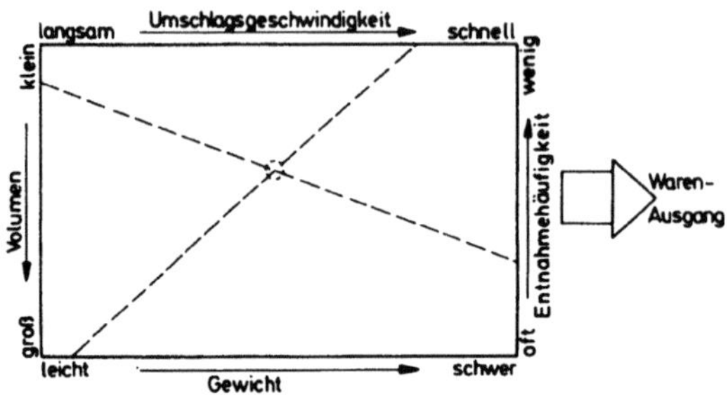

Tafel 5.2b. Ermittlungsschema der Zugriffshäufigkeit von Lagergut

Artikel oder Artikelgruppe	Statische Daten: Anzahl der zu lagernden Einheiten z.B. Paletten	Statische Daten: Anzahl der zu lagernden Einheiten Angabe in %	Statische Daten: Lagerbevorratung in Tagen	Dynamische Daten: Zugriffe pro Tag Anzahl	Dynamische Daten: Zugriffe pro Tag Angabe in %	Dynamische Daten: Anzahl Einheiten pro Zugriff
Spalte: 1	2	3	4	5	6	7
A	500	6	14	4	7	8,9
B	1700	21	14	10	19	12,1
C	2000	25	20	15	28	6,7
D	3800	48	10	25	46	15,2
Summe	8000	100	–	54	100	–

Spalte 7 ergibt sich aus der Division von Spalte 2 durch die Spalten 4 und 5.

Tafel 5.3. Graphische Verteilung des Lagergutes in Abhängigkeit der Zugriffshäufigkeit (Werte der Tafel 5.2b)

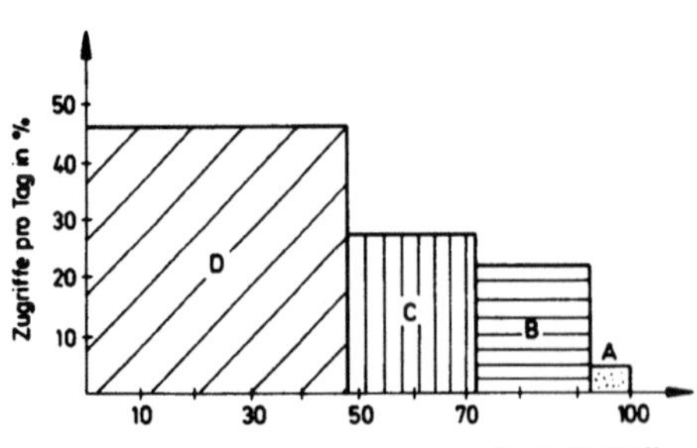

den. Bei der festen Lagerplatzordnung hat jeder Artikel den einmal festgelegten Platz, bei der kaotischen kann jeder Artikel an jedem Platz liegen. Bei der Lagerordnung nach *Präferenzen* (Einflußfaktoren) wie Weglänge, Umschlagshäufigkeit (Kapitel 5.1.3), Umsatzanteil, Wertigkeit, Gewicht, Zugriffshäufigkeit, Volumen, Abmessungen werden Artikel z.B. mit hoher Umschlagshäufigkeit am Anfang des Regalganges und in Greifhöhe gelagert, während Artikel mit geringer Umschlagshäufigkeit am Ende des Ganges und im oberen und unteren Teil des Regales abgelegt werden.

Trägt man an den Seiten eines Lagergrundrisses verschiedene Präferenzen auf und verbindet für einen Artikel oder Artikelgruppe nach seiner Einstufung zwei gegenüberliegende Einflußfaktoren, ergibt sich der theoretische Lagerplatz des entsprechenden Artikels als Schnittpunkt der beiden Linien (Tafel 5.2a). Um die Einstufung eines Artikels innerhalb einer Präferenz zu erhalten, bieten sich einmal die Ergebnisse einer ABC-Analyse an (Kapitel 6.2.2) oder die Ermittlung der Zugriffshäufigkeit (Entnahmehäufigkeit) der Lagergüter nach Tafel 5.2b und 5.3.

5.1.3. Kennzahlen und Begriffe im Lagerbereich

Für die Berechnung eines neuen Lagers und für die Beurteilung vorhandener Läger sowie deren laufende Kontrolle dienen Kennzahlen (Kapitel 6.2.1) wie *Flächen-*, *Raum-* oder *Höhennutzungsgrad.*

$$\text{Raumnutzungsgrad} = \frac{\text{Volumen einer Lagereinheit} \cdot \text{Anzahl der Einheiten}}{\text{Brutto-Lagerraum}} \cdot 100$$

Der Raumnutzungsgrad liegt je nach Regalsystem zwischen 20 % und 40 %.

$$\text{Flächennutzungsgrad} = \frac{\text{belegte Flächen des Raumes mit Regalen}}{\text{Brutto-Lagerfläche}} \cdot 100$$

Flächennutzungsgrade für verschiedene Lagersysteme sind in Tafel 5.4 wiedergegeben.

Tafel 5.4. Flächennutzungsgrad verschiedener Lagersysteme

Lagersystem	Flächennutzungsgrade in % *)
Paletten-Blocklager (Bodenlager)	80
Ständerregal für Langmaterial (Handbedienung)	40
Fachregal (Gangbreite 1 m)	45
Einfahrregal (6 bis 7 Paletten hintereinander)	70
Palettenregal (mit Frontgabelstapler)	40
Palettenregal (mit Regalförderzeug)	60
Durchlaufregal (mit Regalförderzeug)	65
Verschiebregal (8 Regale mit einem Gang)	75

*) Anhaltswerte, abhängig von:
- Gewicht, Abmessung und Volumen des Fördergutes
- Regalfachtiefe bzw. Förderhilfsmittel
- manueller oder mechanischer Bedienung (zu Fuß; mit Wagen; Art des Gabelstaplers; Regalförderzeug)

Aus der Vielzahl der Lagerflächen- und Lagerraumbegriffe sind die wichtigsten

Brutto-Lagerfläche: Nutzfläche abzüglich Nebenfunktionsfläche wie Wareneingang, Warenausgang, Pack- und Bereitstellungsfläche, Büro

Netto-Lagerfläche: Brutto-Lagerfläche abzüglich Verkehrsfläche bedingt durch das verwendete Fördermittel

Brutto-Lagerraum: Nutzraum abzüglich Nebenfunktionsraum

Netto-Lagerraum: Brutto-Lagerraum abzüglich Verkehrsraum.

Weitere Kennzahlen sind *Lagerungskosten* in DM pro Palette und Monat oder *Umschlagskosten* in DM pro Palette Ein- und Auslagerung (Beispiel 5.4 und 5.8).

Unter der *Umschlagsgeschwindigkeit* ist eine Kennzahl zu verstehen, die zu Betriebsvergleichen oder zur Beurteilung von Lagerbewegungen benutzt wird. Die Begriffe *Umschlagshäufigkeit* und *Umschlagsdauer* sind wie folgt miteinander verknüpft:

$$\text{Umschlagsdauer} = \frac{\text{Anzahl der Tage pro Jahr}}{\text{Umschlagshäufigkeit pro Jahr}}, \text{ z.B.} = \frac{360}{4} = 90 \text{ Tage}$$

Unter der Umschlagshäufigkeit wird der Quotient vom Umsatz entsprechender Artikel zum Lagerbestand dieser Artikel verstanden

$$\text{Umschlagshäufigkeit} = \frac{\text{Umsatz (DM) pro Jahr}}{\phi \text{ Lagerbestand (DM)}}, \text{ z. B.} = \frac{4000}{1000} = 4 \text{ mal pro Jahr}$$

Artikel mit großer Umschlagshäufigkeit werden auch Schnelldreher, Renner, Bestseller oder Schnelläufer genannt, bei geringer Umschlagshäufigkeit spricht man vom Langsamdreher oder Langsamläufer.

Betrachtet man die Zusammensetzung des Lagervolumens in der metallverarbeitenden Industrie, so machen Kleinteile ca. 40 %, mittlere Teile 20 %, größere Teile 10 % und Großteile ca. 30 % des Lagervolumens aus.

Das Sammeln von Artikeln aus einem Sortiment in einem Lager zur Zusammenstellung eines Auftrages nennt man *kommissionieren.* Das Lager, in dem dies fast ausschließlich manuell durchgeführt wird, bezeichnet man entsprechend mit *Kommissionierlager.* Unter *Kommissionierleistung* ist die zahlenmäßige Entnahme von Artikeln (Positionen) pro Zeiteinheit zu verstehen. Welche Kommissionierleistung ein Kommissionierer (Sammler, Picker) in 8 Stunden vollbringen kann, zeigt Tafel 5.5.

Die *Gangbreite* eines Regalganges ist abhängig von der Art des benutzten Transportmittels (Richtwerte Tafel 5.6; bei verschiedenen Staplertypen Beispiel 5.2 und 5.7).

Das Prinzip *first in – first out* besagt, daß die zuerst eingelagerte Ware auch zuerst wieder ausgelagert wird. Diese Forderung gilt insbesondere für die Lagerung von Lebensmitteln. Entweder wird diese Forderung zwangsläufig wie beim Durchlaufregal (Kapitel 5.2.3) erfüllt oder muß bei anderen Regalsystemen durch organisatorische Maßnahmen realisiert werden.

Die *Spielzeit* umfaßt die zeitliche Dauer für alle Vorgänge, die für einen vollständigen Transportablauf erforderlich sind. In der Lagertechnik versteht man unter einem *Einfach-*

Tafel 5.5. Kommissionierleistung von Sammlern in verschiedenen Lagern während 8 Stunden

Verschiedene Lager	Kommissionierleistung in 8 Stunden Anzahl Positionen pro Sammler
Kraftfahrzeug Ersatzteillager	250 bis 300
Industrielager	400 bis 500
Lebensmittelzentrallager	600 bis 1000
Pharma Großhandelslager	bis 1500

Tafel 5.6. Richtwerte für Gangbreiten

Fördermittel	Gangbreite in m
Handwagen	0,9 bis 1,1
Frontgabelstapler[1])	3,0 bis 3,5
Schubmaststapler[1])	2,4 bis 2,7
Hochregalstapler[1])	1,5 bis 1,7
Regalförderzeug[1])	1,4 bis 1,5

[1]) auf Fördermittel für 1,2 bis 1,5 t Tragfähigkeit bezogen beim Transport der Pool-Palette (Längseinlagerung)

spiel, daß ein Fördermittel zu einem Regalfach fährt, ein- oder auslagert und an die Ausgangstelle zurückkommt. *Doppelspiel* ist dann vorhanden, wenn nach einem Einlagerungsvorgang noch bei einem zweiten Regalfach ein Auslagerungsvorgang vor der Rückfahrt stattfindet.

Begriffe wie Ladeeinheit, Lagereinheit, Transporteinheit, Förderhilfsmittel, Paletten, Behälter, Stückgut, Schüttgut sind in den Kapiteln 1.1.2 und 1.1.3 behandelt.

5.1.4. Systemgruppen im Lager

Das Gesamtsystem Lager (Bild 5.2) kann nach seinem Materialfluß in Systemgruppen gegliedert werden, die alle durch eine übergeordnete *Organisation* kontrolliert und dirigiert werden:

- *Wareneingangssystem*
  Dieser Bereich muß flächenmäßig so groß ausgelegt sein, daß die ankommenden Güter bis zur Freigabe durch die Wareneingangskontrolle gestaut werden können.
- *Einlagerungssystem*
  Das Einlagern kann von Hand, mechanisch oder automatisch mit den verschiedensten Fördermitteln durchgeführt werden (Kapitel 5.3).
- *Lagerungssystem*
  Die Lagergüter können *statisch* auf dem Boden, in Blocklagern und in Regalsystemen oder *dynamisch* in Regalsystemen und Stetigförderern gelagert werden (Kapitel 5.2).

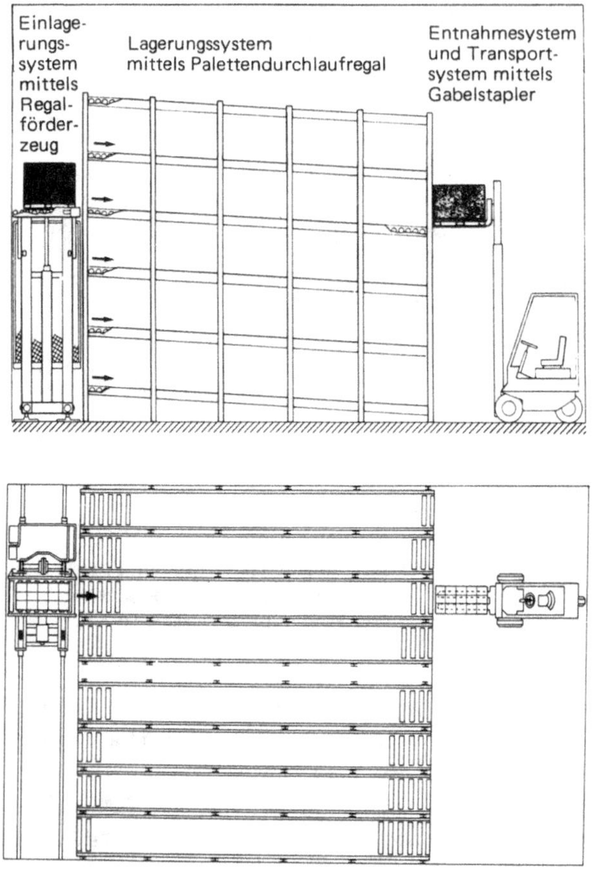

Bild 5.2
Systemgruppen im Lager am Beispiel eines Palettendurchlaufregales aufgezeigt (Seitenansicht und Draufsicht)

- *Entnahmesystem* (Auslagerungssystem)
  Beim Auslagerungsvorgang ist zu unterscheiden, ob ganze Ladeeinheiten aus dem Einheitenlager oder Teilmengen aus dem Kommissionierlager entnommen werden. In Abhängigkeit von der Anzahl der pro Tag ein- und auszulagernden ganzen Ladeeinheiten (Paletten, Behälter) kann dieser Vorgang mechanisiert und automatisiert werden. Sind dagegen Teilmengen aus einem Sortiment zu sammeln, ist noch zu berücksichtigen das
- *Kommissioniersystem* (Kapitel 5.1.5)
  Dieser Vorgang ist personalintensiv und läßt sich nur schwer mechanisieren und automatisieren.
- *Versand- und Warenausgangssystem* (Kontrolle, Packerei, Warenausgang)
  Die auf der Bereitstellungsfläche zusammengestellten Aufträge werden kontrolliert, versandfertig verpackt und für den Abtransport bereitgestellt.
- *Zu- und Abfördersystem* der Lagergüter.

5.1.5. Kommissionierung

Handelt es sich bei der Entnahme um einen Kommissioniervorgang, d.h. werden bestimmte Teilmengen (Artikel) aus einer Gesamtmenge (Sortiment) zu einem vorgegebenen Auftrag zusammengestellt, so sind zwei grundsätzliche Prinzipien möglich.

1. Der Kommissionierer *geht* zur Ware: statische Bereitstellung
2. die Ware *kommt* zum Kommissionierer: dynamische Bereitstellung, d.h. die Lagereinheit wird aus dem Regal zum Kommissionierplatz und nach der Entnahme der Ware wieder zurück ins Regal gebracht (*Schubladenprinzip:* z.B. Umlaufregal, Paternosterregal).

Der Kommissioniervorgang läßt sich nur bei der Ein- und Auslagerung einer großen Anzahl von *ganzen* Lagereinheiten pro Zeiteinheit mechanisieren und automatisieren. Er ist besonders personalintensiv, wenn von ganzen Paletten oder aus Behältern kommissioniert, wenn sortiert oder signiert werden muß (manuelle Entnahme). Man unterscheidet beim Kommissioniervorgang weiter, ob der Picker sich in einem Regalgang, z.B. Fachregal, eindimensional fortbewegt, oder ob er, z.B. mit Hilfe eines Regalförderzeuges, zweidimensional im Fachhochregal die Artikel sammelt. Die Abgabe der kommissionierten Artikel kann zentral an einen Platz oder dezentral z.B. über einen Gurt- oder Rollenförderer erfolgen (Tafel 5.7a).

Tafel 5.7a. Matrix möglicher Kommissioniersysteme

Grundtätigkeit	**Möglichkeit**	
Bereitstellung	statisch	dynamisch
Fortbewegung	eindimensional	zweidimensional
Entnahme	manuell	mechanisch
Abgabe	zentral	dezentral

Bei der Auftragszusammenstellung unterscheidet man:

- *auftragsorientiertes* Kommissionieren
  der Sammler stellt einen Auftrag an Hand einer Entnahmeliste komplett zusammen. Diese Liste – meist EDV erarbeitet – enthält die Artikel entsprechend ihrem Lagerplatz, so daß eine Wegminimierung durch die Reihenfolge der Auflistung gegeben ist (einstufiges Kommissionieren).
- *serienorientiertes* Kommissionieren
  der Auftrag wird in zwei Stufen zusammengestellt. Der Sammler entnimmt bei einem Rundgang durch das Lager bei jedem Artikel die Menge für mehrere Aufträge gleichzeitig. In einer zweiten Arbeitsstufe werden dann Einzelaufträge gebildet (zweistufiges Kommissionieren).

Ist das Kommissionierlager in mehrere Bereiche (Zonen) unterteilt, so können diese beiden Kommissioniersysteme entweder *seriell* oder *parallel* durchgeführt werden. Serielle Kom-

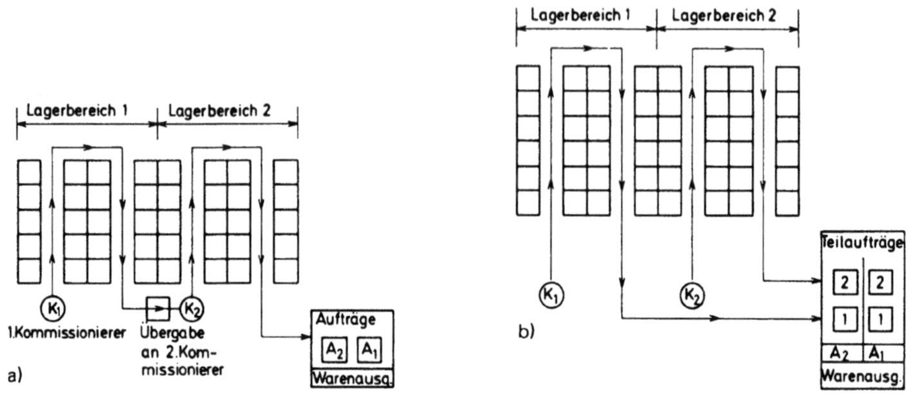

Bild 5.3. Kommissionierung a) seriell, b) parallel

missionierung bedeutet eine Nacheinanderbearbeitung der einzelnen Aufträge in den verschiedenen Lagerbereichen. Unter paralleler Kommissionierung versteht man gleichzeitiges Sammeln der Artikel in den verschiedenen Lagerbereichen (Bild 5.3).

Außer der Kommissionierung zu Fuß aus dem Fachregallager gibt es noch die Kommissionierung aus dem Fachhoch- und aus dem Hochregallager mit entsprechenden Kommissioniergeräten (Kommissionierstapler, Kapitel 5.3.3; Regalbediengeräte, Kapitel 5.3.4). Die Kommissioniergeräte sind meist mit Lastaufnahmemittel versehen in Form von glatten Tischen, Roll- oder Kugeltischen. Die verwendete Ausführung richtet sich nach der Bodenform des Lagergutes bzw. der Lagereinheit und nach der Größe des von Hand zu überwindenden Bewegungswiderstandes (Kapitel 5.3.4).

5.2. Lagerungssysteme

5.2.1. Möglichkeiten der Einteilung

Zur Beschreibung eines Lagers bedarf es vielerlei Angaben wie Abmessungen, Kapazität, Lagergut, Bauform, Funktion, Lagersystem, Lagertechnik, innere Lagerstruktur und Organisation des Lagers. Automatisierungsgrad, Transporthilfsmittel, Fördereinrichtungen, die Funktion des Lagers im Materialfluß können Einteilungsmöglichkeiten darstellen. An vier dieser Gesichtspunkte wird dies aufgezeigt.

Einteilung nach dem Lagergut in

Gasspeicher, Tanklager, Schüttgutlager, Stückgutlager.

Gase lagert und speichert man in Kugelbehältern, Tanks und Flaschen. Flüssigkeiten in Becken, Wannen oder Tanks, Massenschüttgüter im Freien (Bodenlager: Halden), in Bunkern oder Silos. Kleinere Schüttgutmengen werden in Behälter unterschiedlichster Form abgefüllt und dadurch zu Stückgut. Im folgenden wird nur die Lagerung von Stückgut behandelt.

Einteilung nach der *Gebäudeform* in

- *Traglufthallen:* geringe Kosten, große Flexibilität, Heizmöglichkeit, kurz- und mittelfristiger Einsatz
- *Flachlager:* in Räumen normaler Höhe (3–4 m), begrenzte Lagertechnik, nur für kleine bis mittlere Mengen
- *Stockwerkslager:* übereinander angeordnete Flachlager, Beschränkung in der Lagertechnik und in den Transportmitteln durch Aufzugsgrößen, Stützenraster, Deckentragfähigkeit
- *Hochflachlager:* in Hallen bis ca. 7 m
- *Hochregallager:* als Stahlkonstruktion in hohen Hallen gleichzeitig Dach und Wände tragend (Lagerfunktionsgebäude), in Stahlbetonweise meist in Kragarmkonstruktion.

Einteilung nach der *Betriebsfunktion* in

- *Wareneingangslager* als Beschaffungslager, Rohstofflager, Spekulationslager, Magazin, Betriebsstofflager
- *Zwischenlager* als Pufferlager, Durchgangslager, Reifelager
- *Warenausgangslager* als Fertigwarenlager, Versandlager, Auslieferungslager, Saisonlager, Vertriebslager, Filiallager, Kommissionierlager, Sammellager, Verteillager, Ersatzteillager
- *Sonderlager* als Abfallager, Ausschußlager, Leergutlager

Einteilung nach dem *Lagersystem* in

- *statische* und *dynamische* Lager (Tafel 5.7b) oder in
- *Bodenlager, Regallager, Lagerung* in *Stetigförderern.*

Tafel 5.7b. Statische und dynamische Lagerung von Stückgütern in Gebäuden

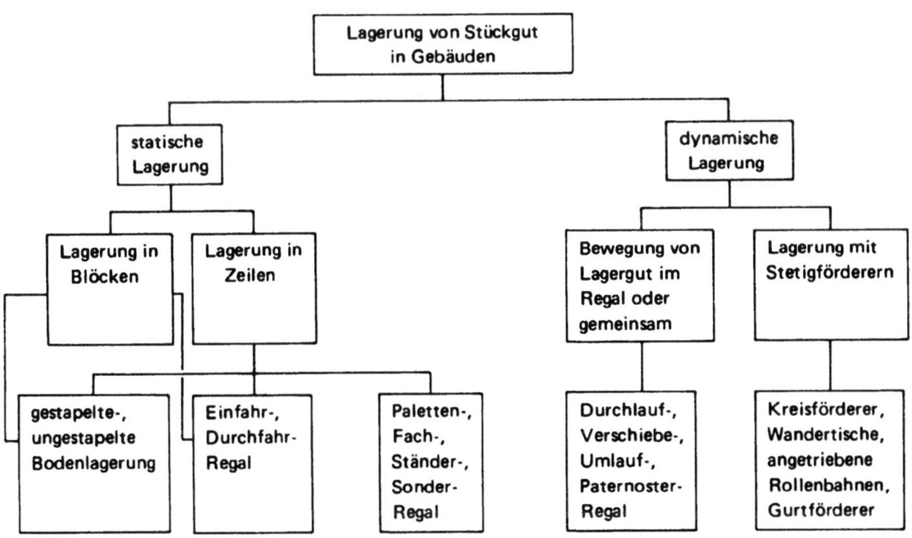

5.2.2. Bodenlager

Es wird ausgeführt ohne und mit Hilfsmitteln in Form von Balken, Rungen, Behältern, Gestellen, Paletten mit und ohne Aufsteckrahmen, Gitterboxpaletten (Kapitel 1.1.3). Die Vorteile sind: flexible Lagerung, geringe Einrichtungskosten, aber schlecht mechanisierbar. Bei großen Mengen gleichen Stückgutes wird die Blocklagerung bevorzugt, sonst die Zeilenlagerung, in ungestapelter oder in gestapelter Form (Bild 5.4).

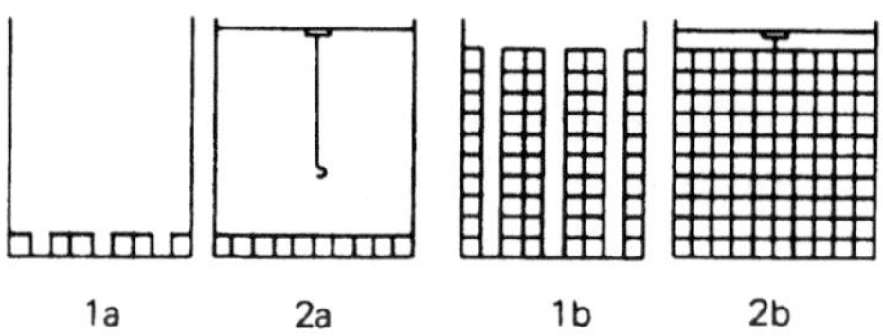

Bild 5.4. Bodenlager

als Zeilenlager	1a	ungestapelt
	1b	gestapelt
als Blocklager	2a	ungestapelt
	2b	gestapelt

5.2.3. Regallager

Typisch für *Fachregale* (Handregale) sind Höhen von 2 m bei Handbedienung, Tiefe je nach Umschlagshäufigkeit 0,4 bis 0,8 m, Gangbreite siehe Tafel 5.6. Bauweise im Baukastensystem als Steck- oder Schraubregal (Bild 1.10) in ein- oder mehrgeschossiger Ausführung. Bei Fachregalen mit einer Höhe bis 10 m wird die Bedienung mit dem Kommissionierstapler (Kapitel 5.3.3) oder mit dem Regalbediengerät (Kapitel 5.3.4) durchgeführt. Sonderform: Großfach-Lagerregal für Blechtafeln und Spanplatten.

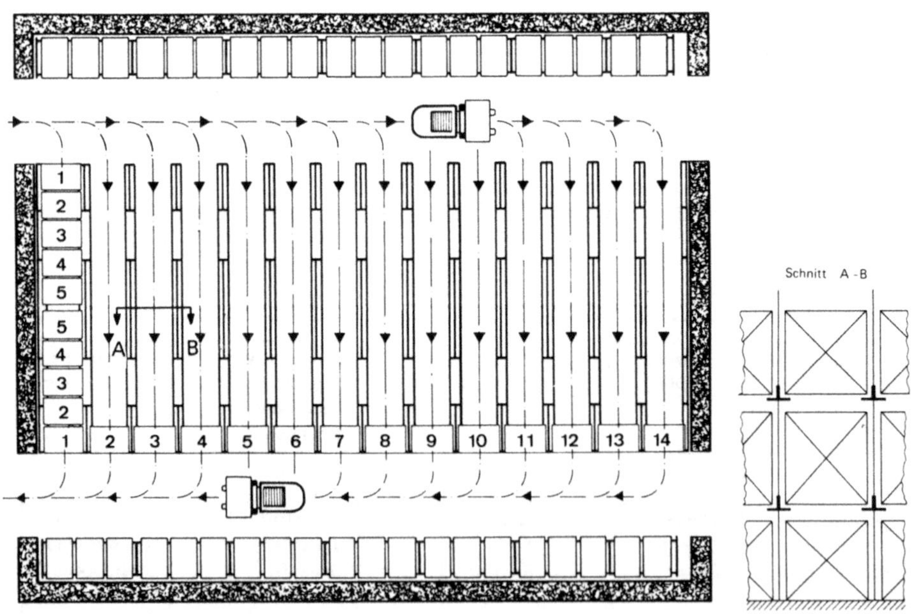

Bild 5.5. Einfahrregel mit Schnittdarstellung

Einfahrregale (Drive in Regal, Durchfahrregal) haben den Vorteil der raumsparenden Blocklagerung für druckempfindliche Massengüter, die eine Stapelung übereinander nicht zulassen. Die Paletten werden auf Zwischenablagen (L-Profil) übereinander gestapelt. Begrenzung in der Höhe durch das Bediengerät. Bild 5.5 zeigt den Aufbau der „Blockstapelung". Auslagerung erfolgt nur stapelweise und hintereinander. Anwendung ist bevorzugt bei Saisonartikel gegeben für kleines Sortiment mit großer Palettenzahl.

Palettenregale haben je nach Bediengeräte bis zu 30 m Höhe.

Für Paletten und Behälter unterscheidet man das Quer- und Längstraversenregal (Bild 5.6). Obwohl Behälter meist gleiche Höhe haben, lagert man sie bevorzugt im Quertraversenregal, da eine Einlagerung im Längstraversenregal zusätzliche Querauflagen erforderlich macht. Auch für Paletten mit unterschiedlicher Ladehöhe sind Quertraversenregale wirtschaftlicher, weil durch leichte Höhenverstellbarkeit der Traversen (Winkel-Profile) der Lagerraum besser genutzt wird. Paletten werden vorzugsweise auf Längstraversen gelagert, wo meist 3 Paletten in einem Fach nebeneinander gestellt werden können. Günstige Lagerraumausnutzung ist dann bei gleichmäßiger Ladehöhe gegeben.

Von Längseinlagerung der Pool-Palette spricht man, wenn die 1,2 m lange Seite in das Regal eingelagert wird, von Quereinlagerung, wenn es die 0,8 m lange Palettenseite ist. Nur bei Quereinlagerung der Palette ist es möglich, im Hochregallager vom Regalbediengerät aus zu kommissionieren. Palettenläger können für den Ein- und Auslagerungsvorgang von ganzen Paletten bei gleicher Regalfachhöhe voll automatisiert werden (siehe Bild 5.19).

Durchlauf-, *Verschiebe-*, *Umlauf-* und *Paternosterregale* verdienen aufgrund ihrer konzentrierten Lagerung die Bezeichnung *Kompaktregal*.

Durchlaufregale sind anwendbar *für Palettenlagerung* (Bild 5.2) bei geringem Sortiment, aber großer Palettenzahl, für *Kastenlagerung* auch für größeres Sortiment. Die Regalfächer sind zu Kanälen umgebildet, mit Tragrollen für Paletten, mit Spurkranzrollen für Kästen bestückt (Bild 3.36). Antrieb durch Schwerkraft, Neigung der Kanäle 2° bis 5°. Kanallänge bis 30 m, Höhe bis 2 m. Um gleichmäßige Geschwindigkeit (0,07 bis 0,2 m/s) zu garantieren, dienen Fliehkraftbremsen (Bild 3.34), hydraulische Bremsen, Wirbelstrom-

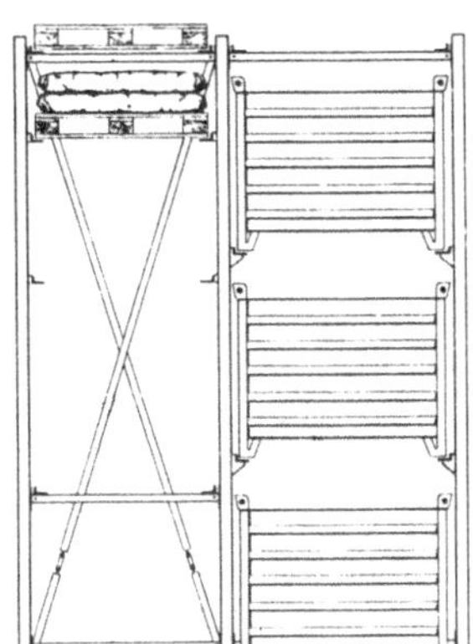
a)

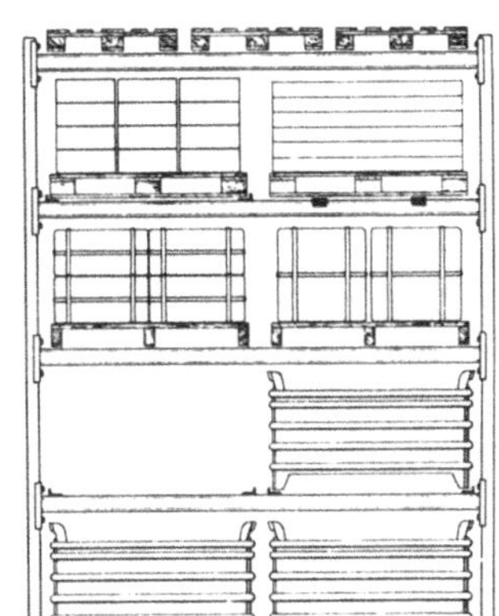
b)

Bild 5.6. a) Quer-, b) Längstraversenregal.

bremsen oder angetriebene Freilaufrollen. An der Entnahmestelle der Paletten ist eine Vereinzelungseinrichtung anzubringen.

Das Prinzip *first in – first out* ist voll gewährleistet. Regalförderzeuge an Einlagerungs- und Entnahmeseite ermöglichen Automatisierbarkeit. Außerdem entsteht keine Behinderung von Ein- und Auslagerung durch räumliche Trennung dieser Vorgänge. Kurze Wege, große Übersichtlichkeit, einfache Bestandsaufnahme, Zeitersparnis bei Kommissionierung und besserer Raumnutzungsgrad sind weitere Vorteile dieses Lagertyps.

Der Trend bei langen Palettendurchlaufregalen geht zu waagerecht verlegten Kanälen, die mit angetriebenen Staurollenförderern bestückt sind. Vorteile dieser Bauart: kontrollierbare Palettengeschwindigkeit, staudruckloses Hintereinanderreihen; problemloses Auslagern der 1. Palette; kein Platzverlust durch Neigung der langen Kanäle: besserer Raumnutzungsgrad; große Sicherheit der Ladung: kein Aufprallen möglich; unbegrenzte Erweiterungsmöglichkeiten; durch gleichzeitigen Antrieb mehrerer Kanäle von einem Motor: geringer Energiebedarf. Nachteil: höhere Anschaffungskosten durch größeren Bauaufwand: Staurollenförderer.

Bei hohem Umschlag von Kleinteilen geringen Gewichtes in Kästen oder Kartons werden Durchlaufregale bei entsprechender Lagermenge benutzt, die mit einfachen Kunststoff-Röllchenleisten ausgerüstet sind. Sonderform: Rutschenregal im Kommissionierbereich bei Kartonage (25 bis 30° Rutschenneigung).

Verschieberegale (Gleitregale) unterscheiden sich in längsausziehbare (bei Apotheken: Zugschrank) und in parallelverfahrbare Regale (Bild 5.7). Letztere sind aus einem Grundrahmen aufgebaut, der als Wagen über Räder mit beidseitigem Spurkranz auf Schienen läuft oder an Führungen verfahrbar ist. Die Aufbauten der Wagen richten sich nach den zu lagernden Gütern und können geschlossene oder offene Regale für Akten, Kästen, Behälter, Paletten oder Langgut sein (Ausbildung meist als Doppelregale). Der Antrieb wird in Abhängigkeit vom Gewicht der verfahrbaren Regale von Hand, als Handradantrieb, mittels elektrischem, pneumatischem oder hydraulischem Antrieb ausgebildet (Einzelantrieb der Wagen vorherrschend). Die durch die Bedienungsgeräte erforderlichen breiten Gänge werden je nach Umschlagshäufigkeit auf einen Gang für ca. 8 bis 10 Doppelregale herabgesetzt und dadurch die Raumausnutzung erheblich verbessert. Sicherheitseinrichtungen sind vorhanden durch Kippsicherungen, wenn das Verhältnis Regalhöhe zu -tiefe größer

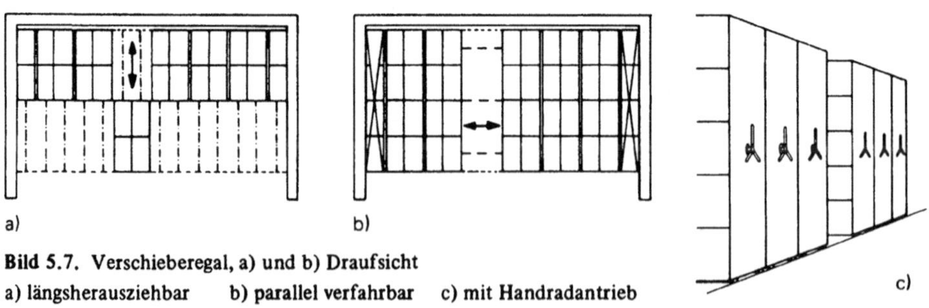

Bild 5.7. Verschieberegal, a) und b) Draufsicht
a) längsherausziehbar b) parallel verfahrbar c) mit Handradantrieb für Akten, Werkzeuge, Kleinmaterial

als 4:1 ist, und in Form von Freigabeschaltern, Kontaktschienen und Sicherheitsleisten, die bei Berührung das fahrbare Regal sofort zum Halten bringen.

Anwendung bei *B*- und *C*-Artikeln, Automatisierbarkeit gegeben, Wartezeitersparnis durch Gangöffnungsvorwahl, Anwendung bei Schwerlastregalen bis 250 t.

Umlaufregale werden in vertikaler (Bild 5.8a) und horizontaler (Bild 5.8b) Bauweise mit gutem Raumnutzungsgrad für *B*- und *C*-Artikel benutzt.

Paternosterregale sind sowohl für Langgut wie Teppich-, Papier- und Kunststoffrollen Druckwalzen und Druckzylinder, Profilstahl, Rohrmaterial usw. im Einsatz wie auch für Klein- und Kleinststückgüter – meist in Kästen für Halbfertigteile, Ersatzteile, Akten, Schuhe, Fotoartikel, Registraturen, aber auch für Kabeltrommeln, Gurt- und Gewebeballen.

Die Konstruktion kann als einfacher Paternoster mit beidseitigem Kettenumlauf ausgebildet sein, als Etagen-, Schlangen- (mehrfach hintereinander) oder als horizontal und vertikal geführter Kettenpaternoster.

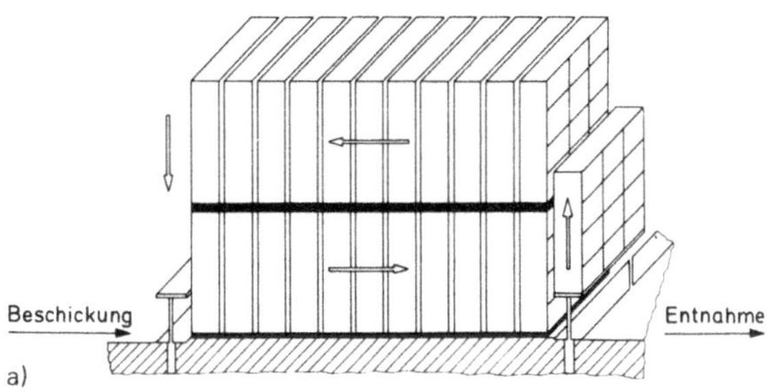

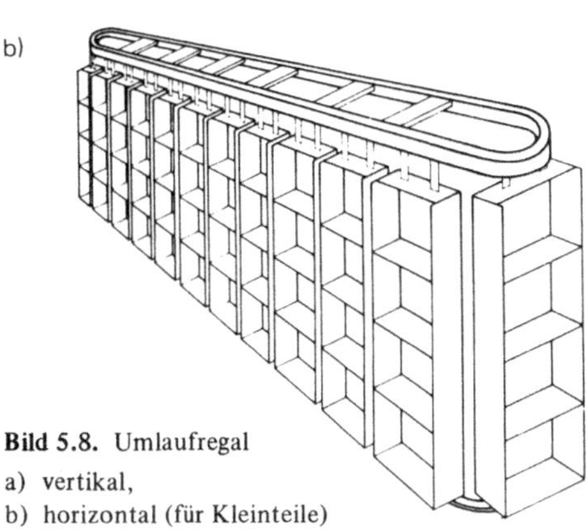

Bild 5.8. Umlaufregal
a) vertikal,
b) horizontal (für Kleinteile)

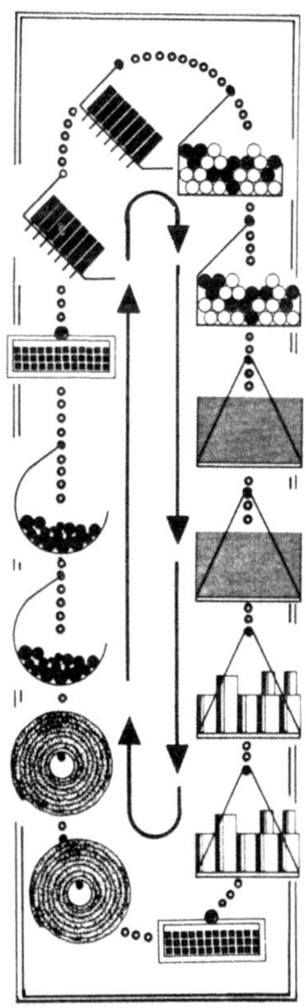

Bild 5.9. Paternosterregal mit verschiedenen Lagergütern

Die Ketten sind durch die unterschiedlichsten Lastaufnahmemittel (je nach Lagergut) miteinander verbunden wie z.B. Tragstangen, Gondeln, Rollen- und Walzenhalterungen usw. (Bild 5.9). Baubreiten bis 7,5 m; Bauhöhe bis 8 (15) m; Schwerlasten bis 50 t; über Programmsteuerung kann die gewünschte Lagergondel oder Lagerstelle auf dem kürzesten Weg an den Be- und Entladeplatz kommen (Verkürzung der Zugriffszeit durch Umsteuerung der Umlaufrichtung). Der Be- und Entladevorgang findet in Bodenhöhe statt: Sicherheit.

Sonderregale für *Langgut* spielen dort eine große Rolle, wo Rohre, Stabmaterial oder Profile in größeren Längen lagern. Die Vorteile einer Langmaterial-Lagerung in Gestellen oder Regalen sind:

- Übersichtlichkeit: keine Verwechselung
- sachgemäße Lagerung: keine Materialverluste
- Erleichterung bei Disposition und Inventur.

Man kennt Langmaterial-Gestelle als ein- oder zweiseitiges Ständerregal (Kragarm- oder Auslegerregal) mit verstellbaren oder mit angeschweißten Kragarmen. In diesen Regalen mit den unterschiedlichsten Kragarmausführungen (Bild 5.10) liegt das Langmaterial waagerecht zum Teil in Sichtkörben (siehe Bild 1.7). Ebenfalls waagerecht ist die Lagerung des Langmaterials in Waben- oder Gitterregalen bzw. in stapelbare Lagereinheiten, die sich einfach durch Übereinanderstellen ohne Benutzung von Schrauben oder Werkzeug zu Wabenregalen aufbauen lassen. Der große Vorteil liegt in dem flexiblen System, in der problemlosen Erweiterungsmöglichkeit (Stapelbarkeit der Einheiten, keine Kreuzverbände), im schnellen Auf- und Abbau und in dem geringen Flächenbedarf bei der Lagerung leerer Gestelle. Bei diesen Wabenregalen ist eine horizontale Beschickung oder Entnahme nur von vorne, also in Achsrichtung des Langgutes möglich, während bei den Ständerregalen dieser Vorgang von der Seite durchgeführt werden kann. In den A-Bock-Gestellen wird das Langmaterial senkrecht gelagert.

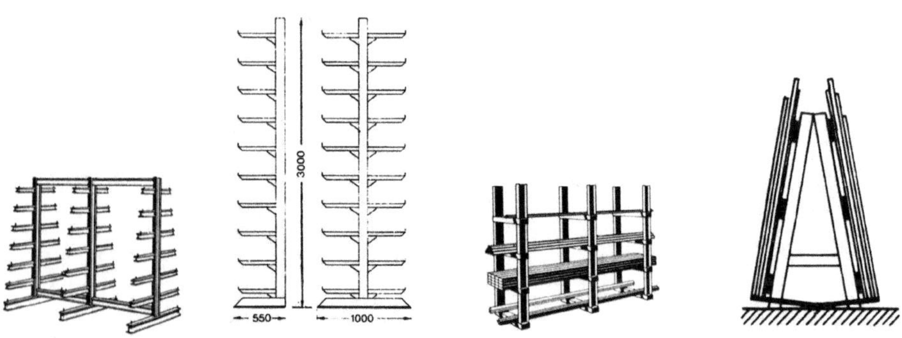

a) b) c) d)

Bild 5.10. Langmaterial-Lagerung

a) Ständerregal mit angeschweißten Kragarmen b) verstellbares, ein- und zweiseitiges Ständerregal
c) Teil eine Wabenregales aus flexiblen Einheiten d) A-Block-Gestell

Automatisierbarkeit ist bei entsprechendem Umschlag für Wabenregale gegeben, wobei meist 2 Wabenregalblöcke gegenüber stehen und in dem Gang das Regalbediengerät (Breite ≙ größter Langgutabmessung) fährt. Andere Möglichkeiten von mechanisierten Langgutlagern sind als Verschieberegale oder als Paternosterregale ausgebildet (guter Raumausnutzungsgrad). Die Bediengeräte können Portalstapler (Bild 2.44), Stapelkrane (Bild 5.12), Gabelstapler, Seiten- oder Vierwegstapler (Bild 5.13; 5.14) bzw. Krane sein.

Für Kabel, Kabeltrommeln, Drahtringe, Coils, Gummigurte sind Regale mit *Dornen* im Einsatz.

5.2.4. **Lagerung mit Stetigförderern** (siehe Kapitel 3)

Es werden in erster Linie Kreis-, Schleppkreis- und Schleppkettenförderer, Wandertische, angetriebene Rollenbahnen und Gurtförderer zur Pufferung von Stückgütern verwendet.

5.3. Fördermittel im Lager

Außer den in den Kapiteln 2, 3 und 4 beschriebenen Fördermitteln sind für den Lagerbereich und speziell für die Bedienung der Regale *regalabhängige* und *regalunabhängige Regalbediengeräte* entwickelt worden. Bewegen sich diese Regalbediengeräte nur im Regalgang, werden sie regalabhängig genannt; können sie auch außerhalb des Regalganges fahren, gehören sie in die Gruppe der regalunabhängigen Regalbediengeräte. Es entwickelten sich der Hochregalstapler aus dem Gabelstapler, der Stapelkran aus dem Brückenkran und das Regalförderzeug aus dem Stapelkran.

Bei der Betrachtung des Lagers darf aber nicht der vor- und nachgeschaltete Transport außer acht gelassen werden. Die im Lager benutzten Fördermittel werden in der Reihenfolge Krane, Stetigförderer, Flurförderzeuge und Regalförderzeuge behandelt.

5.3.1. **Krane**

Krananlagen können durch Anhängen einer *L*-Gabel für den Paletten- und Langguttransport bei geringer Umschlagshäufigkeit zur Bedienung von Regalen eingesetzt werden.

Versieht man einen Brückenkran mit einer aufgabenbezogenen Katzkonstruktion, z.B. mit einer Drehkatze, so können damit Lager für Langgut und sperrige Güter bedient werden (Bild 5.11).

Eine Mechanisierung und gute Raumausnutzung ist mit Hilfe des *Stapelkranes* (Bild 5.12 und 5.25) zu erreichen, der eine Kombination eines Gabelstaplers und eines Brückenkranes darstellt. Er benötigt für die Manipulation von Paletten, Behältern, Collis oder Langgut nur wenig Platz. Seine Vorteile liegen in einer geringen Gangbreite (ca. 1,4 m bei Flursteuerung), großen Stapelhöhen bis 20 m, Traglasten bis 5 t, guter Lagerraumausnutzung, keine Fördermitteländerung bei Regalumstellung. Ausführungsarten gibt es in Zweiträger-Brückenkran- oder -Hängekran Bauweise, mit drehbarer Säule (360°), mit Teleskopmast zur Überwindung von Hindernissen, mit Flursteuerung oder mit Steuerung von einem am Mast befestigten Führerhaus (gute Beobachtung der Arbeitsvorgänge). Die Regalgänge sind nicht durch Schienen verbaut (regalunabhängiges Fördermittel).

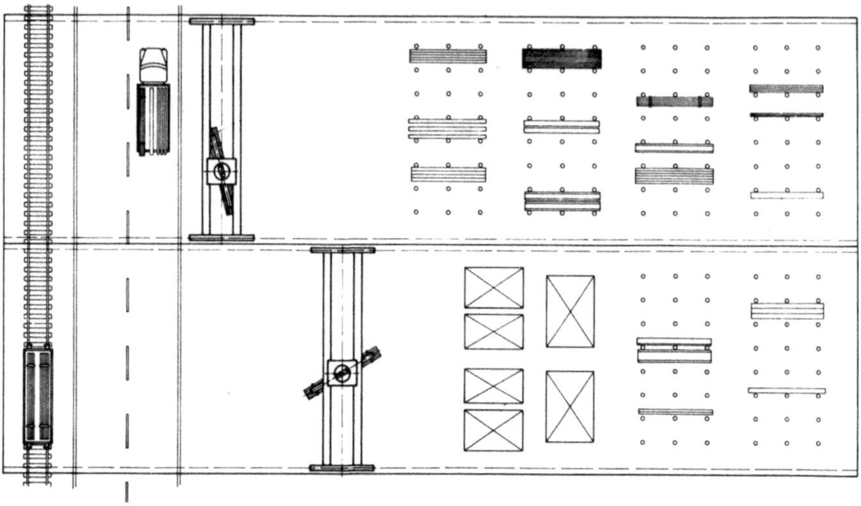

Bild 5.11. Bedienung eines Langgutlagers mit Laufkran, ausgerüstet mit Drehkatze

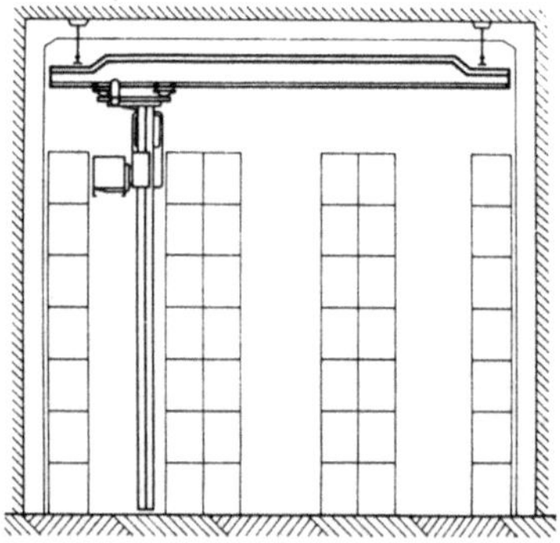

Bild 5.12
Stapelkran mit Zweiträger-Hängebrücke und Untergurtlaufkatze

Im Kommissionierbereich besonders bei Versandhäusern, aber auch im Industrielager oder Krankenhäusern wird die *Einschienenhängebahn* (Bild 2.27 bis 2.32; Kapitel 2.5) als Sammeltransportmittel eingesetzt. Hier handelt es sich um motorisch angetriebene mit oder ohne Anhängerwagen an einer Schiene fahrende Laufwerke, die mit einem beliebigen Gehänge und Zielsteuerung versehen werden können.

Im Freilager ist außer dem *Brückenkran* der besonders freizügig einzusetzende und flexible *Fahrzeugkran* (Mobil- und Autokran) anzutreffen (Bild 2.56; Kapitel 2.6.10).

Ein halbautomatischer Portalstapler zur Bedienung eines Langgutlagers ist im Kapitel 2.6.5 beschrieben und wird in Bild 2.44 gezeigt.

5.3.2. Stetigförderer

Als Regalzuführ- und abführförderer, beim Kommissionier und Verpackungsvorgang, im Bereitstellungsbereich werden für den schweren Stückguttransport (Paletten, Behälter auf Paletten) angetriebene *Rollenförderer* benutzt. Hub-, Schwenk- und Dreheinrichtungen ergänzen in Verbindung mit *Kettenförderern* diesen Stetigförderertransport (Bild 3.33), der durch Zielsteuerungseinrichtungen automatisiert wird.

Rollenbahnen, Röllchenbahnen und gleitend abgetragene Gurtförderer sind die Fördermittel des leichten Stückguttransportes. Der Fördervorgang ist bei Zielsteuerung durch Weichen, Ein- und Ausschleuseinrichtungen automatisierbar (Bild 3.28 bis 3.31).

Bei entsprechend stetig anfallenden Gütermengen ist der Einsatz eines Unterflurkettenförderers mit Wagen im halb- oder vollautomatischen Betrieb möglich (Bild 3.20 bis 3.21). Als Fließlager dient der Kreis- und Schleppkreisförderer (Kapitel 3.3.3). Dieses Fördermittel ist auch im Kommissionier- und Verpackungsbereich zu finden.

5.3.3. Flurfördermittel

Der *Gabelstapler* (Kapitel 4.5) hat in umwälzender Weise die Lagertechnik verändert, indem er die Höhe des Raumes zur Lagerung ausnutzte und den Anwender zwang, Ladeeinheiten zu bilden. Besondere Stapler sind für spezielle Lagerarbeiten entwickelt worden.

Der *Seiten-(Quergabel-)stapler* (Bild 5.13) wird zum seitlichen Be- und Entladen von LKWs, offenen Waggons und besonders zum Langguttransport und zur Ein- bzw. Auslagerung im Freien eingesetzt. Bestehend aus einem Plattformwagen mit schmaler Fahrerkabine ist in der Mitte quer zur Längsachse des Fahrzeuges ein Schubmaststapler (Bild 4.16c) eingebaut. Beim Be- und Entladevorgang steht der Quergabelstapler bündig mit der Ladung, fährt den Schubmast aus und kann so das Fördergut aufnehmen. Beim Transport liegt das Langgut auf der Pritsche und hat dadurch eine größere Auflagefläche als auf den Gabeln.

Weitere Vorteile sind schmale Fahrwege, keine Kippgefahr beim Transport, gute Beobachtung des Arbeitsvorganges. Nachteilig sind der große Wenderadius und die einseitige Arbeitsmöglichkeit.

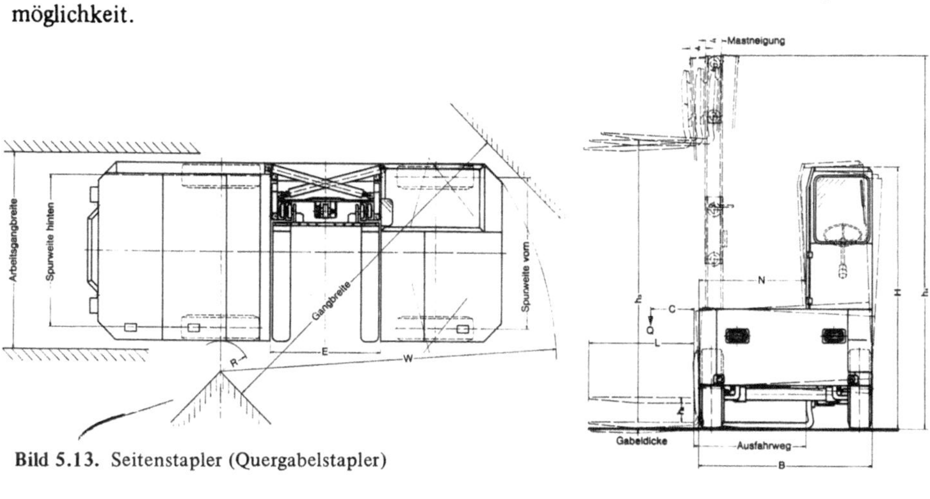

Bild 5.13. Seitenstapler (Quergabelstapler)

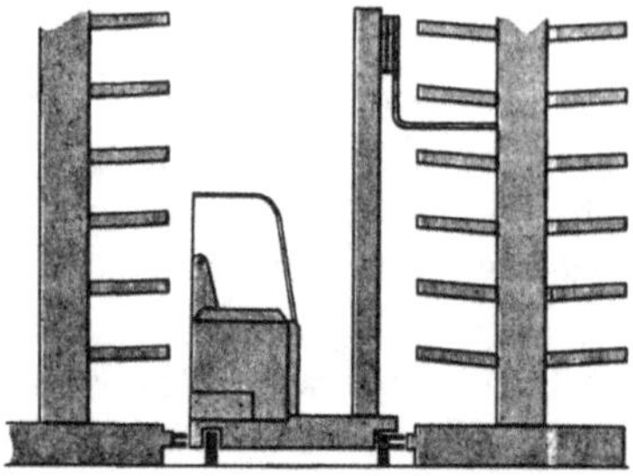
a)

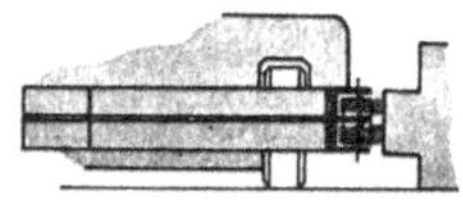
b)

Bild 5.14. a) Vierwegestapler mit Führungsrollen im Langgutlager-Einsatz (Kragarmregale), b) Detaildarstellung der Führungsrollen

Der *Vierwegstapler* gehört ebenfalls in die Gruppe der Schubmaststapler. Durch Drehen aller Räder um 90° kann er als Quergabelstapler eingesetzt werden. Der Vierwegstapler vereinigt dadurch die Vorteile des Quergabelstaplers und die des Frontgabelstaplers in sich, so daß durch die Querfahrt in die Tiefe gestapelt werden kann (siehe Beispiele 5.5 und 5.7: Arbeitsweise und Gangbreitenvergleich). Anwendung findet er für Paletten- und Langguttransport bei kleinen Gangbreiten. Die Gabeln sind hydraulisch verstellbar. Durch Führungsrollen wird die Gangbreite reduziert und die Bewegungsrichtung stabilisiert. Dies gewährleistet genaues Anfahren des Staplers an die Last (Bild 5.14).

Der *Portalhubwagen* (Torlader) ist in der Lage, mit Spezialpaletten große und sperrige Lasten, Langgut, aber auch Container durch Lastaufnahme zwischen den Rädern zu transportieren, nicht zu stapeln (Hub maximal bis 600 mm). Einsatzgebiet im Freilager, Geschwindigkeiten bis 60 km in der Stunde (siehe Bild 5.22g). Konstruktive Ausbildung wie Portalstapler.

Der *Portalstapler* (*Van Carrier*, Torstapler) dient mit der Spezialgreifvorrichtung (Greifrahmen, Spreader) zum Transport, zur Be- und Entladung und zur Stapelung von Containern im Freien, indem bei der Lastaufnahme über die Last gefahren wird. Je nach Containergröße (Kapitel 1.1.3) wird der Spreader teleskopartig in der Längsachse auseinandergefahren und ist zur leichteren Kopplung mit den Containerecken nach beiden Seiten aus der Längsachse verdrehbar (6°) und um je 300 mm parallel verschiebbar. Die Kopplung und Verriegelung geschieht mittels Drehzapfen.

Der im Bild 5.15 dargestellte Portalstapler für 40-ft-Container hat eine Tragfähigkeit von 30 t, fährt bei Vollast mit 25 km/h, besitzt 6 einzeln aufgehängte und gebremste Räder mit 10,2 t Radlast. Weitere Daten: Allradlenkung; Kurvenradius 9,7 m; Diagonalfahrt (Hundegang) bis 40°; Hubgeschwindigkeit 8 m/min; Dieselmotor mit 150 kW bei 2000 1/min; Abmessung für Stapelung von zwei Containern: 7,0 m Höhe des Fahrerhauses, Breite 4,5 m.

Der *Kommissionierstapler* (Magaziner), ein regalunabhängiges Regalbediengerät, eignet sich zum Ein- und Auslagern ganzer Einheiten, besonders aber zum Kommissionieren von Kleinteilen durch einen *vertikal verfahrbaren Bedienungsstand.* Das Gerät benötigt je nach Lagergut ca. 1 m Gangbreite, erreicht bis 7 m hohe Regalfächer, kann direkt bis zu den Pack- und Sammelstellen fahren, ist für Hublasten bis 500 (1200) kg ausgelegt und besitzt durch

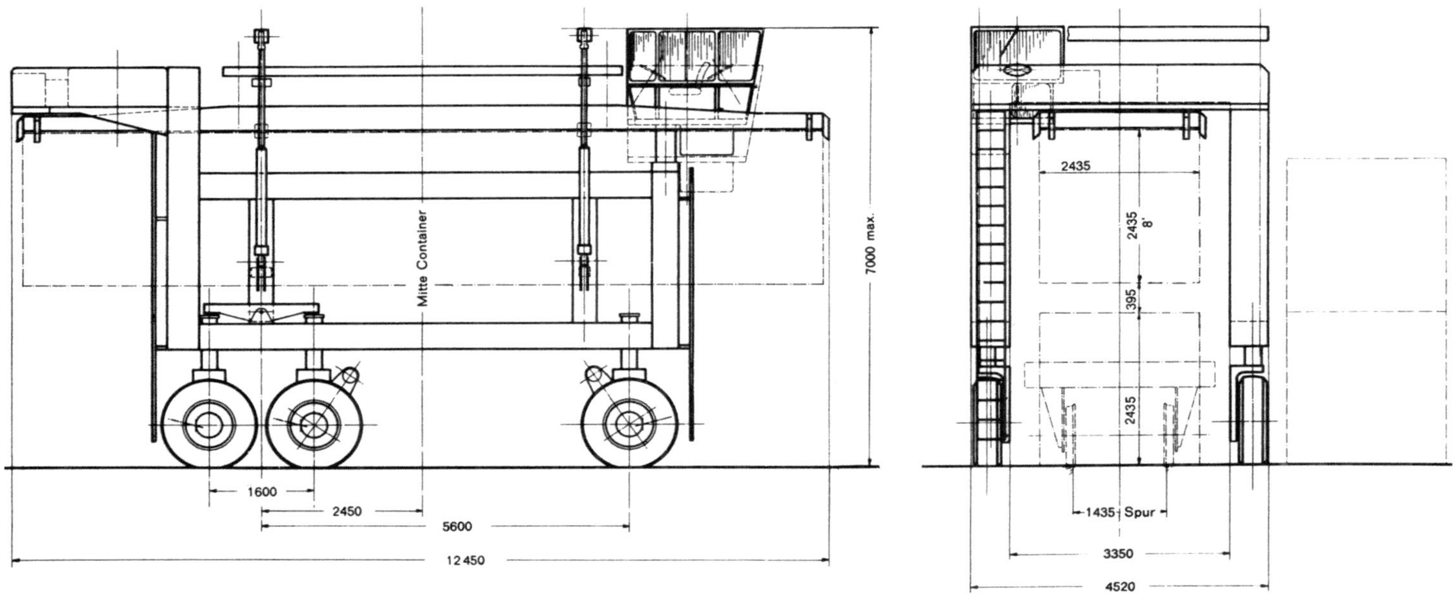

Bild 5.15. Portalstapler für 40'-Container

Vierradlenkung eine große Wendigkeit. Meist wird das Flurfördermittel in Regalgängen (siehe Bild 5.14b) zwangsgeführt, wodurch kurze Spielzeiten durch Überlagerung von Fahr-, Hub- und Senkbewegungen entstehen. Für die Zwangsführungen werden Rollen- und Spurkranzführungen, ausfahrbare Dorne für im Boden laufende Leitrillen und Schienen benutzt. Bei der Zwangsführungswahl ist zu berücksichtigen, inwieweit der Regalgang für andere Flurfördermittel frei bleibt. Eine Einfahrhilfe fädelt automatisch das Führungselement (Rolle, Dorn) beim Einfahren in den Regalgang ein. Die Lenkung ist dann blockiert.

Aus der Forderung, eine größere Höhennutzung bei kleinen Gangbreiten für das Lager zu erreichen, wurden der *Hochregalstapler* und das *Regalförderzeug* entwickelt.

Der Hochregalstapler erreicht Stapelhöhen bis 10 (12) m. Er wird im Regalgang wie der Kommissionierstapler zwangsgeführt, d.h. die Lenkung ist ausgeschaltet. Die Fahrgeschwindigkeit mit Last beträgt 2,5 m/s (ohne Last: 2,8 m/s), die Hubgeschwindigkeit liegt mit Last bei 0,27 m/s (ohne Last: 0,32 m/s). Durch die verschiedenen Ladeaufnahmemittel ist ein Drehen des Staplers zur Palettenaufnahme nicht erforderlich. Durch Markierungen auf dem Boden erhält der Fahrer horizontale und durch Höhenvorwahl vertikale Hilfen. Verwendete Lastaufnahmemittel sind Schwenkschub- und Teleskopgabel, C-Haken und Teleskoptisch (Tafel 5.8). Teleskopgabel und -tisch: Kapitel 5.3.4.

Die *Schwenkschubgabel* kann Ladeeinheiten seitlich oder von vorn direkt vom Boden aufnehmen. Durch sie ist es dem Hochregalstapler möglich, nach der Einlagerung einer Palette auf der linken Regalseite eine andere Palette auf der rechten Seite zu entnehmen, ohne den Regalgang zu verlassen (Drehen der leeren Gabel im Gang). Da die Lastdiagonale die Arbeitsgangbreite bestimmt, ist es nur schwer möglich, über Handsteuerung des Dreh- und Schubvorganges eine Palettenladung im Regalgang zu drehen. In der Praxis geschieht dies kaum. Die Ladung wird nur selten vom Boden aufgenommen, sondern von einer genau definierten Stelle (z.B. Rollenbahn), um sie auf der Gabel für den Positioniervorgang festzulegen. Dies ist eine Voraussetzung für das einwandfreie Einlagern bei fast „blindem" Anfahren des Regalfaches (bis 10 m Höhe).

Tafel 5.8. Lastaufnahmemittel für Hochregalstapler

Typenbezeichnung	Höhe der Ladeeinheit	Aufnahme der Ladeeinheit vom Boden	Gangbreite bei Poolpalette 800 X 1200 mm Längseinlagerung
Schwenkgabel	unabhängig	möglich*	1540** mm
Teleskopgabel	unabhängig	nicht möglich	1500 mm
Teleskoptisch	unabhängig	nicht möglich	1500 mm
C-Haken***	begrenzt auf max. 2000 mm	möglich*	1500** mm

* außerhalb des Regalganges

*** geringe Anwendung

** Gangbreiten beim Drehen im Gang mit beladener Poolpalette
Schwenkgabel: 1755 mm
C-Haken: 1710 mm

Der *C-Haken* ermöglicht ebenfalls, innerhalb des Regalganges die aufgenommene Ladeeinheit wie Palette oder Behälter in ein rechtes oder linkes Regalfach ein- oder auszulagern. Der Mastschlitten und der Kragarm bilden eine Einheit in Form eines Galgens. Eine Drehrichtung verbunden mit einer teleskopierenden Gabel gestattet den Ein- und Auslagerungsvorgang. Durch die Galgenform ist die Höhe der Ladeeinheit auf 2000 mm begrenzt.

Anbaugeräte für Gabelstapler (Bild 4.13) haben große Bedeutung für den Lagerbereich. So werden hydraulisch betätigte Faß- und Ballenklammern für die Manipulation und Stapelung in Blocklagern bei Fässern, Ballen und Kisten verwendet.

5.3.4. Regalförderzeug

Eine Weiterentwicklung des Stapelkranes führte zu dem Regalbediengerät (regalabhängige Regalförderzeuge oder -stapelgerät), das bis 30 m Höhe zur Ein- und Auslagerung ganzer Lagereinheiten im Hochregallager gebaut und bis 12 m Höhe auch zum Kommissionieren eingesetzt wird. Hochregal und Regalförderzeug bilden eine Einheit (Lagermaschine). Die Einteilung dieser Bediengeräte geschieht nach der Lage ihrer Antriebsräder (VDI-Richtlinie 2361)

- *Bodenverfahrbares* Regalförderzeug: für große Lagerhöhen und hohe Traglasten; keine Übertragung von Schwingungen auf das Regal; häufigste Ausführungsart, aber Bodenschienen!
- *Regalverfahrbares* Regalförderzeug: freier Regalgang; stärkere Regalkonstruktion notwendig durch Aufnahme der Traglasten, der Schwingungen und der beim Anfahren und Bremsen auftretenden Momente; Bodenfreiheit
- *Deckenverfahrbares* Regalförderzeug: freier Regalgang; stärkere Stützkonstruktion (Dach) durch Aufnahme von Lasten und Momenten; Bodenfreiheit.

Alle Geräte müssen am freien Ende abgestützt werden, um die Pendel- und Schwingungsbewegungen – hervorgerufen durch Schienenunebenheiten, Anfahren und Bremsen – einzuschränken. Die Regalbediengeräte werden in Einsäulenkonstruktion bis 15 m Höhe, darüber in Zweisäulen-Bauweise hergestellt. Das Geräteprogramm der Hersteller baut sich aus standardisierten Grundeinheiten auf und kann für den jeweiligen Verwendungszweck zusammengesetzt werden. Die Grundeinheiten sind Hubmast, Hubwerk, Fahrwerk, Lastaufnahmemittel, Hubwagen und Grundrahmen. Bei geringem Warenumschlag ist ein Regalbediengerät nicht ausgelastet, so daß es durch eine boden- oder deckenverfahrbare Umsetzeinrichtung in mehreren Gängen arbeiten kann. Die Strom- und Informationsübertragung erfolgt meistens über Schleppkabel (Tafel 2.5). Bild 5.16 zeigt ein Zweisäulengerät. Die Kennung des Faches geschieht mit einer X-Koordinate (Spalte, am Boden links bzw. rechts) und der Y-Koordinate (Zeile, am Mast des Fördermittels). Der Ein- bzw. Auslagerungsvorgang wird durchgeführt, wenn der von der Lochkarte eingegebene Sollwert mit dem Istwert übereinstimmt. Sowohl beim Umschlag von Einheitsladungen als auch zum Kommissionieren von Kleinteilen wird das Gerät eingesetzt.

Für den Kommissioniervorgang besitzt die am Hubmast befestigte mitfahrende Kabine eine höhenverstellbare Arbeitsbühne (-tisch), die meist für 300 kg ausgelegt ist und ausgebildet sein kann als:

- *glatter Tisch* für Kommissionierbehälter, Lagerkästen, lose Teile mit beliebiger Bodenform und Abmessungen. Verschiebekraft: ca. 25 % der Lastgewichtskraft (vergleiche Formel 1.17: $F_W = G\mu_0$).
- *Rollentisch* zur Aufnahme von kleinen Lagereinheiten mit glatter Bodenform, besonders geeignet zur Übergabe an Rollenbahnen, meist mit Abrollsicherung ausgestattet. Einheitsrollwiderstand $w_r = 20\,^0/_{00}$ (Kapitel 4.1.5) in Rollrichtung.
- *Kugeltisch* (Kapitel 3.3.4) als Allweg-Rollentisch, nur für Ladeeinheiten mit glatter Bodenform und größerer Grundfläche. Verschiebekraft ca. 10 % der Lastgewichtskraft, Abrollsicherungen erforderlich.

Beim Umschlagen von großen, ganzen Ladungseinheiten sind die Lastaufnahmemittel motorisch angetrieben. In Abhängigkeit von der Bodenform dieser Einheiten unterscheidet man die *Teleskopgabel*, den *Teleskoptisch* und die *Schwenkschubgabel* (Kapitel 5.3.3), wobei entweder in die Fußkonstruktion eingefahren oder die Ladeeinheit unterfahren wird. Bei der Entnahme aus dem Durchlaufregal kann auch der angetriebene Rollentisch verwendet werden.

Für die Lastaufnahme von Zwei- und Vierwegpaletten oder Gitterboxen dient die *Teleskopgabel*. Dieses gebräuchlichste Lastaufnahmemittel für Einheiten bis 1600 kg ist so konstruiert, daß die Gabel in beiden Richtungen teleskopiert werden kann. In den aus U-Profilen bestehenden Gabeln befinden sich Stützrollen, die in Führungen laufen. Oft als elektro-hydraulischer Antrieb ausgebildet mit Schubstangen, Zahnrädern und Ritzeln oder als Kettentrieb aufgebaut, jeweils formschlüssige Kraftübertragung (siehe Tafel 5.8).

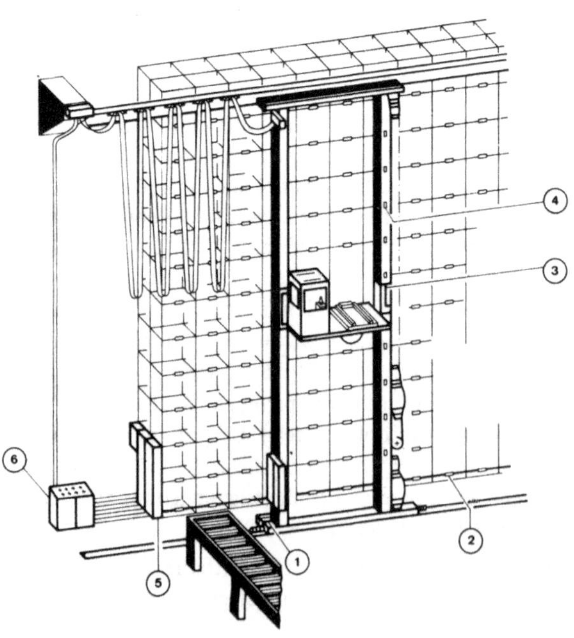

Bild 5.16. Automatisch gesteuertes Regalförderzeug
1 Istwertgeber horizontal
2 Kennung horizontal
3 Istwertgeber vertikal
4 Kennung vertikal
5 Schaltschrank Positioniersteuerung
6 Steuerpult mit Sollwerteingabe

Um Paletten ohne Mittelsteg und Ladeeinheiten mit beliebiger Bodenform im Regal ein- und auslagern zu können, wird der *Teleskoptisch* verwendet, der wie eine Teleskopgabel arbeitet. Tragfähigkeit bis 800 kg bei Ausführung mit nur einem hydraulisch angetriebenen „Teleskopgabelzinken".

5.3.5. Einlagerungs- und Entnahmesysteme

Das Einlagerungs- und Entnahmesystem kann manuell, mechanisch oder automatisch je nach Art des Handlings und der verwendeten Lagereinheiten mit den besprochenen Fördermitteln durchgeführt werden, die in Tafel 5.9 systematisch zusammengestellt sind.

Tafel 5.9. Kontinuierliche und diskontinuierliche Einlagerungs- und Entnahmesysteme bei Regallagerung

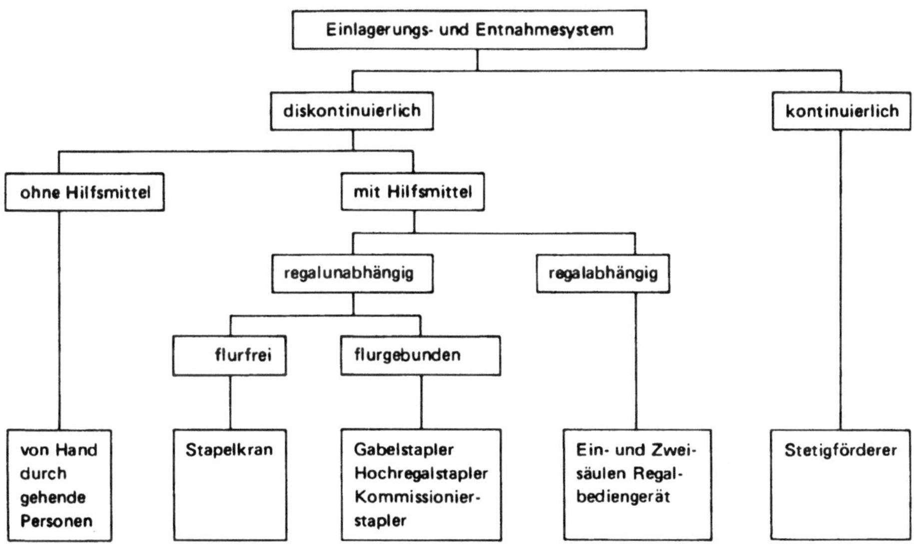

5.3.6. Steuerungssysteme

Die Bewegungen des Regalförderzeuges werden ausgelöst durch

- *Steuerung von Hand:* Die mitfahrende Bedienperson nimmt die Steuerung mit dem Meisterschalter selbst vor. Handsteuerung ist bei allen Geräteausführungen vorgesehen.
- *Halbautomatische Steuerung:* Der Meisterschalter wird durch eine Steuerelektronik ersetzt. Die Bedienperson gibt nur die Zielposition an.
- *Vollautomatische Steuerung:* Unter Einsatz eines Rechners, der nicht nur die Positionierung, sondern auch materialwirtschaftliche Daten ermittelt, werden Ein- und Entnahmevorgänge gesteuert. Die Folge ist eine verbesserte Ausnutzung der Lagerfächer und eine erhöhte Durchsatzleistung.

Zwei Betriebsarten sind möglich, deren Unterschied in der Art der Datenübertragung von der EDV an die Steuerungseinheit liegt.

Beim *Off-Line-Betrieb* werden die Lagerfachkoordinaten sämtlicher Regalfächer auf Lochkarten in einer Leer- und Vollplatzkartei festgehalten. Soll eine Palette eingelagert werden, wird aus der Leerplatzkartei eine Lochkarte gezogen, in den Leser der Anlage eingegeben, und das Regalförderzeug führt den Einlagerungsvorgang aus. Die Datenträger werden diskontinuierlich an den Steuerstand von der EDV gegeben. Der Auslagerungsvorgang verläuft entsprechend. Vorteil: Rechner kann irgendwo stehen, wird für andere Dinge mitbenutzt. Nachteil: keine direkte Rückkopplung, langsamer als On-Line-Betrieb; eilige Aufträge schwieriger auszuführen.

Beim *On-Line-Betrieb* ist die EDV direkt mit dem Steuerungsvorgang verbunden, was eine kontinuierliche Datenübertragung zur Folge hat. Steuerorgan ist ein Prozeßrechner, der die eingegebenen Anforderungen für Ein- und Auslagerung zusammenstellt und selbständig diese Arbeiten veranlaßt (Bild 5.17). Zusätzlich werden Bestandsführung und -überwachung, Mengenplanung, Wegminimierung des Regalbediengerätes, Einhaltung des *first in – first out* – Prinzipes, Ordnung der Lagergüter und Verwaltung der freien und belegten Lagerfächer durchgeführt.

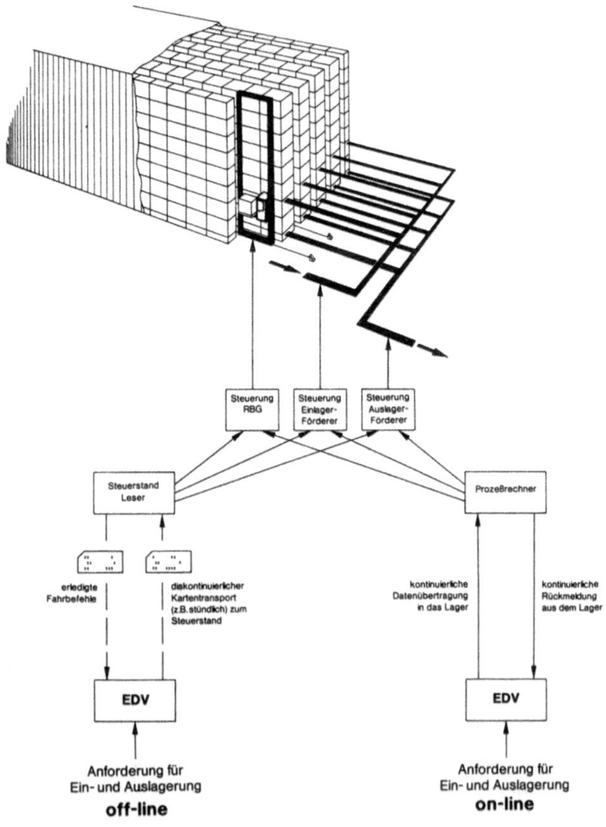

Bild 5.17
Darstellung des off- und on-line-Betriebes

Für die Fahrgeschwindigkeit sind ein Fein- und Schnellgang vorgesehen, um das fotoelektrische Abtasten und Einjustieren bei der Ein- und Auslagerung zu erleichtern. Das Verhältnis von Hub- und maximaler Fahrgeschwindigkeit liegt zwischen 1 : 4 bis 1 : 6. Dem entspricht auch das Verhältnis der Höhen zu den Längen von Hochregallagern. Die Geräte, die oft mit Höhenvorwahl, Feinpositionierung, Fachfeinpositionierung und automatischem Teleskopzyklus ausgestattet sind, haben Hubgeschwindigkeiten von ca. 12/1,2–16/1,6–20/2 oder 30/3 m/min und Fahrgeschwindigkeiten von ca. 63/2–80/2,5–100/2,1–125/2,6 oder 160/2 m/min. Soll das Regalförderzeug für reinen Kommissionierbetrieb eingesetzt werden, so betragen die Hubgeschwindigkeiten ca. 12/16 m/min, die Fahrgeschwindigkeiten 40/10–63/16 oder 80/20 m/min.

5.3.7. Zuförder- und Sondereinrichtungen

Vor der automatischen Einlagerung in das Palettenlager sind *Zentrier-* und *Profilkontrolleinrichtungen* von Palette mit Ladung zu passieren. Der Prüfvorgang kann im Stand oder im Durchlauf ausgeführt werden.

Im Lagerbereich trifft man bei großer Stückgutzahl mit gleichbleibenden Abmessungen *Palettiermaschinen* (Bild 5.18 und 2.58) an zum automatischen Beladen der Paletten mit Kästen, Paketen oder Kartons.

Zur *Ladungssicherung* während des Transportes, zum Schutz der Ware und teilweise auch zur Stapelung der Paletten (Steingut) wird die Palettenladung mit PE-(PVC-)Folien (80 bis 240 μm dick) ummantelt und durch Schrumpfvorgänge (automatisch im Schrumpfofen; manuell mit der Acetylenflamme) fest mit der Ladung verbunden (rund-um-Sicherung). Die Temperatur im Schrumpfofen (-tunnel) und die Verweildauer sind abhängig vom Material (PE, PVC), von der Foliendicke, von dem Schrumpfverhalten (in einer Richtung, biaxial) und von der Größe der Materialschrumpfung (ca. 20 ÷ 30 %). Die Temperaturen betragen im Ofen ca. 200 °C, die Verweildauer ca. 0,8 Minuten. Ungeeignet bei PE/PVC-Sackladung oder kunststoffbeschichteten Gütern, da mit Anbacken gerechnet werden muß.

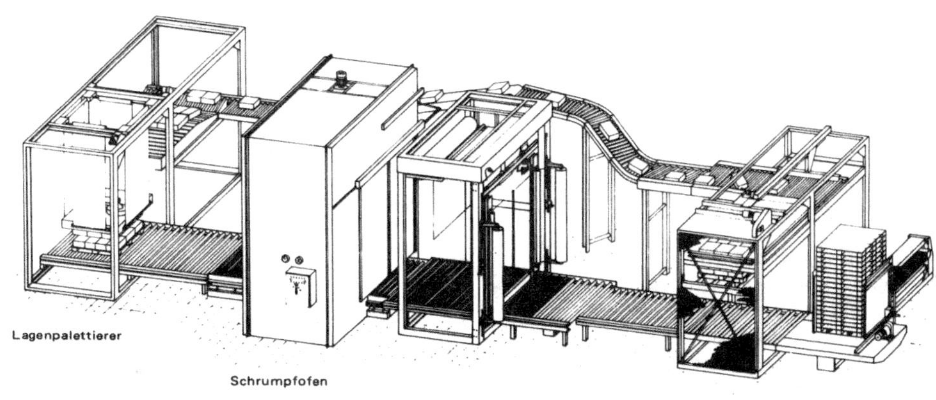

Bild 5.18. Verpackungsstraße mit Paketpalettierer für 4000 Paketen pro Stunde und Einschrumpfanlage zum Herstellen von ladefesten Einheiten

Eine Weiterentwicklung stellt der *Dehnfolien*-Einschlag (Streckfolie) dar, bei dem die Palette mit Ladung auf einem Drehteller steht und der Einschlag durch die Drehbewegung erfolgt. Dauer des Einschlagvorganges ca. 1 Minute. Bei ungleichmäßig beladenen Paletten wird die PVC-Folie (ca. 20 μm dick) spiralförmig, bei Standardbeladung ca. 2 bis 3mal um die Ladung gewickelt. Der Dehnvorgang beginnt nach 2/3 der 1. Umdrehung durch Abbremsen der Folienrolle (Dehnung ca. 40 %). Vorteile sind: keine Energiekosten; kein Anbacken an PVC-Güter; keine Temperatureinwirkung auf Güter. Das Anwendungsverhältnis Schrumpfen zu Strecken ist ca. 85 : 15.

Wird die Palettenladung versetzt aufgestapelt, so genügen oft einfache Zwischenlagen aus Wellpappe oder Klebstreifen als Ladungssicherung.

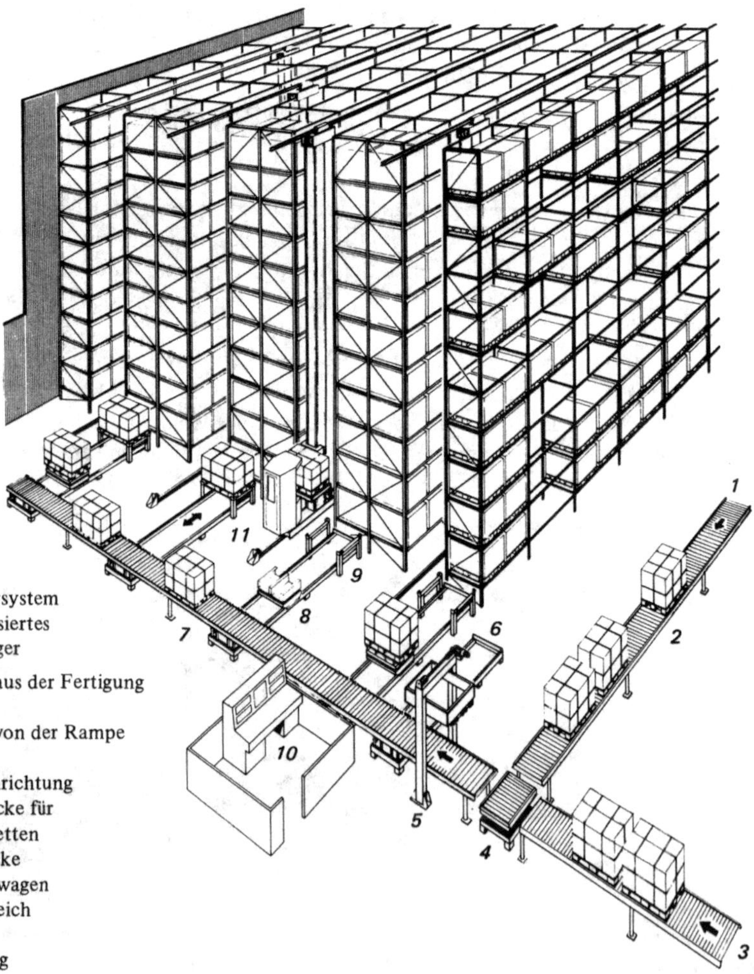

Bild 5.19. Zufördersystem für ein vollautomatisiertes Palettenhochregallager

1 Wareneingang aus der Fertigung
2 Staustrecke
3 Wareneingang von der Rampe
4 Drehtisch
5 Palettenprüfeinrichtung
6 Ausschleusstrecke für fehlerhafte Paletten
7 Einschleusstrecke
8 Verschiebehubwagen
9 Übernahmebereich
10 Steuerpult
11 Regalförderzeug

Je nach Fördergut, Lager- und Transportbedingungen übernehmen horizontale Umreifungen aus Stahl, Kunststoff oder Gummi die Ladungssicherheit z.B. bei Bierkästen auf Paletten. Bei einer Transportgeschwindigkeit von 0,3 m/s sind bei einer Umreifung pro Gut 240 Paletten, bei zwei Umreifungen 90 und bei drei Umreifungen 60 Paletten pro Stunde mittels Automaten zu umreifen.

In der *Verpackungsabteilung* sind Halb- und Vollautomaten bei entsprechenden Stückströmen zum Bündeln, Umreifen, Verschnüren und Verkleben von den unterschiedlichsten Fördergütern wie Kartons, Säcken, Schachteln, Ballen, Ringen usw. im Einsatz. Kartonverschlußautomaten verschließen mit Heißleim, Klebstreifen oder Klammern, verschnüren durch Knotung von Kunststoffäden, durch Verschweißen von Kunststoffbändern oder umreifen mit Stahlband. Die Stückströme sind abhängig von der Kartongröße, der Anzahl der Umschnürungen pro Karton und der Art der Umschnürung. Eine Zweifachumschnürung mit Kunststoffband (Verschweißung) dauert bei einem Umschnürungsabstand von 250 mm und 100 mm Sicherheitsabstand zum nächsten Karton der Vorgang 4,8 Sekunden, d.h. ca. 12 Kartons werden pro Minute umschnürt.

Das *Zufördersystem* für ein automatisches Palettenregal besteht aus Staustrecken, angetriebenen Rollenbahnen, Profilkontrollen, Drehtischen, Einschleusvorrichtungen, Verschiebehubwagen und einem Steuerpult (Bild 5.19).

Torabdichtungen und bewegliche wie stationäre *Überladebrücken* zwischen Rampen und LKW-Pritschen finden sich im Wareneingangs- und -ausgangsbereich.

5.4. Lagerplanung

Dieser spezielle Bereich einer Fabrikplanung kann in Angriff genommen werden, wenn der Standort des Lagers nach einer Materialflußuntersuchung (Kapitel 6.2) festliegt. Der Ablauf und die Vorgehensweise einer Lagerplanung muß systematisch und methodisch sein und kann nach den Schritten einer Materialflußplanung und deren Realisierung (Kapitel 6.3) ablaufen.

Die *Lagerorganisation* befaßt sich dabei speziell mit der Auftragsabwicklung und der Bestandskontrolle, mit dem Belegdurchlauf (Datenfluß) und wird heute bei Großlägern von den EDV-Anlagen gesteuert. Unter Lagerorganisation wird also der Betriebsablauf im Lager mit seinen Vertriebs- und Lieferaufgaben verstanden. Die geeignetste, wirtschaftlichste und von vielen Faktoren abhängige Lagerorganisation zu finden, unterliegt ebenso einem Planungsprozeß wie das Erarbeiten eines Lagersystems mit Lager-, Förder- und Warenverteiltechnik. Dabei ist jede Planung als ein Iterationsprozeß aufzufassen.

Um die einzusetzenden Fördermittel, das Lagersystem, den Automatisierungsgrad, die Art der Kommissionierung oder das Steuerungssystem nach wirtschaftlichen Gesichtspunkten ermitteln zu können, müssen verbindliche, in die Zukunft projizierte Basisdaten vorhanden sein, die nach statischen, dynamischen, strukturellen und organisatorischen Anforderungen zu unterteilen sind. Die entscheidende Größe für das Lager, das wichtigste Kriterium für die Neuordnung, für Festlegung der Lagereinheit, für Übersichtlichkeit oder Automatisierbarkeit ist das Lagergut. Art, Menge, Gewicht, Abmessungen, Artikelzahl, Lagereinheit (Förderhilfsmittel z.B. Palette, Behälter), die pro Zeiteinheit ein- und auszulagernden Lagereinheiten und die Bevorratungsgrößen müssen bekannt sein.

Randbedingungen wie Klimatisierung, Feuerschutz, Anzahl und Größe der Tore, Zu- und Abfahrten, Rampen, verfügbare Grundfläche, Pendeltüren, Ladeluken und ihre Abdichtung usw. sind entsprechend zu berücksichtigen. Für jedes Lager hat der Auslagerungsvorgang Priorität gegenüber dem Einlagerungsvorgang. Die Entscheidung über ein auszuführendes System muß nach wirtschaftlichen Gesichtspunkten fallen, denn mit dem gewählten System liegen auch die zukünftigen Betriebskosten und die Wirtschaftlichkeit fest. Ausgeführte Lagerbeispiele zeigen die Bilder 5.11, 5.19 und Bild 5.25.

5.5. VDI-Richtlinien

Zur weiteren Information und Vertiefung im Lagerbereich werden folgende VDI-Richtlinien empfohlen.

VDI 2199	Empfehlungen für bauliche Planungen im Förder- und Lagerwesen: Flurförderzeuge
2312	Rollenbahnen
2332	Schleppkettenförderer
2334	Schleppkreisförderer (Power and Free-Förderer)
2339	Steuerungssysteme, Zielsteuerung für Stückgut auf Stetigförderern
2340	Verteileinrichtung, Zielsteuerung für Stückgut auf Stetigförderern
2349	Zwischenlagern in Fertigungsbetrieben
2360	Lastkraftwagen, Be- und Entladen
2361 Bl. 1	Regalförderzeuge, regalabhängig
2361 Bl. 2	Regalförderzeuge, regalunabhängig
2370	Stapelkran
2380	Empfehlungen für bauliche Planungen im Förder- und Lagerwesen: Stetigförderer
2387	Planungen von Fertigwarenlagern
2388	Empfehlungen für bauliche Planungen im Förder- und Lagerwesen: Brückenkrane
2395	Mobilkran (Fahrzeugkran)
2405	Portalhubwagen
2407	Quergabelstapler
2409	Tore im Industriebau
2412	Vierwegstapler
2417	Fachregale (Typenblatt)
2418	Palettenregale (Typenblatt)
2419	Durchlaufregale (Typenblatt)
2487	Einsatz von Durchlaufregalen
2488	Ermittlung von Lagerkennzahlen zur Flächen- und Raumnutzung
2490	Verpackung, Transport und Lagerung von Material
2493	Fördern und Lagern von Langgut
2495	Regalförderzeuge (Typenblatt)
2670	Ladungssicherung auf Straßenfahrzeugen
2681	Steuerung von Regalförderzeugen
2682	Projektbogen für Steuerung von Regalförderzeugen
2687	Ladegeschirre für Container, Sattelanhänger und LKW-Wechselaufbauten
2690 Bl. 1	Material- und Datenfluß im Bereich von automatisierten Hochregallagern
2692	Kommissionieren im Lager
2694	Silos und Bunker zum Speichern von Schüttgut
2697	Hochregallager mit regalabhängigen Förderzeugen (Planungsstufen)
2698	Lagerung und Transport von Coils
2699	Lagerung und Transport von schmalen Bändern
3561	Regalförderzeuge, Testspiele zum Leistungsvergleich

VDI 3563 Stetigfördern von Kleinbehälter und Paletten
3564 Empfehlungen für Brandschutz im Hochregallager
3569 Typenblatt für Portalstapler zum Containertransport
3588 Sicherung von Ladeeinheiten durch Schrumpfen von Plastikfolien

5.6. Beispiele, Fragen

▶ **Beispiel 5.1:** Ermittlung der Durchschnittszeit für das Einfachspiel eines Hochregalstaplers beim Einsatz in einem Palettenhochregallager.

Die Durchschnittszeit für ein Einfachspiel wird benötigt, um bei bekannter Anzahl der Ein- und Auslagerungseinheiten (Paletten) pro Tag die Anzahl der einzusetzenden Hochregalstapler zu errechnen (vergleiche Gleichungen 1.28 und 1.29).

Lösung:

$$z = \frac{\dot{m}_{st}\, t_{ges}}{3600\, t_a} \quad \text{Anzahl Hochregalstapler} \tag{5.1}$$

$\dot{m}_{st}$	in Stück/Tag	Anzahl der ein- und auszulagernden Paletten
t_{ges}	in s	Durchschnittszeit für ein Einfachspiel eines Hochregalstaplers
t_a	in h/Tag	tägliche Arbeitszeit für einen Hochregalstapler

Zur Lösung dieser Aufgabe ist die Kenntnis von t_{ges} erforderlich. Die Bestimmung von t_{ges} erfolgt mit Hilfe des Diagramms in Bild 5.20. Im Diagramm sind auf der linken Waagerechten des Koordinatenkreuzes die Fahrstrecke in m, auf der oberen Senkrechten die Fahrzeit t_1 in s für Hin- und Rückfahrt, auf der rechten Waagerechten die Summe von Fahr- und Hubzeit $t_1 + t_2$ und auf dem unteren Teil der Senkrechten die Addition mit dem Senkvorgang t_3, also $t_1 + t_2 + t_3$, angegeben. Parallel dazu ist die Spielzeitskala t_{ges} angeordnet, die auch die Zeiten für das Auf- und Absetzen sowie für das Manipulieren mit dem Lastaufnahmemittel enthält. Bei der Ermittlung für die Durchschnittszeit geht man für den Arbeitsweg von zwei Drittel der Regalganglänge und für die Einstapelhöhe von zwei Drittel der maximalen Hubhöhe aus.

Im eingezeichneten Beispiel ergibt sich für einen Hochregalstapler bei einem Arbeitsweg (maximale Regalganglänge) von 75 m und einer maximalen Einstapelhöhe von 12 m eine Durchschnittszeit für das Einfachspiel von t_{ges} = 130 s.

Für das Beispiel im Diagramm bedeuten:

HH Hubzeitgeraden für mittlere Hubhöhe $(\frac{2}{3} \cdot 12 = 8\ \text{m})$

SH Senkzeitgeraden für mittlere Senkhöhe $(\frac{2}{3} \cdot 12 = 8\ \text{m})$

Fahrstrecke $\frac{2}{3} \cdot 75 = 50$ m

Für das Umsetzen des Staplers in einen anderen Regalgang ist mit ca. 20 s zu rechnen.

▶ **Beispiel 5.2:** Lagergrundflächenvergleich.

Wieviel umbaute Grundfläche ist zur Lagerung von 5000 Paletten bei einer Paletten- und Ladungshöhe von zusammen 1300 mm erforderlich? Es soll die jeweilige Fläche ermittelt werden bei Bedienung des Palettenregales mit

a) einem Hochregalstapler oder Regalbediengerät gleicher Höhe
b) einem Schubmaststapler
c) einem Gabelstapler

Um Platz zu sparen, wurde Längseinlagerung (Tiefe im Regal 1200 mm) gewählt.

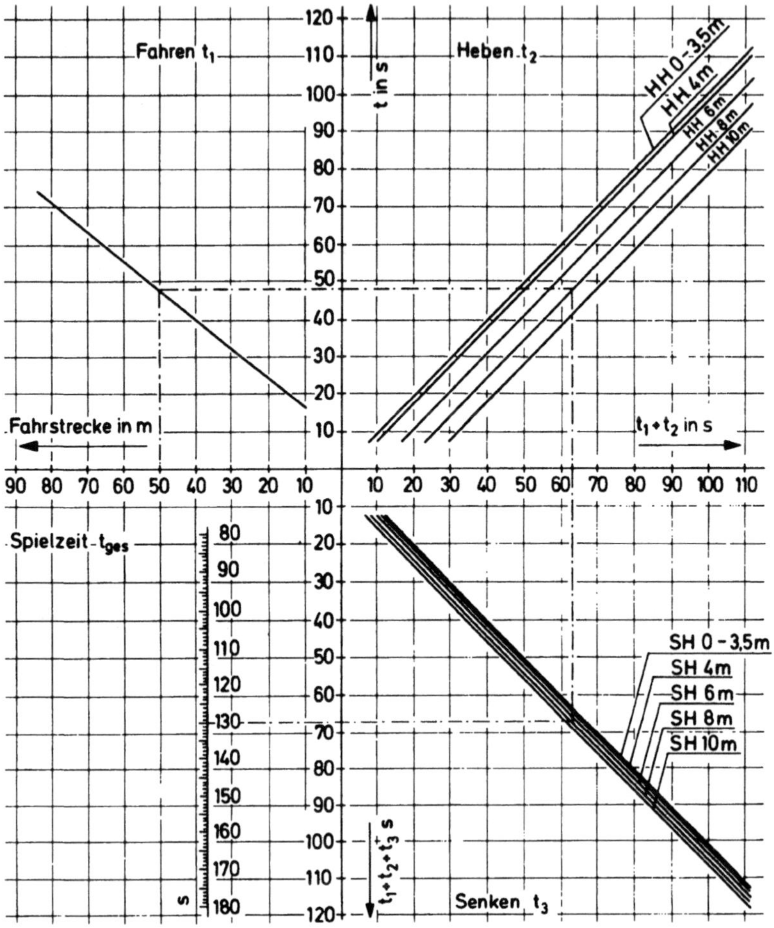

Bild 5.20. Diagramm für Einfachspielzeiten bei Hochregalstaplern

Lösung: Bei der Lösung dieser Aufgabe geht man von den unterschiedlichen Gangbreiten, den möglichen Hubhöhen der Fördermittel *a* bis *c* und von der Gesamthöhe einer beladenen Palette aus. Zu berücksichtigen sind bei Festlegung der Hallenhöhe: Freihöhe im Regalfach (100 mm) und Konstruktionshöhe der Traversen zur Auflage der Paletten (ca. 120 mm), bei Festlegung der Hallenbreite: Breite je Doppelregal = zweimal Palettenlänge (1200 · 2) plus 100 mm Konstruktionsbreite. Zum Datenvergleich wurden alle Werte in der Reihenfolge ihrer Ermittlung tabellarisch für die 3 Fördermittel gegenübergestellt (Tafel 5.10). Die bildliche Darstellung des Flächenvergleiches ist dem Bild 5.21 zu entnehmen. Es ergeben sich an notwendigen Grundflächen für

$a: 1508\ m^2$; $b: 3042\ m^2$; $c: 4680\ m^2$.

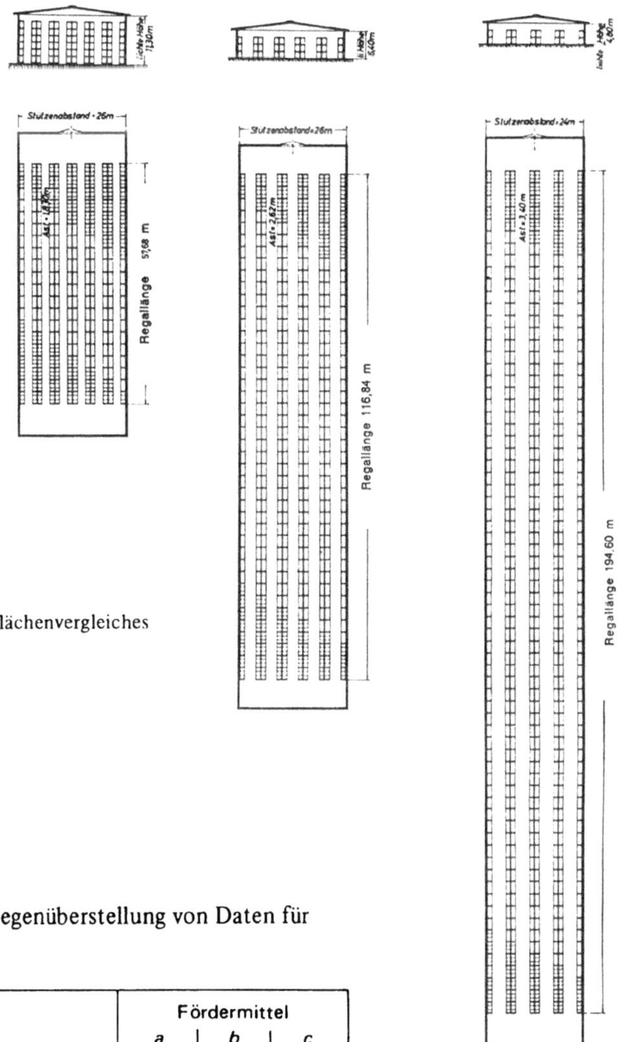

Bild 5.21
Darstellung des Grundflächenvergleiches

Tafel 5.10. Zusammen- und Gegenüberstellung von Daten für einen Grundflächenvergleich

Nr.	Planungsdaten	Fördermittel		
		a	*b*	*c*
1	Arbeitsgangbreite Ast in m	1,83	2,62	3,40
2	Anzahl der Regalgänge	6	5	4
3	Stützenabstand (Hallenbreite) in m	26	26	24
4	Regallänge in m	58	117	195
5	Fördermittelhubhöhe in m	9	4,5	3
6	Anzahl der gestapelten Paletten	7	4	3
7	Höhe der gestapelten Paletten in m	10,3	5,8	4,3
8	erforderliche Hallenhöhe in m	11,3	6,4	4,8
9	Anzahl der gelagerten Paletten	5040	5040	5040
10	benötigte Grundfläche in m^2 (nur für Regalfläche)	1508	3042	4680

▶ **Beispiel 5.3:** Errechnung der Amortisationszeit für eine Lagerplanung.

In einer 6 m hohen Fertigungshalle ist auf 325 m^2 ein Lager für Gußteile bestehend aus 2 m hohen Regalen und Bodenlagerung vorhanden. Es soll nachgerechnet werden, welche Einsparungen (Rationalisierungserfolg) durch ein Fachhochregal (5 m Höhe) und Bedienung mittels Regalbediengerätes erreicht werden und in welcher Zeit sich die Investitionskosten amortisiert haben.

Die Planung hatte eine neue Lagerfläche von 65 m^2 ergeben. Von den 3 Lagerbeschäftigten können durch die Neugestaltung zwei eingespart werden. Annahme: mittlere Auslastung des Regalbediengerätes.

Lösung: Die Lösung der Aufgabe erfolgt mit einer Kostenvergleichsrechnung (Tafel 5.11). Die jährlichen Betriebskosten des alten Lagers betragen 82.193,– DM, die des geplanten Lagers 37.691,– DM. Daraus errechnet man 44.502,– DM Einsparung pro Jahr. Bei den eingesetzten Investitionskosten von 89.137,– DM beträgt die Amortisationszeit zwei Jahre.

Außerdem bewirkt solch eine Rationalisierung:

- Senkung der Lohn-, Miet- und Zinskosten
- Erhöhung der Umschlagsleistung
- kürzere Zugriffszeiten
- Reduzierung der Ermüdung durch sicheres und bequemes Arbeiten
- bessere Ordnung und größere Übersicht
- höherer Raumnutzungsgrad.

▶ **Beispiel 5.4:** Kennzahlenermittlung bei Block- und Hochregallager.

Bei der Neuplanung eines 40.000 Paletten fassenden Lagers wurden zwei Varianten erarbeitet: ein Block- und ein Hochregallager. Die Investitionskosten wurden für das Blocklager mit 5,8 Mio. DM errechnet, für das Hochregallager mit 13,3 Mio. DM. Über die Betriebskosten sollen zu Vergleichszwecken folgende Kennzahlen ermittelt werden

a) Lagerungskosten in DM pro Palette und Monat
b) Umschlagskosten in DM pro Palette Ein- und Auslagerung

Lösung: Das Ergebnis wurde tabellarisch erarbeitet (Tafel 5.12). Für Kennzahl a ergeben sich Kosten für das Blocklager in Höhe von 1,36 DM, für das Hochregallager 2,30 DM pro Palette und Monat. An Umschlagskosten für eine Palette ein- und auszulagern müssen beim Blocklager 1,10 DM und beim Hochregallager 0,55 DM aufgebracht werden. Für die Entscheidung, welches Lager gebaut werden soll, sind diese Kennzahlen mit ein Kriterium, denn sie gestatten über die Paletten-Umschlagszahlen pro Jahr, die Lagerkosten und die Manipulationskosten der Paletten zu ermitteln.

▶ **Beispiel 5.5:** Skizzieren Sie die wichtigsten Fördermittel für den Containerumschlag mit vergleichbarem Maßstab auf.

Lösung: Als wichtigste Fördermittel sind Krane und Flurförderer zu nennen. Bild 5.22 zeigt unter

a) Portalkran mit Hängekatze zur Schiffsbeladung (oft mit hochklappbarem Ausleger versehen)
b) Portalkran mit festen Auslegern und Hängekatze zum Bedienen von Schiffen und Lagerplatz
c) Portalkran mit Laufkatze zum Umladen
d) mobiler Portalkran zur Beladung und Stapelung
e) Portalstapler
f) Quergabelstapler
g) Portalhubwagen.

Außerdem können noch der Frontgabelstapler und der Portalkran mit Drehkatze zum Container-Umschlag eingesetzt werden.

Tafel 5.11. Tabellarische Ermittlung der Betriebskosten bei vorhandenem und geplantem Lager

	Alte Lösung	Neue Lösung
1. **Personalkosten** Lohn und Gemeinkosten (251 Arbeitstage pro Jahr; 8 Std. pro Arbeitstag). Personenzahl X 251 Tage X 8 Std. (DM 4,80 + 4,30)[1)]	DM 54 818,–	DM 18 273,–
2. **Abschreibung** 10 % pro Jahr linear: a) Regalbediengerät DM 21 137,– : 10[1)]		DM 2 114,–
b) Regale DM 68 000,– : 10	DM 2 000,–	DM 6 800,–
3. **Kapitalverzinsung** 10 % pro Jahr auf das durchschnittlich gebundene Kapital. a) Regalbediengerät $\frac{\text{DM } 21\,137,\text{–} \times 10}{100 \times 2}$		DM 1 057,–
b) Regale $\frac{\text{DM } 68\,000,\text{–} \times 10}{100 \times 2}$	DM 1 000,–	DM 3 400,–
4. **Wartungskosten** 5 % pro Jahr der Investitionssumme. Regalbediengerät $\frac{5\,\% \times \text{DM } 21\,137,\text{–}}{100}$		DM 1 057,–
5. **Kalkulatorische Mietkosten** DM 75,– pro Quadratmeter im Jahr (einschließlich Heizungskosten und Unterhaltsreinigungskosten). DM 75,– X 325 (65) m^2	DM 24 375,–	DM 4 875,–
6. **Betriebsabhängige Kosten** Stromkosten bei Anschlußwerten von: 2,0 kW für Hubwerk und 0,5 kW für Fahrmotor 2,5 kW bei einem Strompreis von DM 0,08 kWh und 30 % ED 2,5 kW X 0,08 DM X 576 Std.		DM 115,–
Summen	DM 82 193,–	DM 37 691,–

1) Löhne und Preise auf der Basis 1972
Multiplikator für 1978 ca. 1,7
Von Interesse sind in erster Linie die Differenzgrößen

Tafel 5.12. Kennzahlenermittlung über Betriebskosten für Block- und Hochregallager

Betriebskostenschätzung mit Kennzahlermittlung für zwei Lagervarianten			
Investitionssumme: Blocklager 580.000 DM Hochregallager 1.330.000 DM		Anzahl der einzulagernden Paletten: 40.000 Anzahl der pro Jahr umzuschlagenden Paletten: 145.000	
		Angaben in DM	
Nr.	Betriebskostenarten	Blocklager	Hochregallager
1	Instandhaltung Gebäude 1 % der Investitionssumme	58.000	133.000
2	Instandhaltung Fördergeräte 5 % Investitionssumme	–	120.000
3	Instandhaltung und Ersatzbeschaffung Paletten 5,5 %	31,000	31.000
4	Instandhaltung und Ersatzbeschaffung Aufsteckrahmen 4 %	88.000	
5	Instandhaltung und Energiekosten E-Stapler 3 DM/h	44.000	12.000
6	Personalkosten 8,– DM/h	116.000	68.000
7	Zwischensumme	337.000	364.000
8	Zinsen 5 % der Investitionssumme	474.000	820.000
9	Zwischensumme	811.000	1.184.000
10	Abschreibung Gebäude 3 %	180.000	400.000
11	Abschreibung Transportgeräte 20 %	45.000	380.000
12	Abschreibung Förderanlagen 10 %	–	58.000
13	Abschreibung Paletten und Aufsteckrahmen 20 %	552.000	112.000
14	Abschreibung Regale 7 %	7.000	–
15	Summe Abschreibungen	784.000	950.000
16	Gesamtsumme der jährlichen Kosten	1.595.000	2.134.000
17	Lagerungskosten DM/Palette u. Monat [(Zeile 9 – 5 – 6): 40 000 : 12]	1,36	2,30
18	Umschlagkosten DM/Palette ein- und auslagern [(Zeile 5 + 6): 145 000]	1,10	0,55

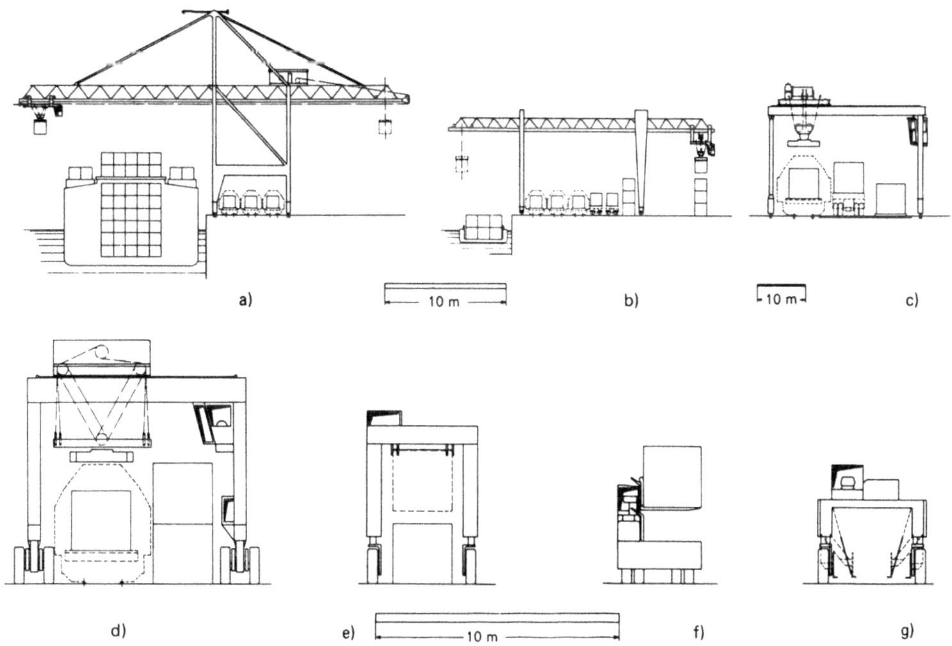

Bild 5.22. Zusammenstellung der Fördermittel für den Containerumschlag

▶ **Beispiel 5.6:** Beschreiben Sie die Arbeitsweise eines Vierwegstaplers im Paletten-Blocklager und im Langgutlager.

Lösung: Normalerweise können Rohlinge, Halb- und Fertigfabrikate, die zu großem Prozentsatz (bis zu 80 %) zwischengelagert werden, nur in 2-Reihen-Stapelung gepuffert werden, da man zu jederzeit an die Behälter oder Paletten herankommen muß. Der Vierwegstapler ermöglicht bis zu einer minimalen Breite des Lagergutes von 1 m eine 4-Reihen-Stapelung. Die Arbeitsweise zeigt Bild 5.23a:

1) Der Vierwegstapler fährt bei geringer Arbeitsgangbreite A_{St} in Längsrichtung
2) Die Lagereinheit in der 1. Reihe wird durch Aus- bzw. Einfahren des Schubrahmens aufgenommen oder abgesetzt. Die Räder behalten ihre Richtung bei.
3) Um an die zweite Stapelreihe zu gelangen, müssen die Räder um 90° gedreht werden.
4) Jetzt kann der Vierwegstapler seine Querfahrt durchführen und die Lagereinheit in der 2. Reihe aufnehmen oder absetzen.
5) Die Räder sind wieder auf Längsfahrt gestellt und der Transport kann erfolgen.

Die Arbeitsweise des Vierwegstaplers im Langgutlager (Langgutlänge > Fahrzeuglänge) ist analog der des Palettenlagers und wird im Bild 5.23b demonstriert:

1) entspricht den Nummern 1 und 2 im Bild 5.23a,
2), 3) und 4) sind identisch mit den Bewegungsabläufen 3, 4 und 5 im Bild 5.23a.

Der Hintereinanderstapelung großer Mengen im Block sind hier keine Grenzen gesetzt. Jeder Block kann vom Gang aus auf- und abgebaut werden.

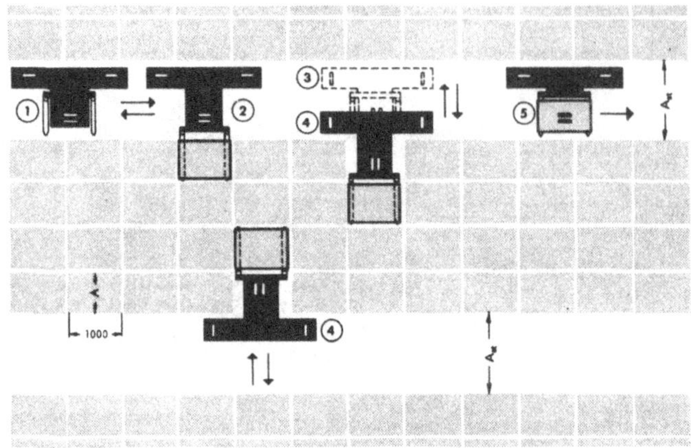

a)

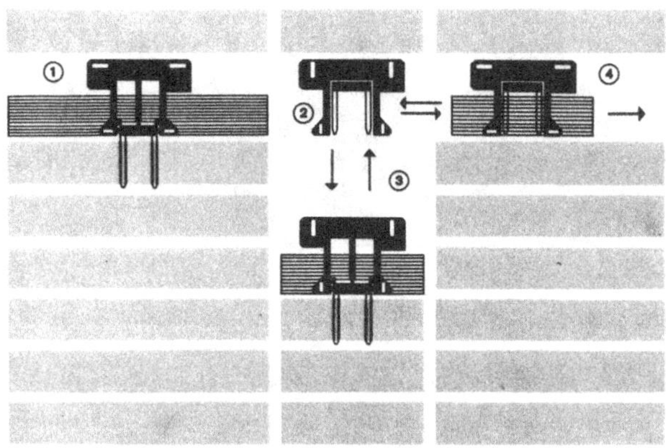

b)

Bild 5.23
Arbeitsweise des Vierwegestaplers (Zahlen siehe Text)
a) beim Palettentransport
b) beim Langguttransport

▶ **Beispiel 5.7:** Es ist ein Gangbreitenvergleich zwischen Vierwegstapler, Schubrahmenstapler und Frontstapler bei gleicher Tragfähigkeit und gleichen Abmessungen des Lagergutes durchzuführen und die Flächennutzungsgrade gegenüberzustellen.

Lösung: Der Vergleich wird im Bild 5.24 durchgeführt. Die schematische Zeichnung gibt die verschiedenen erforderlichen Gangbreiten der einzelnen Gabelstaplertypen wieder (1790–2400–3110 mm). Das Ergebnis läßt sich auch im Flächennutzungsgrad wiedergeben, indem man den Flächenbedarf des Vierwegstaplers mit 100 % ansetzt. Dann benötigen bei gleicher Lagerkapazität der Schubrahmenstapler 116 % und der Frontstapler 134 % an Fläche.

▶ **Beispiel 5.8:** Lagerplanung bei vorgegebener Halle.
Für eine Halle mit 4100 m^3 Bruttolagerraum sollen in Abhängigkeit von verschiedenen Fördermitteln *A* – Gabelstapler, *B* – Stapelkran, *C* – Regalbediengerät in vergleichender Form ermittelt werden:

- die Anzahl der gelagerten Paletten
- der Nettolagerraum
- der Raumnutzungsgrad.

Lösung: Sie ist in Bild 5.25 und Tafel 5.13 dargestellt.

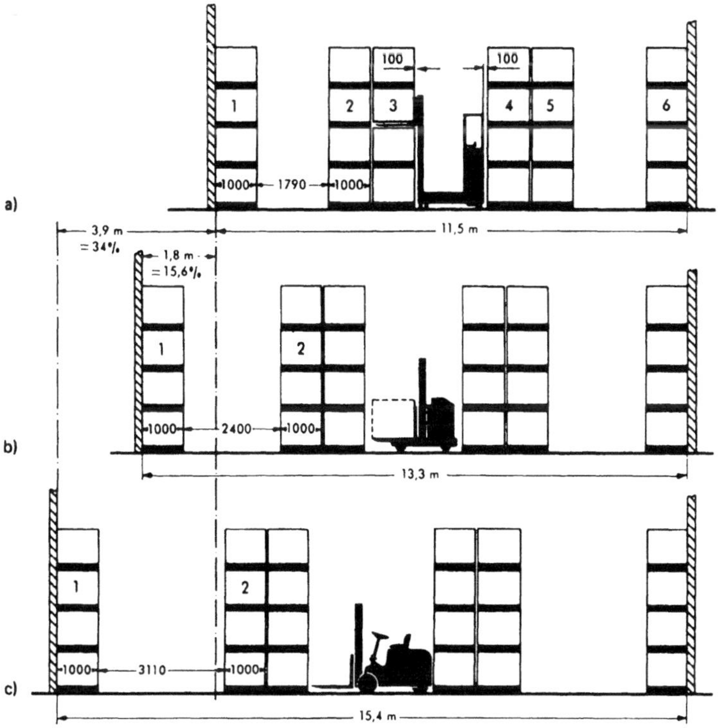

Bild 5.24. Vergleich der Arbeitsgangbreiten von verschiedenen Staplern
a) Vierwegestapler b) Schubrahmenstapler c) Frontgabelstapler

▶ **Beispiel 5.9:** Welche Daten beschreiben ein Regalbediengerät, dessen Einsatzbereich der Stapel- und Kommissionierbetrieb für Paletten oder Behälter ist?

Lösung:

1. Technische Daten wie Nutzlast, maximale Höhe und Länge des Gerätes, tiefste und höchste Lasttischstellung, Fahr- und Hubgeschwindigkeiten (schalt- oder stufenlos regelbar), Ein- oder Zweisäulenbauweise
2. Lastaufnahme mittels Gabel- und Tischteleskop
3. Steuerung manuell aus der Kabine
4. Zusatzausrüstungen durch motorischen Kabinenrelativhub, durch Feinpositionierungseinrichtungen, durch Höhenvorwahl oder Fachpositionsanzeige.

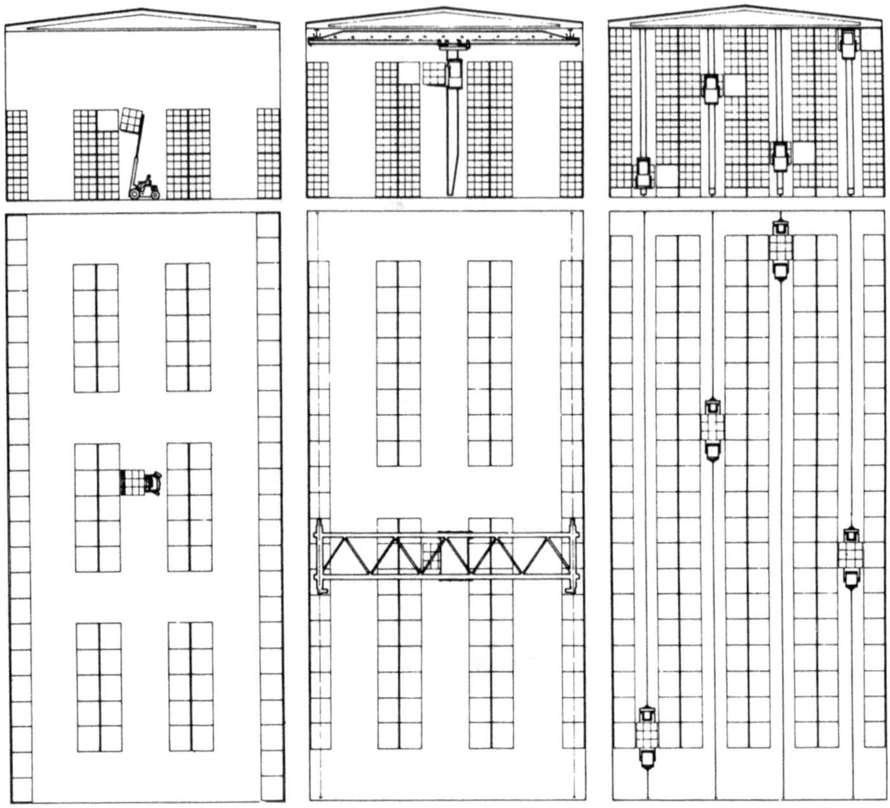
a) b) c)

Bild 5.25. Vergleich der Einlagerungskapazität in Abhängigkeit vom Fördermittel bei Palettenlagerung a) mittels Gabelstapler b) mittels Stapelkran c) mittels Regalförderzeug

Tafel 5.13. Vergleich Gabelstapler, Stapelkran und Regalbediengerät bezüglich des Lagerraumes

	Lagerbedienung		
	Gabelstapler	Stapelkran	Regalbediengerät
Bruttolagerraum in m^3	4100	4100	4100
Einlagerungskapazität in %	100	150	265
Anzahl der eingelagerten Paletten	424	636	1120
Nettolagerraum in m^3	825	1238	2180
Raumnutzungsgrad in %	20	30	53

• Fragen

1. Welche Prinzipien der Lagerhaltung gibt es?
2. Skizzieren Sie schematisch das Lager in der Materialflußkette.
3. Welche Vorteile haben zentrale und dezentrale Lagerung?
4. Geben Sie Beispiele für Lagerordnungen nach Präferenzen.
5. Nennen und definieren Sie charakteristische Kennzahlen für den Lagerbereich.
6. Welche Arten der Auftragszusammenstellung im Kommissionierlager gibt es?
7. Wie unterteilt man das Gesamtlagersystem?
8. Welche Lagerungssysteme unterscheidet man?
9. Welche Vorteile hat ein Palettendurchlauflager, und wann ist es einsetzbar?
10. Geben Sie in Form einer systematischen Darstellung statische und dynamische Lagerung von Stückgut in Gebäuden an.
11. Welche speziellen Flurförderzeuge sind im Lagerbereich anzutreffen?
12. Beschreiben Sie regalabhängige und regalunabhängige Regalbediengeräte.
13. Wie teilt man die flurgebundenen Regalbediengeräte ein?
14. Was wird unter *Off-Line*-Betrieb und unter *On-Line*-Betrieb verstanden?
15. Zeigen Sie in einer Systematik die kontinuierlichen und diskontinuierlichen Einlagerungs- und Entnahmesysteme bei Regallagerung auf.
16. Welche Daten werden für eine Lagerplanung benötigt?
17. Beschreiben Sie den Ablauf einer Lagerplanung über die Realisierung bis zur Inbetriebnahme des Lagers.
18. Aus welchen Teilzeiten setzt sich das Einfachspiel eines Hochregalstaplers bei Regalbedienung zusammen?

6. Materialflußtechnik

6.1. Allgemeines

6.1.1. Definition und Teilflüsse

In einem Betrieb werden Güter nicht nur erzeugt, sondern auch transportiert, umgeschlagen und gelagert. Die Grundvorgänge in einem Produktionsbetrieb lassen sich also angeben mit

Fertigen – Bewegen – Ruhen.

Darauf baut in der VDI-Richtlinie 3300 die Definition des Begriffes Materialfluß auf, unter dem alle Vorgänge bei der *Gewinnung, Bearbeitung* und *Verteilung* von stofflichen Gütern bezüglich ihrer *räumlichen, zeitlichen* und *organisatorischen* Verkettung zu verstehen sind. Der Begriff Materialfluß wird einmal als Volumen-, Massen- oder Stückstrom gesehen, zum anderen als die *Ausführung* oder *Struktur* des Materialflusses im Betrieb mit Hilfe der Förder- und Lagertechnik. Die Rede ist dann von einem quantitativen und einem qualitativen Materialfluß, der sich in die Teilvorgänge Bearbeiten, Prüfen, Handhaben, Transportieren, Aufenthalt und Lagern aufspalten läßt (Bild 6.1).

Außer dem Materialfluß sind noch andere Teilflüsse im Betriebsablauf, besonders bei einer Fabrikplanung zu beachten.

Der *Informationsfluß:* Er umfaßt alle Kommunikationen in mündlicher und schriftlicher Form zwischen den Betriebsangehörigen mittels Telefon, Rohrpost, Boten oder Kassettenförderer.

Der *Personalfluß:* Er umfaßt die Wege der Beschäftigten und Besucher eines Unternehmens in zeitlicher und räumlicher Abhängigkeit von und zum Werkseingang (Parkplatz) und auf dem Werksgelände.

Der *Energiefluß:* Er umfaßt die einzelnen Betriebsteile mit benötigter Energieart und -menge wie Gas, Wasser, Elektrizität, Dampf, Druckluft usw.

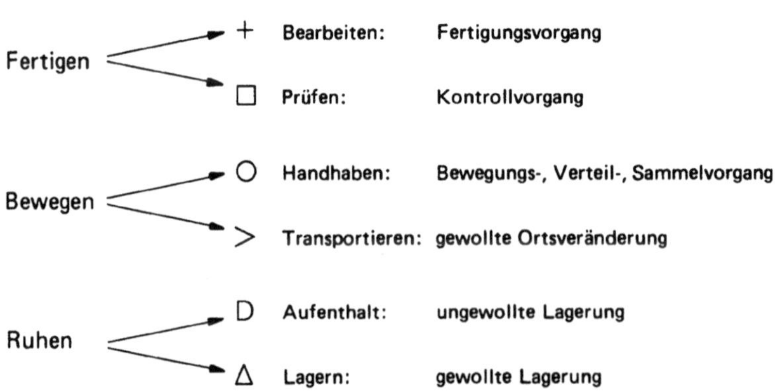

Bild 6.1. Tätigkeiten und Arbeitssymbol des Materialflusses

6.1.2. Bedeutung und Bereiche

Die Bedeutung des Materialflusses läßt sich zunächst an den innerbetrieblichen Materialflußkosten ablesen, die ein wesentlicher Kostenfaktor des Betriebes sind. Je nach Branche, Fertigungsart und Produkt kann der Anteil der Materialflußkosten an den betrieblichen Selbstkosten bis 50 % und mehr betragen. Die VDI-Richtlinie 3330 gliedert die Materialflußkosten in vier Hauptkostenarten:

1. Materialflußbedingte Personalkosten
2. Betriebsmittelkosten (Transportmittel- und Lagereinrichtungskosten)
3. Materialflußbedingte Raum- und Wegekosten
4. Kapitalbindung des Umlaufvermögens (materialflußbedingte Kapitalbindungskosten).

Wird eine Kostenuntersuchung nach diesen Kostenarten durchgeführt, so erhält man mit hinreichender Genauigkeit die tatsächlich in einem Betrieb anfallenden Materialflußkosten. Die im Betriebsabrechnungsbogen aufgeführten Transportkosten erfassen meist nur einen kleinen Teil der wirklichen Materialflußkosten. So werden Verlustzeiten durch mangelhafte Transportverhältnisse, Zwischenlagerkosten, Transportarbeitskosten durch Facharbeiter usw. nicht erfaßt. Die Bedeutung und die Beurteilung des Materialflusses wird nur dann richtig erkannt, wenn alle vom Materialfluß verursachten Kosten ermittelt werden.

Ob die Zuordnung der einzelnen Produktionsabteilungen oder der richtige Standort des Lagers im Betrieb ermittelt werden soll, ob die Fragen zu klären sind, welche Fördermittel für eine anstehende Transportaufgabe auszuwählen, wie die Auftragsdurchlaufzeiten zu verkleinern, wie Unfälle und Ausfälle im Transportbereich zu vermeiden, wie die Raumnutzung zu verbessern oder die Auslastung der Transportmittel zu vergrößern sind, dafür liefert *eine Materialflußuntersuchung* die entsprechenden Basiszahlen.

Der Materialfluß hat besondere Bedeutung für die Fabrik-, Lager-, Transport- oder Rationalisierungsplanung. Er läßt sich in vier Bereiche gliedern: *externer, betriebsinterner, gebäudeinterner* und *Arbeitsplatz*-Bereich (Tafel 6.1). Auf den betriebs- und gebäude-

Tafel 6.1. Materialflußbereiche

	Bereich	Beeinflußt	Zuständig für
Außerbetrieblicher Materialfluß	Externer Bereich	Standortwahl Standortfindung	Transportsystem bei – Beschaffung vom Hersteller – Verteilung zum Verbraucher
Innerbetrieblicher Materialfluß	Betriebsinterner Bereich	Bauleitplan Gebäudezuordnung Funktionsablauf	innerbetriebliches Transport-, Lager-, Verteilungs-, Handlings-System
	Gebäudeinterner Bereich	Abteilungszuordnung Einrichtungsplanung	
	Arbeitsplatz-Bereich	Arbeitsplatzgestaltung Betriebsmittelwahl	

internen Materialfluß soll näher eingegangen werden. Hier ist der Materialfluß maßgebend für die Wahl des richtigen Transportmittels oder -hilfsmittels, für dessen Anzahl, für das geeignetste Transportsystem oder für die Breite der Wege, deren Bodenbelastbarkeit sowie der Geschwindigkeit der Fördermittel.

6.2. Materialflußuntersuchung

6.2.1. Ausgangssituation und Vorgehensweise

Unter den Begriffen Materialflußuntersuchung, Materialflußanalyse oder Materialfluß-Ist-Aufnahme versteht man die Erfassung des Transportvorganges und -ablaufes aller Materialien im innerbetrieblichen Bereich vom Wareneingang bis zum Warenausgang. Ausgelöst wird eine Materialflußuntersuchung bei

- Betriebsverlagerung, -erweiterung, -umstellung
- Mechanisierung oder Automatisierung des Transportes
- Ermittlung von Transporteinheiten
- Verringerung der Lagerbestände
- hohen Durchlaufzeiten eines Produktes
- schlechter Raum- und Flächennutzung
- Engpässen im Materialflußbereich
- großen Beschädigungen und hoher Ausschußrate
- hohen Wartezeiten
- Transport durch Facharbeiter
- „roten" Zahlen von Produkten oder Abteilungen.

Um verbindliche Aussagen und Daten für die aufgelisteten Vorhaben und Mängel zu bekommen, muß die Untersuchung des Ist-Zustandes nach unterschiedlichen Gesichtspunkten erfolgen in Form von

Ablaufstudien: Der Ablauf des Materialflusses wird in einzelne Vorgänge zerlegt und analysiert, um Basisdaten für eine Neugestaltung zu erhalten.

Auslastungsstudien: Maschinen und Einrichtungen werden auf Auslastung überprüft, um den Ist-Zustand zu begutachten und Ausgangsdaten für den Soll-Zustand zu gewinnen.

Kostenstudien: Alle Kosten des Materialtransportes werden ermittelt, um Aussagen über die Materialflußkostenstruktur zu erhalten und Schwachstellen zu erkennen.

Eine Materialflußuntersuchung läßt sich in die Schritte *Vorbereitung, Durchführung, Beurteilung* und *Entscheidung* untergliedern, dadurch wird eine systematische und methodische Vorgehensweise erreicht (Tafel 6.2).

In der *Vorbereitungsphase* ist das Untersuchungsziel und die Aufgabenstellung durchzuarbeiten, schriftlich zu formulieren und abzugrenzen, welche Bereiche, welche Abteilungen oder welches Produkt untersucht werden sollen. Bei dem Aufstellen des organisatorischen Ablaufes ist zu klären, welche Personen (Anzahl, Qualifikation, Berater) die Untersuchung durchführen, welche Verantwortlichkeit und Kompetenz der Einzelne hat,

Tafel 6.2. Ablauf einer Materialflußuntersuchung

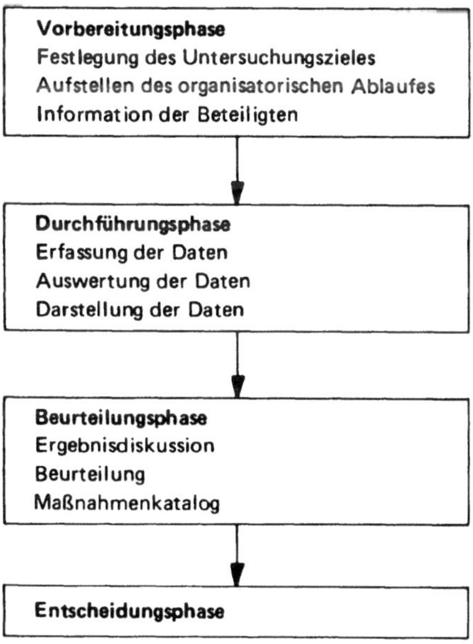

wer und wann die Betroffenen (Abteilung, Betriebsrat) informiert und wie der Terminablauf geplant ist.

In der *Durchführungsphase* sind alle notwendigen Daten für den qualitativen und quantitativen Materialfluß zu beschaffen. Vor der Aufnahme sind festzulegen:

- Der *Genauigkeitsgrad,* mit dem die Untersuchung und die Erfassung der Daten durchzuführen sind. Es gilt: Je genauer die Aufnahmen, desto größer der Aufwand und die Kosten. Außerdem sei zu bedenken, daß die Datenermittlung nicht genauer zu sein braucht als zukünftige Schätzwerte für eine Materialflußplanung.
- Die *Datengrößen,* ob Durchschnitts- oder Höchstwerte aufzunehmen sind.
- Der *Betrachtungszeitraum,* ob im Saison- oder bei Normalbetrieb untersucht werden soll.
- Die *Einheiten* der Materialflußströme, der Transporthäufigkeit, der Transport- und Lagerkosten. Die Dimension der Volumen- oder Massenströme (Kapitel 1.3.3) kann auch sein: Palettenzahl pro Stunde; Transportbeziehungen pro Tag; m^3 pro Tag; t pro Monat, DM pro Monat.
- Die *Kennzahlen,* die bei der Untersuchung als Vergleichsgrößen dienen sollen (siehe unten).
- Die *Erfassungs-* und *Auswertungsmethoden* (Kapitel 6.2.2), um einfache, gleiche und geeignete Hilfsmittel einzusetzen.
- Die *Darstellungsform* und die Wiedergabe der aufgenommenen Daten (Kapitel 6.2.3).

Unter *Kennzahlen* (Kennziffern) werden dimensionslose oder mit einer Dimension behaftete *Verhältniszahlen* verstanden, die dazu dienen, betriebliche Vorgänge und Daten vor und nach einer Materialflußplanung und während einer Materialflußuntersuchung zu vergleichen und zu beurteilen. Außerdem, um permanente Kontrollen des Materialflusses durchzuführen oder betriebliche Vorgänge und Daten mit denen von branchengleichen Betrieben zu vergleichen.

Aus der Fülle möglicher Kennzahlen sind zu nennen:

- Handarbeit zu Maschinenarbeit
- Bearbeitungsvorgänge zu Transportvorgänge
- Materialflußkosten zu Herstellkosten
- Fertigungszeit zu Durchlaufzeit (entspricht dem Durchlaufleistungsgrad)
- Lagerkosten zu Lagernutzfläche
- Lagerein(aus)gänge zu Zeiteinheit
- Wert der Lagerbestände zum Kapital
- Flächen-, Raum- und Höhennutzungsgrad (Kapitel 5.1.3)
- Lagerfläche zu Fertigungsfläche
- Verkehrsfläche zu Lagerfläche
- Förderlohnkosten zu Gesamtförderkosten
- Arbeitskräfte im Materialfluß zur Gesamtbelegschaft
- Materialflußmengen zur Zahl der Transportarbeiter.

In der *Beurteilungsphase* werden die Ergebnisse der Materialflußuntersuchung diskutiert, nach technischen und wirtschaftlichen Gesichtspunkten beurteilt, durch Kennzahlenvergleich und ABC-Analyse (Kapitel 6.2.2) kritisch betrachtet. Die Kritik des Ist-Zustandes soll nicht nur Schwachstellen oder Engpässe erkennen lassen, sondern auch die positive Seite des untersuchten Zustandes wiedergeben. In einem *Maßnahmekatalog* sollen mögliche Veränderungen am bestehenden Materialfluß aufgezeigt werden.
Beurteilungskriterien für den Ist-Zustand können sein:

- Zuordnung der Gebäude zu den Abteilungen
- bauliche Gestaltung der Gebäude
- Erweiterungsmöglichkeit
- Flexibilität der Gebäude
- Abmessungen und Zustand der Verkehrsflächen
- Grad der Amortisation
- Transporte durch Facharbeiter
- Übersichtlichkeit der Transportverhältnisse
- Durchlaufzeit von Material und Belegen
- Auslastung von Anlagen und Fördermitteln
- im Lager und im Betrieb gebundenes Kapital

– Kosten im Transportbereich
– Grad der Mechanisierung oder Automatisierung.

In der *Entscheidungsphase* muß auf diesen Grundlagen von der Geschäftsleitung die Entscheidung gefällt werden, ob eine Neugestaltung (Neuplanung) des Materialflusses oder nur eine Umplanung gewisser Teilbereiche als Fortsetzung der Materialflußuntersuchung in Angriff genommen, oder ob am bestehenden Zustand nichts geändert wird.

6.2.2. Erfassung und Auswertung von Daten

Die Erfassung der Daten kann *direkt* (Totalanalyse) an Ort und Stelle erfolgen oder *indirekt* (statistische Analyse) über Betriebsunterlagen wie Fertigungspläne, Lagerkarteien, Kostenstellenverzeichnisse usw. In der Praxis werden beide Methoden nebeneinander verwendet, um den Zeitaufwand für die Totalanalyse zu reduzieren.

Nach der Art und der Aussagefähigkeit der vorliegenden Daten, nach dem Ziel, was mit diesen Daten erreicht werden soll, müssen die Erfassungsmethoden ausgewählt werden. Einfachste, aber effektive Hilfsmittel sind Erhebungsbögen, Fragelisten, Tabellen oder Formulare. Bei der Aufstellung und Entwicklung solcher Listen muß der Materialflußplaner sich immer die Fragen stellen:

1. *Warum* wird transportiert oder gelagert? (Notwendigkeit des Transportes oder des Lagers)
2. *Was* und *wieviel* wird bewegt und gelagert? (Stückgut, Schüttgut, Fertigwaren, Rohstoffe, Abfall, Volumen- oder Massenstrom, Stückzahl, Volumen, Gewicht)
3. *Woher* und *wohin* wird transportiert? (vom Lager zur Fertigung, vom Wareneingang zum Lager, vom Arbeitsplatz zum nächsten Arbeitsplatz)
4. *Womit* und *wie* wird bewegt oder gelagert? (mit Hebezeugen, mit Stetigförderern, mit Flurförderzeugen, in gebündelter, gestapelter, palettierter Form, durch Lager- oder Transportarbeiter, Fach- oder Hilfsarbeiter)
5. *Wann* und *wie lange* wird transportiert oder gelagert? (Uhrzeit, Dauer).

In einem tabellarischen Erhebungsbogen für Flurförderer gehören z.B. Spalten für: Kostenstelle, Bezeichnung, Typ, Hersteller, Bauart, Anzahl, Antriebsart, Tragfähigkeit, Fahr- und Hubgeschwindigkeit, Hubhöhe, Eigengewicht, Flächenbelastung, Abmessungen, Wenderadius, Arbeitsgangbreite, Auslastung, Einsatzbereich, Abschreibung usw. Je nach der Aufgabenstellung wird die eine oder andere Größe benötigt bzw. Aufnahmegrößen gestrichen oder ergänzt. Bevor in einem Betrieb mit solch einem erstellten Erhebungs- oder Aufnahmebogen die Daten erfaßt werden, ist es ratsam, Probeaufnahmen durchzuführen, um in der Erhebungstabelle nur Daten zu erfassen, die im Betrieb erhältlich sind und die der Lösung der Aufgabe als Basisdaten dienen.

Bei der Aufstellung solcher Listen, Frage- und Erhebungsbögen muß man wissen, welche Größen den Materialfluß entscheidend beeinflussen. So haben einen Einfluß auf den Materialfluß und damit auch direkt auf die Materialkosten: Produkt; Sortiment; Standort; Fertigungsablauf, -art; Anordnung der Betriebsanlagen; Gebäudeform, -größe; Lagerwesen; Förderwesen; Personal; gesetzliche Bestimmungen und ganz spezielle Einflüsse, die sich aus der Aufgabenstellung und der Art des Fabrikations- oder Handelsbetriebes ergeben (siehe Einflußfaktoren 6.3.3 und Planungsunterlagen 6.3.4).

Um den Materialflußablauf nach solchen Gesichtspunkten durch Beobachtungen und Messungen schnell und eindeutig aufzunehmen, wurde der VDI-AWF-Materialflußbogen 3300a entwickelt, der die Betriebsvorgänge nach Fördermenge, Entfernung, Fördermittel, Arbeitskraft und Einzelzeiten aufnimmt, analysiert (Tafel 6.3) und eine Auswertung gestattet.

Um Zeitanteile von betrieblichen Vorgängen wie Auslastung von Werkzeugmaschinen oder Transportmitteln, von Arbeitskräften oder von Flächenbelegungen zu ermitteln, um Werkstoffliegezeiten, Transportwege oder den Personaleinsatz zu bestimmen, dient das *Multimoment-Verfahren.* Es handelt sich um ein statistisches Verfahren, das durch stichprobenweise Beobachten die Zeitanteile erfaßt. Wenn die geforderte Genauigkeit bei einer Untersuchung nicht zu groß ist und die ermittelten Zeitanteile der einzelnen Vorgänge nicht zu klein sind (ab 2 %), ist das Multimoment-Verfahren einfach und wirtschaftlich. Nach Festlegung des Beobachtungsobjektes, der zu beobachtenden Tätigkeiten und der Eignungsprüfung des Verfahrens für die gestellte Aufgabe, geschieht der Ablauf der Untersuchung durch:

– Festlegung des Beobachtungsweges
– Bestimmung der Rundgangszeit durch Probeaufnahmen

Tafel 6.3. VDI-AWF-Materialflußbogen

Bestell-Nr. VDI 5-3300a

Firma/Werk/Kostenstelle: Schamotte-Fabrik | **VDI/AWF-Materialflußbogen Nr.** 1 | Blatt Nr. 1, gehört zu 1 z. 2

Bearbeiter: Wg | Datum: 3.12.58 | Gegenstand der Untersuchung: Steine-Transport vom Brennofen zum Steinlager | Jetziges Verfahren / ~~Vorschlag~~

Lfd. Nr.	Vorgang	+ Bearbeiten	O Handhaben	> Transportieren	□ Prüfen	D Aufenthalt	△ Lagerung	Fördermenge Zahl	Fördermenge Einheit	Entfernung in m ↔	Entfernung in m ↕	Fördermittel	Arbeitskräfte Zahl	Lohn- bzw. Lohn-Gr.	Art	Fortschrittszeit	Einzelzeiten in min/100: + Bearbeiten	O Handhaben	> Transportieren	□ Prüfen	D Aufenthalt	△ Lagerung	Bemerkungen
1	2	3	4	5	6	7	8	9	10	11	12	13	14	15	16	17	18	19	20	21	22	23	24
1	brennen, abkühlen	+														–							
2	Stein aufnehmen		●					einzeln					2		HA	–		100					
3	prüfen				□			"				60 ×	"		"	–				100			je 60 Stück
4	auf Wagen legen		○					"					"		"	300		100					
5	vor d. Kammer fahren			>				60	Stck.	10		Handwg.	"		"	390			90				einschl. Rückfahrt
6	Warten auf TA					D										440					50		
7	zum Lager fahren			>				60	Stck.	30		Handwg.	2		TA	630			190				einschl. Rückfahrt, leer
8	Stein aufnehmen		●					einzeln				v. Hd.	2		LA	–		60					
9	zum Stapel			>				"		2		"	"		"	–			80				je 60 Stück
10	stapeln		○					"				"	"		"	830		60					
11	Lagerung						△									–						–	
	Summe/Übertrag	1	4	3	1	1	1			42			6			830		320	360	100	50	–	0/7 = 0 %

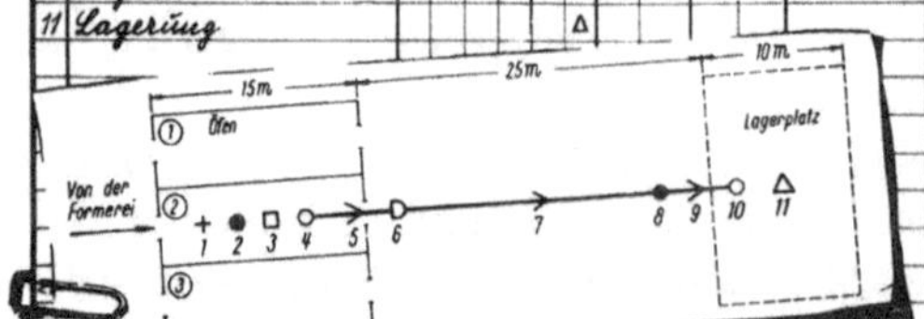

– Ermittlung der erforderlichen Beobachtungszahl N mit Hilfe der Multimoment-Hauptformel

$$N = \frac{3{,}84 \cdot p\,(100 - p)}{f^2} \quad \text{in Anzahl der Beobachtungen} \tag{6.1}$$

3,84 Faktor für eine statistische Sicherheit von 95 %

p in % Anteil einer Teilgröße an der Gesamtheit der ermittelten Größen

$$p = \frac{n\ \text{(Beobachtungen je Größe)}}{N\ \text{(Gesamtbeobachtungen)}} \cdot 100$$

f in % Streumaß (absolute Streuung) von p in bezug auf N.

Für die Praxis können als Anhaltswerte mit hinreichender Genauigkeit N = 1600 bis 2500 und f zwischen ± 1,0 % bis ± 2,5 % angenommen werden.

Die Gleichung 6.1 gilt streng nur bei normal verteilten Größen: Die Häufigkeitsverteilung muß der Glockenkurve entsprechen.

– Errechnung des Gesamtzeitaufwandes
– Festlegung der Beobachtungszeiten mit Hilfe von Zufallszahlen (Stunden- und Minuten-Zufallszahlen z.B. aus VDI-Richtlinie 2492)
– Durchführung der Beobachtungen mit Eintragung in Tabelle (Strichlistenform, Beispiel 6.4)
– Ermittlung des prozentualen Anteiles p von den Teilgrößen
– Folgerungen, Maßnahmen, Entscheidungen (siehe Beispiel 6.3).

Zur Analyse des Tätigkeitsfeldes im Versandbereich eines Lagers wurden für die Neuplanung mit Hilfe des Multimoment-Verfahrens die prozentualen Anteile der einzelnen Tätigkeiten ermittelt und in Tafel 6.4 dargestellt. Wege, Transportarbeiten, Ein- und Auslagerungen betragen 63 %, das bedeutet, daß hier eine Neuplanung mit fördertechnischen

Tafel 6.4. Zeitanteile im Versandbereich

Zeitanteile p in %	Tätigkeiten
3	Prüfarbeiten
43	Wege und Transportarbeiten
17	Schreibarbeiten
20	Ein- und Auslagerungen
15	Verteil- und Totzeiten
2	Aufräumarbeiten
100	Summe Versandarbeiten

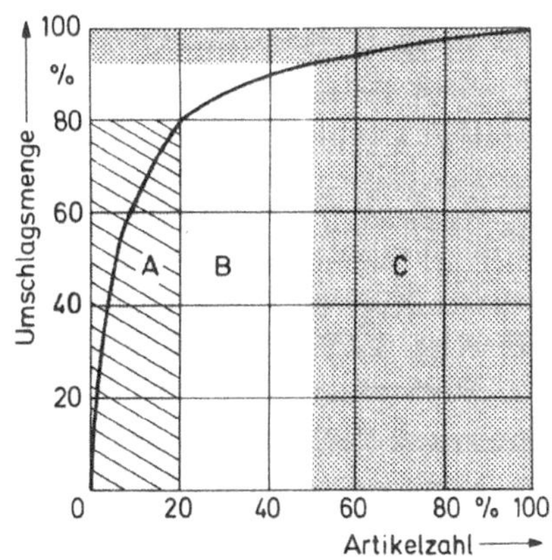

Bild 6.2. Diagramm zur ABC-Analyse

Maßnahmen einsetzen muß. Zu überlegen ist, ob durch EDV-Einsatz bzw. durch verbesserte Lagerlisten die 17 % Schreibarbeiten reduziert werden können. Das Multimoment-Verfahren liefert also die Basisdaten für die Planung und den Schwerpunkt für Rationalisierungsmaßnahmen.

Das Ziel der *Auswertung* besteht darin, die Fülle der ermittelten Daten und Informationen zu ordnen, zusammenzufassen oder für die EDV vorzubereiten. Eine Auswertungsmethode stellt die *ABC-Analyse* (Bild 6.2) dar. Die aufgenommenen Daten werden nach irgendeinem Kriterium wie Umsatz, Gewinn, Transportkosten, Fläche in Abhängigkeit von Produkten oder Produktgruppen dargestellt. Dabei ordnet man sie sinnvoll in abnehmender oder aufsteigender Weise und nimmt die Eintragungen in Prozent vor. Aus der prozentualen Darstellung des Umsatzanteiles bezogen auf die jeweilige Artikelgruppe (Artikel) entsprechen nach Bild 6.2 der Gruppe A 20 % der Artikel, die 80 % des Umsatzes umfassen, der Gruppe B 30 % der Artikel mit 15 % Umsatzanteil und der Gruppe C 50 % der Artikel, die nur noch mit 5 % am Umsatz beteiligt sind. Artikel der Gruppe A haben in der Regel eine hohe Umschlagshäufigkeit, die Gruppen B und C eine geringere (vergleiche Kapitel 5.1.3). Die ABC-Analyse bietet also auch Rückschlüsse auf die für die Artikel zu verwendeten Lagersysteme und den vorzusehenden Mechanisierungsgrad.

Bei großem Datenanfall stellt die EDV eine Auswertungsmöglichkeit dar, wobei die Erhebungsbögen zur Arbeitsminderung schon auf die Bedingungen der EDV zugeschnitten sein sollen oder die Daten direkt auf Lochkarten aufzunehmen sind.

6.2.3. Darstellung des Materialflusses

Ziel der Darstellung der Materialflußaufnahmen ist, eine *sichtbare* Kritik des vorgefundenen Zustandes zu ermöglichen. Dabei hängt die Wahl der Darstellung von der Zielsetzung der Untersuchung, vom Materialflußplaner selbst und von dem Empfänger der Ausarbeitung ab. Die farbliche Gestaltung spielt eine wichtige Rolle, um die unterschiedlichen Betriebsbereiche, die verschiedenen Materialflußströme oder Besonderheiten besser hervortreten zu lassen. Darstellungsformen sind Tabellen, Diagramme, Zeichnungen, Handlingsskizzen (Bild 6.3), Klebepläne, Flach- und Raummodelle. Eine ausgezeichnete Möglichkeit, Wege, Transportmittel, Transportströme, Personalbewegungen übersichtlich und quantitativ wiederzugeben, bietet die *Von-Nach-Matrix*.

In Tafel 6.5 wurde der Personalfluß eines Industriebetriebes dargestellt. Man entnimmt der Tafel, daß 450 Personen vom Eingang über die Sozialräume in die einzelnen Abteilungen gehen (70 in die Lehrwerkstatt, 200 in die Fertigung, 150 in die Montage). Der Anteil der Essenteilnehmer kann sofort abgelesen werden. In der nach Tafel 6.5 oder in der im Beispiel 6.1 nach Tafel 6.9 wiedergegebenen Form der Von-Nach-Matrix können auch Wege, Entfernungen, Volumen-, Massen- oder Stückströme, Kosten, Transportmittel oder Kombinationen der aufgezählten Untersuchungskriterien eingetragen werden.

Eine weitere Möglichkeit zur Wiedergabe des Materialflusses ist die *bildliche* Darstellung. Sie hat den Vorteil der Übersichtlichkeit und gewährleistet ein schnelles Aufnehmen des Wesentlichen. Ersichtlich ist bei dieser Darstellungsart, welche Abteilungen miteinander und in welcher Reihenfolge sie verbunden sind. Materialflußströme können an Hand verschieden breiter Verbindungslinien abgelesen werden, so daß es sich um einen gewichteten

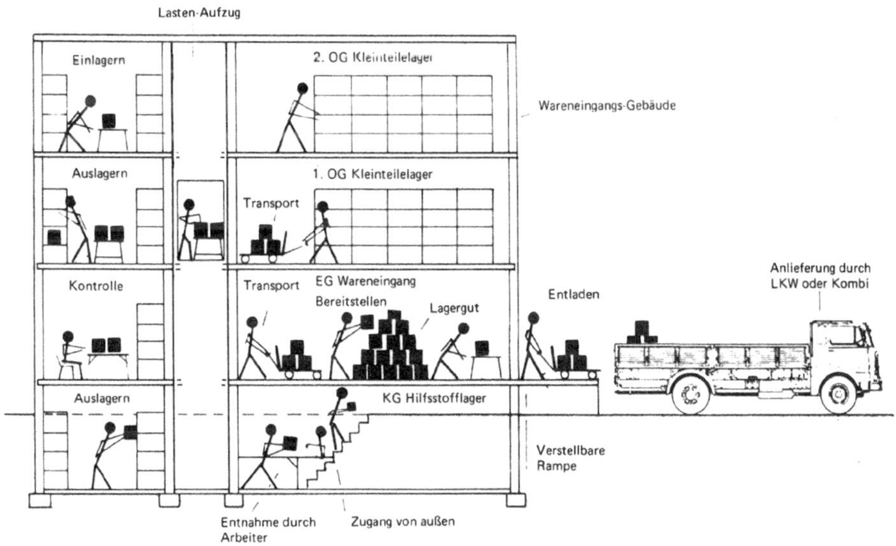

Bild 6.3. Ist-Aufnahme in einem Wareneingangslager in Form einer Handlingsskizze

Tafel 6.5. Von-Nach-Matrix für Personenfluß

	Eingang Ausgang	Fertigung	Lehrwerkstatt	Montage	Sozialräume	Verwaltung	Kantine
Eingang Ausgang							
Fertigung	0						
Lehrwerkstatt	0	0					
Montage	0	0	0				
Sozialräume	450	200	70	150			
Verwaltung	150	0	0	0	0		
Kantine	0	110	30	60	0	100	

Materialfluß handelt. Als *quantitative* und *qualitative* Darstellungsformen sind heute gebräuchlich:

- *Kreisdiagramm* (Bild 6.4)
- *Blockdiagramm* (Bild 6.5)
- *zeitliches* oder *räumliches Ablaufdiagramm* (Bild 6.6)
- *Funktionsablauf-Diagramm* (Bild 6.7)
- *Einstofffluß*-(Sankey-)*Diagramm* (Bild 6.8).

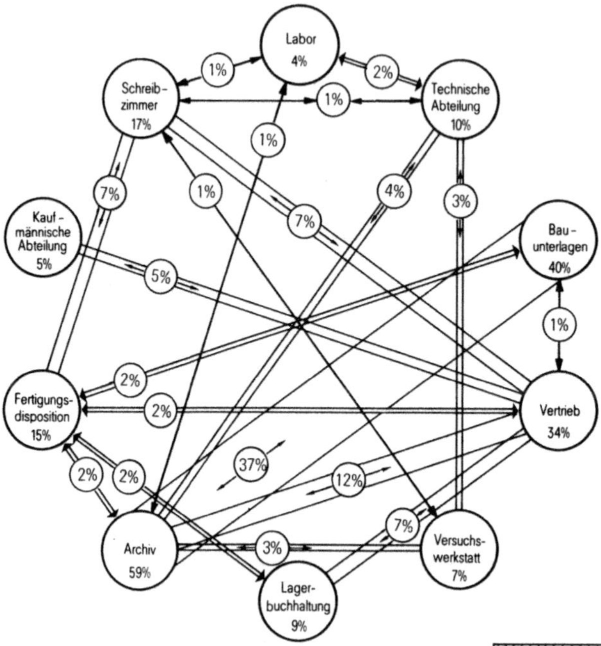

Bild 6.4. Kreisdiagramm der prozentualen Häufigkeiten von Verkehrsbeziehungen je Arbeitstag im Verwaltungsbereich (Ist-Aufnahme, ungeordnetes Kreisdiagramm)

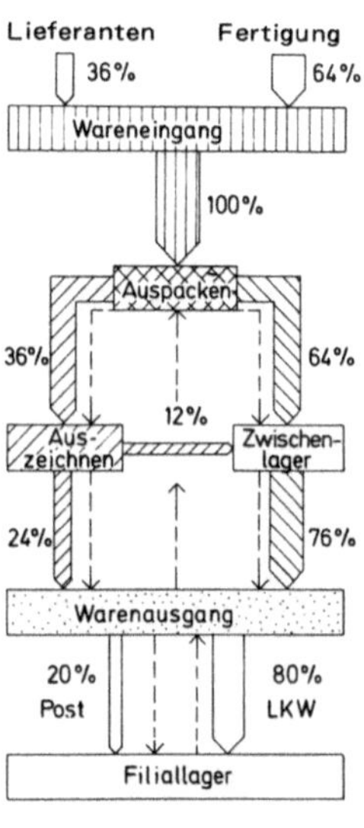

Bild 6.5. Blockdiagramm der prozentualen Warenbewegungen in einem Zentrallager für Schuhe

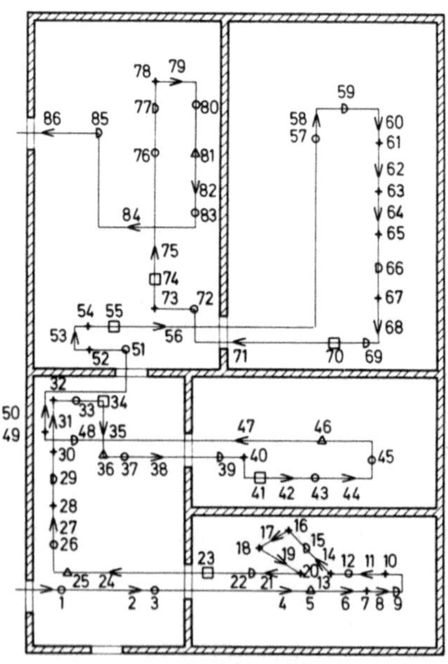

Bild 6.6. Ablaufdiagramm einer Ist-Aufnahme für die Einzelerzeugnis mit Arbeitssymbolen (Bild 6.1) und der Nummerierung der Einzelvorgänge

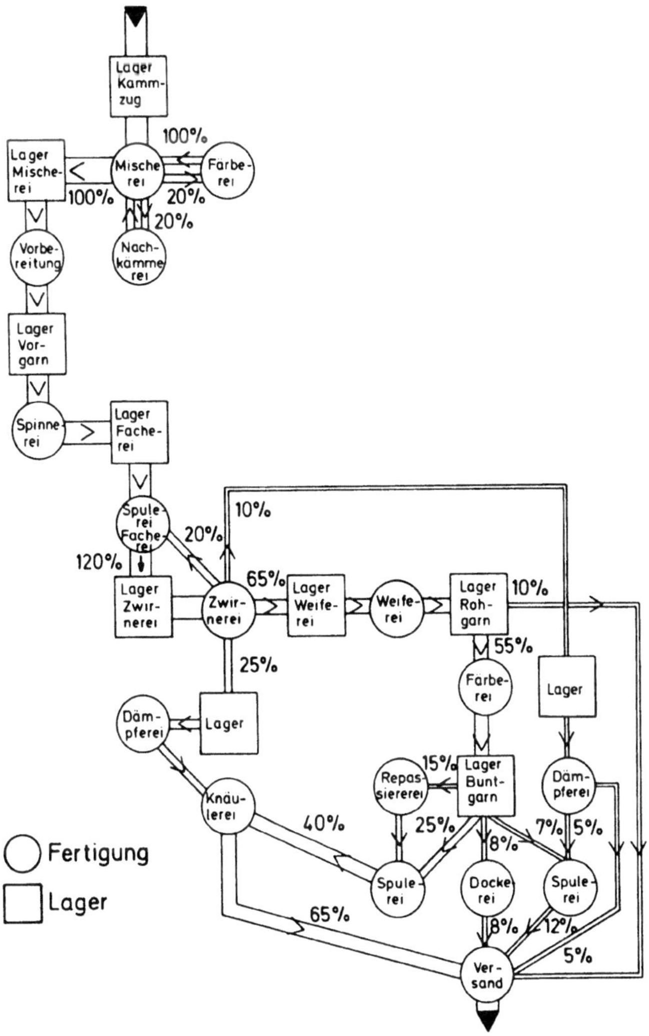

Bild 6.7
Ist-Aufnahme des Funktionsablaufes in einer Kammgarnweberei

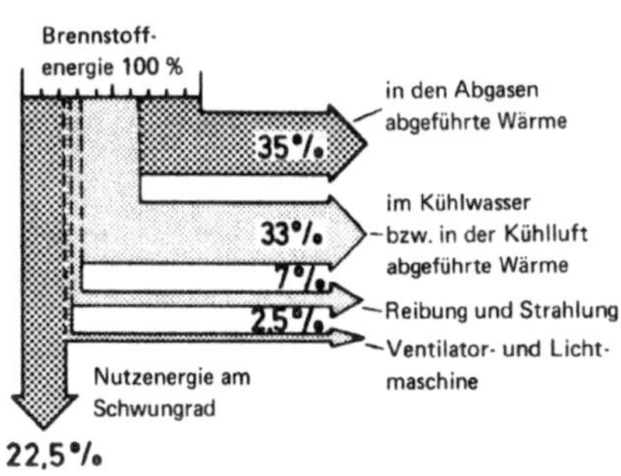

Bild 6.8
Sankey-Diagramm für Verbrennungsmotor

In der Verfahrenstechnik werden die Flüssigkeitsströme mit Hilfe des *Fließschemas* und in dem Verwaltungsbereich die Beziehungen der Abteilungen mit der *Kommunikationsspinne* wiedergegeben.

Besonderes Augenmerk ist der Darstellungsform zu widmen, denn die Güte der Aussagefähigkeit solcher optischer Hilfsmittel kann die Entscheidung wesentlich beeinflussen, ob eine Neugestaltung des Materialflusses durchgeführt wird oder nicht.

6.3. Materialflußplanung und Ausführung

6.3.1. Gestaltungsgrundsätze

Nach gefallener Entscheidung für die Neuplanung des Materialflusses in einem Betrieb setzt die Materialflußplanung (Gestaltungsphase) ein mit dem Ziel, eine technisch funktionelle, wirtschaftliche und organisatorisch durchdachte Lösung zu erarbeiten. Dem Materialflußplaner helfen bei der Lösungssuche *Gestaltungsgrundsätze* wie

- Vermeiden von Handtransporten
- Flexibilität der Lösung anstreben
- Erweiterungsrichtung vorsehen
- Transporte sinnvoll mechanisieren oder automatisieren
- Zukunftsgrößen bedenken
- Kreuzungen und Gegenverkehr im Materialfluß vermeiden
- Zweckmäßige Transporteinheit bilden nach dem Grundsatz Fertigungseinheit = Transporteinheit = Lagereinheit
- Kurze Wege, hohe Fördergeschwindigkeiten, ausgelastete Fördermittel anstreben
- Nach Möglichkeit Schwerkraft ausnützen
- Vor- und nachgeschaltete Materialflußlinien beachten (Anschlußgrößen an externen Transport)
- Kurze Durchlaufzeiten anstreben
- Lager möglichst vermeiden
- Transport mit Fertigungsvorgang verknüpfen (z.B. Kühlen, Erwärmen, Mischen, Sortieren).

Ganz entscheidend für die Lösung einer Materialflußplanung ist die Art der Planung, ob eine Neugestaltung auf der grünen Wiese (Betriebsverlagerung) oder eine Umplanung des Materialflusses mit einer Vielzahl von Beschränkungen zu erarbeiten ist. Randbedingungen im Geschoßbau sind z.B. Raumhöhe, Bodenbelastbarkeit, Stützenabstand, Abmessungen und Tragfähigkeit der Aufzüge.

6.3.2. Materialflußformen

Die Kenntnis möglicher, schematisierter Materialflußformen bietet bereits ideale Lösungsvorstellungen, wobei die Form in Abhängigkeit zu sehen ist von der Zahl der *Erzeugnisse*, von der Zahl der *Bearbeitungsstationen*, von der *Geländeform* (Ausnutzung der Schwerkraft), von der *Gebäudeform* (Hallen- oder Geschoßbau) und von der *Raumform* (Bild 6.9).

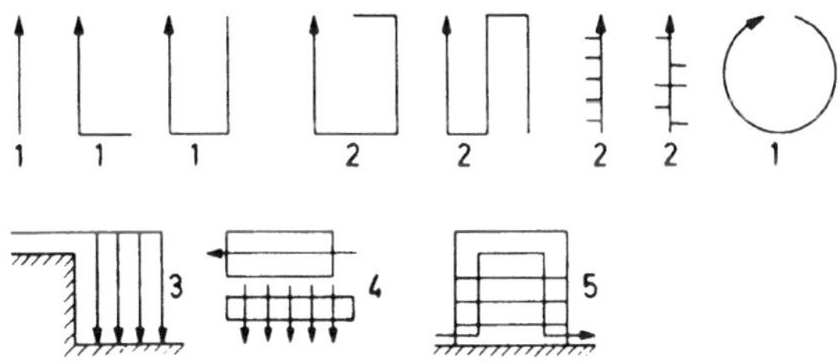

Bild 6.9. Schematisierte Materialflußformen
1 Grundformen
2 Modifikationen
3 Ausnutzung von Geländeform
4 Abhängigkeit von Produkten und Bearbeitungsstationen
5 bei Geschoßbauten

Tafel 6.6. Einflußfaktoren auf den Materialfluß

Einflußfaktor	Auswirkungen auf Materialfluß
Räumlicher Art	
Standort	Form des Grundstückes und des Geländes
Gebäudeform	Art der Verkehrswege
Zuordnung der Abteilungen	Stützenraster
Lager	Deckentragfähigkeit
	Raumhöhe
	Länge der Verbindungswege
	Lagersystem und Lagertechnik
Fertigungstechnischer Art	
Sortiment, Produkt	Losgröße, Stückzahlen
Fertigungsverfahren	Saisonartikel
Automatisierungsgrad	Einzel-, Serien- oder Massenfertigung
	Art und Anzahl der Produkte
	Werkstätten- oder Linienfertigung
Fördertechnischer Art	
Fördergut	Stück-, Schütt- oder Fließgut
Fördermittel	Art des Fördermittels
Transporteinheit	Streckenführung (flurfrei, flurgebunden)
Förderweg	kontinuierlicher oder diskontinuierlicher Transport
	Fördergutströme

6.3.3. Einflußfaktoren

Die Zusammenhänge und Abhängigkeiten zwischen dem Materialfluß auf der einen und den Räumlichkeiten, dem Transport, dem Produktionsablauf auf der anderen Seite lassen sich in *räumliche, fertigungstechnische* und *fördertechnische* Einflußfaktoren einteilen, die eine direkte Auswirkung auf den Materialfluß haben (Tafel 6.6). Ebenso gibt es Einschränkungen durch die fachliche *Qualifikation* der *Mitarbeiter,* durch *gesetzliche Bestimmungen* und *Verordnungen.* Um das Transporthilfsmittel (Palette, Behälter, Kasten, Container) als Transporteinheit festzulegen oder um ein Fördermittel für den Förderguttransport auswählen zu können, ist insbesondere der Einflußfaktor *Fördergut* nach den unterschiedlichsten physikalischen, mechanischen und chemischen Gesichtspunkten zu berücksichtigen (Tafel 6.7).

Tafel 6.7. Einflußfaktor Fördergut

Merkmal	**Unterscheidung**
Art des Stückgutes	Palette, Kiste, Karton, Paket, Behälter, Kasten, Container, Tüte, Sack, Bündel, Ballen, Dose, Flasche, Eimer, Kanne, Spule, Rolle, ...
Material der Umhüllung	Papier, Glas, Kunststoff, Pappe, Metall, Holz, Textil, ...
Abmessungen des Stückgutes	Höhe, Breite, Länge, Gewicht (maximal, minimal, durchschnittlich) Lage des Schwerpunktes, ...
Form des Stückgutes	zylindrisch, kubisch, kugelig, ringförmig, tafelförmig, stangenförmig, offen, geschlossen, ...
Bodenfläche des Stückgutes	glatt, gerippt, gewölbt, eben, unterbrochen, rauh, ...
Eigenschaften des Stückgutes	zerbrechlich, stapelbar, schleißend, stoßempfindlich scharfkantig, sperrig, schlüpfrig, fest, ...
Aufnahme des Stückgutes	quer, längs, von allen Seiten, von unten von oben, ...
... mittels	Hand, Kran, Gabelstapler, Hebezeug, ...

6.3.4. Planungsunterlagen

Die für eine Planung erforderlichen Daten und Arbeitsunterlagen bezüglich der Aufgabenstellung werden einmal geliefert

- vom Unternehmen und den zuständigen Abteilungen
- von der Materialflußuntersuchung,

zum anderen durch die Weiterentwicklung und Umgestaltung vorgefundener Größen und Fakten. So müssen die Produktionszahlen, die Lagermengen und der Flächenbedarf für die nächsten zwei bis fünf Jahre auf Grund von Marktuntersuchungen, Erfahrungen und Schätzungen vorgegeben werden.

Planungsgrundlagen sind

- *vorgegebene* Größen (Fixpunkte), wie z.B. vorhandene Gebäude, Raumhöhen, Bodenbelastbarkeit, Maschinen mit großem Fundament, vorhandene Transporteinheit, gesetzliche Bestimmungen
- *geforderte* Größen, wie *statische* Anforderungen (Anzahl der zu lagernden Paletten, Artikelgruppen), *dynamische* Anforderungen (Anzahl der täglich ein- und auszulagernden Paletten, Anzahl der Auftragszusammenstellungen pro Tag) und *spezifische* Größen (Transportgut, Verpackungsart).

Zusammenfassend sind für eine umfassende Materialflußplanung an vorhandenen oder zu erstellenden Unterlagen erforderlich:

- Sortiment in Gruppengliederung mit jahreszeitlichen Schwankungen
- Bebauungsplan des Betriebes mit Einrichtungsplänen der Werkstätten
- Arbeitsverfahren und -abläufe mit Termin- und Transportplänen
- Fördergüter, Fördermittel und Förderhilfsmittel
- Personal der Transport- und Lagerbereiche
- Organisation des innerbetrieblichen Transportwesens.

Aus dem Von-Nach-Diagramm und den aufgenommenen Ist-Ablaufschemen ermittelt und entwickelt man ein Zuordnungs- und Funktionsablaufschema, das losgelöst von allen Randbedingungen und Beschränkungen als Idealplan ausgearbeitet wird. Ein ungeordnetes Kreisdiagramm wird zu einem geordneten umgeformt (Bild 6.10), worin die Transportbeziehungen (Transportwege und Transportströme) der einzelnen Abteilungen zueinander minimiert werden.

6.3.5. Planungsablauf

Die Vorgehensweise und der Ablauf einer Materialflußplanung kann schrittweise geschehen von der *Gestaltungsphase* über die *Ausführungsphase* bis zur *Übernahme* der gesamten Anlagen und Vorrichtungen (Tafel 6.8).

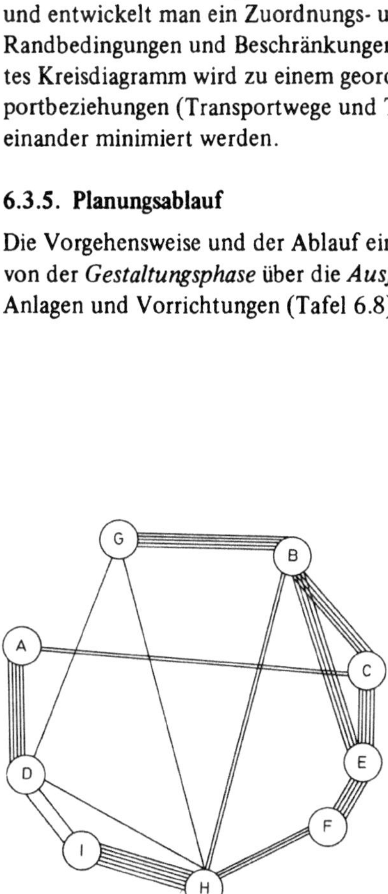

Bild 6.10. Geordnetes Materialflußschaubild in Kreisdiagrammform

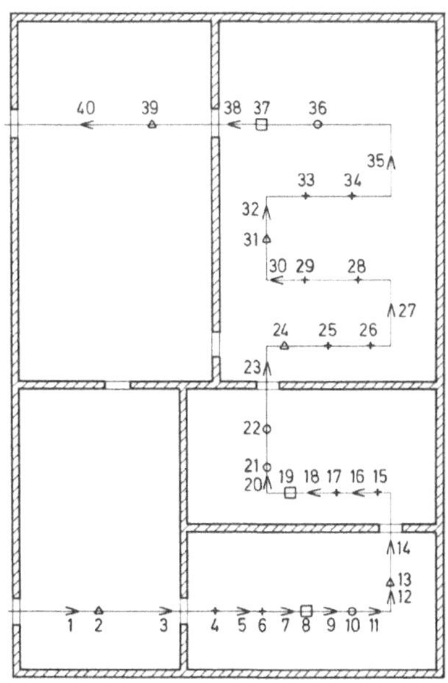

Bild 6.11. Ablaufdiagramm für den Soll-Zustand nach Rationalisierungs- und Sanierungsmaßnahmen auf der Basis des Ist-Zustandes für Ablaufdiagramm Bild 6.6

Tafel 6.8. Ablauf einer Materialflußplanung mit Ausführung

Gestaltungsphase
Basisdaten festlegen
idealen Funktionsablauf aufstellen
Fixpunkte und Randbedingungen beschreiben
Alternativen erarbeiten (Grobplanung) in Layoutform mit Transport- und Lagersystemen
Grobkosten zusammenstellen
optimale Alternative über Bewertungsmatrix und wirtschaftlich-technischen Systemvergleich ermitteln
Detaillierung (Feinplanung) der ausgewählten Alternative durchführen

⇓

Ausführungsphase
Fremd- und Eigenleistungen festlegen
Ausschreibungsunterlagen erarbeiten
Anfragen verfassen und an Anbieter versenden
Angebote einholen und vergleichen
Auftragsverhandlungen führen und Auftrag erteilen
Aufbau, Montage, Termine kontrollieren und überwachen

⇓

Inbetriebnahme
Personal einarbeiten
Probelauf durchführen
Anlage abnehmen und übernehmen
Rationalisierungseffekt bestimmen

Auf der Grundlage der in der Materialflußuntersuchung erarbeiteten und auf die zukünftige Entwicklung hin projizierten Basisdaten, mit den Randbedingungen und Beschränkungen der Gegebenheiten wird die Materialflußplanung begonnen. In dieser schöpferischen Gestaltungsphase muß der Materialflußplaner sein Wissen, seine Erfahrung und sein Können zeigen und beweisen. Das Problem liegt immer in der *Findung* einer optimalen Materialflußstruktur für die bestehenden Verhältnisse, also in der Gestaltungs- und *nicht* in der Ausführungsphase des Materialflusses (Bild 6.11). Die Schwierigkeiten sind in der Wahl, in der verbindlichen Festlegung des Transport- und Lagersystems zu sehen, denn mit der Fördermittelwahl liegen auch die zukünftigen Betriebskosten fest. Dagegen stellte die Entscheidung in der Ausführungsphase, welches Unternehmen das Fördermittel liefert, das kleinere Problem dar, das von Faktoren wie Liefer-, Zahlungs-, Garantie- und Abnahmebedingungen diktiert wird. Über eine Kostenvergleichsrechnung (Wirtschaftlichkeitsrechnung) muß das für die gestellte Aufgabe beste und wirtschaftlichste Transport- oder Lagersystem ermittelt werden.

Die Lösung einer Materialflußplanung hat immer mehrere Alternativen (Varianten), die mittels gewichteter Kriterien in einer Bewertung (Beispiel 6.2) mit dem Ziel verglichen werden, den optimalen Lösungsvorschlag herauszufinden. Diese Variante wird in der sich anschließenden Feinplanung weiter detailliert und ausgearbeitet (meist im Maßstab 1 : 50).

6.3.6. Ausführung des Materialflusses

Die Realisierung der Materialflußplanung geschieht in der Ausführungsphase (Bild 6.12) entsprechend der Reihenfolge in Tafel 6.8.

Ausgeführte Beispiele für einen mechanischen und automatischen Transport im innerbetrieblichen Materialfluß wurden im Rahmen dieses Buches behandelt und sind zu finden

für Stückgut-Transport mittels:

- Schleppkettenförderer (Unterflurförderer); Kapitel 3.3.2, Bild 3.21
- Kreis- und Schleppkreisförderer; Kapitel 3.3.3, Bild 3.26
- angetriebenen Rollenbahnen; Kapitel 3.3.4, Bild 3.33 und 3.76
- fahrerlosem Schlepper; Kapitel 4.3.2, Bild 4.6b
- Kombination von Gurt- und Rollenförderer; Kapitel 3.2.2 und 3.3.4, Bild 6.12

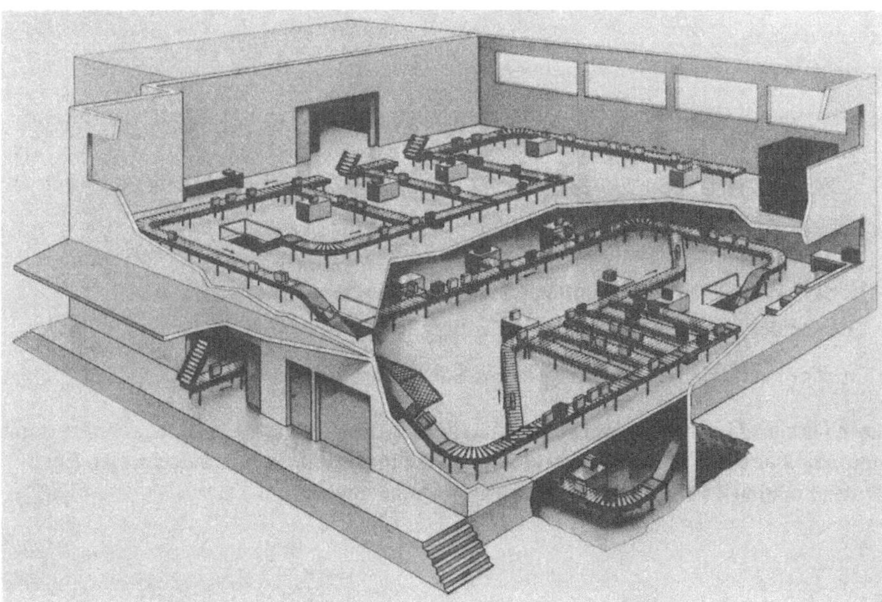

Bild 6.12. Innerbetrieblicher Materialfluß: automatischer Transport von verschiedenen Paketgrößen mittels Rollen- und Gurtförderer in 3 Ebenen

- Hängebahnen; Kapitel 2.5, Bild 2.31
- Hängekranen; Kapitel 2.6.4, Bild 2.41 und 2.59

für Schüttgut-Transport mittels:

- Gurtförderer; Kapitel 3.2.2
- pneumatischer Förderer; Kapitel 3.4.6, Bild 3.68
- Kombination von Stetig- und Unstetigförderern; Kapitel 2.7, Bild 2.58

Besonders die VDI-Richtlinien (2498, 3300) zeigen Vorgehensweisen und Beispiele der Materialflußplanung und -untersuchung auf: Eindeutig ist der Trend durch die zunehmende Integration von Fertigung und Transport zum *automatisierten Materialfluß* mit Transport-, Lager- und Verteilsystemen zu erkennen. Dies beruht einmal auf der Verkettung der am Transport beteiligten Fördermittel, zum anderen durch die größer werdende Verbreiterung der EDV- und Prozeßrechneranlagen. Bei der Realisierung einer Materialflußplanung sollte man nicht die Automation und Perfektion (die letzten 10 % sind immer die teuersten) in den Vordergrund stellen, sondern die Wirtschaftlichkeit. Eine durchgeführte Materialflußverbesserung wird nur dann zu einem echten Erfolg, wenn die Materialflußplanung auch die Bedingungen der vor- und nachgeschalteten Transporte berücksichtigt hat.

Es deutet alles darauf hin, daß in den nächsten Jahren die Raum- und Zeitüberwindung der Güter (Transportieren, Umschlagen, Lagern, Zu- und Verteilen, Handhaben) mittels der Regelungs- und Steuerungstechnik im Vordergrund der Rationalisierungsmaßnahmen stehen werden.

Betrachtet man das Zusammenspiel von

- Fördergütern (Kapitel 1.1.2), Fördermitteln (Kapitel 2, 3 und 4), Förderhilfsmitteln (Kapitel 1.1.3)
- Lager- und Handhabungstechniken (Kapitel 5, auch 2, 3 und 4) in Verbindung mit
- einer systematischen Planungstechnik (Tafel 6.2 und 6.8)
- Materialflußtechnik (Kapitel 6)
- Vorschriften, Normen, Richtlinien und Sicherheitsfragen (Kapitel 1.1.6)
- Entscheidungstechniken (Kapitel 1.1.5, Beispiel 6.2),

so spricht man heute von einem *logistischen Betriebssystem.*

Eine Transportaufgabe kann nicht nur durch funktionsorientiertes Denken, sondern durch interdisziplinäre Betrachtungsweise gelöst werden, wobei die soeben aufgelisteten Funktionen in ihrem Zusammenwirken betrachtet werden müssen.

6.4. VDI-Richtlinien

Zur weiteren Information und Vertiefung auf dem Gebiet des Materialflusses werden die folgenden VDI-Richtlinien empfohlen:

VDI 2368 Tätigkeitsmerkmale für die Materialflußplanung
2385 Allgemeine Empfehlungen für die materialflußgerechte Planung von Industriebauwerken
2393 Material-Klassifizierung für Schüttgut
2416 Materialfluß im Betrieb. Merkblatt für Betriebsbegehungen
2489 Überwachung des Materialflusses
2492 Multimoment-Aufnahmen im Materialfluß
2498 Vorgehen bei einer Materialflußplanung
2689 Leitfaden für Materialflußuntersuchung
2693 Investitionsrechnung bei Materialflußplanungen mit Hilfe dynamischer Rechenverfahren
2696 Simulationsmethoden im Materialfluß
3300 Materialflußuntersuchungen
3300a VDI-AWF Materialflußbogen
3330 Kostenuntersuchungen zum Materialfluß

6.5. Beispiele, Fragen

▶ **Beispiel 6.1:** Es soll ermittelt werden, wie viele Belegsendungen (Briefe, Fernschreiben, Lieferscheine, Auftragsscheine, Lohnzettel usw.) pro Tag zwischen den Abteilungen eines Betriebes verteilt werden.

Lösung: Die Aufnahme der Daten geschieht mittels der Von-Nach-Matrix (Tafel 6.9). Die Abteilungen werden als Kriterien in waagerechter und senkrechter Richtung eingetragen und die entsprechende Anzahl der Sendungen eingeschrieben. Hier gehen z.B. vom Schreibzimmer 1 Sendung zur Werkstatt, 10 Sendungen zum Archiv und 15 zur Buchhaltung. Dagegen erhält das Schreibzimmer 3 Sendungen vom Labor, 2 von der Werkstatt, 3 vom Archiv und 25 von der Buchhaltung. Eine gute Kontrollmöglichkeit bieten die horizontalen und vertikalen Gesamtsummen, die übereinstimmen müssen.

Tafel 6.9. Von-Nach-Diagramm für Belegsendungen pro Tag (Verwaltung)

Von \ Nach	Labor	Werkstatt	Archiv	Kaufmännisches Büro	Schreibzimmer	Summe
Labor		0	4	0	3	7
Werkstatt	0		0	7	2	9
Archiv	0	0		10	3	13
Kaufmännisches Büro	2	7	5		25	39
Schreibzimmer	0	1	10	15		26
Summe	2	8	19	32	33	94

▶ **Beispiel 6.2:** Bewertung von drei Materialflußvarianten.

Aus drei erarbeiteten Lösungsvorschlägen (Variante A; B; C) zur Neugestaltung des Materialflusses in einem Betrieb soll die optimale Variante bezüglich subjektiver Kriterien (nicht Kosten: objektives Kriterium) ermittelt werden.

Lösung: Diese Aufgabe wird mit Hilfe eines Bewertungsschemas gelöst.

Vorgehensweise:

1. Bewertungskriterien aufstellen: z.B.: Flexibilität; Erweiterungsmöglichkeiten; Übersichtlichkeit, Störanfälligkeit; Zuordnung der Abteilungen; Länge der Transportwege; Reparaturmöglichkeit; ....
2. Bewertungskriterien auswählen: Aus der Fülle der Kriterien werden 8 bis maximal 12 ausgewählt, die als wichtigste erachtet werden.
3. Gewichtung der Bewertungskriterien: Mittels einer Gewichtungsmatrix (Tafel 6.10) wird jedes Kriterium mit jedem anderen verglichen und bei Gleichwertigkeit 0,5, bei Überwertigkeit 1 und bei Unterwertigkeit 0 gesetzt. Durch die Spiegelgerade (Diagonale) wird die Arbeit halbiert. Die Wertigkeit kehrt sich um, Gleichwertigkeit bleibt erhalten. Die Summen der waagerechten Reihe ergeben den Gewichtungsfaktor.
4. Benotungssystem aufbauen: Zur Benotung von Bewertungskriterien in den einzelnen Varianten können für eine sehr gute Lösung 5 Punkte, für eine gute Lösung 4 Punkte, für befriedigend gelöst 3, für eine noch mögliche Lösung 2 und für schlecht möglich 1 Punkt gegeben werden.
5. Bewertungsmatrix erstellen: In der Bewertungsmatrix werden die Kriterien mit ihrer Gewichtung eingetragen. Es wird gefragt, wie die einzelnen Kriterien in den einzelnen Varianten gelöst sind, und danach wird die Benotung festgelegt. Multipliziert man die Punkte der Benotung mit der Gewichtung, so erhält man Punktzahlen (Tafel 6.11).
6. Auswahl der optimalen Variante: Durch Spaltenaddition der Punktzahlen ergeben sich die Gesamtpunkte der einzelnen Varianten. Die höchste Punktzahl entspricht dem Rang 1 und damit der optimalen Variante. Im vorliegenden Beispiel erfüllt die Variante A mit 25 Punkten am besten die Kriterien.

Tafel 6.10. Gewichtungsmatrix für vier Kriterien

Kriterien	Flexibilität	Erweiterung	Übersichtlichkeit	Zuordnung	Gewichtungs-Faktor	Rang
Flexibilität		1	0,5	0,5	2	1
Erweiterung	0		0	0,5	0,5	4
Übersichtlichkeit	0,5	1		0	1,5	3
Zuordnung	0,5	0,5	1		2	2

Tafel 6.11. Bewertungsmatrix für drei Varianten

Kriterien	Gewichtung	Variante A		Variante B		Variante C	
		Note	Punkte	Note	Punkte	Note	Punkte
Flexibilität	2	4	8	3	6	5	10
Zuordnung	2	4	8	4	8	4	8
Übersichtlichkeit	1,5	5	7,5	4	6	3	4,5
Erweiterung	0,5	3	1,5	4	2	2	1
Summe	–	–	25	–	22	–	23,5
Rang	–	–	1	–	3	–	2

► **Beispiel 6.3:** Durchführung einer Multimoment-Aufnahme.

Die zeitliche Auslastung von 20 Pressen in einem Betrieb mit kleiner Losgrößenfertigung soll kontrolliert und insbesondere in Erfahrung gebracht werden, welche Ursachen die Unterbrechungen haben. Die *mittlere* Auslastung *aller* Pressen ist zu bestimmen.

Lösung: Diese Aufgabe wird nach Eignungsprüfung über das Multimoment-Verfahren gelöst. Am besten geht man so vor, daß eine Aussagegenauigkeit des zu beobachtenden Mittelwertes festgelegt und rückwärts auf die Anzahl der erforderlichen Aufnahmen geschlossen wird. Den Ergebnisanteil muß man nach Erfahrung schätzen und nach erfolgter Aufnahme korrigieren. Für kleinere Ergebnisanteile 1 % bis 5 %, die noch dazu einer erhöhten Genauigkeit bedürfen, werden eine große Anzahl von Beobachtungen erforderlich. Dies ist natürlich mit hohen Kosten verbunden, und in diesen Ergebnisanteilen ist auch die Grenze des Verfahrens zu sehen.

Vorgehensweise:

1. Bestimmung der erforderlichen Beobachtungszahl N (Gleichung 6.1) nach geschätztem Ergebnisanteil $\bar{p}$ für die einzelnen Tätigkeiten und nach sinnvoll geschätztem Streumaß $\bar{f}$ gemäß Tafel 6.12 (Ergebnis: maximales N)
2. Ermittlung des Gesamt-Zeitaufwandes für die Multimoment-Aufnahmen (Beobachtungen). Nach festgelegtem Rundgangweg ergeben Probenrundgänge eine mittlere Dauer von t_R = 15 Minuten. Die Anzahl der erforderlichen Rundgänge R für N = 2380 Beobachtungen und n = 20 Pressen beträgt

   $$R = \frac{N}{n} = \frac{2380}{20} = 120 \text{ Rundgänge}$$

   Die gesamte Beobachtungszeit ist dann

   $$R\,t_R = 120 \cdot 15 = 1800 \text{ Minuten} = 30 \text{ Stunden.}$$

   Für einen Beobachter wären bei 10 Rundgängen pro Tag 12 Tage erforderlich. Die Beobachtungszeiten werden aus allgemeinen Zufallstabellen (Zufalls-Stundentafel, Zufalls-Minutentafel (VDI-Richtlinie 2492)) entnommen.
3. Aufnahme und Auswertung: Ein Multimoment-Beobachtungsbogen (Beispiel 6.4) erfaßt in Form einer Strichliste pro Tag bei allen Rundgängen die Tätigkeiten jeder Presse und kann gleichzeitig zur Auswertung benutzt werden. Die einzelnen Ergebnisanteile p erhält man aus der Anzahl der Beobachtungen je Tätigkeit dividiert durch die Gesamtzahl der Beobachtungen $p = \frac{n'}{N} \cdot 100$ in Prozent. Diese Prozentsätze entsprechen auch den Zeitanteilen der betreffenden Tätigkeiten.

Tafel 6.12. Art und Anzahl der zu beobachtenden Tätigkeiten

Tätigkeit	Zeitanteil $\bar{p}$ geschätzt	Streumaß $\bar{f}$ gewünscht	Zahl der Beobachtungen N
Produktion	$\bar{p}_1$ = 55 %	± 2,0 %	2380 größter N-Wert
Unterbrechung:			
Einrichten	$\bar{p}_2$ = 10 %	± 1,5 %	2540
Reparatur	$\bar{p}_3$ = 5 %	± 1,5 %	810
Material fehlt	$\bar{p}_4$ = 5 %	± 1,0 %	1830
Personal fehlt	$\bar{p}_5$ = 15 %	± 1,5 %	2180
undefinierbar	$\bar{p}_6$ = 10 %	± 1,5 %	1540

Das tatsächliche Streumaß f (absolute Streuung) wird jetzt für die wirkliche Beobachtungszahl N und den ermittelten Ergebnisanteil p durch Auflösen der Formel 6.1 nach f errechnet.

In Tafel 6.13 werden die geschätzten und ermittelten Anteile gegenübergestellt, das ergibt für das aufgeführte Beispiel eine effektive Produktionszeit aller 20 Pressen bei einer statistischen Sicherheit von 95 % von $p_1 \pm f_1 = 57{,}4 \pm 1{,}98$, also einen Bereich von 55,4 % bis 59,4 %.

Tafel 6.13. Ergebnisse der Multimoment-Aufnahmen bei N = 238o Beobachtungen (Ausschnitt)

Tätigkeit	Zeitanteil p geschätzt	Zeitanteil p ermittelt	Streumaß f gewünscht	Streumaß f erreicht
Produktion	55 %	57,4 %	± 2,0 %	± 1,98 %
Einrichten	10 %	12,4 %	± 1,5 %	± 1,32 %
Reparatur	5 %	6,7 %	± 1,5 %	± 1,00 %
Material fehlt	5 %	4,2 %	± 1,0 %	± 0,8 %
Personal fehlt	15 %	17,1 %	± 1,5 %	± 1,51 %
undefinierbar	10 %	2,2 %	± 1,5 %	± 0,6 %
Summe	100 %	100 %	–	–

▶ **Beispiel 6.4:** Beobachtungsbogen.

Entwerfen Sie einen Beobachtungsbogen für eine Multimomentaufnahme in Anlehnung an das Beispiel 6.3 für 5 Pressen. Die Aufnahme soll in Strichlistenform durchgeführt werden. Die Ergebnisanteile p sind über den Bogen auszurechnen.

Lösung: Tafel 6.14.

Tafel 6.14. Beobachtungsbogen für Multimoment-Aufnahmen

Beobachtungsbogen Nr.: 1								Beobachter: Meyer
Untersuchungsaufgabe: Auslastung von Pressen								
Anzahl der Rundgänge: 12								Beobachtungstag: 4.3.75
lfd. Nr.:	Vorgänge	Beobachtungsobjekte Presse 1	Presse 2	Presse 3	Presse 4	Presse 5	Summe 1–5 ≙ n'	$p = \frac{n'}{N}$ %
1	Produktion	𝍸 /	𝍸	𝍸 //	𝍸 ////	𝍸 /	33	55
2	Einrichten	/	///	//			6	10
3	Reparatur			/		///	4	7
4	Material fehlt				///		3	55
5	Personal fehlt	𝍸	//	//			9	15
6	undefinierbar		//			///	5	8
	Summe	12	12	12	12	12	60 ≙ N	100

● **Fragen**

1. Welche Grundvorgänge (Tätigkeiten) kennt man in einem Produktionsbetrieb?
2. Welche vier Materialflußbereiche sind zu unterscheiden?
3. Geben Sie Beispiele, welche die Bedeutung des Materialflusses beschreiben.
4. Skizzieren Sie in einem Blockschema die Vorgehensweise bei einer Materialflußuntersuchung.
5. Nennen Sie Aufgabenstellungen für Materialflußuntersuchungen.
6. Beschreiben Sie den VDI-AWF-Materialflußbogen, das Multimomentverfahren und die ABC-Analyse als Erfassungs- und Auswertungsmethode.
7. Wozu dienen Kennzahlen? Nennen Sie Beispiele.
8. Was ist unter einer Von-Nach-Matrix zu verstehen, und was läßt sich damit anfangen?
9. Welche bildlichen Darstellungsmöglichkeiten des Materialflusses gibt es?
10. Nach welchen Kriterien kann der untersuchte Zustand eines Betriebes bezüglich des Materialflusses beurteilt werden?
11. Zeigen Sie den systematischen Ablauf einer Materialflußgestaltung und -ausführung auf.
12. Welche Einflußfaktoren auf den Materialfluß gibt es, und was für Auswirkungen können diese haben?
13. Wie läßt sich der Materialfluß definieren?
14. Was ist unter einem qualitativen und einem quantitativen Materialfluß zu verstehen?
15. Skizzieren Sie den Ablauf einer Bewertung von Varianten mittels einer Gewichtungs- und Bewertungsmatrix auf.

Literatur

Unstetigförderer und Stetigförderer

Ambrosius/Laumann: Sicherheit beim innerbetrieblichen Transport und beim Stapeln. Ott-Verlag, Thun 1966.

Augusta/Flader/Kugler: Transportieren und Lagern. VEB-Verlag-Technik, Berlin 1972.

Aumund/Mechthold: Hebe- und Förderanlagen (Grundlagen, Bauarten, Anwendung). Springer-Verlag, Berlin 1969.

Container Handbuch. Bd. 1, 2 und 3. Deutscher Verkehrsverlag, Hamburg 1969.

Container Transportsysteme. VEB-Verlag für Verkehrswesen, Berlin 1970.

DIN Taschenbuch. Nr. 44: Normen für Hebezeuge, 1976. Nr. 59: Normen für Drahtseile, 1975. Nr. 64: Normen über Fördermittel, 1976. Beuth Vertrieb, Berlin.

Ernst, H.: Die Hebezeuge. Bd. 1: Bemessungsgrundlagen, Bauteile, Antriebe, 1973. Bd. 2: Winden und Krane, 1966. Verlag Vieweg, Braunschweig.

Feyrer, K.: Senkrechtschwingförderer nach einem neuen Prinzip. VDI-Verlag, Düsseldorf 1966.

Hager, Mertz: Fördergurt-Handbuch. Hrsg.: Conrad Schotz AG, Hamburg 1967.

Franke, G.: Flurförderzeuge. Carl Hanser Verlag, München 1966.

Hammitzsch, H.: Flurförderzeuge richtig eingesetzt. VEB Verlag Technik, Berlin 1974.

Hausmann, G.: Transcontainer Umschlag. Krausskopf-Verlag, Mainz 1968.

Hänsel, H.: Werkstattbuch. Bd. 124 Fördertechnik. Springer Verlag, Berlin 1970.

Hütte: Maschinenbau Teil 3. Verlag W. Ernst, Berlin 1961.

Jandy, G.: Optimale Transport- und Verkehrsplanung. Physica-Verlag, Wiesbaden 1967.

Keuneke, K.: Fluidisierung und Fließbettförderung von Schüttgütern kleinerer Teilchengröße. VDI-Verlag, Düsseldorf 1965.

Kurth/Pajer: Grundlagen der Fördertechnik, 1975. Stetigförderer 1974. VEB-Verlag Technik, Berlin.

Meyercordt, W.: Flurförderfibel. Krausskopf-Verlag, Mainz 1972.

Meyercordt, W.: Handbuch zur inner- und außerbetrieblichen Transportrationalisierung. Bd.1: Behälter und Paletten, Flurfördermittel, 1964. Bd. 2: Flurfördermittel-Hebezeuge, Stetigförderer, 1963. Bd. 3: Lagern – Stapeln – Transportieren, 1965. Hestra-Verlag, Darmstadt.

Mührel, K.: Landwirtschaftliche Transporte und Fördertechnik. VEB-Verlag Technik, Berlin 1974.

Pajer, G. / Kurtz: Unstetigförderer. VEB-Verlag Technik, Berlin 1967.

Pfeifer, H.: Grundlagen der Fördertechnik. Verlag Vieweg, Braunschweig 1977.

Reuter, H.: Sicherheit in der Fördertechnik, Deutscher Fachschriften Verlag, Wiesbaden 1971.

Salzer, G.: Schüttgutförderer 1968. Stetigförderer, Teil 1, 1964, Teil 2, 1967. Krausskopf-Verlag, Mainz.

Scheffler, M.: Einführung in die Fördertechnik. VEB-Verlag, Berlin 1973.

Scholtissek: Güterströme auf Schiene und Straße, Teil 1 und 2. VDI-Verlag, Düsseldorf 1963.

Selig, H. J.: Technik der pneumatischen Förder- und Mischverfahren. Krausskopf-Verlag, Mainz 1972.

Spiwakowski: Förderanlagen, Transport- und Verladeeinrichtungen für Massengüter. Verlag Vieweg, Braunschweig 1967.

Strathausen, E.: Hebemaschinen. Bd. 1: Entwerfen und Berechnen der Einzelteile, 1974. Bd. 2: Kran-Triebwerke, 1963. Bd. 3: Kran-Stahlbau, 1964. Carl Hanser Verlag, München.

Sebulke, J.: Abschnitt Fördertechnik im Techniker Handbuch, Verlag Vieweg, Braunschweig 1977.

Großmann; Endmann: Transport von Fertigbauteilen. Bauverlag, Wiesbaden 1972.

TUl. Transportieren – Umschlagen – Lagern, Folge 1, Folge 2, 1968, Folge 3, 1970. Hestra-Verlag, Darmstadt.

VDI/AWF: Fachgruppe Förderwesen, VDI-Verlag, Düsseldorf. Materialfluß im Betrieb.
Bd. 3: *Röttger, H.:* Ausbildung von Fahrern für Flurförderzeuge.
Bd. 7: *Ruhe, H.:* Bau und Betrieb von Brückenkranen.

Bd. 9: Flurförderzeuge (Erläuterungen zur Unfallverhütungsvorschrift).
Bd. 11: *Zammayer, K.:* Bewertung von Flurförderfahrzeugen.
Bd. 13: *Röttger, H.:* Schüttgutübergabe auf Stetigförderer.
Bd. 15: *Hofmann, Fr.:* Auslegerkrane 1965.
Bd. 16: Seile, Ketten und Lastaufnahmemittel im Hebezeugbetrieb 1967.
Bd. 17: Krane und Ausrüstungen 1973.
Bd. 18: Der Kranführer 1969.
Bd. 19: Sicheres Anschlagen von Lasten 1974.
Bd. 21: *Hannover, H.:* Fahrverhalten von Kranen.

Vierling, A.: Hebe- und Fördermittel in: Dubbels Taschenbuch für den Maschinenbau 1970.

VDI-Berichte Nr. 120: Stetigförderer (Planung und Betrieb). VDI-Verlag, Düsseldorf 1968.

VDI-Berichte Nr. 126: Wirtschaftlicher Einsatz von Flurförderzeugen in Produktions- und Verteilerbetrieben. VDI-Verlag, Düsseldorf 1968.

VDI-Handbuch, Materialfluß und Förderwesen. VDI-Verlag, Düsseldorf 1976.

Weber, M.: Strömungsfördertechnik. Krausskopf-Verlag, Mainz 1974.

Westphal, H.: Handbuch der Fördergurte. VEB-Verlag für Grundstoffindustrie, Leipzig 1964.

Zebisch, H.-J.: Fördertechnik. Bd. 1: Hebezeuge, 1975. Bd. 2: Stetigförderer, 1976. Vogel-Verlag, Würzburg.

Zillich, W.: Fördertechnik für Studium und Praxis. Bd. 1: Elemente, Lastaufnahmemittel, Winden, Krane, 1971. Bd. 2: Mechanisch arbeitende Stetigförderer, 1972. Bd. 3: Strömungsförderer, Flurförderer, Lager- und Materialflußtechnik, 1973. Werner Verlag, Düsseldorf.

Lager- und Materialflußtechnik und -planung

Bahke, E.: Materialflußsysteme. Bd. 1: Materialflußtechnik, 1974. Bd. 2: Materialflußmodelle, 1975. Bd. 3: Materialflußplanung, 1976. Krausskopf-Verlag, Mainz.

Bahke, E.: Transportsysteme Heute und Morgen. Krausskopf-Verlag, Mainz 1973.

Baur, K.: Betriebsmittelzuordnung bei der Fabrikplanung. Krausskopf-Verlag, Mainz 1972.

Baur, W.: Neue Wege der betrieblichen Planung. Springer-Verlag, Berlin 1967.

Borries, v. R.: Kommissioniersysteme im Leistungsvergleich. Verlag Morderne Industrie, München 1975.

Container Handbuch. Bd. 1, 2 und 3. Deutscher Verkehrsverlag, Hamburg 1969.

Dolezalek, C. M.: Planung von Fabrikanlagen. Springer-Verlag, Berlin 1973.

Dreger, W.: Netzplantechnik für den Materialfluß. Krausskopf-Verlag, Mainz 1968.

Engel, K. H.: Handbuch der neuen Techniken des Industrial Engineering, Verlag Moderne Industrie, München 1972.

Fackelmeyer, A.: Materialfluß (Planung und Gestaltung). VDI-Verlag, Düsseldorf 1966.

Fackelmeyer, A.: Automatisierung im Materialfluß. VDI-Verlag, Düsseldorf.

Franzen, G.: Materialflußgerechte Planung eines Lagers. VDI-Verlag, Düsseldorf.

Frey, S. R.: Plant Layout. Planung, Optimierung und Einrichtung von Produktions-Lager- und Verwaltungsstätten. Carl Hanser Verlag, München 1975.

Gentzsch, G.: Hochregallager (Fachbibliographie). VDI-Verlag, Düsseldorf 1972.

Gerhardus, M.: Rationalisierungsschwerpunkt Mengenmessung des Materialflusses. Beuth-Vertrieb, Berlin 1973.

Görsch, J.: Materialfluß in der Einzelfertigung des Maschinenbaues. Krausskopf-Verlag, Mainz 1958.

Gudehus: Grundlagen der Kommissioniertechnik. Giradet-Verlag, Essen 1973.

Hausmann, G.: Automatisierte Läger. Krausskopf-Verlag, Mainz 1972.

Hausmann, G.: Transcontainer-Umschlag. Krausskopf-Verlag, Mainz 1968.

Haller/Wedel: Multimomentverfahren. Carl Hanser Verlag, München 1971.

Heidelmann, G.: Materialfluß im Betrieb. Bd. 26: Materialflußüberwachung zur Rationalisierung. VDI-Verlag Düsseldorf, Berlin 1974.

Jünemann, R.: Systemplanung für Stückgutläger. Krausskopf-Verlag, Mainz 1971.
Kämmerling, W.: Materialfluß im Betrieb. Bd. 24: Materialflußplanung in der Fertigung. VDI-Verlag, Düsseldorf, Berlin 1975.
Kastl, U.: Materialfluß im Betrieb. Bd. 23: Materialflußgerechte Industrieplanung. VDI-Verlag, Düsseldorf, Berlin 1974.
Koller, H.: Simulation und Planspieltechnik. Verlag Dr. Th. Gabler, Wiesbaden 1969.
Krippendorf, W.: Wirtschaftliches Lagern. Verlag Moderne Industrie, München 1969.
Krippendorf, W.: Materialfluß- und Transporthandbuch. Verlag Moderne Industrie, München 1967.
Lacher, L. P.: Materialfluß und Transportmittel. Betriebsleiter Handbuch. Verlag Moderne Industrie, München 1970.
Lahde/Fein/Müller: Handbuch der modernen Lagerorganisation und Lagertechnik. Verlag Moderne Industrie, München 1967.
Merbach, H.: Leitfaden der Analyse des innerbetrieblichen Transports. VEB-Verlag Technik, Berlin 1964.
Meyercordt, W.: Palettenfibel. Krausskopf-Verlag, Mainz 1972.
Meyercordt, W.: Regal-Fibel. Krausskopf-Verlag, Mainz 1971.
Miebach, J. R.: Die Grundlagen einer systembezogenen Planung von Stückgutlägern am Beispiel des Kommissionierlagers. Diss. an der TU Berlin 1970.
Müller, E.: Simultane Lager. De Gruyter Verlag, Berlin 1972.
Muther: Systematische Materialfluß- und Transportanalyse. Verlag Management Assistent AG, Zürich 1971.
Muther: Systematische Layout Planung. Verlag Management Assistent, Zürich.
Nestler, H.: Materialfluß im Betrieb. Bd. 25: Materialflußuntersuchungen in Fertigungs-Betrieben. VDI-Verlag, Düsseldorf 1974.
Practiplan: Planung und Ausschreibung technischer Anlagen. Teil 1: Fördertechnik Bd. 1. 6238 Hofheim-Levsbach.
Ringes, G.: Produktionsstättenplanung. Verlag Vieweg, Braunschweig 1976.
Rockstroh: Technische Betriebsprojektierung. Bd. 1: Angewandte Projektierung. Bd. 2: Gesamtbetrieb. Bd. 3: Grundlagen-Werkstatt. VEB-Verlag, Berlin.
Röper, C.: Voraussetzung für die Güterbewegung- und -steuerung im Hinblick auf automatische Zentrallager. VDI-Verlag, Düsseldorf.
Röper, C.: Materialfluß im Betrieb. Bd. 4: Palettenpool. Bd. 12: Lagergestaltung und Lagerhäuser. VDI-Verlag, Düsseldorf 1963.
Röschlau/Ellersiek/Krieg: Rationeller Spänetransport in der metallverarbeitenden Industrie. Krausskopf-Verlag, Mainz 1959.
Schaab, W.: Materialfluß im Betrieb. Bd. 2: Automatisierte Hochregalanlagen. Krausskopf-Verlag, Mainz 1969.
Schmalor: Industriebauplanung. Werner Verlag, Düsseldorf 1971.
Schmigalla: Methoden zur optimalen Maschinenanordnung.
Schramm, W.: Lager und Speicher für Stück- und Schüttgüter und Gase. Bauverlag, Wiesbaden 1965.
Theml, H.: Steuerung von Materialflußsystemen. Krausskopf-Verlag, Mainz.
Transpress-Handbuch, Container Transportsysteme. VEB-Verlag, Berlin 1970.
TUL – Transportieren, Umschlagen, Lagern. Folge 1, Folge 2, 1968. Folge 3, 1970.Hestra Verlag, Darmstadt.
Todt, H.: Programm zur Simulation von Materialflußsystemen. Beuth-Vertrieb, Berlin 1974.
VDI-Handbuch. Materialfluß und Fördertechnik. Beuth-Vertrieb, Berlin 1970.
Wegener, H./Otten, E. H.: Rationeller Transport mit Paletten. VDI-Verlag, Düsseldorf.
Welti, O.: Verpacken im Fertigungsfluß. Verlag Moderne Industrie, München 1970.
Weimar, H.: Hochregallager. Krausskopf-Verlag, Mainz 1973.
Wild, F.: Güterumschlag – Lagern und Verteilen. Hochraumlager, Flächenlager, Umschlaggebäude. Callwey-Verlag, München 1970.
Zangenmeister: Nutzwertanalyse in der Systemtechnik. Wittemann'sche Buchhandlung, München 1967.
Zimmermann, W.: Planungs- und Entscheidungstechnik. Verlag Vieweg, Braunschweig 1976.

Zeitschriften

Fördern und Heben, Mainz, Krausskopf-Verlag
Deutsche Hebe- und Fördertechnik, Ludwigsburg, AGT-Verlag
Hebezeuge und Fördermittel, Berlin, VEB-Verlag Technik
Mechanical Handling, London, Iliffe Industrial Publications
Betriebsausrüstung, Verlag der Volkswirt, Frankfurt
VDI-Nachrichten, VDI-Verlag, Düsseldorf
Maschinenmarkt (Ausgabe Materialflußtechnik), Vogel-Verlag, Würzburg
Werkstatt und Betrieb, Carl Hanser Verlag, München
Handling-Journal, Verlag Hoppenstedt und Co.
Distribution, Distributions-Verlag, Mainz
Fördermittel-Journal, Europa-Fachpresse-Verlag, München
Materialfluß, Verlag Moderne Industrie, München

Quellenverzeichnis

Almocar Hornung GmbH, 8060 Dachau: 4.18
Abus-KG, 5270 Gummersbach: 2.62, 2.65
Babcock, Transport- und Lagersysteme, 7141 Schwieberdingen: 4.6b
Beumer, Maschinenfabrik, 4720 Beckum: 3.13, 3.52
Blume Rollen OHG, 5608 Radevormwald: 3.39
Cleveland Tramrail International, Luxemburg: 2.30, 5.25
Continental Gummiwerke AG, 3000 Hannover: 1.56, 4.3
Demag-Stöhr-Fördertechnik, 6050 Offenbach; Demag Fördertechnik, 5802 Wetter: 2.9, 2.16, 2.17, 2.20, 2.22, 2.23, 2.29, 2.31, 2.34, 2.36 bis 2.41, 2.59, 3.22, 3.23, 3.28, 3.30 bis 3.33, 5.11, 5.15, 5.17, 5.19, 5.22; Tafel: 2.2, 2.3, 2.4, 2.7, 2.9, 2.10, 3.12, 5.11
Deutsche Hebezeugfabrik, Pützer-Defries, 4000 Düsseldorf: 2.63
Dexion GmbH, 6312 Laubach: 1.5, 5.5
Eisenmann KG, Maschinenbaugesellschaft, 7030 Böblingen: 3.20, 3.25, 3.26
Ernst, Die Hebezeuge, Verlag Vieweg: 1.52, 1.53b, 1.64, 2.5
FAG Kugelfischer Georg Schäfer, 8720 Schweinfurt: 2.3, 3.3, 3.60
Albert Fezer, Maschinenfabrik, 7300 Esslingen: 2.10, 2.64, 5.10
Fischer-Werke Arthur Fischer, 7241 Tumlingen: 1.14, 6.8
Fördertechnik GmbH, 4330 Mülheim: 3.14a, 3.15
Fördertechnik Hamburg, Harry Lässig, 2000 Hamburg: 5.18
Hackländer & Rolf KG, 5632 Wermelskirchen: 3.76
Heiko, Kettenwerk Wickede, 5757 Wickede: 1.0, 3.45
Hero Fördertechnik, 7032 Sindelfingen: 2.66; Tafel 2.11
Hoesch Rothe Erde-Schmiedag AG, 4600 Dortmund: 2.52, 2.54, 2.55
Interroll Hans vom Stein OHG, 5679 Dhünn: 3.34, 3.38, 3.73, 3.74
Irion Hub- und Fahrgeräte GmbH, 7000 Stuttgart: 5.13, 5.14, 5.23, 5.24
Interplan GmbH, 2000 Hamburg: 2.58
Prof. Dr. Jünemann, TU-Dortmund: 5.1
Jungheinrich UnternehmensverwaltungKG, 2000 Hamburg: 4.4, 4.6a, 4.7, 5.20, 5.21; Tafel: 4.6, 4.8, 5.8

Helmut Kempkes, Hebezeugfabrik, 5630 Remscheid: 2.18b, 2.61
Linde AG, 8750 Aschaffenburg: 4.11
Mafi-Transport-Systeme GmbH, 7253 Renningen: 4.2a bis d
Erwin Mehne, Fördertechnik, 7100 Heilbronn: 2.44
J. D. Neuhaus, Hebezeuge, 5810 Witten: 2.19
Ohrenstein und Koppel, 4600 Dortmund: 1.20, 2.56; Tafel 2.8
Claudius Peters GmbH, 2000 Hamburg: 3.68b, 3.69, 3.70
Pfeifer, Grundlagen der Fördertechnik, Verlag Vieweg: 1.15, 1.17, 1.62, 2.4, 2.57
Plan-Transportfahrzeuge, 7016 Stuttgart: 4.2c und 4.2d
Ritter KG, 2000 Hamburg: 5.8b
Rud-Kettenfabrik Rieger und Dietz, 7080 Aalen: 1.51a, 1.53a, 2.8
Fritz Schäfer GmbH, 5908 Neunkirchen: 1.10, 5.6, 5.10a bis 5.10c
Carl Schenk AG, 6100 Darmstadt: 3.57, 3.61 bis 3.363, 3.65
Conrad Scholtz AG, Fördergurte, 2000 Hamburg: 3.1, 3.4 bis 3.7, 3.11, 3.12a, 3.41, 3.42, 3.43, 3.72a; Tafel 3.16
Schrader Transportgeräte, 2000 Hamburg: 2.18a
Sebulke, Abschnitt Fördertechnik aus Techniker Handbuch, Verlag Vieweg: 5.16
Drahtwerke Schmidt AG, 5420 Lahnstein: 3.75
Friedrich Segler Maschinenfabrik, 4570 Quakenbrück: 3.46, 3.48, 3.68
Siegert, Maschinenbau, 2000 Hamburg: 2.12b
Siemens AG, Zweigniederlassung Hamburg, 2000 Hamburg: 1.61, 2.47, 6.4
SKF Kugellagerfabriken, 8720 Schweinfurt: 1.39, 1.57, 1.58a, 1.42, 2.51
Steinbock GmbH, 8052 Moosburg: 4.13
Still GmbH, 2000 Hamburg: 4.5, 4.8, 4.10, 4.17; Tafel: 4.4, 4.5
System Schultheis AG, Maschinenbau, CH-8640 Rapperswil: 5.9
August Thiele, Werke für Ketten und Förderanlagen, 5860 Iserlohn: 3.45
Thyssen Aufzüge GmbH, 7000 Stuttgart: 2.28, 2.32, 3.21, 3.24, 3.26, 5.2, 6.12
Translift-Wyhlen, 7889 Wyhlen: 2.26, 2.27
Transnorm System GmbH, 3201 Harsum: 3.14b
Ernst Wagner Apparatebau, 7410 Reutlingen: 4.16
Hans-Holger Wiese GmbH, 3000 Hannover: 3.47
Prof. Dr.-Ing. Vierling, TH-Hannover, diverse Vorlesungsskizzen

Sachwortverzeichnis

GPSR Compliance

The European Union's (EU) General Product Safety Regulation (GPSR) is a set of rules that requires consumer products to be safe and our obligations to ensure this.

If you have any concerns about our products, you can contact us on ProductSafety@springernature.com

In case Publisher is established outside the EU, the EU authorized representative is:

Springer Nature Customer Service Center GmbH
Europaplatz 3
69115 Heidelberg, Germany

Batch number: 10577878

Printed by Printforce, the Netherlands